U0221931

国防科技图书出版基金

板材充液先进成形技术

Innovative Sheet Hydroforming and Warm/hot Hydroforming

郎利辉 著

国防工业出版社

·北京·

图书在版编目(CIP)数据

板材充液先进成形技术 / 郎利辉著. —北京：国
防工业出版社,2014.9
ISBN 978 - 7 - 118 - 09585 - 2

Ⅰ.①板... Ⅱ.①郎... Ⅲ.①板材 - 制备 Ⅳ.
①TB3

中国版本图书馆 CIP 数据核字(2014)第 203535 号

※

国防工业出版社出版发行
(北京市海淀区紫竹院南路 23 号　邮政编码 100048)
北京嘉恒彩色印刷有限责任公司
新华书店经售
*
开本 710×1000　1/16　印张 25　字数 440 千字
2014 年 9 月第 1 版第 1 次印刷　印数 1—2500 册　定价 98.00 元

(本书如有印装错误,我社负责调换)

国防书店：(010)88540777　　　发行邮购：(010)88540776
发行传真：(010)88540755　　　发行业务：(010)88540717

致 读 者

本书由国防科技图书出版基金资助出版。

国防科技图书出版工作是国防科技事业的一个重要方面。优秀的国防科技图书既是国防科技成果的一部分,又是国防科技水平的重要标志。为了促进国防科技和武器装备建设事业的发展,加强社会主义物质文明和精神文明建设,培养优秀科技人才,确保国防科技优秀图书的出版,原国防科工委于1988年初决定每年拨出专款,设立国防科技图书出版基金,成立评审委员会,扶持、审定出版国防科技优秀图书。

国防科技图书出版基金资助的对象是:

1. 在国防科学技术领域中,学术水平高,内容有创见,在学科上居领先地位的基础科学理论图书;在工程技术理论方面有突破的应用科学专著。

2. 学术思想新颖,内容具体、实用,对国防科技和武器装备发展具有较大推动作用的专著;密切结合国防现代化和武器装备现代化需要的高新技术内容的专著。

3. 有重要发展前景和有重大开拓使用价值,密切结合国防现代化和武器装备现代化需要的新工艺、新材料内容的专著。

4. 填补目前我国科技领域空白并具有军事应用前景的薄弱学科和边缘学科的科技图书。

国防科技图书出版基金评审委员会在总装备部的领导下开展工作,负责掌握出版基金的使用方向,评审受理的图书选题,决定资助的图书选题和资助金额,以及决定中断或取消资助等。经评审给予资助的图书,由总装备部国防工业出版社列选出版。

国防科技事业已经取得了举世瞩目的成就。国防科技图书承担着记载和弘扬这些成就,积累和传播科技知识的使命。在改革开放的新形势下,原国防科工委率先设立出版基金,扶持出版科技图书,这是一项具有深远意义的创举。此举势必促使国防科技图书的出版随着国防科技事业的发展更加兴旺。

设立出版基金是一件新生事物,是对出版工作的一项改革。因而,评审工作需要不断地摸索、认真地总结和及时地改进,这样,才能使有限的基金发挥出巨大的效能。评审工作更需要国防科技和武器装备建设战线广大科技工作者、专家、教授,以及社会各界朋友的热情支持。

让我们携起手来,为祖国昌盛、科技腾飞、出版繁荣而共同奋斗!

国防科技图书出版基金

评审委员会

前　言

　　板材成形技术广泛应用于电气、石油化工、汽车船舶、航空航天等诸多领域。在汽车领域,随着汽车工业的发展,汽车市场竞争日趋激烈,车身造型的空气动力学和美学要求使得汽车覆盖件的型面更加复杂。在航空航天领域,使用条件的特殊性对工件材料、性能、精度要求更加苛刻,传统的板材加工技术很难满足这些要求。因此,塑性加工的柔性化,成为当前板材加工技术的主要趋势。

　　板材充液成形技术从橡皮囊液压成形技术的萌芽阶段到目前工业产业化这个阶段历时一个多世纪。近年来,由于汽车和航空航天工业的发展需要及液压密封技术、超高压技术及其自动控制系统等领域取得的重要突破,板材充液成形技术引起了人们广泛的重视,应用领域及应用产品在迅速地不断扩大。板材充液成形技术主要有主动式和被动式两种,充液拉深(Hydrodynamic deep drawing)是被动式的典型代表,该技术利用在凹模中充以液体当作液室,当凸模下行时,液室中的液体产生相对压力从而将毛坯紧紧地贴在凸模上,并可在凹模与毛坯板料下表面之间产生流体润滑,从而可以得到高精度的工件,减少传统拉深时引起板料成形局部缺陷的生成,使板料的成形极限极大地提高的一种成形方法。这种工艺技术尤其适用于形状复杂、尺寸多变、外观质量要求高的大型板材零件的生产,使复杂形状板材零件的生产简单化、柔性化、精确化,实现零件的快速制造,并且使模具费用大幅降低。在板材充液成形技术的基础上,考虑温度因素,采用热油或气体作为压力传力介质,在温度及流体压力诱导的厚度法向应力作用下,材料成形性得到进一步提高,这便是板材热介质成形技术,是板材充液成形技术的一种延伸,该成形技术集成了充液成形和热成形两种技术的优点,特别适合于低塑性、复杂板零件的成形。板材热介质成形技术是21世纪初期提出的一种利用加热流体高压成形的技术,采用某种高温传力介质,如高温橡胶等黏性介质、液态的去离子水和高温高压油、固态的特种粉末、气体等作为软凸(凹)模,辅助以刚性凹(凸)模,在传力介质的作用下使板材成形。

　　作者所在的团队以航空航天、军事装备及汽车板管成形为背景,从1995年在哈尔滨工业大学开始从事充液成形技术的研究。自2004年入职北京航空航天大学后,在国内系统性地开展板材及管材充液成形工艺优化、机理研究、模具开发、专用设备研制、材料性能控制及适用性研究等科研工作以及产业化工作,先后与沈飞、西飞、上飞、成飞、黎明、西航、北京航空 625 所、西安嘉业等单位合作,进行工艺研究、实验试制、设备研制和改造等工作,为天锻、汇众、长城、康思达、辽宁曙光、东风乘用车、比亚迪等提供技术支持,采用充液成形技术研制航空航天、汽车等领域的典型零件,积极推动该项技术的产业化;自主研制了国内第一台板材充液热成形专用机、充液冲击设备以及材料充液加载力学性能测试机、热介质胀形机、三轴高温高压环境加载试验机等,取得了诸多的知识和经验。为了满足企业工程技术人员和研究生教学的需要,以作者所在团队多年的研究成果为基础,编著了本书。

全书共 12 章,第 1 章、第 2 章属综述部分,包括概论,本构方程、屈服准则及断裂准则;第 3 章～第 6 章介绍板材充液成形技术,包括基于单动液压机通用模架的充液拉深装备及实例,板材充液拉深溢流压力模型及反向建模技术,基于先进板材充液成形技术的衍生工艺措施,典型复杂薄壁构件充液成形分析;第 7 章～第 12 章介绍板材热介质成形技术,包括板材热介质充液成形设备,板材热介质成形力学解析,三向应力状态板材充液成形应力状态及成形性分析,铝合金板材胀形热塑性变形行为及本构模型研究,筒形件热油介质拉深成形过程分析及回弹控制,热介质充液隔膜成形及固体颗粒柔性介质成形新技术。

全书包含了作者在哈尔滨工业大学攻读博士期间、丹麦奥尔堡大学工作期间以及在北京航空航天大学工作期间等多项充液成形方面的典型成果,成果覆盖了面向充液成形的基础理论、材料性能研究、工艺及模具、设备等,内容包括板材充液成形技术和板材热介质成形技术两大部分。本书系统地介绍了板材充液成形基本的力学模型和原理,并根据作者多年的研究积累和经验详细讲述了典型的板材充液成形的工艺、设备等中的关键技术。作者在该领域从事多年的专门研究,书中不仅有亲身的体会,还有自己的试验数据。本书由郎利辉教授主持撰写,全稿由刘宝胜博士整理。李涛博士、王永铭博士、刘宝胜博士、蔡高参博士、孔德帅博士、王少华博士以及谷姗姗等同学为本书的出版也付出了很多辛苦,在此表示感谢;对多年的合作伙伴的大力支持,在此表示感谢。并且,要特别感谢胡正寰院士对于本书的推荐以及国防工业出版社的大力支持。

愿本书能够对广大读者有所帮助,书中如有不妥之处,敬请广大读者批评指正。

作 者

2014 年 3 月

目　录

Contents

第1章 概　论

1.1　引　言

在第二次世界大战以来的几十年中,现代成形技术发展迅速,特别是近40年来的航空航天工业、核能应用技术、汽车制造业等高科技产业中一些关键钣金部件或异型截面中空管件等成形难度高、重量控制严格、工艺成本高、成形精度低等问题,要求有新的成形工艺与理论出现,以符合轻量化、绿色环保、节能降耗的苛刻要求。

在航空航天与汽车等工业领域,如何有效地减轻结构的质量,以达到节能性和环保性的要求,始终是一个长期不懈追求的目标。实现结构轻量化有两条主要途径:一是利用质量更轻的原材料,例如采用铝合金、镁合金、钛合金和复合材料等轻质材料;二是改善制件的结构,间接实现零部件减重增强的目的,例如对于承受弯、扭载荷为主的结构件,采用空心变截面构件,既可以减轻质量又可以充分利用材料的强度和刚度[1]。

近20年来,航空新材料不断涌现,其大规模应用对板材成形工艺提出了更高的要求,同时新一代军用飞机性能的大幅度提高对飞机钣金零件的成形质量、成形精度和寿命也提出了更高的要求;而当代航空业机型更新换代快的特点又要求缩短飞机设计、制造周期。目前制造技术现代化的提高也要求提高劳动生产效率,减少手工劳动量。常规的冲压成形、落压成形、手工成形及校正零件导致材料表面和内部损伤较大,材料厚度、硬化程度、晶粒度、残余应力不均匀,划伤和加工痕迹破坏包铝层等诸多的缺陷,从而严重影响零件的疲劳强度,不能够满足军用飞机的疲劳寿命要求,而由于在航空领域结构轻量化的需求和越来越多特种复杂结构的出现,迫切需要应用许多轻型及先进的材料如钛合金、高温合金、复合材料等,但由于这些材料在室温下成形性能低下,严重影响了其在航空领域的应用,航空制造业迫切需要开发应用新的实用的板材成形工艺方法[2]。

良好的板材成形工艺不但可以大幅度提高零件的成形精度和成形质量,也可以影响到整个部件乃至整个装备的优良性能。如今,许多航空板材零件一则由于结构复杂,二则由于材料的成形性问题,无法一次成形,只好采用多道次成形,或局部成形再焊接的方法进行成形,造成工艺冗余多,成形零件精度低,成形零件质量差和成形周期长,成形费用急剧增加;而一些需要采用特种板材的零件,由于无法成形而不得不采用其他材料予以代替。为了成形复杂难成形零件,目前普遍采用落后的落压成形方法,由于采用了冲击成形方法和需要采用上下模具,不仅成形效率差且极大地影响到了零件的使用性能和成形零件的精度,成形出的零件表面质量差,合格率低且费工费料,成形费用急剧增加,对操作工人技术和经验的要求很高,工作环境恶劣,制作模具的主要重金属材料对人体的危害极大,这些都不符合当今技术发展的要求,进而影响到了整个部件乃至整个装备的性能。而且,国外飞机生产厂家已经明文规定关键承力板件不得采用冲击成形方法,以免产生材料的永久损伤;对待板材零件的成形精度和质量要求也越来越高。采用软性流体来成形板材零件具有可以极大提高板材的成形性能、成形效率高、换模方便等诸多优点,受到了越来越多的重视和越来越广泛的应用[3,4]。采用流体作为力传递介质的冷/热介质充液成形是一种先进的板材柔性成形技术,与传统工艺方法相比具有诸多优点,它既节约了能源,降低了成本,又适应了当今产品的多品种的柔性发展方向[5]。充液成形根据是否加热可以分成两类:冷介质充液成形和热介质充液成形,冷介质充液成形技术一般称为充液成形技术,热介质充液成形技术一般称为热介质成形技术。

1.2　板材充液成形技术介绍

1.2.1　板材充液成形技术发展历史概况

板材充液成形技术从橡皮囊液压成形技术的萌芽阶段到目前工业产业化这个阶段历时一个多世纪。早在1890年研究者发现可以利用液压的作用来进行成形,最早出现的板材液压成形工艺是橡皮囊液压成形技术,即在成形过程中有一个橡皮隔膜将液体介质与板坯分隔开,凹模被省掉,靠液压力作用于橡胶膜上来压住坯料起压边作用,抑制起皱,坯料随凸模压入而贴模成形[6,7],其原理如图1-1所示。

1930年后期到1940年,用聚氨酯橡胶来代替凹模的方法开始应用于成形拉深件和拉延件[8]。此类技术的早期研究工作主要集中在德国和日本。利用聚氨酯等柔性物体替代凹模或凸模,可以提高板料成形的极限及成形精度,并且比较方便,所以起初人们都是利用此种技术来成形板料,但以后人们发现由于这种技术有很多缺点如柔性物体容易坏、传力不均匀等,所以凹模中的聚氨酯等柔性物体逐渐被液体所代替[9]。

1958年,日本的春日保男博士首先提出了压力润滑法,即目前所谓的充液拉深技术,其原理如图1-2所示,指出凹模圆角处板料垂直拉深力是决定溢流压力

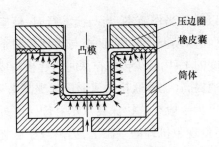
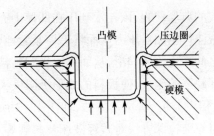

图 1-1 橡皮囊液压成形工艺 　　　　图 1-2 充液拉深成形技术

的重要因素[10]。德国学者从 50 年代开始对此项技术进行研究,并提出了一种把密封圈放在凹模上表面来防止液体从凹模中溢出的新方法,于 1961 年提出了"Daaldrop Method"的成形方法[11]。进入 20 世纪 80 年代,德国和美国的研究机构及公司开始系统地研究充液成形技术。

2001 年,在比利时勒文举办的第九届金属板材成形的国际会议上,德国帕德博恩大学 Vollertsen[12]提出了采用加热油的方法成形铝合金板材,称为热介质成形技术,并讨论了该种工艺方法的优势和关键问题,并给出了热成形系统的设计方案。该种成形方法将充液成形技术和加热技术结合起来用来成形镁合金、铝合金乃至钛合金等室温难成形材料,将充液成形技术的应用范围进一步扩大,开创了充液成形技术应用的新局面。

1.2.2　板材充液成形技术分类及成形原理

充液成形技术是流体压力辅助成形技术大家族的总称,根据成形对象的不同,它主要分为板材充液成形(Sheet Hydroforming)、管材充液成形(Tube Hydroforming)和壳体充液成形(Shell Hydroforming)[1,13]。管材充液成形又称为内高压成形技术,与板材充液成形不同,又均有各自的分类,如图 1-3 所示,其中板材充液成形技术主要有主动式和被动式两种。充液拉深(Hydrodynamic deep drawing)是被

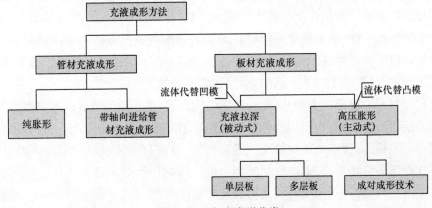

图 1-3　充液成形分类

动式的典型代表,该技术利用在凹模中充以液体当作液室,当凸模下行时,液室中的液体产生相对压力从而将毛坯紧紧地贴在凸模上,并可在凹模与毛坯板料下表面之间产生流体润滑,从而可以得到高精度的工件,减少传统拉深时引起板料成形局部缺陷的生成,使板料的成形极限极大地提高(比普通拉深成形极限提高1.2 ~ 1.4 倍[1])的一种成形方法,如图 1 - 2 所示为一般充液拉深技术示意图。另外在探讨充液拉深方法对减轻破坏及起皱等不良现象机理的基础上,提出减少破坏及提高成形极限的各种对策,进而发明了可以极大地提高成形极限的新的充液拉深方法,如周向液压的充液拉深法(其原理如图 1 - 4 所示)、外周带液压的充液反拉深法(其原理如图 1 - 5 所示)、预胀形法等,利用周向加压一次拉制出拉深比为 3.3 的零件[14 - 17]。

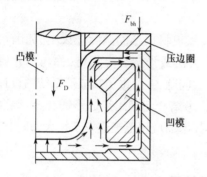

图 1 - 4　周向液压的充液拉深法

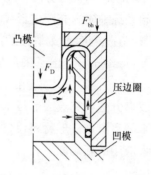

图 1 - 5　外周带液压的充液反拉深法

由于板材充液成形技术具有拉深比高、成形零件的表面质量好和形状冻结性好、模具换型方便、仅需要半模、工具的制作时间和费用降低等优点,自从它出现后,受到了越来越多国家的重视,如德国、美国、法国、瑞典、日本、以色列、苏联/俄罗斯、韩国、新加坡甚至科威特等。该技术适用于汽车、航空航天、厨房用品、照明用具等领域中各种复杂薄壁结构零件的成形。特别是 20 世纪 90 年代以来,随着诸如超高压源和计算机控制等相关技术的突破,这项技术成为一些形状复杂、具有典型几何特征零件、成形性能差的材料的较为理想的成形方法。充液成形是一种先进的板材柔性成形技术,与传统工艺方法相比具有诸多优点,它既节约了能源,降低了成本,又适应了当今产品的小批量、多品种的柔性发展方向。

在板材充液成形技术的基础上,考虑温度因素,采用热油或其他耐高温柔性介质作为压力传力介质,在温度及流体压力诱导的厚度法向应力作用下,材料成形性得到进一步提高,这便是板材热介质成形技术,是板材充液成形技术的一种延伸。板材热介质成形技术是 21 世纪初期提出的一种利用加热流体介质高压成形的技术。采用某种高温传力介质,如高温橡胶等黏性介质、液态的等离子水和高温高压油、固态的特种粉末等作为软凸(凹)模,辅助以刚性凹(凸)模,在传力介质的作用下使板材成形。碳钢、合金钢、不锈钢、铝合金、钛合金和铜合金等在热环境条件下具有一定塑性提高的材料均适用于热介质成形。实际生产中,铝合金、镁合金温热充液成形介质可采用耐热油,镁合金成形配有防氧化工装,而钛合金成形可采用黏性介质、固体介质或惰性气体并同样要考虑防氧化问题。

与常温下的板材充液成形类似,板材热介质成形时将加热到一定温度的专用耐热介质充入到经过预热的模具型腔,通过加热和冷却装置将模具及流体的温度控制在合适范围内,然后按照设计的加载路径进行成形(对于板材成形,主要是控制液体压力和压边力)。与板材充液成形技术的分类一样,板料热介质成形根据流体的作用方式不同可以分为被动式和主动式,其原理如图1-6与图1-7所示。

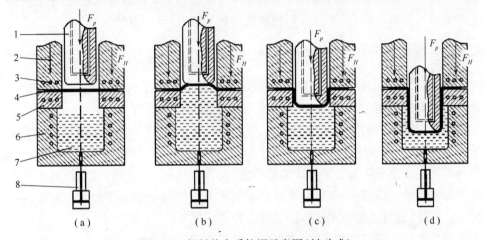

图1-6 板材热介质拉深示意图(被动式)

(a)流体填充并压边;(b)初始反胀;(c)充液拉深过程;(d)拉深结束。

1—冷却凸模;2—压边圈;3—加热管;4—坯料;5—凹模;6—液室;7—高压液体;8—增压器。

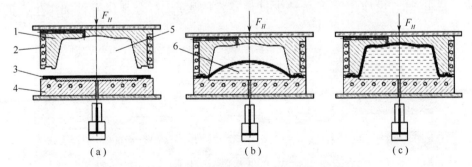

图1-7 板材热介质胀形示意图(主动式)

(a)合模;(b)胀形过程;(c)成形结束。

1—凹模;2—加热管;3—坯料;4—下模;5—液室;6—高压液体。

板材热介质被动成形的主要步骤如下:首先,将预制好的板材坯料放在充满耐热介质的凹模型腔的上部,然后利用压边装置进行合模,并按要求分别对模具、板材和耐热介质进行加热,直至达到所需温度为止。接着,利用压力转换装置进行必要的预胀形,当到达所需要的条件时,凸模开始向下运行,同时压力转换装置主动增压或被动减压使热介质产生成形时所需的高压,此时,板材受压而紧紧地贴靠在凸模上,最终形成与凸模形状精确一致的零件。

由于板料是在温热状态下成形,并且热介质可从板材与凹模的间隙中流出,形成理想的溢流润滑效果[18],从而极大地提高了板材的成形极限和零件贴模精度。另外,可以针对板材的不同部位,根据成形的特点进行分段温度实时控制,如图1-6所示的凸模冷却方式;同时,由于采用了温热介质作为传力物质,成形压力也可以进行实时伺服精密控制,并根据具体情况进行实时保温保压处理,从而精确地控制成形零件的质量,不仅可以控制零件形状精度,还可以控制材料性能。

1.2.3 板材充液成形技术特点

现今,充液成形技术得到了长足的发展,受到各个领域的普遍重视,这与此项技术所具有的独特的特点是分不开的。充液成形技术具有以下的特征[1,2,14,15]:①以液体或其他的柔性体来代替凹模;②摩擦保持效果;③摩擦降低效果即溢流润滑效果;④形成软拉深筋。正是由于这些独特的效果,有效地预防了板材在拉深或拉延过程中产生断裂及起皱等缺陷的产生,极大地提高了板料的成形极限和成形件的整体质量,使其较传统板材冲压成形技术具有整体上的显著优势,如图1-8所示。此外,充液成形技术还有以下显著特点:

(1) 采用液压加载技术,可以提高板料的成形极限,减少成形道次,精简了工模具,费用降低。

(2) 由于凹模里充满了液体,凹模制作简单,只需根据零件的形状制造凸模,所以费用降低,可应用于多品种少批量零件的生产,符合现代柔性加工生产的特点。

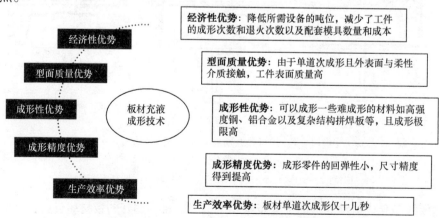

图1-8 板材充液成形技术的显著优势

6

（3）由于液室中液体所形成的压力而使得板料紧紧地贴在凸模上，并且液体可在凹模上表面和板料下表面之间形成流体润滑，零件的外表面减少了划伤，从而产品具有良好的表面质量，尺寸精度也很高。

（4）由于摩擦保持效果，板料在成形过程中局部变薄量减轻，产品的壁厚均匀。

正因为充液成形技术以上的这些特点，所以适合于复杂异型件如抛物线形件、锥形件、汽车覆盖件等及在成形过程中需要中间退火材料如不锈钢、高温合金等的多道次拉深或拉延成形。

1.2.4 板材热介质成形技术优势及影响因素

1.2.4.1 热介质成形技术优点

热介质成形集成了刚性模温热成形技术与充液成形技术的双重优点，与常温下充液成形相比，除产品轻量化、废料少、二次加工量小等优点外，其特点如下：

（1）与单一工艺热成形或充液成形相比较能够显著提高材料成形性能。如图1-9所示，AZ31、ZEK100、AE21热介质拉深成形极限均比传统热成形高16% ~ 18%，所需成形温度较传统热成形而言减少100~150℃；从AZ31热介质拉深成形极限可以看出，温度越高，成形极限越高，并且热介质成形比常温充液成形极限高。

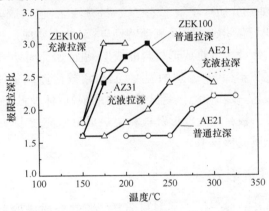

图1-9 成形极限比较[19]

（2）零件成形后回弹更小，厚度、应力分布更加均匀，成形精度更高。加热环境下，金属流动性增强，金属坯料各向异性倾向减小，趋于各向同性。零件复杂形状部位补料容易，厚度均匀；贴膜充分，成形尺寸精度提高；位错活动增强，成形残余应力小，应力分布均匀。

（3）变形抗力小，有效降低了对设备吨位的要求和相对能耗。材料在高温下，屈服强度与抗拉强度显著降低，变形抗力小，所需设备吨位降低；并且由于成形极

7

限提高,减少成形道次,相对整个成形工艺链来说减少了能耗。

(4) 改善常温下铝、镁、钛合金材质不易加工的缺点。铝、镁、钛合金常温下塑性差,成形困难。尤其是钛合金,在500℃以下,温度对其材料性能影响非常微弱,常温下成形手段无能为力。

(5) 增加产品设计弹性。可一道次成形复杂形状零件,减少设计者对材料成形性能依赖性,增加了设计自由度。

1.2.4.2　热介质成形不足之处

(1) 设备一次性投入费用高。由于设备需配有不同于常温的超高压产生装置和发热装置,既要承受高压,又要承受高温,关键部件需特殊制造。还要考虑加热系统、保温及冷却系统的配置。对于镁合金、钛合金等高温下易氧化材料,需配备防氧化措施,如设置抽真空装置或在零件表面涂防氧化膜等,这将会使温热介质成形系统较一般加工设备昂贵得多。

(2) 成形周期较长。相对于普通锻造及冲压成形只需几秒即可完成,热介质成形压力会因压力上升速度缓慢而受到限制,且在升温至工作温度时需经历一段升温过程,因此单一生产周期会较长。

(3) 工艺知识与技术缺乏。与传统板材成形技术相比,热介质成形技术是近几年新发展的充液成形技术。因此在工艺参数及模具设计等相关资料库及知识技术上仍较为缺乏,如热介质环境下工艺参数、材料性能(包括成分组成、晶粒尺寸、屈服强度、抗拉强度、温间延展性及流动特性)等。热介质成形技术是一种非常适合铝合金、镁合金、钛合金等难成形材料的成形,目前研究尚处于起步阶段,一些关键工艺措施需要进一步探索,合理的温度场分布、载荷加载条件是成形成功的关键,对此,学者们做了一定研究,但受试验条件的限制,涉及的工艺措施较少,大多以胀形为主。常温下板材充液成形及板材温热成形研究较多,可借助两者的工艺特点研究板材热介质成形技术。

1.2.4.3　热介质成形影响因素

(1) 坯料材质及其成形性。坯料材质是影响热介质成形工艺的重要因素之一,尺寸公差必须控制在一定范围内,强度或厚度均匀性较差时,其成形性将会受到较大的影响。热介质成形用坯料需要以下特性:厚度均匀、高应变硬化指数、高应变率敏感指数及表面品质良好无划痕。

(2) 加载路径。加载路径是指热介质成形过程中内压力与凸模行程或时间的关系,随材质、厚度、几何形状、温度不同而改变。由于热环境的影响,应变率敏感指数(m 值)对成形过程影响较大,应变率过大会降低材料的成形性,应变率过小会造成产品成形周期长,生产率降低,内压力的加载对应变率的变化影响较大。

（3）摩擦条件。在热介质成形过程中,摩擦或润滑条件是影响产品品质的重要参数之一。内压力增大会促使板材鼓胀变形而增加与模具的接触面积,增加摩擦保持效果。热态下摩擦条件的研究及理论模型的建立是温热介质成形研究的关键点之一。

（4）成形设备。考虑坯料特性、油封材质、试验温度范围、保温措施及安全性等因素,整个系统设计与制造比常温或常规设备要困难和复杂。此外,还需要考虑到如何减少成形周期时间、降低设备成本和试验的便利性等因素,以增加系统的可靠性和实用性。

（5）热压力介质。热介质可以采用多种材料,热油介质成形与热气体成形比较,油介质具有液体介质压缩性小、热容量高、压力高等优点,不足之处在于油介质在高温下易燃和易挥发,即使专用耐热油也不能像气体那样可承受任意高温。图1-10显示在不同温度与不同应变速率下,热油介质与热气体作为不同介质对铝合金管材成形产生的影响,可以看到由于温度的限制,热油介质成形仅限于在300℃以下,最高压力可以达到120MPa,而气体成形温度可以很高,但是最高压力为60MPa,为前者的0.5倍,否则将比较危险。

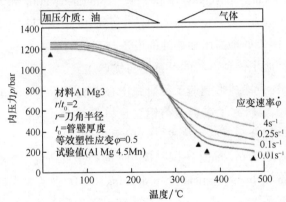

图1-10　不同成形介质(油与气体)对铝合金成形的影响[20]

（6）热介质成形的模具与工装的特殊性。模具的加热方式、加热点的分布及其控制;模具的隔热及冷却;热介质与模具、工装的相容性;热介质的回收及重复利用;热介质的环保问题等。

1.2.5　世界上部分著名的充液成形研究机构

板材充液成形技术在世界范围内引起了广泛关注,而集成了加热和充液成形双方优点的热介质成形技术较板材充液成形技术具有更多的技术难度,因此目前进行热介质成形研究的科研机构均具备了良好的充液成形技术的理论及技术的积累。下面介绍该领域内部分著名的科研机构,如图1-11所示。

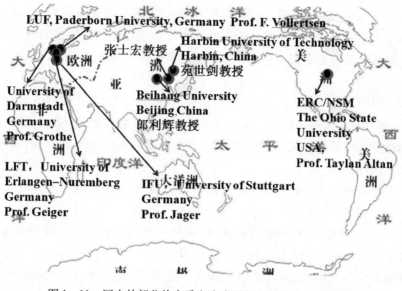

图 1－11　国内外部分热介质充液成形研究机构分布示意图

（1）LUF,Paderborn University(德国),F. Vollertsen,2001 最早提出加热油成形的概念并进行了实施,F. Vollertsen 团队主要研究了采用加热油来加热成形 5系与 6 系铝合金,用于处理高压加热油的设备与工具的解决方案,并采用一些成形试验的初步结果证明了该种方法的可行性与优点。

（2）ERC/NSM 近净成形制造工程研究中心,The Ohio State University(美国),Taylan Altan 教授主要研究了镁合金与铝合金管材热介质充液成形(Warm hydro-forming)、镁合金与铝合金板材温热成形(Warm forming)。

（3）University of Darmstadt(德国),Grothe 教授主要研究了铝合金板材温热充液拉深成形(Warm hydromechanical deep drawing,HMD)及管材温热充液成形。

（4）LFT,University of Erlangen － Nuremberg(德国),Geiger 教授,与 Schuler公司开展了充液成形(hydroforming)合作研究,与 Audi 公司合作开展镁合金、铝合金管材与板材充液热成形(Warm hydroforming)等方面的研究。

（5）IFU,University of Stuttgart(德国),Jager 教授研究了镁合金、铝合金温热高压液压成形(Warm high pressure sheet hydroforming)。

（6）CEFT(Center for Excellence in Forming Technology),The Ohio State Univer-sity(美国),Rajiv Shivpuri 教授专门成立了一个管材充液成形研究小组,主要进行管材热态充液成形装置、润滑及表面处理等方面的研究。

（7）液力成形中心,哈尔滨工业大学,苑世剑教授领导的团队在国内较早的开展了内高压成形(又称管材充液成形、管材水压成形)机理、工艺、模具和设备研究与开发。为国内多家企业开发了轿车轻量化结构件内高压成形模具和工艺技术,

10

以此为基础,对管材热介质成形技术进行了研究。

(8)板材成形中心,北京航空航天大学,郎利辉教授团队以航空航天、军事装备及汽车板管成形为背景,自 2004 年在国内开展板材及管材充液成形工艺优化、机理研究、模具开发、设备研制等科研工作;先后为沈飞、黎明、西飞、航空工艺研究所、航天材料工艺研究所等单位进行了工艺研究、实验试制、设备研制和改造等,为汇众、富锋、长城、康思达等提供技术支持,采用管材充液成形技术成形汽车悬臂架、底盘横梁等,并积极推动该项技术的产业化;系统地自主设计研制了国内第一台板材热介质充液成形实验机,总吨位 880t,热介质(耐热油)成形温度达到 350℃,非充液成形达到 900℃;超高压源设计能力,内压力最高可达 100MPa。

1.3　板材充液成形技术国内外发展及研究现状

1.3.1　橡皮囊液压成形阶段

1930 年后期到 1940 年,用聚氨酯橡胶来代替凹模的方法开始应用于成形拉深件。在第二次世界大战时期获得初步发展,主要应用于军事,用来成形作战头盔,最初得到实用是在美国。日本、德国和美国相继于 20 世纪五六十年代开发了此种技术,1955 年,日本富井伸二和吉田清太等人对橡皮囊液压成形技术进行了研究,1957 年日本生产出第一台橡皮囊成形机。相继 SABB 公司研制了实用型的橡皮囊液压成形机,并在 1963 年与 ASEA 公司合作,开发了 QUINTUS 液压机。此液压机采用钢带缠绕增强技术,减轻了成形机框架的重量,增强了液室的强度,至今这项技术仍在使用。1973 年,EI – sebaie 和 Mellor 对采用橡皮模隔离液体、液压作用于整个变形坯料的拉深工艺进行了研究[21,22]。

早在 20 世纪 50 年代,我国的航空厂就开始采用橡皮囊液压成形技术,但由于设备的限制,液压机的单位压力只有 8 ~ 40MPa,属于低压橡皮囊成形,成形效果不好,需要进行校形。北京航空航天大学较早地开展了这方面的研究,研制国内首台 Y – 6 型橡皮囊成形机,其机床压力筒为整体锻造筒;既而研制钢丝缠绕压力筒的 Y – 8 型、Y – 15 型橡皮囊成形机。合作研制的专业厂家是航空工业的川西机器厂,其产品最大单位压力可达到 115MPa,但由于台面小而浅,应用范围受到限制。目前,我国航空企业使用的橡皮囊液压成形机,多为直接从国外引进,广泛应用于机头、型号工程及民品等大型钣金零件成形。沈飞、西飞和成飞皆从瑞典 ABB 引进了橡皮囊液压成形机,为 20 世纪 90 年代的新产品,该机总吨位达到 7.7 万 t,最大液压力达到 100MPa。

1.3.2　充液成形技术阶段

Becher 于 1961 年提出液压机械拉深成形方法,并申请了发明专利[23]。1958

年,春日保男[24]首次提出将液压直接作用于毛坯上的强制润滑拉深法,即目前常说的充液拉深技术(Hydromechanical deep drawing),他在假设平面应变状态的条件下,给出了凹模圆角部分所能封住的液压数值并利用数学解析的方式解释了摩擦保持效果和溢流润滑效果。其后,在自然增压的条件下,又探讨了液室压力与板料厚度、凹模圆角、压边力、拉深比之间的关系,并推导出了生成溢流压力的理论公式,这是理论上系统地对充液拉深工艺的最早研究。并通过铝、软钢、黄铜等材料进行筒形件实验,预测拉深过程的液压变化趋势。随后,以色列的 Tirosh 等人推导出了液室液体溢流后流体压力分布公式。瑞典的 AP&T 公司于 20 世纪 60 年代开始充液拉深技术研究,现在已经能够提供专用的设备装置,图 1 – 12 为 AP&T 公司研制的充液拉深设备。最高液压力可达到 100MPa,加工板料直径可到 810mm,可用于复杂零件的成形。

1977 年,Larsen[25]等人给出了充液拉深过程中计算毛坯脱离凹膜圆角而产生溢流润滑所需液室压力和溢流液体在板材下表面的流体压力分布公式,并采用此工艺成形了复杂的马达罩。指出板材随着冲头的下降,当溢流压力到达时,油液从凹模与板材之间溢流并形成润滑,使得板材法兰区与凹模的摩擦力极低;同时危险部分从凸模圆角向凹模圆角转移,从而使得变形更加容易。1981 年,德国的 Buerk[26]等人研究了充液拉深成形后零件的精度及内部残余应力问题,发现如果选择适当的液室

图 1 – 12　AP&T 公司研制的
充液拉深设备

压力,那么成形后零件的板厚均匀,同心度及圆柱度都比传统的成形方法有大幅度的提高。如果液室压力增加,则成形件的残余应力降低。1984—1985 年,中村和彦和中川威雄[21,27 - 32]对筒形件和正方盒形件自然增压充液拉深所形成的缺陷进行研究。根据凸模圆角、凹模圆角两个破裂位置以及整个凸模行程的初始、中间和最后三个研究阶段把缺陷分为五种类型,对各种破坏类型与充液拉深等各种控制参数之间的关系进行了分析,并从材料参数、工艺参数等方面提出了提高成形极限的优化方法。同时对充液拉深过程中制件侧壁波浪纹的形成机理进行分析,认为该现象的出现是由于法兰下流体的不稳定流动造成液室压力的波动所引起的,指出凹模圆角是影响法兰处流体溢出的重要因素,可以通过加装溢流阀来保持压力稳定,以消除这一缺陷。对于方盒形件在拉深末期角部 E 型破裂,是由于拉深后期压力增加造成的,可以通过放大压边间隙以及溢流阀控制液室压力急剧上升这一途径解决。近来有学者又对液压"软"压边替代刚性压边的拉深进行尝试,并通

过对铝、钢、铜在不同厚度、不同摩擦条件下的实验给出了成功拉深的合理液压范围。1987 年,谷泽祥宏[33]针对各种充液拉深控制参数对成形件的影响进行研究,在对材料铝、软钢和不锈钢分析的基础上,认为液室压力越大,成形件精度越高,并且凸凹模间隙对成形精度的影响较大。1989—1991 年,哈尔滨工业大学郭斌和中村和彦等人[34,35]从板厚均匀性、同轴度、垂直度、直线度等几个方面对筒形件、盒形件和锥形件的充液拉深成形精度与液室压力和压边力的关系进行实验研究,分析了零件精度与各控制参数之间的关系。1994 年,丹麦工业大学的 Bay[36]和奥尔堡大学的 Anderson[37]等人接着对此种工艺进行研究,对锥形件、筒形件不同拉深比的破裂进行实验研究,确立了零件各拉深比下拉入深度时的临界破坏曲线。1995 年,Yang[38,39]等人对周向充液拉深方法作了一些改进。采用普通拉深和充液拉深相结合的方法拉制筒形件,因为后者的最优径向压力和最优液室压力有些差别,故使用了单独的周向加压系统,充液拉深后采用变薄拉深以得到良好的表面质量和均匀的筒壁最小壁厚分布。在实验中,筒形件的最大拉深比达到 4.46,成形件质量相当好。1995—1998 年,南洋理工大学 Thiruvarudchelvan[40]发明了液压辅助拉深新机构。通过该装置在实现周向充液拉深的同时液压辅助压边,其压边特征是初始压边力达到最大,随着拉深的进行,由于力平衡作用不断减小,可在单动压力机上一次拉制出最大拉深比为 3.5 的制件。1997 年,中村和彦等人[41]引入差温拉深思想,提出差温充液拉深技术,探讨温度对板材性能的影响,分析成形速度、成形温度、对向液压值对成形的影响,一次加工出拉深比为 3.4 的铝制件。1998 年,德国的 Siegert等[42]对于调整压边力做了一些工作,提出采用多点弹性压边圈,可实现非均匀压边,如图 1-13 所示,既而德国 Dortmund 大学研制开发了一台 100MN 的板料充液成形设备,这台设备采用了多点压边系统,专门用于具有复杂几何形状的大型覆盖件充液成形实验研究。1999 年,Hein[43]提出了成对液压成形工艺,如图 1-14 所示,这种工艺特点是液胀成形时,

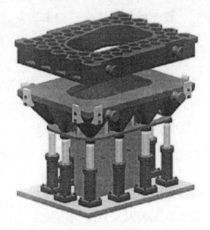

图 1-13　多点控制的压边装置

首先采用激光焊接技术将叠放的两块经过预成形和切边的坯料边缘焊接起来,然后放置在上下凹模上,压边后在两板间充液加压成形,其缺点是需要昂贵的激光焊接设备及技术或氢弧焊接设备及技术。

2000 年,Kleiner[44]提出了中间加压板的无焊缝成对液压成形新工艺,如图 1-15 所示。这种工艺由于采用了中间加压板(有加压管路与外部液压回路相连接,同时通往上下凹模腔),相当于两板料独立成形。同年,Leonid[45]提出多点压边系

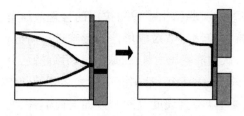 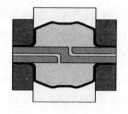

图1-14　周边焊接坯料成对液压成形　　图1-15　中间有加压板的成对液压成形

统,具有多个液压缸,每个液压缸由单独的比例阀伺服阀控制,当顶销作用在压边圈上的压力不同时,压边圈相应位置压边力也不同。这种系统,可以在成形过程中更好地控制板材的流动,提高成形极限和成形质量。但是这种技术相对常压边力液压成形而言,在结构上比较复杂。在充液成形过程中,板材变薄甚至破裂在很多时候是因为法兰区域压边力过大,使得变薄处或破裂处的材料在成形时得不到补偿所致,因此对不同区域压边力大小进行控制对成形过程有非常重要的作用。2003年,德国纽伦堡的Novotny和Geiger等人[46]对铝合金的热介质成形进行研究发现:模具温度和液体温度的高低不同影响着材料的拉深行为。用热的模具和相对较低的液体温度成形时,随着流动应力的降低成形过程中的拉深份额提高,但此时,应变没有明显增加;用热的液体和冷的模具成形时,在高的应变下,延展的性能提高,并在自行设计的热成形装置上进行了热介质成形试验。

　我国板材充液成形技术研究及应用起步比较晚,从20世纪70年代开始介绍该项技术的研究和发展情况,此后我国其他各院校和研究所开始从事对这项技术在薄板加工业中的应用研究,在充液拉深工艺参数、成形极限、成形机理等方面取得了一定的成果。1977年,安徽拖拉机制造厂用该工艺生产了"江淮"50型拖拉机的油底壳,这是我国首次应用该工艺于实际生产中。1982年,朱成康[47]对充液拉深成形机理、成形特征以及一些实例进行介绍,并就盒形件、锥形件充液拉深中的各种问题提出解决办法,得出了充液拉深在减少成形工序的基础上可获得高质量制品的结论。1984年,华南理工大学陈擎宇、黎厚芳[48]研究了自然增压、溢流阀限定液室压力的充液拉深方法,就拉深件质量与液体的压力的关系、制件形状对成形的影响以及自然增压拉深力和压边力的确定进行研究,成功地拉制出普通拉深需要三道次以上的抛物形零件。1986年,东北重型机械学院于清莲、杨煜生[49]研究了一般自然增压和带初压的自然增压条件下筒形件的成形条件,并对成形极限做了初步探讨。1991年,浙江大学朱磊等人[50]联合湖州机床厂对车灯反射镜成形工艺及筒形件深拉深工艺进行充液拉深试验研究,开发了传感器加比例元件的微机控制液压系统的200t双动薄板拉深液压机,并在该设备上进行了充液拉深成形实验研究。1991年,北京第一通用机械厂将充液拉深技术应用于空气压缩机上的油底壳成形,成功地制造出带有阶梯形状的复杂空间曲面盒形件,降低了模具设计与制造成本,节省了工序。1991 年,哈尔滨工业大学于连仲等人[51]通过对充液拉深的理论分析,认为充液拉深工艺是利用摩擦力作为中间手段,使应变强化、壁部增厚作用得以发挥,从而利用了流体润滑、应变强化及壁部增厚作用等这三个有利因素来提高成形极限。1995 年,淮南职工大学阎其凤、阎兴海[52]设计了一套带弹簧压边结构的充液拉深模,成功拉深出深矩形盒形件,避免了制件危险断面处严重变薄现象,既实现了理想的压边条件,又发挥了充液拉深的作用。1994—1997年,南昌航空工业学院孙卫和、刘志和等人[53]对外周带压力及二次反拉深的液压成形技术进行工艺实验研究,并对液压二次反拉深的变形机理进行探讨。将液压二次反拉深实验过程中所发生的破裂现象归纳为五类,讨论了其产生的原因和预防措施,得出了液压二次拉深能够极大地提高拉深变形程度并受一次拉深变形程度影响的结论。2003 年,山东工业大学赵振铎等人[54]对车灯反光罩充液拉深工艺进行研究,一次成形出常规工艺一次难以成形的具有复杂形状的工件。中科院沈阳金属研究所张士宏等[55,56]对板材零件成对液压成形工艺进行了理论分析与实验研究,提出了提高成形极限的措施,理论分析与实验结果吻合较好。燕山大学唐景林等人[57,58]对锥形件的充液拉深凸模肩部破裂、侧壁破裂进行研究,通过数值模拟和理论分析给出了避免破裂的压力—行程曲线,阐明锥形件侧壁挠度和起皱的抑制机理。

哈尔滨工业大学康达昌、郎利辉[59-61]等人成功研制了基于通用单动压力机的充液拉深设备,如图 1-16 所示,该机采用计算机控制的通用模架加超高压增压器方式的充液拉深设备,解决了实际应用中超高压问题,并根据工艺需要设计了高效节能的压边缸,液室压力和压边力可以根据设定曲线自动跟踪调节,具有很高的自动化程度,为充液拉深设备的国产化走出了一条新路。通过工艺实验与数值模拟,对筒形件、方盒形件、抛物线形件的成形进行了系统的研究,在避免成形缺陷、提高

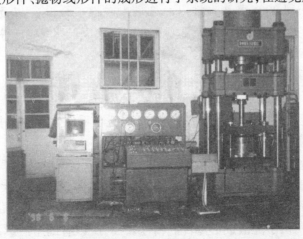

图 1-16　哈尔滨工业大学研制的基于通用单动压力机的充液拉深设备

成形极限方面积累了许多实际经验,得到具有重要价值的工艺参数,为充液拉深技术在我国生产实际中的应用奠定扎实基础。并且在充液拉深的基础上提出了充液变薄拉深新工艺,同时进行工艺实验研究,得出了一系列有价值的工艺参数。北京航空航天大学的郎利辉教授等人在自行研制的充液成形机上进行了大量实验研究,得到了液室压力等工艺参数对零件质量影响的规律,对于各个重要参数对成形结果的影响规律、成形极限的判别、材料模型的确立等基础理论工作进行了系统的研究,同时建立了基于通用单动液压机的模块化上压式充液成形技术平台,如图1-17所示,该设备主缸公称压力达到3500kN,液室最高工作压力高达120MPa,可实现变压边力控制,

图1-17 国内首台生产型
充液拉深设备

系统中采用PLC控制,可实现整个板材充液成形过程中的自动操作。此设备已成功地用于沈飞、西飞和上飞等企业的飞机复杂零件成形,取得了重大进展,显示了取代落锤成形的良好前景,为充液拉深设备的国产化和应用走出了一条新路[62-68]。

1.3.3　充液成形技术的应用

　　板材充液成形技术之所以在近年来得到了迅速的发展,主要是因为其有广泛的应用背景,首先得到了汽车、航空航天领域的认可,又在一些特殊零件的生产上得到了应用。汽车领域中采用充液成形技术来成形复杂薄壁结构零件和跑车、仿古车等小批量、多品种的产品,其中主要用于成形汽车覆盖件生产。典型的代表为GM公司2006年3月推出的批量生产跑车Solitice以及克尔维特Z06全铝充液成形概念车。图1-18就是应用板材充液成形技术成形得到的汽车发动机机罩。

　　在航空航天领域板材充液成形技术也得到了广泛的应用。图1-19是基于北京航空航天大学自行研制的充液拉深成形装备生产的飞机零件,目前这种充液柔性成形方法已经应用于国内多个飞机制造厂的钣金零件生产过程中,可以替代原有的落锤成形、普通冲压等生产方式。

　　除此之外板材充液成形的应用还有许多方面,图1-20是内压力支撑高压冲孔成形。另外,充液成形可以成形比较复杂结构的零件,可以成形大型环形板材零件,并且可以进行主/被动式复合成形。以充液成形技术为基础,一般还需要相应的后续机械加工,由于充液成形零件的精度较高,所以有助于后续加工的准确定位,成形零件整体精度较高[62]。

图 1 - 18　充液成形汽车发动机机罩(意大利 Muraro)

图 1 - 19　充液成形飞机零件

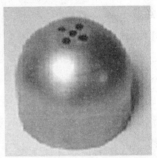

图 1 - 20　充液成形零件

1.4　板材热介质充液成形技术国内外研究现状

1.4.1　板材热介质充液成形技术国内外发展概况

2002 年,Groche 等[20]研究了铝合金的热介质成形技术,指出了三种提高拉深比的策略:①通过加热法兰来降低法兰处板材的流动应力;②通过形成软拉深筋来降低凹模圆角处的摩擦力;③通过增加凸模与板料之间的摩擦力来增加力的传递。

2003 年,德国斯图加特大学的 Siegert 等[69,70]利用热介质拉深和气胀实验,研究了 AZ31 镁合金的成形性能随温度升高而变化的规律。通过气压胀形确定了 AZ31 镁合金板在 250 ~ 350℃ 范围内具有很好的成形性能。进行了板材热介质充液拉深成形研究,指出:流体温度在 220 ~ 250℃ 范围内时,流体温度对等效应变的影响是较小的,随着凸模温度的增加,凸模接触区域板材的等效应变也随之增加。

2003 年,德国纽伦堡的 Novotny 等人[46]对铝合金的热介质成形进行研究发现:模具温度和液体介质温度的高低不同影响着材料的拉深行为。用热的模具和相对较低的液体温度成形时,随着流动应力的降低成形过程中的拉深份额提高,但此时,应变没有明显增加;用热的液体和冷的模具成形时,在高的应变下,延展的份额提高。并在自行设计的热成形装置上进行了 AA6016、AA5182 和 AZ31B 充液热成形试验,指出在室温下,早期的破裂发生在凹模圆角区域,当温度上升到230℃时,得到很好的拉深深度。通过系统的分析,作者认为铝合金的适宜成形温度在150~300℃,镁合金的适宜温度在180~260℃。

2004年,俄亥俄州立大学 OSU(Ohio State University)和 AES(Applied Engineering Solutions)以及 LLC 在能源部的资助下联合开发热介质成形技术[19]。在同年的美国赖特基金研究项目建议报告中提出两个重点的新方向:①快速凝固;②热介质成形,并将这个方向作为重点资助使其产业化的对象。由 Taylan Altan 领导的 ERC/NSM 在美国能源部 DOE 及国家科学基金 NSF 的支持下,正在进行铝合金及镁合金的热介质成形方面的研究。初步研究认为,镁合金和铝合金板材在200~300℃温度区间可以成形复杂的零件。

2006年美国密歇根大学 Nader Abedrabbo 等[71]利用半球头凸模研究了AA3003-H111铝合金的温热充液胀形试验发现:204℃时的成形深度比常温下提高37%;常温下的破裂常发生在凸模接触区域,当温度升高时,破裂区向法兰接触区移动,在117℃和204℃时,破裂发生在凹模接触区;用冷的凸模能得到更高的成形极限。

2009年,北京航空航天大学郎利辉、李涛等人[18]采用自主开发的国内首台板材热介质充液成形设备进行了筒形件热介质充液拉深成形,材料为 5A06-O,温度范围20~250℃。实验结果表明,随温度升高,材料成形性明显提高,250℃时拉深比达到2.7,成形筒形件如图1-21所示。

图1-21　不同温度筒形件拉深结果(从左至右温度依次为20℃、150℃、200℃、250℃)

2010年,北京航空航天大学郎利辉、赵香妮等人[72]通过对典型件温热充液成形实验件回弹量与相应的有限元模拟件回弹量进行了对比。通过有限元模拟,在其他工艺参数相同的条件下,研究了等温温度场和差温温度场对回弹量的影响规律,并在差温温度场下,保证其他工艺参数相同,研究了液室压力、压边力和拉深速度对典型件充液拉深成形回弹的影响规律。

1.4.2　板材热介质成形技术设备国内外研究现状

德国 M. Geiger 等人设计制造了专用的热介质成形装置[70]，如图 1 – 22 所示。热介质成形装置主要由初级液压单元、增压器、加热装置、高温高压阀、高温高压管路等构成。系统设计的最高压力 100MPa，最高加热温度 300℃。相对传统充液成形的模具，热介质成形的模具及工装有以下几方面的不同：模具的加热，隔热以及冷却；温度的测量与控制；热态介质的防护；蒸汽收集和过滤系统。

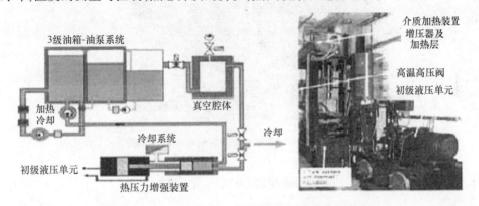

图 1 – 22　充液热介质成形装置图

研究还认为，在板料热介质成形中，仅用油来加热坯料是不够的，因为法兰区的材料和压边圈接触，很难达到足够的温度，从而使法兰处材料很难进入型腔。而且，模具的比热容要比介质的比热容高很多，所以模具的加热对整个成形有很大影响。因此，不论是板料成形还是管材成形，都要对模具进行加热。加热可以采用电加热方式，而温度的测量与控制通过安装在模具上的热电偶实现。热态介质的蒸发需要采用挡板以及抽气机进行防护。模具的加热也可以采用循环的热油来实现，从而使得模具和坯料之间的温度梯度（温差）不会太大，同时不需要在模具中设置复杂的电加热装置。

2007 年，北京航空航天大学郎利辉教授课题组成功开发出 880t 热介质成形设备并调试成功[18]（图 1 – 23）。板材热介质成形设备分为三部分：通用双动液压机机架、加热冷却系统和板材充液成形装置。加热是由加热室、底部加热板及模具上加热块来实现，主缸横梁、压边横梁、下底板，以及增压缸部分均装有冷却装置。模具和液室安装在加热室内，液体压力靠连接加热室外的增压器来提供。装置显著功能有：①液室压力和压边力能够实现实时控制；②液室压力可在 0 ~ 100MPa 范围内连续变化；③主油缸能够在板料破裂时立刻停止；④非充液状态温度达900℃，充液拉深温度达 350℃。

图 1 – 23　北京航空航天大学研制的热介质成形设备[18]

1.4.3　板材热介质成形材料性能测试研究现状

针对板材热介质成形及无温度影响的室温下冷介质充液成形,液压胀形实验获得的材料性能参数与传统单向拉伸实验获得材料性能相比更加贴近充液成形实际情况,相对于刚模胀形实验,液压胀形最大的优点在于无摩擦,充分展现材料充液成形性能。胀形试验双向受力,有别于单向拉伸试验的单向应力状态,且胀形试验没有颈缩现象,其破裂应变为单向拉伸的 2 倍左右。试验中记录液体压力和胀形高度以计算材料流动应力[73],胀形试验获得的应力应变曲线与单拉试验获得应力应变曲线对比如图 1 – 24 所示。

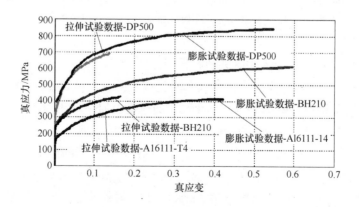

图 1 – 24　胀形试验与单拉试验获得应力应变曲线对比图[73]

2002 年，Groche[20] 通过热态液压胀形实验获得了铝合金 AlMg4.5Mn 与 AlMg0.4Si1.2 不同温度与应变率下应力应变曲线，与单向拉伸相比，应变大、成形极限高，如在 200℃，胀形实验应变为 0.65，强度极限 280MPa，而单拉分别为 0.24 与 201MPa，这样便减少了单拉实验数据外推插值造成的误差，对于板材热介质成形工艺而言，热胀形实验获得的材料模型更加合适。在胀形实验测试中，胀形应变率由流速确定。除此之外，不同润滑剂热成形下摩擦因数经板条拉伸实验机测定，通过测量冷热模具与试样温度，由集中热容方法测定热传导系数。

2008 年，Kaya 等[74] 对镁合金 AZ31 - O 进行了热态胀形实验，温度范围 25 ~ 225℃，应变率为 0.25s⁻¹ 和 0.025s⁻¹，不同胀形高度的隆起轮廓由 CMM 测量，曲率半径运用最小二乘法拟合得到，结果表明，在 0.025s⁻¹ 与 225 ℃情况下，获得的应变为 0.7，相近应变率与温度下，单拉应变为 0.3；在胀形高度 25mm 内，厚度和半径的解析模型的计算结果与实验符合得很好，当高度大于 30mm 时，厚度误差 8%，半径误差 6%。

2009 年，S. Mahabunphachai[75,76] 设计和制造了热态胀形应力应变曲线实验装置，由 4 个子系统（液压气动系统、胀形模具、加热系统、非接触测量系统）组成，其装置图 1 - 25 所示。PID 控制器将传感器监测的试件圆顶高度与预先计算的高度对比，控制信号控制泵的输入压力和流速来调节试样胀形高度。实验中对 Al5052 与 Al6061 铝合金进行了 300℃热胀形实验与单拉实验，结果表明，单拉获得极限应变小于热胀形（如 Al6061，单拉 < 15%，热胀形 30% ~ 60%），金相实验表明，高温下流动应力减小是由位错热激活运动造成的。

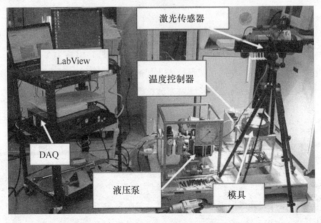

图 1 - 25　热态胀形实验工装[75,76]

1.5　发 展 趋 势

板材充液成形技术为先进制造技术领域研究热点，其主要发展趋势表现在以下几点：

（1）如何评价材料对充液成形工艺的适应性是亟待解决的问题。除化学成分外，模具及成形件的几何形状、变形区应变状态都对坯料的成形性有影响，因此，利用有限元分析、计算机辅助设计和数值模拟系统，开发预测材料充液成形性能的测试系统非常重要。

（2）继续完善工艺理论和实验研究，综合考虑设计结构、工艺参数的影响，进一步加强工艺控制，推动充液成形技术的不断发展。

（3）随着生产过程自动化程度的提高，对工艺智能化的要求越来越高。不断改进控制技术，通过配备自动换模装置、连续送料自动装置，实现快速充液及快速开合模具来克服充液成形工艺的缺点，并且使充液成形工艺能与辅助工序或前、后加工工序集成，进一步提高生产效率及自动化程度。

（4）流体压力诱导的厚度法向应力是充液成形技术提高成形性的一个重要因素。考虑厚度法向应力的板材成形性材料性能获取、对损伤因子的影响、成形极限实验测定、回弹及模具型面补偿技术等，现有方法均受到严重的考验，迫切需要基于该工艺特性的创新性实验方法。

（5）在流体压力复杂成形的工艺特征下，创新性的工艺方法如充液冲击成形、管板复合成形技术、热介质隔膜成形技术等，将作为某些特定领域不可替代的技术得到广泛发展。

参 考 文 献

[1] LANG L H, WANG Z R, KANG D C, et al. Hydroforming highlights: Sheet Hydroforming and Tube Hydroforming[J]. Journal of Materials Processing Technology, 2004, 151(1 – 3): 165 – 177.

[2] 李涛，郎利辉，周贤宾. 先进板材液压成形技术及其进展[J]. 塑性工程学报，2006, 13(3): 30 – 34.

[3] 郎利辉，张士宏，康达昌. 板液压成形及无模充液拉深技术[J]. 塑性工程学报，2002, 9(4): 26 – 30.

[4] AMINO H, NAKAMURA K, NAKAGAWA T. Counter – Press Deep Drawing and its Application in the Forming of Automobile Parts[J]. J Mater Proc Technology, 1990, 23: 243 – 265.

[5] ZHANG S H, DANCKERT J. Development of Hydro – Mechanical Deep Drawing[J]. Journal of Materials Processing Technology, 1998, 8(3): 14 – 25.

[6] 戴美云，张和兴. 橡皮囊液压成形零件常见缺陷分析. 航空制造工程，1997, 2: 27 – 28.

[7] 戴美云，周贤宾. 高压橡皮囊成形工艺及应用(上). 航空制造工程，1994, 9: 13 – 15.

[8] ULSAB Electronic Report[R]. Pittsburgh: American Iron and Steel Institute, 1998.

[9] ULSAB Electronic Report [R]. American Iron and Steel Institute, October 1998.

[10] ハルヒ保男，野崎徳彦. 圧力潤滑深に絞ってり法. 日本の機械学会という論文集[C], 1958, 24(146): 728 – 731.

[11] 郎利辉，张士宏，康达昌. 板液压成形及无模充液拉深技术[J]. 塑性工程学报，2002, 9(4): 26 – 30.

［12］ VOLLERTSEN F. Hydroforming of Aluminum Alloys Using Heated Oil［C］. Proceedings of the Ninth International Conference on Sheet Metal, Leuven, 2001：157 – 164.

［13］ 康达昌，郎利辉，张士宏. 充液拉深工艺的研究［J］. 哈尔滨工业大学学报,2000, 32(5)：42 – 44.

［14］ 中村和彦，中川威雄. 対油圧を利用した周油圧深に絞り(J). 塑性と加工を,1985,26(288)：73.

［15］ 佐藤方春. 型費削減多様な少量への対応で動きだした油圧成形加工ブレス技術［J］. 1981, 19(9)：56 – 65.

［16］ ZHANG S H. Developments in Hydrofoming［J］. Journal of Materials Processing Technology. 1999, 9(1)：236 – 24.

［17］ LANG L H, LI T, AN D Y, et al. Investigation into hydromechanical deep drawing of aluminum alloy – Complicated components in aircraft manufacturing. Mater Sci Eng A, 2009, 499(1 – 2)：320 – 324.

［18］ 李涛. 难变形材料温热介质充液成形新技术及其装备关键技术研究［D］. 北京：北京航空航天大学机械工程及自动化学院, 2010.

［19］ NEUGEBAUER R, ALTAN T, GEIGER M, et al. Sheet Metal Forming at Elevated Temperatures［J］. CIRP Annals – Manufacturing Technology. 2006, 55(2)：793 – 816.

［20］ GROCHE P, HUBER R, DOERR J, et al. Hydromechanical Deep – Drawing of Aluminium – Alloys at Elevated Temperatures［J］. CIRP Annals – Manufacturing Technology. 2002, 51(1)：215 – 218.

［21］ 中村和彦. 金属薄板の油圧に閉るよ成型に研究. 日本の千葉工業大学博士論文, 1985.

［22］ EI – Sebaie, Mellor. Plastic Instability Condition When Deep Drawing into a High Pressure Medium. Int. J. Mech. Sci. , 1973, 15：485 – 495.

［23］ BECHER H J, Bensman G. Further Development in Hydromechanical Deep Drawing. Developments in the Drawing of Metal Society of London. 1983：272 – 278.

［24］ ハルヒ保男，と野崎徳彦. 圧力潤滑深に絞ってり法. 日本の機械学会という論文集［C］,1960,26 (169)：1290 – 1298.

［25］ LARSEN B. Hydromechanical Forming of Sheet Metal［J］. Sheet Metal Industries, Feb 1977, (2)：162 – 168.

［26］ BUERK E. Hydromechnical Drawing［J］. Sheet Metal Industries,1966,43(474)：787 – 794.

［27］ 中村和彦，中川威雄. 対油圧を利用した周油圧深に絞り［J］. 塑性と加工,1985,26(288)：73.

［28］ 中村和彦. 金属薄板の対油圧法. プレス技術, 1985, 25(9)：101 – 106.

［29］ 中村和彦，中川威雄. 対油圧を利用した周油圧深に絞り［J］. 塑性と加工,1985,26(290)：284.

［30］ 中村和彦，中川威雄. 対油圧を利用した周油圧深に絞り法. 日本塑性加工春,1982：289.

［31］ 中村和彦，中川威雄. 対油圧深に絞ってり法の抑制のための機構である. 塑性と加工, 1984, 284 (25)：831 – 838.

［32］ 中村和彦，中川威雄，四角筒の油圧に深絞りにぉけろ破裂抑制機関［J］. 塑性と加工, 1985, 298 (26)：1110 – 1116.

［33］ 谷沢祥宏である, 対油圧法にょる高精度加工［J］. プレス技術, 1987, 25(5)：83.

［34］ 郭斌, 中村和彦. 完成品の形の精度にぉぼすの油圧の効果［J］. 日本の40 回編集加さえを話していた,1989：13.

［35］ 中村和彦,郭斌. 圆筒絞ってり物の形の精度に及ほす対油圧の影响［J］. 塑性と加工,1991. 32 (367)：1029 – 1035.

［36］ BAY N, etc. Forming Limits in Hydromechanical Deep Drawing［J］. Annals of the CIRP, 1994, 43(1)：

253 – 256.

[37] ANDERSON J F. Shape Accuracy and Parameters Influencing the Shape Accuracy Using Conventional and Hydro – mechanical Deep Drawing. IDDRG'94 – Lisbon, May 16 – 17(1994): 545 – 552.

[38] YANG D Y, KIM J B and WLEE D. Investigation into Manufacturing of very Long Cups by Hydromechanical Deep – drawing and Ironing with Controlled Radial Pressure[J]. Annals of the CIRR 1995, 44(1): 255 – 258.

[39] YANG D Y, JUNG D W, SONG I S, et al. Comparative Investigation into Implicit/Explicit and Iterative Implicit/Explicit Schemes For the Simulation of Sheet – Metal Forming Processes[J]. Materials Processing Technology,1995,50(1):39 – 53.

[40] THIRUVARUDCHELVAN S, WANG H B. Hydraulic Pressure Enchancement of the Deep Drawing Process to Yield Deeper Cups[J]. J. Mater. Process. Technol, 1998, 82:156 – 164.

[41] 中村和彦. 对向油圧深绞り法と温間深绞り法[J]. 塑性と加工, 1997, 38(437):8 – 13.

[42] SIEGERT K, HOHNHAUS J, WAGNER S. Combination of hydraulic multipoint cushion system and segment-elastic blank holders[J]. SAE – Paper No. 980077,1998.

[43] HEIN P, VOLLERTSEN F. Hydroforming of Sheet Metal Pairs [J]. Journal of Materials Processing Technology,1999,87(1):154 – 164.

[44] KLEINER M, KOLLECK R, RAWER J, et al. Die – less forming of Sheet Metal Parts[J]. Journal of Materials Processing Technology ,2000.103(1):109 – 113.

[45] LEONID B. SHULKIN R A. Posteraro, Mustafa A. Ahmetoglu. Blankholder force (BHF) control in viscous pressure forming of sheet metal [J]. Materials Processing Technology , 2000,98(1):7 – 16.

[46] NOVOTNY S, GEIGER M. Process design for hydroforming of lightweight metal sheets at elevated temperatures[J]. Journal of Materials Processing Technology,2003.138(1): 594 – 599.

[47] 朱成康. 对向液压成形的应用[J]. 锻压机械, 1982, 2: 39 – 45.

[48] 陈擎宇, 黎厚芳. 自然增压对向液压拉延工艺[J]. 新技术新工艺, 1984, 5: 14 – 16.

[49] 于清莲, 杨煜生. 对向液压拉深法实验研究[J]. 东北重型机械学院学报, 1986, 3:66 – 71.

[50] 朱磊, 邵大文, 陈宏星. 液压对向成形技术研究[J]. 锻压机械, 1991, 6: 37 – 40.

[51] 于连仲, 朱炳钦, 房金妹, 等. 充液拉深高成形极限的三个原因. 中国机械工程学会锻压学会第五届学术年会论文集, 北京, 1991: 897 – 900.

[52] 闫其凤, 闫兴海. 一种新型的充液拉深模[J]. 机械工人, 1995, 5: 16.

[53] 孙卫和, 刘志和, 熊洪淼. 液压二次拉深破裂问题讨论[J]. 锻压技术, 1997, 4: 14 – 17.

[54] 赵振锋, 于艳秋, 贾玉熙. 车灯反光罩充液拉深工艺的研究[J]. 锻压技术, 1998, 3:36 – 37.

[55] 张士宏, 尚彦凌, 郎利辉, 等. 用动态显式有限元法对板材成形进行计算机模拟[J]. 塑性工程学报, 2001, 8(1): 19 – 24.

[56] 张士宏, 许沂, 王忠堂. 塑性加工技术的新进展[J]. 锻压技术, 2001, 6: 58 – 61.

[57] 唐景林. 圆锥形零件充液拉深数值模拟研究[J]. 燕山大学学报, 1997, 23(3):209 – 211.

[58] 唐景林. 圆锥形零件充液拉深过程中的上限液池压力[J]. 机械工程学报, 2002,38(2): 131 – 133.

[59] 康达昌, 郎利辉, 孟晓峰, 等. 一种新型高效节能液压缸[J]. 锻压装备,1998, 5:15 – 16.

[60] 康达昌, 郎利辉, 孟晓峰. 通用充液拉深模架型式的充液拉深装备[J]. 塑性工程学报,1997.4(3): 21 – 24.

[61] 康达昌,郎利辉,张士宏,等. 充液拉深工艺的研究[J]. 哈尔滨工业大学学报, 2000, 32 (5):42 – 44.

24

[62] 郎利辉, 李涛, 周贤宾, 等. 先进充液柔性成形技术及其关键参数研究[J]. 中国机械工程, 2006, 增刊 (17):19-22.

[63] 郎利辉, 孟晓峰, 康达昌, 等. 充液拉深超高压压力控制系统关键技术的研究[J]. 塑性工程学报, 1998, 9(3):77-84.

[64] 郎利辉, 苑世剑, 王仲仁. 管件内高压成形及其在汽车工业中的应用现状[J]. 中国机械工程, 2004, 15(3): 268-271.

[65] 郎利辉, 苑世剑, 王仲仁. 内高压液力成形缺陷的产生及其失效分析[J]. 塑性工程学报, 2001, 2(8): 30-35.

[66] 郎利辉, 苑世剑, 王仲仁, 等. 防锈铝变径管内高压成形过程数值模拟[J]. 中国有色金属学报, 2001, 11(2): 211-216.

[67] 郎利辉, 张士宏, 康达昌. 板液压成形及无模充液拉深技术[J]. 塑性工程学报, 2002, 9(4): 26-30.

[68] 郎利辉. 充液拉深工艺及其装备关键技术的研究[D]. 哈尔滨:哈尔滨工业大学, 1998.7.

[69] SIEGERT K, JAGER S, Vulcan M. Pneumatic Bulging of Magnesium Az31 Sheet Metal at Elevated Temperatures[J]. CIRP Annals – Manufacturing Technology. 2003, 52(1): 241-244.

[70] SIEGERT K, JAGER S. Warm forming of magnesium sheet metal[A]. March 2004, Detroit, MI, 2004, (1):1043.

[71] ABEDRABBO N, POURBOGHRAT F, CARSLEY J. Forming of Aluminum Alloys at Elevated Temperatures-Part 2: Numerical Modeling and Experimental Verification[J]. International Journal of Plasticity, 2006(22): 342-373.

[72] 赵香妮. 铝合金充液热介质成形有限元模拟及其过程控制[D]. 北京:北京航空航天大学机械工程及自动化学院, 2010.

[73] AUE – U – LAN Y, ALTAN T. Warm Forming Magnesium, Aluminum Tubes – A High Temperature Process for Light Weight Alloys[J]. Tube and Pipe Journal, 2006: 36.

[74] KAYA S, ALTAN T, Groche P. et al. Determination of the Flow Stress of Magnesium Az31 – O Sheet at Elevated Temperatures Using the Hydraulic Bulge Test[J]. International Journal of Machine Tools & Manufacture, 2008, 48: 550-557.

[75] MAHABUNPHACHAI S. A Hybrid Hydroforming and Mechanical Bonding Process for Fuel Cell Bipolar Plates [D]. Michigan: University of Michigan, 2008.

[76] MAHABUNPHACHAI S. KOc M. Investigations On Forming of Aluminum 5052 and 6061 Sheet Alloys at Warm Temperatures[J]. Materials & Design, 2010, 31(5): 2422-2434.

第2章 本构方程、屈服准则及断裂准则

2.1 本构方程

2.1.1 本构方程定义与分类

本构方程(Constitutive Equation),又称状态方程,描述与材料结构属性相关的力学响应规律,表征为应力应变关系。影响材料常温以及温热变形过程的流动应力因素很多,大致分为内因和外因两类。内因主要有金属的化学成分、晶粒尺寸、组织结构等;而外因主要有应变速率、应变等,加热情况下的外因还有变形温度等因素。室温与热介质充液成形过程的本构方程的主要区别在于加热成形时考虑了温度的影响,如果把热介质充液成形中的材料本构方程中的温度因素去掉,就变成了常温充液成形的本构方程,故本章主要考虑加热情况下的材料本构方程。

热介质成形过程中,通过热变形过程中金属内部的组织变化(如加工硬化、动态回复、动态再结晶、静态回复,静态再结晶等)影响流动应力的大小。这些内因和外因对流动应力的影响可用下述关系表达[1]:

$$\sigma = \sigma(x\%, d, \rho, T, \varepsilon, \dot{\varepsilon}, t, \cdots) \tag{2-1}$$

式中:$x\%$ 为金属的化学成分;d 为晶粒尺寸;ρ 为位错密度;T 为变形温度;ε 为应变;$\dot{\varepsilon}$ 为应变率;t 为多道次间隔时间;σ 为流动应力。

建立金属板材热环境下相应材料变形模型需要力学、数学、物理学、金属学等多学科交叉的知识融合,涵盖从原子尺度到连续介质宏观层面多尺度微宏观信息,如图 2-1 所示。原子尺度模型用于检验晶粒尺度下晶格缺陷的结构与性质;中间尺度模型,如晶粒尺度的静态与动态离散位错、多晶体塑性等,该类模型需要专业科学和计算知识;连续介质模型描述的是宏观尺度问题,最典型的是应力应变曲

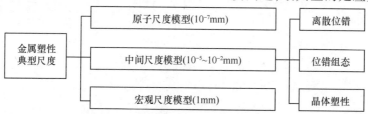

图 2-1 金属塑性成形典型尺度分类[1]

26

线,如果不与小尺度范畴耦合分析,就不能反映微观现象。

从材料尺度角度来看,最为熟知且应用广泛的是以实验数据为基础的经验模型,也可以是应用科学理论预测材料性能的物理模型或微观模型;若以建模依据的理论为出发点,可以是以热力学不可逆耗散结构为框架的热力学理论建模方法,或是唯象理论、内变量理论等。事实上,本构方程往往融合了多种方法及多种理论基础,下面以经验模型、物理模型、微观模型、统计模型、唯象模型、热力学模型及内变量模型等金属热成形材料模型进行分类介绍。需要注意的是,每种模型或多或少交叉了其他模型的方法或理论,如物理模型中很多模型是基于内变量理论建立的。

2.1.2　经验本构模型及建模方法

流变学模型是宏观经验模型,流动应力是当前变形参数的函数。这些模型是严格意义上的宏观尺度模型,其表达式不能反映变形过程中的任何物理现象,其材料常数通过试验数据拟合而来,因此不具有任何物理意义[2,3]。最早提出的经验解析模型,无论冷或热变形,流动应力是应变或应变率单变量函数。由于测试实验仅获得必要的宏观参数,由这些参数构成的本构方程对实验数据范围内的应力应变曲线拟合准确度较高,但数据有效区间外的变化趋势预测只能采用外插法,预测精度不高。故该类模型的通用程度有限,但较其他模型使用得多,原因在于材料常数易通过常规实验获得且便于植入有限元分析软件中。

经验模型在表达形式上多表现为幂指函数,如表 2-1 中 Ludwik、Hollomon 经典方程是应变幂函数,此类方程构成基本框架,形成后续的 Swift 方程等,包括考虑应变率影响的 Fields Backofen 经典方程及其扩展形式,这些方程均为该形式。如果考虑热环境下高温的影响,温度作为宏观参数通过幂指函数形式对 Fields Backofen 方程进行扩展,如表 2-1 中的 Zuzin、Litonsk、Klepaczko、井上升郎等,该类方程的一般形式为

$$\sigma = \alpha_1 f_1 (\alpha_2 \varepsilon)^{g_1} f_2 (\alpha_3 \dot{\varepsilon})^{g_2} f_3 (\alpha_4 T)^{g_3} \qquad (2-2)$$

式中:α_1、α_2、α_3、f_1、f_2、f_3、g_1、g_2、g_3 均为 $\varepsilon, \dot{\varepsilon}, T$ 的函数。如 Grosman 方程原始形式如下:

$$\sigma = C \varepsilon^n \exp(n_1 \varepsilon) \dot{\varepsilon}^m \qquad (2-3)$$

式中:n 为应变强化指数;m 为应变速率敏感性指数。其扩展形式[4]为

$$\sigma = C \varepsilon^n \exp(n_1 \varepsilon) \dot{\varepsilon}^m \exp(\alpha_1 T)$$

$$\sigma = C \varepsilon^n \exp(n_1 \varepsilon) \dot{\varepsilon}^{(m+bT)} \exp(\alpha_1 T)$$

$$\sigma = C \varepsilon^{(n+b_2 T)} \exp(n_1 \varepsilon) \dot{\varepsilon}^{(m+bT)} \exp(\alpha_1 T)$$

$$\sigma = C \varepsilon^n \exp\left(\frac{n_1 \varepsilon}{\varepsilon_m}\right) \dot{\varepsilon}^{(m+bT)} \exp(\alpha_1 T)$$

$$\sigma = C\varepsilon^n \exp\left(\frac{n_1}{\varepsilon}\right)\dot{\varepsilon}^{(m+bT)}\exp(\alpha_1 T)$$

$$\sigma = C\varepsilon^n \exp\left(\frac{n_1}{\varepsilon}\right)\dot{\varepsilon}^{(m+bT)}\exp(\alpha_1 T)T^\alpha$$

表 2-1　常用经验模型汇总

序号	经验模型		特　征
1	Ludwik(1909)[5]	$\sigma = \sigma_0 + K\varepsilon^n$	幂函数强化模型,应力随应变增加表现为单调增函数
	Hollomon(1945)[6]	$\sigma = K\varepsilon^n$	
	Swift(1952)[7] Ludwigson(1971)	$\sigma = K(\varepsilon + \varepsilon_0)^n$	
	Fields Backofen(1957)[8]	$\sigma = K\varepsilon^n\dot{\varepsilon}^m$	
	Grosman(1996)	$\sigma = K\varepsilon^n\dot{\varepsilon}^m e^{n_1\varepsilon}$	
2	Zener Hollomon (1944)[9]	$Z = \dot{\varepsilon}e^{\frac{Q}{RT}}$	温度补偿变形速率因子
3	Voce(1948)[10]	$\sigma = \sigma_S - (\sigma_S - \sigma_1)e^{-\frac{\varepsilon - \varepsilon_1}{\varepsilon_c}}$	在应力趋于饱和时表现出色,关联硬化曲线第3阶段,动态再结晶型
4	Laasraoui – Jonas(1991)[11]	$\sigma^2 = \sigma_s^2 + (\sigma_0^2 - \sigma_s^2)e^{-\Omega\varepsilon}$	峰值应力前的应力模型
5	Kocks(1976)[12]	$\sigma_S = \sigma_{S0}\left(\frac{\dot{\varepsilon}}{\dot{\varepsilon}_{S0}}\right)^{\frac{KT}{\mu b^3 A}}$	含微观信息
6	Perzyna(1973)[13]	$\sigma = \sigma_s\left[1 + \left(\frac{\dot{\varepsilon}^p}{\gamma^*}\right)^{1/n}\right]$	过应力模型
7	Garofalo(1966)[14]	$\dot{\varepsilon}_s = B\theta'\left[\sinh(A\sigma_s)\right]^n$	稳态蠕变流动方程
8	Sellars – Target(1966)[15]	$\dot{\varepsilon} = A\left[\sinh(\alpha\sigma)\right]^n e^{-\frac{Q}{RT}}$ $\dot{\varepsilon} = A_1\sigma^m e^{-\frac{Q}{RT}}\alpha\sigma < 0.8$ $\dot{\varepsilon} = A_2 e^{\beta\sigma}e^{-\frac{Q}{RT}}\alpha\sigma > 1.2$ $\alpha = \frac{\beta}{m}$	Arrhenius型方程认为热加工为热激活过程,适用于稳态流变与峰值应力状态下,单增曲线,但不包含应变
9	Zuzin(1964)[16]	$\sigma = \alpha_1\varepsilon^n\dot{\varepsilon}^m e^{-bT}$	适用于单增函数,动态回复型。适于计算峰值前的行为,对稳态阶段的流变应力不再适用 $\sigma = \alpha_3\varepsilon^n\dot{\varepsilon}^m e^{-cT-d\varepsilon}$[17]动态再结晶型,适用于先增后减
10	Litonsk	$\sigma = \alpha_2\varepsilon^n\dot{\varepsilon}^m T^{-\gamma}$	
11	Klepaczko(1987)[18]	$\sigma = \alpha_3(T)\varepsilon^{n(T)}\dot{\varepsilon}^{m(T)}$	
12	井上升郎[19]	$\sigma = \alpha_0\varepsilon^{\alpha_1}\dot{\varepsilon}^{\alpha_2 T}e^{\frac{\alpha_3}{T}}$	
13	Johnson – Cook(1983)[20]	$\sigma = (A + B\varepsilon^n)\left[1 + C\ln\dot{\varepsilon}^*\right]\left[1 - (T^*)^m\right]$ 分段函数,适于大变形、高温高应变速率条件	

28

序号	经 验 模 型	特　征
14	动态软化的流变应力 Sellars (1966)[48]	$\sigma = \sigma_e - \Delta\sigma$ $\sigma_e = \sigma_p\left[1 - e^{-c\varepsilon}\right]^m$ $\Delta\sigma = (\sigma_p - \sigma_s)\left\{1 - \exp\left(-k\left(\dfrac{\varepsilon - \alpha\varepsilon_p}{\varepsilon_n}\right)^{m'}\right)\right\}$
		适用于先增后减的曲线，动态再结晶型

注：$\dot{\varepsilon}^* = \dfrac{\dot{\varepsilon}}{\dot{\varepsilon}_0}$；$T^* = \dfrac{T - T_{room}}{T_{melt} - T_{room}}$；$n$ 为硬化指数；m 为软化指数

基于热成形分段本构模型的思想，对温热充液成形本构建模时，把递增段（应变强化段）、稳态段和递减段（软化段）在不同的应变区间上分开建模。把每条曲线按照屈服应力 $\sigma_{0.2}$、峰值应力 σ_p、饱和应力 σ_s、断裂应力 σ_{crack} 为分界点分成三段或四段，在每段上选择最能表现其特性的经验本构模型，分别建模后再拼装成一条曲线，需要考虑过渡点的一阶连续性，如图 2 - 2 所示。由于要考虑分界点上的连续性，故 f_1、f_2 应为某个区间内具有极值的函数。

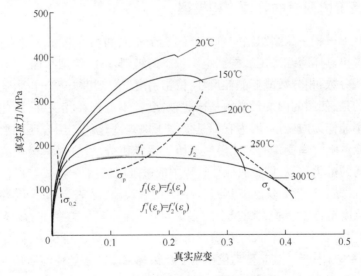

图 2 - 2　分段本构构造示意图

Sellars 等[21] 在分析材料发生动态再结晶过程中流动应力方程时，认为方程为 $\sigma = \sigma_e - \Delta\sigma$ 中 $\sigma_e = \sigma_p(1 - e^{-c\varepsilon})^m$ 描述加工硬化和动态回复过程应力变化规律；$\Delta\sigma = (\sigma_p - \sigma_s)\left\{1 - \exp\left(-k\left(\dfrac{\varepsilon - \alpha\varepsilon_p}{\varepsilon_n}\right)^{m'}\right)\right\}$ 描述峰值应力后材料因发生动态再结晶而引起的材料软化的应力应变规律。

$\sigma = \alpha_1 \varepsilon^n \dot{\varepsilon}^m e^{-bT}$ 此类模型为动态回复型，从数学表达式性质来看，是单调递增

的,不能描述因材料软化而造成曲线宏观表现的下降。采用两增函数所描述的硬化曲线差值来描述软化的应力,且同样为增函数,两增函数相减即为所要获得应力应变曲线,示意图如图 2 - 3 所示。

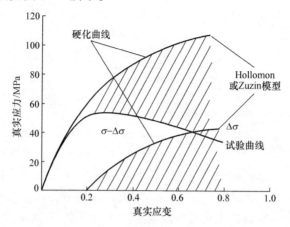

图 2 - 3   硬化本构相减获得软化本构示意图

2.1.3   基于内变量的物理本构模型

金属成形过程中的组织结构可以通过多个不同的内部状态变量来描述,状态变量的选择由具体问题决定。根据组织状态的级别,可以选用晶粒尺寸、不同类型晶粒的体积分数、相分数或亚晶粒尺寸、位错密度、第二相粒子等作为内变量参数。值得指出的是,使用的内变量必须是彼此独立的,不能存在相关性,因此变形能和流变应力不能作为内变量,因为它们是依赖于组织变化的。用合适的数值方法将描述状态变量随时间变化的等式沿变形历史逐步积分,建立材料微观组织与变形工艺参数间的量化关系,即金属成形过程中的微观组织演变[22]。与经验解析模型不同,物理模型表达形式反映变形过程中的物理现象,见表 2 - 2。该类模型通常涉及原子尺度至连续介质宏观尺度的多个尺度,且大多是内变量的函数。模型 1 和 2 中,内变量是平均晶粒尺寸和动态再结晶分数;模型 3 和 6 中,内变量是位错密度;模型 4 中,内变量是非移动位错密度及错林密度。该类模型通常由两种方程构成,S_1、S_2,…为彼此独立的内变量,T 为瞬时温度。

$$\dot{\varepsilon} = f(\sigma, T, S_1, S_2, \cdots)$$

$$\frac{\mathrm{d}S_i}{\mathrm{d}t} = g(\sigma, T, S_1, S_2, \cdots)$$

其中,第一个方程是动力学方程,计算外部应力对应变率、温度及其他状态变量的响应;第二个方程是内变量的演化方程。由于物理模型以科学理论为基础,与经验解析模型相比,内插与外插预测精确程度高且通用性好。但该类模型需要大量实验数据支持,包括微观金相观察及材料常数的确定。过于复杂的模型实用性差,通常不能直接获得位错密度等微观信息。逆分析常用来确定材料常数,但对基本现象描述上不够准确。这类模型难于植入到有限元软件中,难点不是模型结构问题,而是结构演化方程。物理模型的运用需要专业科学知识及计算能力,在工业者使用水平之上。

在涉及热环境的制造过程中,位错堆积、动态回复与再结晶中亚晶粒与规则亚晶界形成等材料微观结构演化影响材料的变形行为。对于高层差能的面心立方铝合金材料,仅发生动态回复且足以完全平衡变形造成的硬化。基于粘塑性理论单一内变量本构模型用于模拟升温状态下回复及变形热导致的金属软化,可以实现应力应变曲线峰值后应力下降。热扭转与拉伸、压缩材料性能实验相比更适合大应变变形。高温下经历动态回复的材料微观结构演变表明,位错密度增加、位错对消失、等轴晶结构形成直至稳态亚晶结构完成,宏观上表现为稳态流动应力。温度升高将导致应力下降,原因在于位错热激活交错滑移与位错攀移。应变率增大将提高位错生成速率并缩短回复过程时间,导致回复的亚晶粒减少,即表现为高应力。回复速率还与材料纯度、固溶程度、晶粒分布等有关,可通过材料常数或内变量在本构模型中表现出来[23]。

表 2 - 2 物理模型小结

序号	物 理 模 型	特 征	
1	Bariani[24]	$\sigma = K \cdot Ln\left(\dfrac{T^{P_1}}{D_0^{P_0}}\right) \cdot \dfrac{\left(1 + \left(\dfrac{\varepsilon}{\varepsilon_p}\right)^2\right)}{\sqrt{\left(1 - \left(\dfrac{\varepsilon}{\varepsilon_p}\right)^2\right)^2 + \left(2 \cdot \xi \cdot \dfrac{\varepsilon}{\varepsilon_p}\right)^2}} \cdot \varepsilon^n \cdot \dot{\varepsilon}^m \cdot \exp\left(\dfrac{\beta}{T}\right)$ 晶粒大小模型,考虑了动态再结晶前热和机械效应历史	
2	Shiypuri[25]	$X_d = \dfrac{\sigma^{drec} - \sigma}{\sigma_{SS}^* - \sigma_{SS}^{drex}} = 1 - \exp\left(-K_d\left(\dfrac{\varepsilon - \varepsilon_C}{\varepsilon_{0.5} - \varepsilon_C}\right)^{n_d}\right)$	软化模型
3	Bergstrom[26]	$\sigma = \left[\sigma_0^2 \cdot \exp(-\Omega \cdot \varepsilon) + (\alpha \cdot G \cdot b) \cdot \left(\dfrac{U}{\Omega}\right) \cdot (1 - \exp(-\Omega \cdot \varepsilon))\right]$ $\dfrac{d\rho_i}{d\overline{\varepsilon}} = (k_1 \cdot \sqrt{\rho_i} - k_2 \cdot \rho_i)/b = U(\overline{\varepsilon}) - \Omega \cdot \rho_i$ 含一个演化方程的单变量方程	
4	Estrin[27]	$\overline{\dot{\varepsilon}} = \zeta \cdot \dfrac{\rho_m(t)}{\rho_m(0)}\left(\dfrac{\sigma}{\sigma_0\sqrt{\dfrac{\rho_f(t)}{\rho_f(0)}}}\right)^m$ $\dfrac{\partial \rho_m}{\partial \varepsilon} = -C - C_1 \cdot \sqrt{\rho_f} - C_3 \cdot \rho_m + C_4 \cdot \dfrac{\rho_f}{\rho_m}$ $\dfrac{\partial \rho_f}{\partial \varepsilon} = C + C_1 \cdot \sqrt{\rho_f} - C_2 \cdot \rho_f + C \cdot \rho_m$	

序号	物 理 模 型	特 征
5	Kopp[28]	$\sigma = M \cdot (f_i \tau_{\text{eff},i} + f_w \cdot \tau_{\text{eff},w})$ $\tau_{\text{eff},w} = \tilde{\tau}_{\text{eff},w} + \alpha \mu b \sqrt{\rho_{i,w}}$ $\dot{\rho}_m = \dot{\rho}_m^+ - \dot{\rho}_m^{-\text{lock}} - \dot{\rho}_m^{-\text{anni}} - \dot{\rho}_m^{-\text{dip}}$ $\dot{\rho}_i = \dot{\rho}_m^{-\text{lock}} - \dot{\rho}_i^-$ $\dot{\rho}_w = \dot{\rho}_m^{-\text{lock}} - \dot{\rho}_i^- + \dot{\rho}_w^+$ 三内变量模型及三个演化方程
6	Huml 和 Lukac[29,30]	$\sigma_i = \sigma_{i-1} + (\mathrm{d}\sigma/\mathrm{d}\varepsilon)_{\dot{\varepsilon},T} \cdot \Delta \varepsilon_i$ $\theta = \beta/(\sigma - \sigma_y) + \theta_h - \gamma \cdot (\sigma - \sigma_y) - \delta \cdot (\sigma - \sigma_y)^3$ 增量应力模型
7	Lin(2005)[31]	$\dot{\varepsilon}_e^p = \dfrac{A_1 [\sinh A_2 (\sigma_e - R - \kappa)]}{d^{\gamma}}$ $\dot{x} = A_0 (1-x)\bar{\rho}$ $\dot{S} = \{ Q_0 [x\bar{\rho} - \bar{\rho}_c (1-S)] \} (1-S)^{N_q}$ $\dot{\bar{\rho}} = \left(\dfrac{d}{d_0} \right)^{\gamma_d} (1-\bar{\rho}) \dot{\varepsilon}_e^P - C_1 \bar{\rho}^{C_2} - \left(\dfrac{C_3 \bar{\rho}}{1-S} \right) \dot{S}$ $\dot{R} = B \bar{\rho}$ $\dot{d} = \alpha_0 d^{-\gamma_0} - \alpha_2 \dot{S}^{\gamma_3} d^{-\gamma_2}$	（统一本构）含微观信息的唯象本构。适合先增后减曲线，但不适合先增后减与单增并存的情况

注：σ 为等效应力；ε 为等效应变；$\dot{\varepsilon}$ 为等效应变率；T 为温度；D_0 为初始晶粒大小；ε_C 为临界变形；ε_p 为峰值应变；X 为再结晶分数；$\sigma_{SS}^{\text{drex}}$ 为稳态应力；ρ_i 为不动位错密度；ρ_m 为移动位错密度；ρ_f 为位错林密度；σ^{drec} 为动态回复应力；$\varepsilon_{0.5}$ 为 50% 再结晶应变；ρ_w 为非移动胞壁位错密度；M 为泰勒系数；f_w 为体积分数；θ 为应变硬化

2.2　屈　服　准　则

2.2.1　屈服准则定义

　　金属由弹性变形转变为塑性变形，主要取决于两方面的因素：①在一定变形条件（变形温度与变形速度）下金属的物理机械性能；②金属所处的应力状态。其屈服条件可写为[32]

$$f(\sigma_{ij}, t, T) = 0 \qquad (2-4)$$

　　为了能准确表征板材成形过程中的屈服行为，分析时候对屈服准则的选取也是极为重要的。目前比较流行的屈服准则有 Tresca、Von Mises、Hill 等分别提出的各种材料屈服条件,这些屈服条件适用于各种材料在一般应力状态下的力学分析。在早期的计算中,对不锈钢板等材料进行模拟时,多使用 Von Mises 或 Hill 48 屈服准则。

但对于以上两个屈服准则是否适合如铝合金等低 r 值的材料,许多研究者提出了质疑。Barlat 和 Lian[33]于 1989 年提出一个新的平面各向异性屈服函数,就是 Barlat89 屈服准则。Eric T. Harpell 等[34]对 Von Mises、Hill 48 和 Barlat89 屈服准则做了比较实验,指出使用 Barlat89 屈服准则比 Von Mises 和 Hill 48 屈服准则要精确。Barlat89 屈服准则对应变分布的预测和实验测量值的偏差在 5% 以内。柳泽等[35]对 08Al 板进行模拟并与加工实验结果比较,也得出 Barlat89 屈服准则比以往的屈服准则更能精确描述薄板材料性能的结论。考虑到 Barlat89 屈服准则只能解决平面应力状态问题,1991 年,Barlat 给出了他的第二个屈服准则Barlat91[36]。由于 Barlat89 和 Barlat91 在描述 Al – Mg 合金等各向异性指数较小的金属变形行为时误差较大,同时受 K – B 屈服准则启发,1994 年,Barlat 提出了他称为 YLD94 的屈服准则[37],此后 Barlat 等继续对屈服准则加以改进,提出YLD96、YLD2000 等,从而为选择合适的屈服准则进行铝合金板成形模拟提供了更可靠的依据[38]。

在单向拉伸或压缩时,材料从初始弹性状态进入塑性状态时的应力值,为拉伸及压缩的初始屈服点,并作为初始弹性状态的极限。在多向应力状态下,显然不能仅仅用某一个应力分量的值来判断质点是否进入塑性状态,而必须同时考虑所有应力分量的组合。只有当各应力分量之间符合一定的关系时,质点才进入塑性状态。这种关系就叫屈服准则,也叫屈服条件。一般说来它是应力 σ_{ij}、应变 ε_{ij}、时间 t、温度 T 等的函数,如下所示[38]:

$$\phi(\sigma_{ij}, \varepsilon_{ij}, t, T) = 0 \qquad (2-5)$$

在不考虑时间效应及温度对塑性状态的影响时,式(2-5)中将不包含 t 和 T。由于材料在初始屈服之前处于弹性状态,应力和应变之间有一一对应关系,ϕ 中的 σ_{ij} 和 ε_{ij} 可以用其中一个来表示,这样屈服准则就可以表示成 σ_{ij} 或者 ε_{ij} 的函数了,在应力空间中表示为

$$F(\sigma_{ij}) = 0 \qquad (2-6)$$

而在应变空间中表示为

$$F(\varepsilon_{ij}) = 0 \qquad (2-7)$$

由于对屈服函数的试验研究多是在控制载荷的试验机上进行的,因此通常我们见到的屈服条件多用应力分量表示。

经典塑性理论中,最早被提出的两个屈服准则 Tesca 准则和 Mises 准则仅适用

于各向同性材料,而对于各向异性板料来说,尽管有许多学者提出了相应的屈服准则,但迄今未形成一致的观点。

2.2.2 稳定塑性材料屈服面外凸性和塑性应变增量法向规则

由 Drucker 不等式,对稳定材料有[39]

$$\mathrm{d}\sigma : \mathrm{d}\varepsilon^p \geqslant 0 \qquad (2-8)$$

设 α 为 $\mathrm{d}\sigma$ 和 $\mathrm{d}\varepsilon^p$ 之间的夹角,要求 $-\dfrac{\pi}{2} \leqslant \alpha \leqslant \dfrac{\pi}{2}$,故 $\mathrm{d}\sigma$ 和 $\mathrm{d}\varepsilon^p$ 之间的夹角 α 是锐角。如图 2-4 所示,B 是屈服面上的一个正常点,ABC 代表和 $\mathrm{d}\varepsilon^p$ 垂直的切平面。式(2-8)表明,屈服面的内点或矢量 $\mathrm{d}\sigma$ 必位于和 $\mathrm{d}\varepsilon^p$ 相对的超平面 ABC 的另一侧,同时 $\mathrm{d}\sigma$ 应当指向屈服面的外侧,因此 ABC 必为屈服面在 B 点的切平面。所以矢量 $\mathrm{d}\varepsilon^p$ 必沿屈服面的外法线,和 $\mathrm{d}\sigma$ 的方向无关,否则必有 $\mathrm{d}\sigma$ 使 $\alpha > \dfrac{\pi}{2}$,此即为法向规则。同样表明,屈服面及其所有内点必位于超平面的一侧,此即屈服面外凸性法则。

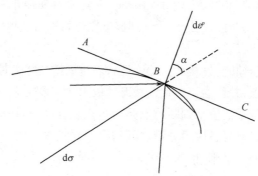

图 2-4 应力空间中屈服面的外凸性和塑性应变的法向法则

根据屈服面的外凸性法则,可对新提出的屈服准则的正确性进行初步验证,即若根据屈服准则绘制的屈服面不具备外凸性,则该准则必不成立;反之若依据该准则绘制的屈服面满足外凸性法则,仍不能说明该准则一定正确,还必须通过适当的实验进行进一步验证。

2.2.3 Barlat 系列各向异性屈服准则简介

2.2.3.1 Barlat89 屈服准则

1989 年,Barlat[33] 提出了在平面应力条件下考虑面内各向异性的屈服准则,该屈服准则能准确地描述采用 Bishop 和 Hill 晶体材料模型得到的屈服轨迹,具体形式为

$$f = \alpha |K_1 + K_2|^m + \alpha |K_1 - K_2|^m + (2-\alpha)|2K_2|^m - 2\sigma_s^m \qquad (2-9)$$

其中

$$K_1 = \frac{\sigma_{xx} + h\sigma_{yy}}{2}$$

$$K_2 = \sqrt{\left(\frac{\sigma_{xx} - h\sigma_{yy}}{2}\right)^2 + p^2 \sigma_{xy}^2}$$

式中：m 为非二次屈服函数指数；x、y 和 z 分别为平行于轧制方向和垂直于轧制方向，垂直于板平面方向；a,h,p 为表征各向异性的材料参数，有两种计算方法，一个是根据应力计算的方法得到，即采用 Bishop 和 Hill 材料模型计算不同加载条件下的应力，从而求得这几个参数，例如，假设 σ_{90} 为与轧制方向成 90°方向单拉时的屈服应力，τ_{s1} 和 τ_{s2} 为纯剪时屈服应力，则剪应力当 $\sigma_{yy} = -\sigma_{xx} = \tau_{s2}$ 时，$\sigma_{xy} = 0$，当 $\sigma_{xx} = \sigma_{xy} = 0$ 时，$\sigma_{xy} = \tau_{s1}$，并且

$$a = \frac{2\left(\dfrac{\overline{\sigma}}{\tau_{s2}}\right)^m - 2\left(1 + \dfrac{\overline{\sigma}}{\sigma_{90}}\right)^m}{1 + \left(\dfrac{\overline{\sigma}}{\sigma_{90}}\right)^m - \left(1 + \dfrac{\overline{\sigma}}{\sigma_{90}}\right)^m}$$

$$h = \frac{\overline{\sigma}}{\sigma_{90}}$$

$$p = \frac{\overline{\sigma}}{\tau_{s1}}\left(\frac{2}{2a + 2^m(2-a)}\right)^{1/m}$$

另一种方法是根据厚向异性指数 r_0、r_{45}、r_{90} 计算得出

$$a = 2 - 2\sqrt{\frac{r_0}{1 + r_0} \cdot \frac{r_{90}}{1 + r_{90}}}$$

$$h = \sqrt{\frac{r_0}{1 + r_0} \cdot \frac{1 + r_{90}}{r_{90}}}$$

p 值不能解析得出，但是当 a,c 和 h 已知后，经验证，对于单轴拉伸，r_ϕ 与 p 为单值关系，因此可以由下式按迭代的方式求得

$$\frac{2m\sigma_s^m}{\left(\dfrac{\partial f}{\partial \sigma_{xx}} + \dfrac{\partial f}{\partial \sigma_{yy}}\right)\sigma_{45}} - 1 - r_{45} = g(p)$$

式中：σ_{45} 为与轧制方向 45°单拉时的屈服强度；对于面心立方材料 $m=8$，对于体心立方材料 $m=6$。当 $m=2$ 时上式就是 Hill48 屈服准则。

Lege[40] 等采用式（2-9）和 TBH 模型分别对 2008-T4 板料的成形规律进行了预测，发现二者在拉-拉区都能较好地预测 2008-T4 板料的强度变化和成形极

限,而且式(2-9)在描述 r 的变化时比 TBH 模型更好一些,但是随着应力状态靠近单拉区和纯剪区,预测精度下降。

Barlat 屈服准则由于只包含两个方向上的应力,不能解决三维应力问题,只限于解决平面应力问题,对于平面应变问题则不适用。此外,参数 p 无法显式确定,使用起来很不方便。

Barlat 在提出准则的同时也指出,尽管该屈服准则可以很好地描述采用 Bishop 和 Hill 材料模型得到的屈服轨迹,但是在描述各向异性指数较大的材料时,并不准确,其意义在于考虑了平面应力状态的全部情形,也考虑了板面内各向异性。

2.2.3.2 Barlat91 屈服准则

考虑到 Barlat89 屈服准则的式(2-9)中,只包含三个应力分量,只能解决平面应力状态问题,1991 年,Barlat[41] 给出他的第二个屈服准则,新的屈服准则具有更大的普遍性,可以解决三维应力状态的问题,表达式如下:

$$\Phi = (3I_2)^{m/2} \left\{ \left[2\cos\left(\frac{2\theta+\pi}{6}\right) \right]^m + \left[2\cos\left(\frac{2\theta-3\pi}{6}\right) \right]^m + \right.$$

$$\left. \left[-2\cos\left(\frac{2\theta+5\pi}{6}\right) \right]^m \right\} = 2\sigma_s^m \qquad (2-10)$$

其中 $I_2 = \dfrac{\{fF\}^2 + \{gG\}^2 + \{hH\}^2}{3} + \dfrac{(aA-cC)^2 + (cC-bB)^2 + (bB-aA)^2}{54}$

$$I_3 = \frac{(cC-bB)(aA-cC)(bB-aA)}{54} + fghFGH -$$

$$\frac{(cC-bB)\{fF\}^2 + (aA-cC)\{gG\}^2 + (bB-aA)\{hH\}^2}{6}$$

$$\theta = \arccos\left(\frac{I_3}{I_2^{3/2}}\right), A = \sigma_{yy} - \sigma_{zz}, B = \sigma_{zz} - \sigma_{xx}$$

$$C = \sigma_{xx} - \sigma_{yy}, F = \sigma_{yz}, G = \sigma_{zx}, H = \sigma_{xy}$$

此外,式(2-10)中 m 为大于 1 的数,取决于实际板料的变形织构的严重程度,一般应大于6,另外六个参数 a、b、c、f、g、h 可以通过单向拉伸和剪切实验来确定。当这六个参数都为 1 时式(2-10)就退化为各向同性问题,并且当 $m=1$ 或 $m=2$ 时退化为 Tresca 准则,当 $m=2$ 或 $m=4$ 时成为 Mises 准则。

Barlat 用该屈服准则对 2024-T3 合金板进行了不同方向(平行于轧制方向为 0°)的单拉试验屈服应力预测,理论与试验结果较符合。

2.2.3.3 Barlat94 屈服准则

1994 年,由于 Barlat89 和 Barlat91 在描述 Al-Mg 合金等各向异性指数较小的金属变形行为时误差较大,同时受 K – B 屈服准则启发,Barlat[37] 提出了他称为 YLD94 的屈服准则,该准则可用于平面应力状态,表达式为

$$\phi = \alpha_x |s_y - s_z|^a + \alpha_y |s_z - s_x|^a + \alpha_z |s_x - s_y|^a = 2\sigma_s^m \qquad (2-11)$$

$$S = L\sigma = L\begin{bmatrix} s_x \\ s_y \\ s_z \end{bmatrix} = L\begin{cases} s_x = \dfrac{c_3 + c_2}{3}\sigma_x - \dfrac{c_3}{3}\sigma_y - \dfrac{c_2}{3}\sigma_z \\[2mm] s_y = -\dfrac{c_3}{3}\sigma_x + \dfrac{c_3 + c_1}{3}\sigma_y - \dfrac{c_1}{3}\sigma_z \\[2mm] s_z = -\dfrac{c_3}{3}\sigma_x - \dfrac{c_1}{3}\sigma_y + \dfrac{c_1 + c_2}{3}\sigma_z \end{cases}$$

这里,S 为应力各向同性塑性等效(IPE)张量;L 为一三阶线性因子;c_1、c_2、c_3、α_x、α_y、α_z 为各向异性参数;a 同 Barlat91 屈服准则中的 m。

1995 年,Hayashida[42] 采用 Barlat91、Barlat94 屈服准则,用 ABAQUS 对杯形件拉深进行了模拟,结果表明,Barlat91 对拉深过程中制耳出现位置的预测与试验不符,而 Barlat94 则符合得很好,但是对于制耳的严重程度的预测却不令人满意。

2.2.3.4 Barlat96 屈服准则

Barlat[43] 等提出的 YLD96 各向异性屈服准则是适用于铝合金的最准确的屈服准则之一,因为它同时考虑到了屈服应力和 r 值的方向性。该屈服函数是基于对材料现象学的描述,作为 YLD91 模型的改进版。为了从数学上描述材料的行为,特引入通用的包含六个应力分量的屈服函数表达式

$$\phi = \alpha_1 |s_2 - s_3|^a + \alpha_2 |s_3 - s_1|^a + \alpha_3 |s_1 - s_2|^a = 2\sigma_s^m \qquad (2-12)$$

其中,对于面心立方材料 $a = 8$,对于体心立方材料 $a = 6$,并且

$$S = L\sigma$$

$$L = \begin{bmatrix} (c_3 + c_2)/3 & -c_3/3 & -c_2/3 & 0 & 0 & 0 \\ -c_3/3 & (c_1 + c_3)/3 & -c_1/3 & 0 & 0 & 0 \\ -c_2/3 & -c_1/3 & (c_1 + c_2)/3 & 0 & 0 & 0 \\ 0 & 0 & 0 & c_4 & 0 & 0 \\ 0 & 0 & 0 & 0 & c_5 & 0 \\ 0 & 0 & 0 & 0 & 0 & c_6 \end{bmatrix}$$

式中:c_k 为各向异性参数;α_k 为

$$\alpha_k = \alpha_x p_{1k}^2 + \alpha_y p_{2k}^2 + \alpha_z p_{3k}^2$$

其中,s_1、s_2、s_3 为张量 S 的主值;p 为从 x、y、z 坐标向主方向变换的矩阵;α_x、α_y、α_z

是三个函数，由以下式子给出：

$$\alpha_x = \alpha_{x0} \cos^2 2\beta_1 + \alpha_{x1} \sin^2 2\beta_1$$
$$\alpha_y = \alpha_{y0} \cos^2 2\beta_1 + \alpha_{y1} \sin^2 2\beta_1$$
$$\alpha_z = \alpha_{z0} \cos^2 2\beta_1 + \alpha_{z1} \sin^2 2\beta_1$$

式中

$$\cos^2\beta_1 = \begin{cases} y \cdot 1, & |s_1| \geq |s_3| \\ y \cdot 3, & |s_1| < |s_3| \end{cases}$$

$$\cos^2\beta_2 = \begin{cases} z \cdot 1, & |s_1| \geq |s_3| \\ z \cdot 3, & |s_1| < |s_3| \end{cases}$$

$$\cos^2\beta_3 = \begin{cases} x \cdot 1, & |s_1| \geq |s_3| \\ x \cdot 3, & |s_1| < |s_3| \end{cases}$$

比较 Barlat94 就会发现，式（2－11）和式（2－9）的表达式完全一样，唯一的不同点在于参数 α_x、α_y、α_z 的确定方法不同，式（2－11）中为固定值，而式（2－9）中为函数，其意义在于前者采用的是类似于 Karafillis 和 Boyce 的线性变换，而后者采用的是非线性变换。

Barlat 对该准则和 TBH 模型进行了比较后认为，Barlat96 能较好地描述铝合金板料的后继屈服轨迹。但是，Barlat96 在应用于有限元时面临三个主要问题[44]：即外凸性没有得到证明，这是有限元模拟中确保解的唯一性的重要要求；偏导数很难通过数值方法得到，这也是其应用于有限元的不方便之处；在有限元软件中，应用于平面应力情况时不会引入其他问题，且可以得到良好的模拟结果，但是在六个应力分量皆存在的情况下，由于 Barlat96 的表达式相对复杂，会出现一些很难解决的数值问题[45]。

2.2.3.5 Barlat2000 屈服准则

数值分析的准确性依赖于能精确描述材料行为的连续模型。尽管 Barlat96 被认为是最适合于铝合金的各向异性屈服准则之一，但当 Barlat96 用于有限元模拟时仍存在一些问题，如函数的凸性无法证明，所需的偏量很难通过解析方法获得等。因此，Barlat[46] 提出了一个能保证函数凸性且使有限元模拟便于实现的各向异性屈服准则，即 Barlat2000。Barlat2000 在平面应力条件下引入了 r_0、r_{45}、r_{90}、σ_0、σ_{45}、σ_{90} 和 σ_b，其中 r_0、r_{45} 和 r_{90} 分别是沿板料 0°、45°、90°方向和双向等拉状态下的厚向异性指数，σ_0、σ_{45}、σ_{90} 和 σ_b 分别是 0°、45°、90°方向和双向等拉状态下的应力值。平面应力状态下 Barlat2000 各向异性屈服准则可表示为

$$\Phi = \Phi' + \Phi'' = 2\overline{\sigma}^a \qquad (2-13)$$

其中，$\Phi' = |X'_1 - X'_2|^a$；$\Phi'' = |2X''_2 + X''_1|^a + |2X''_1 + X''_2|^a$；对于体心结构材料 $a = 6$，面心结构材料 $a = 8$；$\bar{\sigma}$ 为流变应力；$X'_{1,2}$ 和 $X''_{1,2}$ 为主应力，应力偏量 X' 和 X'' 的定义如下：

$$\begin{bmatrix} X'_{xx} \\ X'_{yy} \\ X'_{xy} \end{bmatrix} = \begin{bmatrix} C'_{11} & C'_{12} & 0 \\ C'_{21} & C'_{22} & 0 \\ 0 & 0 & C'_{66} \end{bmatrix} \begin{bmatrix} s_{xx} \\ s_{yy} \\ s_{xy} \end{bmatrix}$$

$$\begin{bmatrix} X''_{xx} \\ X''_{yy} \\ X''_{xy} \end{bmatrix} = \begin{bmatrix} C''_{11} & C''_{12} & 0 \\ C''_{21} & C''_{22} & 0 \\ 0 & 0 & C''_{66} \end{bmatrix} \begin{bmatrix} s_{xx} \\ s_{yy} \\ s_{xy} \end{bmatrix}$$

其中，C' 和 C'' 为线性变换矩阵；s_{xx}、s_{yy} 和 s_{xy} 为应力偏量的分量 s_{ij}，下标 x 和 y 分别代表沿板料 0°方向和 90°方向。该变换也可以以应力张量的形式来表示如下：

$$X' = C' \cdot s = C' \cdot T \cdot \sigma = L' \cdot \sigma$$

$$X'' = C'' \cdot s = C'' \cdot T \cdot \sigma = L'' \cdot \sigma$$

其中，转换矩阵 T 表示如下

$$T = \begin{bmatrix} 2/3 & -1/3 & 0 \\ -1/3 & 2/3 & 0 \\ 0 & 0 & 1 \end{bmatrix}$$

L' 和 L'' 表示应力张量的线性转换，表示如下：

$$\begin{bmatrix} L'_{11} \\ L'_{12} \\ L'_{21} \\ L'_{22} \\ L'_{66} \end{bmatrix} = \begin{bmatrix} 2/3 & 0 & 0 \\ -1/3 & 0 & 0 \\ 0 & -1/3 & 0 \\ 0 & 2/3 & 0 \\ 0 & 0 & 1 \end{bmatrix} \begin{bmatrix} \alpha_1 \\ \alpha_2 \\ \alpha_7 \end{bmatrix}$$

$$\begin{bmatrix} L''_{11} \\ L''_{12} \\ L''_{21} \\ L''_{22} \\ L''_{66} \end{bmatrix} = \frac{1}{9} \begin{bmatrix} -2 & 2 & 8 & -2 & 0 \\ 1 & -4 & -4 & 4 & 0 \\ 4 & -4 & -4 & 1 & 0 \\ -2 & 8 & 2 & -2 & 0 \\ 0 & 0 & 0 & 0 & 9 \end{bmatrix} \begin{bmatrix} \alpha_3 \\ \alpha_4 \\ \alpha_5 \\ \alpha_6 \\ \alpha_8 \end{bmatrix}$$

描述材料的各向异性需要 8 个独立的系数 $\alpha_1 \sim \alpha_8$，在各向同性的情况下这些系数全部退化为1。由之前提到的8个已知量 r_0、r_{45}、r_{90}、σ_0、σ_{45}、σ_{90} 和 σ_b 只可以得到7个系数。求解第8个系数时可以假定 $C''_{12} = C''_{21}$ 或者 $L''_{12} = L''_{21}$，也可以通过一个已知量 r_b 来求解。

由于 Barlat2000 的准确性及简单性,可以更好地应用于有限元中以模拟铝合金板材的成形工艺。

2.2.4 Barlat2000 屈服准则各向异性系数的计算

2.2.4.1 厚向异性指数

厚向异性指数 r 也是评定板料成形性能的一个重要参数。r 值是板料试件单向拉伸试验中宽度应变 ε_w 与厚度应变 ε_t 之比,即 $r = \varepsilon_w / \varepsilon_t$。

板料 r 值的大小,反映板平面方向与厚度方向应变能力的差异。$r = 1$ 时,为各向同性;$r \neq 1$ 时,为各向异性。当 $r > 1$,说明板平面方向较厚度方向更容易变形,或者说板料不易变薄。r 值与板料中晶粒的择优取向有关,本质上是属于板料各向异性的一个量度。

r 值与冲压成形性能有密切的关系,尤其是与拉深成形性能直接相关。板料的 r 值大,拉深成形时,有利于凸缘的切向收缩变形和提高拉深件底部的承载能力。板平面中最主要的三个方向是与轧制方向呈 $0°$、$45°$ 和 $90°$,相应地用 r_0、r_{45} 和 r_{90} 表示。

如铝合金 5A06,由单拉实验获得应变率为 0.0055s^{-1} 时各温度下的 r 值与屈服应力值分别如表 2-3 和表 2-4 所列。

表 2-3　应变率为 0.0055s^{-1} 时的 r 值

温度/℃ 方向	20	150	200	250	300
0°	0.664	0.925	1.0666	1.745	2.086
45°	0.51	0.736	0.848	1.3	1.64
90°	0.533	0.73	0.817	1.0003	1.486

表 2-4　应变率为 0.0055s^{-1} 时的屈服应力值

温度/℃ 方向	20	150	200	250	300
0°	155.32	154.8	140.84	130.6	111.88
45°	154.2	147.9	132.8	131.4	111.8
90°	142.5	150	140.6	128.5	113.7

2.2.4.2 系数 α_1 和 α_6 解析

三种应力状态,即沿板料 0°方向的单拉试验、沿板料 90°方向的单拉试验和双向等拉试验,提供了六个数据点,即 σ_0、σ_{90}、σ_b、r_0、r_{90} 和 r_b。其中,$r_b = \dot{\varepsilon}_{yy}/\dot{\varepsilon}_{xx}$,表示双向等拉状态下($\sigma_{xx} = \sigma_{yy}$)屈服面的斜率,该参数与从单拉试验中获得的 r 值类似,可通过以下三种方法获得:试验测量;由另外一个屈服函数如 Barlat96 计算得出;如果材料的晶体结构已知可通过其晶体模型估算。此外,Nader 在文献[44]中指出在温热条件下,铝合金双向等拉状态下的屈服应力可假定为其单向拉伸时 45°屈服应力与 90°方向屈服应力的平均值,或者可以通过在其他屈服准则如 Balart91 中由已知单拉试验数据计算得到。每种应力状态的加载可通过两个偏分量来表示,即 $s_x = \gamma\sigma$ 和 $s_y = \delta\sigma$。每种应力状态的求解需要两个方程式来完成,一个对应于屈服应力,另一个对应于 r 值[47],如下所示:

$$F = \Phi - 2(\bar{\sigma}/\sigma)^a = 0 \tag{2-14}$$

$$G = q_x \frac{\partial\Phi}{\partial s_{xx}} - q_y \frac{\partial\Phi}{\partial s_{yy}} = 0 \tag{2-15}$$

函数 Φ 的表示如下:

$$\Phi = |\alpha_1\gamma - \alpha_2\delta|^a + |\alpha_3\gamma + 2\alpha_4\delta|^a + |2\alpha_5\gamma + \alpha_6\delta|^a - 2(\bar{\sigma}/\sigma)^a = 0 \tag{2-16}$$

其中,γ,δ,q_x 和 q_y 如表 2-5 所列。

表 2-5 参数 γ,δ,q_x 和 q_y

参数／方向	γ	δ	q_x	q_y
0°	2/3	-1/3	$1 - r_0$	$2 + r_0$
90°	-1/3	2/3	$2 + r_{90}$	$1 - r_{90}$
双向等拉	-1/3	-1/3	$1 + 2r_b$	$2 + r_b$

在上述三种应力状态下,联立式(2-14)与式(2-15),即可解得系数 $\alpha_1 \sim \alpha_6$。

2.2.4.3 系数 α_7 和 α_8 解析

沿板料 45°方向的单拉试验可获得两个数据,即 $\sigma = \sigma_{45}$ 和 $r = r_{45}$。当满足式(2-17)时该应力状态即在屈服面上。

$$F = \left|\frac{\sqrt{k_2'^2 + 4\alpha_7^2}}{2}\right|^a + \left|\frac{3k_1'' - \sqrt{k_2''^2 + 4\alpha_8^2}}{4}\right|^a + \left|\frac{3k_1'' + \sqrt{k_2''^2 + 4\alpha_8^2}}{4}\right|^a - 2(\bar{\sigma}/\sigma_{45})^a = 0$$

$$\tag{2-17}$$

其中

$$k_2' = \frac{\alpha_1 - \alpha_2}{3}$$

$$k_1'' = \frac{2\alpha_5 + \alpha_6 + \alpha_3 + 2\alpha_4}{9}$$

$$k_2'' = \frac{2\alpha_5 + \alpha_6 - \alpha_3 - 2\alpha_4}{3}$$

协调方程表示为

$$G = \frac{\partial \Phi}{\partial \sigma_{xx}} + \frac{\partial \Phi}{\partial \sigma_{yy}} - \frac{2a\bar{\sigma}^a}{\sigma(1 + r_{45})} = 0 \tag{2-18}$$

联立式(2-17)与式(2-18)即可求得 α_7 和 α_8。

2.2.4.4 各向异性系数 α_1 和 α_8 的求解

在数学工具 MATLAB 中，编程求解 $\alpha_1 \sim \alpha_8$，其中运用了该软件自带的非线性方程组求解器求解。解得应变速率为 0.0055s^{-1} 时不同温度下的 $\alpha_1 \sim \alpha_8$ 值如图 2-5 所示，以三次多项式的形式拟合出其随温度变化的曲线如表 2-6 所列。

表 2-6 应变速率为 0.0055s^{-1} 时不同温度下 Barlat2000 的
各向异性系数的曲线拟合

Barlat2000 系数	三次多项式拟合
α_1	$0.91281 - 1.456 \times 10^{-4}T + 2.74241 \times 10^{-6}T^2 - 1.106 \times 10^{-8}T^3$
α_2	$1.06605 + 1.09275 \times 10^{-4}T - 4.39318 \times 10^{-6}T^2 + 9.82246 \times 10^{-9}T^3$
α_3	$0.9687 + 0.00195T - 1.28723 \times 10^{-5}T^2 + 2.38895 \times 10^{-8}T^3$
α_4	$1.0897 - 4.75158 \times 10^{-4}T + 1.92018 \times 10^{-6}T^2 - 5.09835 \times 10^{-9}T^3$
α_5	$1.0115 + 6.44602 \times 10^{-4}T - 5.26838 \times 10^{-6}T^2 + 8.34094 \times 10^{-9}T^3$
α_6	$0.9687 + 0.00195T - 1.28723 \times 10^{-5}T^2 + 2.38895 \times 10^{-8}T^3$
α_7	$0.9308 - + 0.00152T - 7.34616 \times 10^{-6}T^2 + 1.10101 \times 10^{-8}T^3$
α_8	$1.00662 + 0.00229T - 1.03012 \times 10^{-5}T^2 - + 2.7329 \times 10^{9}T^3$

42

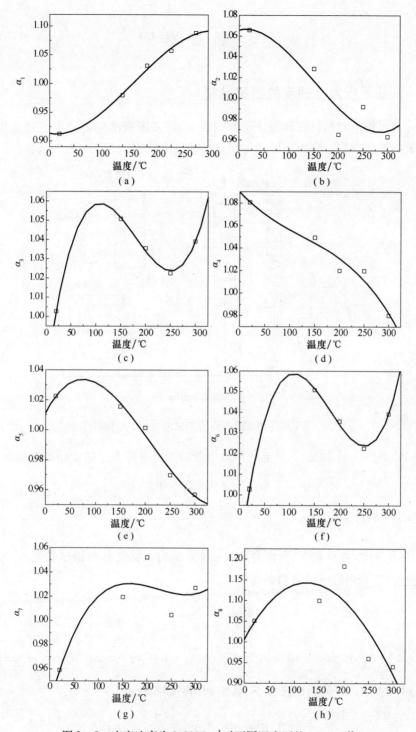

图 2-5 应变速率为 0.0055s⁻¹ 时不同温度下的 $\alpha_1 \sim \alpha_8$ 值

(a) $\alpha_1(T)$; (b) $\alpha_2(T)$; (c) $\alpha_3(T)$; (d) $\alpha_4(T)$; (e) $\alpha_5(T)$; (f) $\alpha_6(T)$; (g) $\alpha_7(T)$; (h) $\alpha_8(T)$。

2.3　断　裂　准　则

2.3.1　基于应力三轴度的断裂准则

应力三轴度对材料的断裂性能影响很大,许多断裂准则将应力三轴度作为预测断裂的主要参数。应力三轴度可用来描述应力状态,如图 2 - 6 所示。

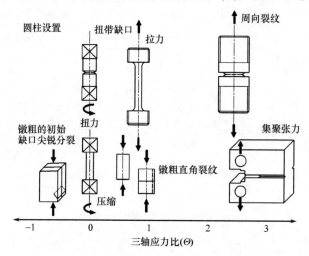

图 2 - 6　试件类型及在应力三轴度坐标上的位置[48]

Johnson - Cook 模型[20]假定临界等效断裂应变是应力三轴度的单调函数,即

$$\bar{\varepsilon}_f = C_1 + C_2 \exp(C_3 \eta)$$

应力三轴度表示为 $\eta = \dfrac{\sigma}{\bar{\sigma}}$。

Xue - Wierzbicki 模型[49]认为断裂应变是应力三轴度 η 与偏态参数 ξ(与罗德参数相关)达到极限值时材料断裂

$$\int_0^{\bar{\varepsilon}_f} \frac{\mathrm{d}\bar{\varepsilon}}{F(\eta, \xi)} = 1 \qquad\qquad (2-19)$$

式中:$\xi = \dfrac{27}{2}\dfrac{J_3}{\bar{\sigma}^3}$;$J_3$ 为应力偏量的第三不变量。由于 η 与 ξ 参数在加载过程中不断改变,这些参数的平均值定义如下,且用来构造断裂轨迹。

$$\eta_{av} = \frac{1}{\bar{\varepsilon}_f} \int_0^{\bar{\varepsilon}_f} \eta(\bar{\varepsilon}) \mathrm{d}\bar{\varepsilon} \,, \qquad \xi_{av} = \frac{1}{\bar{\varepsilon}_f} \int_0^{\bar{\varepsilon}_f} \xi(\bar{\varepsilon}) \mathrm{d}\bar{\varepsilon}$$

上式的积分式可表达为

$$\bar{\varepsilon}_f = F(\eta_{av}, \xi_{av})$$

断裂面由轴对称与平面应变状态两条线界定。圆棒拉伸的偏状态参数为 $\xi = 1$，大量试验证明 $\bar{\varepsilon}_f$ 随应力三轴度减小，可通过指数函数表达如下：

$$\bar{\varepsilon}_f^{axi} = Ce^{-C_2\eta}, \quad \xi = 1$$

平面应变对应的偏状态参数 $\xi = 0$，指数形式表达如下：

$$\bar{\varepsilon}_f^{ps} = C_3e^{-C_4\eta}, \quad \xi = 0$$

上下边界的曲线形式如图 2 - 7 所示。函数 $F(\eta, \xi)$ 的最终表达形式为

$$\bar{\varepsilon}_f = F(\eta, \xi) = C_1e^{-C_2\eta} - (C_1e^{-C_2\eta} - C_3e^{-C_4\eta})(1 - \xi^{1/n})^n$$

2024 - T351 铝合金三维断裂轨迹见图 2 - 7，实线代表平面应力、平面应变和轴向对称。

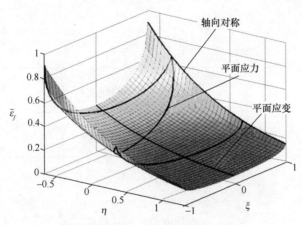

图 2 - 7　应力三轴度与偏状态参数空间上三维断裂曲面[49]

2.3.2　基于应变能或损伤阈值判断的断裂准则

这些半经验型韧性断裂准则大都采用阈值控制的方法，即材料某处超出所设定的阈值就认为发生起裂。这些准则和断裂阈值与材料性质、成形过程和应力应变状态等诸多因素有关（韧性断裂准则的试验与理论研究）。其他以应变能作为断裂判据的汇总于表 2 - 7，考虑损伤的断裂准则汇总于表 2 - 8。

表 2 - 7　基于应变能的断裂准则汇总

序号	韧性断裂准则	
1	Rice and Tracy[50]	$\int_0^{\bar{\varepsilon}_f} \exp\left(1.5\frac{\sigma}{\bar{\sigma}}\right)\mathrm{d}\bar{\varepsilon} = C$
2	Clift Freudenthal(1950)[51]	$\int_0^{\bar{\varepsilon}_f} \bar{\sigma}\mathrm{d}\bar{\varepsilon} = C$

序号		韧性断裂准则
3	Cockcroft Latham(1968)[52]	$\int_0^{\bar{\varepsilon}_f} \dfrac{\sigma}{\bar{\sigma}}\mathrm{d}\bar{\varepsilon} = C$
4	Brozzo(1972)[53]	$\int_0^{\bar{\varepsilon}_f} \dfrac{2\sigma_1}{3(\sigma_1 - \sigma_m)}\mathrm{d}\bar{\varepsilon} = C$
5	Oyane(1980)[54]	$\int_0^{\bar{\varepsilon}_f} \left(\dfrac{\sigma}{\bar{\sigma}} + a\right)\mathrm{d}\bar{\varepsilon} = C$
6	Ghosh(1976)[55]	$\dfrac{\sigma_1 - \sigma_3}{2}\bar{\sigma} = C$
7	Norris(1978)[56]	$\int_0^{\bar{\varepsilon}_f} \dfrac{1}{1 - k\sigma}\mathrm{d}\bar{\varepsilon} = C$
8	Oh(1979)[57]	$\int_0^{\bar{\varepsilon}_f} \dfrac{\sigma_\theta}{\bar{\sigma}}\mathrm{d}\bar{\varepsilon} = C$
9	Osakada Mori(1978)[58]	$\int_0^{\bar{\varepsilon}_f} (B + \bar{\varepsilon} + D\sigma)\mathrm{d}\bar{\varepsilon} = C$
10	Atkins[59]	$C = \int_0^{\bar{\varepsilon}_f} \dfrac{1 + 0.5L}{(1 + a\sigma)}\mathrm{d}\bar{\varepsilon},\ L = \dfrac{\mathrm{d}\varepsilon_2}{\mathrm{d}\varepsilon_1}$
11	Han Kim	$\int_0^{\bar{\varepsilon}_f} \sigma_{\max}\mathrm{d}\bar{\varepsilon} + A_1\tau_{\max} + A_2\varepsilon_t = A_3$
12	吴诗惇	$\int_D \mathrm{d}D = \int_P a\exp\left[b\left(\dfrac{\sigma}{\bar{\sigma}}\right)\right]\mathrm{d}p$
13	于忠奇[60]	$\int_0^{\bar{\varepsilon}_f} \dfrac{\sigma}{\bar{\sigma}}\bar{\varepsilon}^p\mathrm{d}\bar{\varepsilon}$

表 2 - 8　损伤断裂准则汇总

序号		损伤断裂准则
1	Rice - Tracey[50]	$R = R_0\exp\left\{B(\bar{\varepsilon}_R - \bar{\varepsilon}_D)\exp\left(\dfrac{3}{2}\dfrac{\sigma}{\bar{\sigma}}\right)\right\} = R_C$
2	柯勒莫格洛夫	$\psi = \int_0^t (H/\Lambda_P)\mathrm{d}t = 1$
3	Lemaitre[61]	$D = \dfrac{K^2}{2Es_0}\left[\dfrac{2}{3}(1 + \gamma) + 3(1 - 2\gamma)\left(\dfrac{\sigma}{\bar{\sigma}}\right)^2\right](P_R - P_D) = D_C$
4	吴 - 梁	$D = cKA\left[\exp\left(B\dfrac{\sigma}{\bar{\sigma}}\right)\right](P_R - P_D) = D_C$

序号		损伤断裂准则
5	McClintock[62,63]	$\displaystyle\int_0^{\varepsilon_R}\left\|\frac{2}{\sqrt{3}(1-n)}\sinh\left\{\frac{\sqrt{3}(1-n)}{2}\frac{\sigma_b-\sigma_a}{\bar{\sigma}}\right\}+\frac{\sigma_b-\sigma_a}{\bar{\sigma}}\right\|\mathrm{d}\bar{\varepsilon}=K$

注：R_0 为空洞初始半径；B 为材料常数；$\bar{\varepsilon}_R$ 为破坏时等效应变；$\bar{\varepsilon}_D$ 为等效应变门槛值；σ 为平均应力；$\bar{\sigma}$ 为等效应力；ψ 为塑性储备利用系数；H 为等效应变速率，$H=H(t)$；Λ_P 为破坏时的剪应变；P_D 为损伤积累塑性应变门槛值；P_R 为破坏时积累塑性应变门槛值

参 考 文 献

[1] McDowell D L. Modelling and Experiments in Plasticity[J]. International Journal of Solids and Structures, 2000, 37 (1 -2) : 293 -309.

[2] ANAND L. Constitutive Equations for the Rate – Dependent Deformation of Metals at Elevated Temperatures [J]. ASME Journal of engineering materials and technology, 1982, 104(13) :12 -17.

[3] HARTLY C S, SRINIVASAN R. Constitutive Equations for Large Plastic Deformation of Metals[J]. ASME Journal of engineering materials and technology, 1983, 105 : 162 -167.

[4] GRONOSTAJSKI Z. The Constitutive Equations for Fem Analysis[J]. Journal of Materials Processing Technology,2000, 106 : 40 -44.

[5] LUDWIK P. Elemente Der Technologischen Mechanik[M]. Berlin: Springer Verlag, 1909.

[6] HOLLOMON J H. The Mechanical Equation of State[J]. Transaction of AIME, 1947, 171 : 535 -545.

[7] SWIFT H W. Plastic Instability Under Plane Stress[J]. Journal of the Mechanics and Physics of Solids,1952, 1(1) : 1 -18.

[8] FIELDS D S, BACKOFEN W A. Determination of Strain Hardening Characteristics by Torsion Testing[C]. Proceedings American Society Testing Materials, 1957.

[9] ZENER C, HOLLOMON J H. Effect of Strain Rate upon Plastic Flow of Steel[J]. Journal of Applied Physics, 1943, 15 : 22 -32.

[10] VOCE E. The Relationship Between Stress and Strain for Homogeneous Deformation[J]. Journal of the Institute of Metals,1948, 74 : 617 -643.

[11] LAASRAOUI A, JONAS J J. Recrystallization of Austenite After Deformation at High Temperatures and Strain Rates –Analysis and Modeling[J]. Metallurgical Transactions, 1991, 22A(1) : 151 -160.

[12] MECKING H K. Kinetics of Flow and Strain – Hardening[J]. Acta Materialia,1981, 29(11) : 1865 -1875.

[13] PERZYNA P. The Constitutive Equations for Work – Hardening and Rate Sensitive Plastic Materials[C]. Proceeding of Vibration Problems, Warsaw, 1973.

[14] GAROFALO F, RICHMOND O, DOMIS W F, et al. Strain Time, Rate Stress and Rate Temperature Relations During Large Deformations in Creep[C]. Proceedings of the Institution of Mechanical Engineers, Conference Proceedings, London, 1963 : 31 -39.

[15] SELLARS C M. On the Mechanism of Deformation[J]. Acta Metallurgiea,1966, 14 : 1136 -1138.

[16] ZUZIN W I, BROWMAN M Y, MELIKOV A F. Flow Resistance of Steel at Hot Forming[J]. Moscow: Metallurgy,1964.

[17] 张伟红，张士宏. NiTi 合金热压缩试验数据的修正及其本构方程[J]. 金属学报,2006，42: 1036 - 1040.

[18] KLEPACZKO J R. A Practical Stress - Strain - Strain rate - Temperature Constitutive Relation of the Power Form. [J]. Journal of Mechanical Working Technology,1987，15(2): 143 - 165.

[19] 田村今男，关根宽，田中智智. 高强度低合金钢的控制轧制与控制冷却[M]. 北京:冶金工业出版社, 1992.

[20] JOHNSON G R, COOK W H. Fracture Characteristics of Three Metals Subjected to Various Strains, Strain Rates, Temperatures and Pressures[J]. Engineering Fracture Mechanics,1985，21(1): 31 - 48.

[21] SELLARS C M, WHITEMAN A J. Recrystallization and Grain Growth in Hot Rolling [J]. Materials Science, 1979，3: 187 - 194.

[22] GRONG H R S. Microstructural Modelling in Metals Processing[J]. Progress in Materials Science,2002，47: 163 - 282.

[23] ZHOU M, CLODE M P. Constitutive Equations for Modelling Flow Softening Due to Dynamic Recovery and Heat Generation During Plastic Deformation[J]. Mechanics of Materials,1998，27(2): 63 - 76.

[24] BARIANI P F, BRUSCHI S, DAL NEGRO T. A New Constitutive Model for Hot Forging of Steels Taking Into Account the Thermal and Mechanical History[J]. CIRP Annals - Manufacturing Technology,2000，49(1): 195 - 198.

[25] SHIVPURI R, PAUSKAR P. Microstructure and Mechanics Interaction in the Modeling of Hot Rolling Rods [J]. Annals of the CIRP,1999，1(48): 191 - 194.

[26] BERGSTORM Y. Dislocation Model for the Stress - Strain Behaviour Pf Polycrystalline Alpha - Iron with Special Emphasis On the Variation of the Densities of Mobile and Immobile Dislocations[J]. Material Science Engineering,1970，5(4): 193 - 200.

[27] ESTRIN Y. Dislocation Theory Based Constitutive Modelling: Foundations and Applications[J]. Journal of Materials Processing Technology,1998(80 - 81): 33 - 39.

[28] KOPP R, LUCE R, WORLSKE M, et al. Application of Dislocation Model for Fe - Process Simulation[J]. Computational Materials Science,2001(21): 1 - 8.

[29] HUML P, ZONGHAI D, WEI Y. New Model of Flour Stress Under Cold - Forming Conditions[J]. Annals of CIRP - Manufacturing Technology,1997，46(1): 163 - 166.

[30] LUKAC P, BALIC J. Kinetics of Plastic Deformation [J]. Key Engineering Materials, 1995，97 - 98: 307 - 322.

[31] LIN J, DEAN T A. Modelling of Microstructure Evolution in Hot Forming Using Unified Constitutive Equations [J]. Journal of Materials Processing Technology,2005，167: 354 - 362.

[32] 王仁,熊祝华,黄文彬. 塑性力学基础[M]. 北京:科学出版社,1982.

[33] BARLAT F & LIAN J. Plastic Behaviour and Stretchability of Sheet Metals. (Part I) a Yield Functions for Orthotropic Sheet Under Plane Stress Conditions[J]. International Journal of Plasticity (International Journal of Plasticity),1989，5(1):51 - 66.

[34] ERIC T HARPELL, MICHAEL J WORSWICK, MARK F, et al. Numerical Prediction of the Limiting Draw Ratio for Aluminum Alloy Sheet[J]. Journal of Materials Processing Technology, 2000(100):131 - 141.

[35] 柳泽,傅沛福,李运兴,等. 平面各向异性金属盒形件拉深过程的有限元模拟[J]. 塑性工程学报, 1997,4(4):44 - 52.

［36］ BARLAT F, LEGE D J and BREM J C. A Six – Component Yield Function for Anisotropic Materials［J］. Int J Plast,1991(7):693 –712.

［37］ BARLAT F, MAEDA Y, CHUNG K, et al. Yield Function Development for Aluminum Alloy Sheets［J］. J. Mech Phys Solids,1994, 45(11):1727 –1763.

［38］ 孙成智,陈关龙,林忠钦,等. 各向异性屈服准则对铝合金板成形预测精度的影响［J］. 塑性工程学报, 2004,11(3):59 –63.

［39］ 匡震邦. 非线性连续介质力学［M］. 上海:上海交通大学出版社,2002.

［40］ LEGE D J, BARLAT F and BREM J C. Characterization and Modeling of the Mechanical Behavior and Formability of a 2008 – T4 Sheet Sample［J］. Int J Mech Sci,1989(31):549 –563.

［41］ BARLAT F, LEGE D J And BREM J C. A Six – Component Yield Function for Anisotropic Materials［J］. Int J Plast,1991(7):693 –712.

［42］ HAYASHIDA Y, MACDA Y, et al. FEM Analysis of Punch Strengthening and Cup Drawing Tests for Aluminum Alloys Using a Planar Anisotropic Yield Function［C］. In Simulation of Materials Processing:Theory, Methods and Application, Dawson P R Eds,1995,717 –722.

［43］ BARLAT F, MAEDA Y, CHUNG K,et al. Yield Function Development for Aluminum Alloy Sheets［J］. J Mech Phys Solids,1997a, 45 (11/12), 1727 – 1763.

［44］ NADER A, FARHANG P, JOHN C. Forming of Aluminum Alloys at Elevated Temperatures – Part 1:Material Characterization［J］. International Journal of Plasticity,2006(22):314 – 341.

［45］ SZABO L. Formulations and Constitutive Laws for Very Large Strains［C］. Private Communication at Euromech Colloquium 430, Prague, Czech Republic,2001,10.

［46］ BARLAT F, BREM J C, YOON J W, et al. Plane Stress Yield Function for Aluminum Alloy Sheets – Part 1: Theory［J］. Int J Plasticity, 2003(19):1297 – 1319.

［47］ MASATAKA T, TADASHI I, HIROYUKI O, et al. Discussions On Constitutive Equations of Superplastic 5083 Aluminum Alloy［J］. International Journal of Mechanical Sciences,2001(43):2035 – 2046.

［48］ TRATTNIG G, ANTRETTER T, PIPPAN R. Fracture of Austenitic Steel Subject to a Wide Range of Stress Triaxiality Ratios and Crack Deformation Modes［J］. Engineering Fracture Mechanics,2008, 75: 223 –235.

［49］ WIERZBICKI T, XUE L. On the Effect of the Third Invariant of the Stress Deviator On Ductile Fracture［R］. Impact and Crashworthiness Laboratory, Massachusetts Institute of Technology,2005.

［50］ RICE J R, TRACEY D M. On the Ductile Enlargement of Voids in Triaxial Stress Fields［J］. Journal of the Mechanics and Physics of Solids,1969, 17(3): 201 –217.

［51］ FREUDENTHAL A M. The Inelastic Behavior of Engineering Materials and Structures［M］. New York: John Wiley & Sons, 1950.

［52］ COCKCROFT M G, LATHAM D J. Ductility and the Workability of Metals［J］. Journal Institute of Metals, 1968, 96(2): 33 –39.

［53］ BROZZO P, DELUKA B, RENDINA R A. New Method for the Prediction of Formability in Metal Sheets［C］. Proceedings of the Seventh Biennial Conference on Sheet Metal Forming and Formability, International Deep Drawing Research Group, 1972.

［54］ OYANE M, SATO T, OKIMOTO K, et al. Criteria for Ductile Fracture and Their Applications［J］. Journal of Mechanical Working Technology,1980, 4(1): 65 –81.

［55］ GHOSH A K. A Criterion for Ductile Fracture in Sheets Under Biaxial Loading［J］. Metallurgical and materials transactions A,1976, 7(3): 523 – 533.

[56] NORRIS D M. A Plastic Strain Mean Stress Criterion for Ductile Fracture[J]. Journal of Engineering Materials and Technology – Transactions of the ASME,1978, 100(3): 279 – 286.

[57] OH S I, CHEN C C, KOBAYASHI S. Ductile Fracture in Axisymmetric Extrusion and Drawing – Part 2, Workability in Extrusion and Drawing[J]. Journal of Engineering for Industry – Transactions of the ASME, 1979, 101: 36 – 44.

[58] OSAKADA O, MORI K. Prediction of Ductile Fracture in Cold Forging[J]. Annals CIRP,1978, 27: 135 – 139.

[59] ATKINS A G. Possible Explanation for the Unexpected Departure in Hydrostatic Tension – Fracture Strain Relations[J]. Metal Science,1981, 15: 81 – 83.

[60] 于忠奇. 应用韧性断裂准则预测不同材料的胀形极限[J]. 塑性工程学报, 2003, 10(3): 18 – 21.

[61] LEMAITRE J A. Continuum Damage Mechanics Model for Ductile Fracture[J]. Journal of Engineering Materials and Technology – Transactions of the ASME,1985, 107: 83 – 89.

[62] MCCLINTOCK F A. A Criterion for Ductile Fracture by the Growth of Holes[J]. Journal of Applied Mechanics – Transactions of the ASME,1968, 35: 363 – 371.

[63] MCCLINTOCK F A, KAPLAN S M, BERG C A. Ductile Fracture by Hole Growth in Shear Bands[J]. International Journal of Mechanical Science,1966, 2(4): 614 – 624.

第3章 基于单动液压机通用模架的充液拉深装备及实例

3.1 总体方案

设备和工艺是生产的基础,有了先进的设备和成熟的工艺才能够使生产得以顺利进行。设备和工艺是相辅相成的,设备是工艺的基础,有了功能完备的设备,工艺研究和生产才能顺利地得以展开。"工欲善其事,必先利其器",充液成形装备是推广充液成形新工艺的前提条件。

总体方案的确定,事关全局,关系重大。因此,本章努力全面调查、收集、掌握国内外发展状况,以期达到在此基础上,经过反复深入的分析推敲与论证,形成先进而可行的总体方案。

根据以往的经验结果看,选择仿制先进工业国的专用充液成形设备的方案不利。这是由于:①专用充液成形设备的超高压液压元器件均为各厂家自己的专利,自家垄断,无处可买,如果我们自行开发研制超高压液压元器件如超高压溢流阀,将费力、费钱、费时间,因为开发研制超高压液压元器件本身已经是一个不小的课题;②专用充液成形设备造价高,推广普及将十分困难,不利于科研成果迅速转变为生产力。那么,研制产品的市场定位问题就显得格外重要。著者认为:研究应更适应、符合我国国情,面向我国市场。所以,选择了另一条路,即走通用压力机改造的路。改造双动压力机相对比较容易,但双动压力机价格昂贵,普及率很低;最后选择了量大面广的单动液压机为对象进行开发研制充液成形装备。用单动液压机实现充液成形也有专利发表,它是在单动液压机的活动横梁或上横梁上另外加装上压边缸。在活动横梁上加装压边缸,会降低液压机主滑块的工作压力;在上横梁上加装压边缸,会加大立柱的负载,而且这两种改造方案也不简便易行。经过分析,借鉴了我国推广精冲新工艺的成功经验,决定采用在普通单动液压机上安装通用充液成形模架的方案。本章以充液拉深为例介绍该种方案的实施。

充液拉深装备总体分为三个部分:通用的模架、液压控制系统和计算机自动控制系统。所研制的充液拉深装备的总体方案如图 3-1(a)所示,所研制的装备如图 3-1(b)所示。

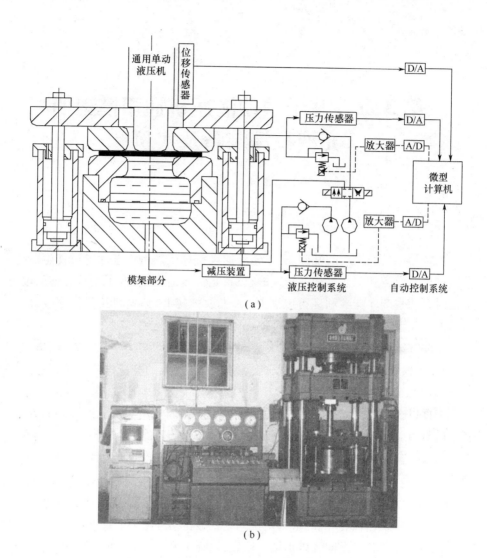

图 3-1 充液拉深装备

（a）总体方案示意图；（b）实际产品（第一代产品）。

3.2 充液拉深通用模架的研制

3.2.1 方案的确定

3.2.1.1 方案的提出

根据总体方案,认为在我国推广充液拉深技术和生产型充液拉深设备还是走普及量大、用户多的单动液压机的改造之路。

用单动液压机实现充液拉深也有专利发表,它是在单动液压机的活动横梁或上横梁上另外加装上压边缸,如图3-2所示,或利用液压垫和弹性元件提供压边力的倒置式充液拉深装备,如图3-3所示。在活动横梁上加装压边缸,会降低液压机主滑块的工作压力;在上横梁上加装压边缸,会加大立柱的负载,而且这两种改造方案也不简便易行,都需要对单动液压机进行大的改动。倒置式是利用设备的气垫或弹性元件进行压边的,这就使得在拉深过程中并不能随意地控制压边力,压边力总是保持不变或逐渐增大,这对于拉深成形来说是不利的,还增加了设备的吨位,并且倒置式充液拉深模具无导向装置,其精度是靠模具精度和设备精度来共同保证的,所以设备和模具的加工精度要求都很高,制造、安装、调试和维修都较困难,另外倒置式充液拉深装备工艺性也不尽合理,液体介质需要不断地进行回收,并且拉深成形完成以后充液室内部会残留一些气体,如不及时地排出将会影响工艺的稳定性。

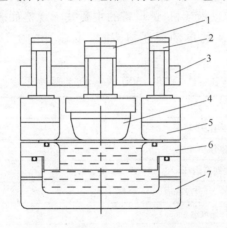

图3-2 压边缸装在上模板的充液拉深装备示意图

1—主滑块;2—压边缸;3—上模板;4—凸模;5—压边圈;6—凹模;7—充液室。

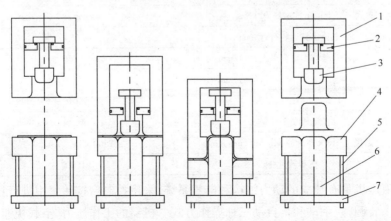

图3-3 倒置式充液拉深原理示意图

1—充液室;2—密封块;3—顶杆;4—压边圈;5—液压垫;6—凸模;7—下模板。

根据分析,以上两种对单动液压机改造的方案都对液压机进行了较大的改动,并且对液压机的工作性能和精度要求较为苛刻,实际上是专用充液拉深设备的一种变形,加工制造的成本仍然很高,而且充液拉深模架并不具有通用性。为此,研制了一种通用下置式模架的充液拉深装备。

3.2.1.2　通用单动液压机的结构及性能参数

利用通用液压机和专用的模架来实现特种的工艺以前就有,比较典型的例子是利用专用的模架在通用液压机上实现精冲工艺。另外瑞典的 AP&T 公司从 20 世纪 60 年代就开始致力于充液拉深专用设备的开发,他们的设备大多是在通用双动液压机上改造的,现在品种已达到近百种。

本章所研制的充液拉深装备是对国产通用单动液压机进行改造,液压机型号为 Y28 -500 的非标单动液压机,此设备的主要技术规格如表 3 -1 所列。由于本设备的基础是 5000kN 的单动液压机,故本章设计的充液拉深装备可以称为5000kN 充液拉深装备。

表 3 -1　Y28 -500 液压机主要技术规格

序号	项　目		参　数
1	公称压力/kN		5000
2	主缸压力/kN		4000
3	主缸回升力/kN		190
4	主缸最大行程/mm		820
5	主缸下行速度/(mm/s)		130
6	主缸工作速度/(mm/s)		26/12
7	主缸回升速度/(mm/s)		230
8	上顶出缸退料力/kN		≤28
9	上顶出缸退料行程/mm		250
10	活动横梁与工作台最大开口/mm		1350
11	工作台尺寸	前后/mm	1200
		左右(柱内)/mm	1070
12	电机功率/kW		45.55
13	外形尺寸(长×宽×高)/(mm×mm×mm)		2500×1870×4350
14	机器质量/kg		18000

此液压机具有独立的动力结构和电气系统,采用控制台按钮集中进行控制,可以实现工装调整、手动和半自动三种操作方式。机器的工作压力、空载快速下行和压制的行程可以根据工艺的需要进行调整,并能完成定压和定程两种工作方式。由于控制台的电源简单并且独立,所以可以对手动控制电源进行改造来进行计算

机自动控制,可以实现液压机的正常功能。

3.2.1.3 模架结构及主要性能参数

本章所研制充液拉深模架为通用的模架,可以方便地装配在任一台面几何尺寸符合要求的单动液压机上,并且,凸模、凹模和压边圈为整个模架系统的一个子部分,当需要加工不同的零件时,只需更换相应的凸模、凹模和压边圈即可,而不需要更换整个模架,具体的结构形式如图3-4所示。

从图3-4可以看出,本通用模架的主要结构由上下模板、充液室、凹模、压边圈、压边缸、导柱导套以及顶出杆组成,其主要工作技术参数如表3-2所列。

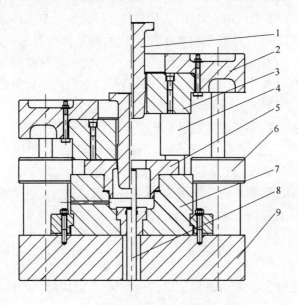

图 3 - 4　通用充液拉深模架结构形式

1—凸模;2—上模板;3—压边圈;4—导柱;5—凹模;
6—压边缸;7—充液室体;8—顶杆;9—下模板。

表 3 - 2　充液拉深装备主要技术规格

序号	项　　目	参　　数
1	充液室最大承受压力/MPa	100
2	最大压边力/kN	2000
3	压边缸最大行程/mm	245
4	模架平面外形尺寸(长×宽)/(mm×mm)	1200×1050
5	压边缸快速下行速度/(mm/s)	100
6	压边缸慢速下行速度/(mm/s)	20
7	压边缸慢速上行速度/(mm/s)	15

序号	项　　目	参　　数
8	压边缸快速上行速度/(mm/s)	60
9	加工零件最大尺寸(长×宽×高)/(mm×mm×mm)	220×220×200
10	模架总质量/kg	5500

3.2.2 超高压液室的结构设计及其强度的有限元分析

为了使得充液拉深模架具有通用性,能符合加工大多数零件的工艺要求,根据以往的实验研究经验和详细的调查研究,确定充液室体的最高承受压力为100MPa。在液压控制系统的设计中,人们往往把压力大于20MPa的液压系统称为超高压系统,并且在设计计算当中常采用传统的厚壁筒承受内压的计算公式,如式(3-1)、式(3-2)分别为厚壁筒承受内压时的壁厚和筒壁径向位移的计算公式,但由于为了保证安全性,安全系数都取得较大,然后再用计算公式验证液压缸的疲劳应力和爆破应力等。但当所要计算的结构较复杂时,利用上述的算法进行计算就有一定的偏差,不能真实地反映出液压缸内部的应力应变场的分布。并且由于采用了安全系数等人为可选择数据,故计算的柔度增加,如采用材料5CrNiMo,σ_b 为2000MPa,σ_s 为1700MPa,则对于内径 $D=240\text{mm}$、内压 $p_y=80\text{MPa}$ 的情况下,取 $n=4$,壁厚 δ 的计算值为28.8mm;而如取 $n=5$,则壁厚的计算值为91.2mm,两数值相差甚大,这样就增加了设计的不确定。

$$\delta \geqslant \frac{D}{2}\left(\sqrt{\frac{[\sigma]}{[\sigma]-1.73p_y}}-1\right) \tag{3-1}$$

式中:δ 为厚壁筒的壁厚;D 为液压缸的内径;$[\sigma]$ 为缸体材料的许用应力;p_y 为液压缸所承受的内压。

$$\frac{\mu}{R_i}=\frac{p}{E(K^2-1)}\left[(1-\nu)k+\frac{(1+\nu)K^2}{k}\right] \tag{3-2}$$

式中:R_i 为厚壁圆筒内半径;R_0 为厚壁圆筒外半径;ν 为泊松比;r 为壁厚内任一点半径;$K=R_0/R_i$;$k=r/R_i$。

随着有限元技术的发展,为计算复杂系统的应力和应变分布提供了一种新的手段和方法,特别是近年来弹性有限元已经发展得较为完善,所以本章在利用传统公式计算超高压结构的同时再利用有限元技术进行验证,以尽可能保证设计的合理性和安全性。

本章所设计的凹模、充液室体及其连接结构如图3-5所示。凹模与充液室体采用螺纹连接。在考虑强度的同时,还应考虑在承受内压时螺纹连接应保持紧密配合,不应发生螺纹松动等现象。当充液室体的压力达到100MPa时,液体对凹模

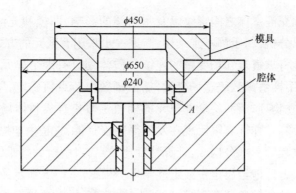

图 3 - 5　凹模和充液室体的连接结构图

向上的力有 200 余吨,如果这时连接螺纹发生了问题,产生的后果是相当严重的。另外高压密封处也不应发生问题,如间隙不能过大而发生油液泄漏等。

此套模具主要是应用在不锈钢方盒形件充液拉深中,按照设计的需要,充液室须能承受压力 100MPa,设计凹模材料为 Cr12MoV,充液室体采用的材料为 5CrNiMo,其材料性能参数如表 3 - 3 所列。首先,充液室体壁厚按式(3 - 1)来进行计算,当安全系数 n 取 5 时,计算得到壁厚 $\delta = 95.0$mm。为了进一步加强超高压下充液室的安全性,并考虑到充液室变形会造成密封圈 A 处密封间隙的增大从而对密封圈的寿命产生巨大的影响,故把 δ 值增大到 205mm。根据分析,充液室体和凹模最大受力和最大变形处应在密封 A 处,充液室体的径向压力和轴向压力为

$$\sigma_r = 100.00\text{MPa}, \sigma_\theta = 105.0\text{MPa}$$

则等效应力 σ 为

$$\sigma = 1/\sqrt{2}\sqrt{\sigma_r^2 + \sigma_\theta^2 + (\upsilon_r - \sigma_\theta)^2} = 93.96(\text{MPa})$$

表 3 - 3　Cr12MoV 和 5CrNiMo 材料性能参数表

材料名称	屈服强度 σ_s/MPa	抗拉强度 σ_b/MPa	弹性模量 E/MPa	泊松比 ν	密度 ρ/(g/cm³)	延伸率/%
Cr12MoV	800	1000	210000	0.31	7.8	30
5CrNiMo	1700	2200	210000	0.31	7.8	32

此处的位移量可用式(3 - 2)来进行计算:

$$\mu_c = 0.0753\text{mm}$$

同理,可以计算出凹模密封 A 处的等效应力和位移分别为

$$\sigma = 408.97\text{MPa}$$

$$\mu_d = 0.0227\text{mm}$$

以上两处的位移方向是一致的,都是径向方向。

由于凹模和充液室体之间螺纹以及密封圈的影响,凹模和充液室体的应力场和应变场较难以分析,属于静不定结构,需进一步采用有限元的方式进行分析。

有限元法是将求解未知场变量的连续介质体划分有限个单元,单元用节点连接,每个单元内用插值函数表示场变量,插值函数由节点值确定,单元之间的作用由节点传递,建立物理方程,将全部单元的插值函数集合成整体场变量的方程组,然后进行数值计算。弹性有限元现在发展得比较完善,它是由本构方程、物理方程和几何连续性方程等三部分构成,计算精度比较高,对解析解很难解决的问题如静不定问题能够很方便地给出定量或定性结果。根据图3-5所示的实体结构,建立有限元分析计算的离散单元数学模型,因为该模型是轴对称情况,故可以按照二维应力应变状态来进行分析,图3-6为离散化后的有限元分析计算模型。

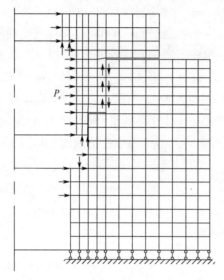

图3-6　离散化后的有限元计算模型

本章利用工程有限元计算软件包 ANSYS 对凹模和充液室体的强度进行了计算,并分析了凹模和充液室各部分的位移,为充液拉深模具的设计提供了可信的依据。图3-7(a)是充液室的应力分布图,从图中可以看出,充液室体最大受力处在 C 等处,其等效应力分别为 $\sigma_C = 92.5444\text{MPa}$,这与在有限元分析之前估计的最大的受力处是一致的,最大应力数值也是基本相等的,可知充液室体的强度是符合要求的;但在图3-7(a)的 C 点以下部分应力却有所减小,这是由于外端对此部分的影响而造成的,从中可以推出,尽量减小中间部分的高度,对提高模具强度是有效的。图3-7(b)是凹模的应力分布图,总体来看,凹模所受应力要比充液室大,最危险处在 A 处,这与以前的判断是一样的,但计算的数值相差较大,用解析解计算的数值为408.97MPa,而用数值计算得到最大值为 $\sigma_A = 222.9661\text{MPa}$,造成这种结果的原因主要是解析解没有考虑到 A 处外端的影响,而仅仅把 A 处作为一个简单

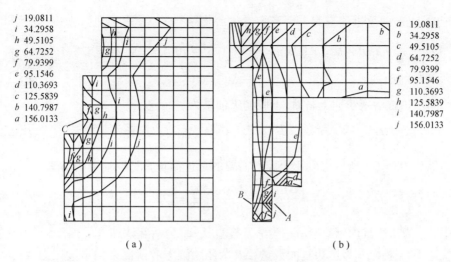

图3-7 凹模和充液室体受内压100MPa时应力场分布(单位:MPa)

(a)凹模内部应力场; (b)充液室体内部应力场。

的厚壁筒来计算,这样就不可避免地造成计算结果的增大,所以利用有限元验证解析结果,将是一种必要的手段。另外通过计算可以得知,充液室体的最大径向位移点在 A 处,也就是最大应力处,其值为 0.072mm,与解析解相同,而 O 形密封圈所要求的公差为双边 0.1mm,这样,当加入液压后密封圈处的间隙将变大,这将降低密封效果,尤其是超高压的密封效果,故此处的密封需要采取一定的措施。

3.2.3 节能高效压边缸的设计

普通活塞液压缸的设计目标一般都是要求活塞在整个行程都可以负载运作,结构如图3-8(a)所示,这样液压缸的内壁工作段须加工成直壁,活塞分隔成的上腔和下腔不相通,以便液体能在缸内和任一段行程中都可以施加向上或向下的压力,这样活塞就能够在缸内顺利运动。在一些行业中如锻压冲压生产中所需要的压边缸工作原理与普通活塞液压缸的工作原理不尽相同,在生产中,压边缸的作用仅是防止板料法兰的起皱,故可以认为压边缸的工作行程很小或几乎没有,但加工完毕以后需要从凹模中取出成形的零件,则压边圈需要快速抬起一定的高度以便零件能够顺利地从凹模中被取出,这样如果压边缸按普通液压缸的形式进行设计,由于液体必须不断地通过油箱在压边缸上下腔之间进行循环,就不可避免地造成了能源的浪费。基于此,本章提出了一种节能、高效的阶梯形压边缸,其结构如图3-8(b)所示。

根据压边力和装配空间的需要,本充液拉深装备中选用了四个压边缸来提供压边力,压边缸内液体最大的压力为25MPa,为了满足如表3-1所列对压边缸活塞上下程速度及力的要求,如果按照普通液压缸的设计,当压边缸内活塞空程快速

下行时,上腔的总进油量为

$$Q_1 = \frac{\pi}{4} \cdot (D_2^2 - D_1^2) \times v_1 \times n = \frac{\pi}{4} \cdot (175^2 - 70^2) \times 100 \times 4 = 522(\mathrm{L/min})$$

$$(3-3)$$

当压边缸活塞快速上行时,下腔的进油量为

$$Q_2 = \frac{\pi}{4} \cdot D_2^2 \cdot v_2 \cdot n = \frac{\pi}{4} \times 175^2 \times 60 \times 4 = 312(\mathrm{L/min}) \qquad (3-4)$$

因为 $Q_1 > Q_2$,所以应利用上腔所需要的总进油量来选取油泵的功率:

$$N = \frac{\Delta P \cdot Q}{612 \cdot \eta} = \frac{250 \times 522}{612 \times 0.8} = 225\mathrm{kW} \qquad (3-5)$$

式中: D_2 为压边缸内壁直径; D_1 为活塞杆直径; v_1 为活塞快速下行速度; v_2 为活塞杆快速上行速度; n 为压边缸的数量; ΔP 为压边缸上腔所需要的最大压力值; Q 为油泵的排油量; η 为油泵的效率; N 为油泵的功率。

由式(3-5)可知,选用普通活塞液压缸来装配本章所设计的充液拉深装备有两个缺点:一是所需油泵的功率太大;二是排油量较大。当选用油泵的功率较大时,就会增加工厂的能源负担,增加了能源的消耗;由于液压缸的上下腔互不相通,那么上下腔的油需要通过油箱来进行互补,则油路中由于油的剪切摩擦生热也会损耗掉很多能源,而且,由于电磁换向阀受到磁铁推力和尺寸的限制,当过油量过大和承受压力过高时,就需换用电液换向阀,而应用电液换向阀又会带来一系列的问题,如必须增加控制泵、设备体积增大、成本增加等。若不想增加这笔投资,就只有降低液压缸行动的速度,生产率下降。在实际工程应用中,往往用充液阀来解决这个问题,但在充液拉深装备中由于结构空间的限制,不可能采用这种机构。

为此提出了一种新型的、结构功能较完善的、符合本充液拉深装备要求的内壁呈阶梯形的压边缸,称为阶梯形压边缸;如图 3-8(b)所示。该缸的设计结构使得

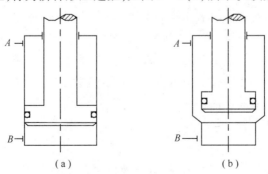

图 3-8　阶梯形压边缸与普通活塞液压缸的对比
(a)普通液压缸;(b)阶梯形压边缸。

液压缸内部的液体尽量在缸体内部循环,这样就较大地降低了油泵的功率和流量,控制的油路和电控回路也予以了简化。

阶梯形压边缸的工作过程由四部分组成:快速下行、慢速下行、慢速上行、快速上行,如图 3−9 所示。在慢速运行阶段,其工作原理和普通液压缸一样。当快速下行时,下腔的回油路关闭,上腔的回油路打开,活塞靠自重快速下行,同时缸体下腔的油在内部涌入上腔,只有相当活塞杆体积的油从上口排出体外;当快速上行时,上腔的油路关闭,下腔的油路打开进入压力油,活塞在差动压力下迅速地抬起。由于慢速行程的距离很小,在选取油泵流量时可以忽略此方面的影响,这样,当活塞快速上行时,缸体内需要补充的油流量为

$$Q_3 = \frac{\pi}{4} \cdot D_1^2 \cdot v_2 \cdot n = 56(\text{L/min}) \tag{3−6}$$

则当系统压力选取为 25MPa 时,油泵所需的功率仅为普通液压缸的 1/10,约为 20kW。实际上在工作中,压边缸所需要最高压力的时间和流量最大的时间并不交叉,在压边时,所需压力为 25MPa,理论流量为 0;在快速上行时需要的压力为 2.5MPa,流量为如式(3−6)所示的 56L/min,故所需要的油泵的功率为 2.8kW。根据工作原理的特点,可以选取双轴伸的电动机同时驱动高压低流量泵和低压高流量泵,这样可以大大地降低驱动电动机的功率。

根据以上的分析可知,阶梯形压边缸具有高效和节能的优点,适用于所有的空行程长和工作行程短的结构中。

3.3 液压控制系统的设计

3.3.1 方案的选择

充液拉深模架中需要液压驱动的装置主要有充液室和压边缸,充液室液压控制所需的功能有主动增压和被动液压控制,压边缸需要实现如图 3−9 的工作过程,在液压控制系统中就需要考虑这些与工艺需要相适应的功能。

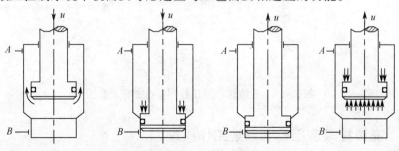

图 3−9 阶梯形压边缸工作原理

比较通用的一种充液室压力和压边缸压力控制的油路是利用多个溢流阀和换向阀来实现多级压力的控制。这种液压控制回路有其一定优点,如控制回路简单、实现方便、不需要复杂的电控制回路等,但这种回路不能控制复杂的压力变化,如抛物线形压力变化、呈一定斜率上升或下降的压力变化,并且在各级压力变化过程中因为要靠换向阀切换来使得不同的溢流阀来工作,这就造成了压力控制的波动,对压力控制的稳定性不利,尤其在充液拉深成形过程控制中,当拉深比达到了极限时压力的稍微变化就会造成试验的失败或形成零件表面的波浪状纹路,形成废品,所以采用了比例溢流阀来实现无级压力控制。根据成形件的需要,液压控制系统须有如下功能:

(1)对充液室压力和压边力可以保持连续的压力控制;

(2)充液室可以实现液体的快速补充;

(3)充液室压力可随行程设置的工艺曲线在 0 ~ 100MPa 范围内连续变化;

(4)充液室的液体介质可以很好保持干净;

(5)充液室液体压力可以实现初始反胀等条件;

(6)压边力可随行程设置的工艺曲线在 0 ~ 25MPa(0 ~ 200t)范围内连续变化;

(7)压边缸可以实现如图 3 - 9 的工作过程。

根据充液拉深成形过程的需要,在满足以上提出要求的基础上,液压控制系统原理定为如图 3 - 10 所示的方案。

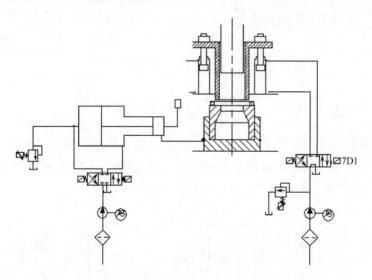

图 3 - 10　充液拉深液压控制系统原理示意图

3.3.2　充液拉深液压控制系统工作原理

根据图 3 - 10 可以看出,这里设计的充液拉深液压控制系统满足了如 3.3.1

节所提出的要求。整个液压控制系统分为三个部分,即充液室液压控制部分、压边力控制部分和补油部分。

充液室内的液体由于经常和零件等外界物体相接触,故一般来说比较脏,另外因为充液室内液体介质要承受超高压,并且还要具备其他的一些性能,如有一定的润滑黏度、容易清洗、不易压缩等,所以充液室内的所用液体介质的种类与泵站其他部分的所用液体介质的种类一般是不相同的,如日本丰田汽车公司所采用的充液室内的液体介质是水的乳化液。由于比例溢流阀最高压力为 32MPa,为了对充液室液体压力进行控制,在充液室与比例溢流阀之间加了减压装置,而减压装置的低压端与充液室压力控制部分相连接,高压端与充液室相连接,这样就避免了对油箱的污染,当充液室液体介质较脏需要清洗时,只需清洗减压装置的高压端和充液室即可。

压边力控制部分由换向阀、比例溢流阀等组成,具备了实现如图 3 - 9 所示的压边缸工作过程的基础。采用双并联泵,泵 1 是大流量低压泵,用来实现压边缸活塞的快速运行,而泵 2 是低流量高压力轴向柱塞泵,可以提供 0 ~ 25MPa 的压边压力,功率也比较大,用来工作时提供 200t 的压边力。采用比例溢流阀来连续控制压边力,控制信号由计算机给出。

充液室压力控制部分由换向阀、比例溢流阀等组成,根据减压装置活塞运动方式的不同,可以实现所要求的工艺效果,如初始反胀、连续调节充液室压力等。反胀压力由小压力泵来实现,主力泵选用了轴向柱塞泵,通过减压装置可以提供 0 ~ 75MPa 的初始反胀压力。当采用比例溢流阀来连续控制充液室液体压力时,通过减压装置可以控制 0 ~ 100MPa 的充液室压力,符合了工艺上的要求。

利用 PLC 对液压控制系统中各液压阀的电磁铁与行程开关进行控制,使其相互协调工作,实现一定的功能,如压边圈快速上下行和慢速上下行、初始反胀、计算机开始过程控制、补油等。该系统功能比较强,力学性能好,采用了模块化设计思想,各部分之间联系简单、紧凑,维修调试较方便,并且由于阀块设计采用了集成块,提高了系统的密封性,减少了泄漏。

3.3.3 超高压减压装置的特点

如上所述,根据工艺的需要,充液室的最高液体压力选定为 100MPa,而目前可买到的用来调节充液室压力的高压、大流量比例溢流阀所能承受的最高压力为 31.5MPa,故需在充液室与比例溢流阀之间增加一个用来降低液室传递压力的中间环节——减压装置,其结构如图 3 - 11 所示。这个减压装置与传统的普通增压器相似,但也有其工作特点:

(1)传统的普通增压器起增压作用,低压缸为主动作用缸,高压缸为被动作用缸,工作时油泵向低压缸打油,活塞由于低压缸的油压作用而向高压缸端推进;而减压装置恰与其相反,高压缸是主动油缸,低压缸是被动油缸,工作时充液室的高压油进入高压腔,从而推动活塞由高压缸端向低压缸端运动,低压缸内油的压力由比例溢流阀来调节。

(2)减压装置高压腔所能承受的最大压力要求高达100MPa,对缸体的密封、结构设计的合理性等提出了更高的要求。

(3)整个充液拉深系统由于采用了计算机过程控制技术,如图3-11所示,所以对作为压力传递中间环节的减压装置的响应速度有一定的要求,即充液拉深系统中的减压装置的功能函数不仅是压力变化的函数,还是系统响应时间、充液室溢流流量等变量的函数,而传统的普通增压器装置的功能需求仅为压力变化的函数,主要用来使得压力增值。

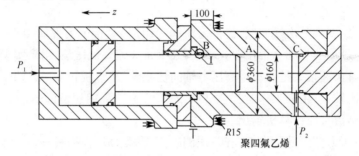

图 3-11　减压装置结构图

3.3.4　减压装置超高压密封形式的选择

减压装置高压端由于承受超高压,所以其密封装置显得较为重要。密封装置的作用是防止液压系统中液体的泄漏,如果密封不好,则液体有可能从减压装置的高压腔渗透到低压腔,或泄漏到元件外面,造成容积效率降低,工作机构运动不稳定,定位不准确,不能实现保压,以及污染环境和妨碍操作等一系列弊病,甚至还可能造成事故。液压系统对密封装置的要求是:密封性好,摩擦因数小,寿命长等。

现今,常用的密封装置的结构主要有以下几种:

(1)Y密封结构。Y聚氨酯密封圈可以应用于各种类型的液压缸中,尤其是运动中的高压液压缸,具有优良的物理性能和化学性能,既具有高强度又具有高弹性,耐油性和耐磨性好,能耐高压,经实验能在1000MPa的压力下而无漏油现象,但此种密封圈的结构较复杂。

(2)O形密封结构。O形密封圈作静密封时,其密封压力可达200MPa,并且具有结构简单、安装空间小、拆装方便等优点,但在动密封中其很容易因拧扭而损坏,甚至造成剪断,故在动密封中一般较少利用此种形式的密封圈。

充液拉深减压装置中高压缸体内的油液主要有两处可能泄漏,其一是高压缸与端盖螺纹连接处的密封,属于静密封;另一是活塞杆与高压缸体的滑动密封处,属于动密封。根据以上的分析,静密封处的密封选择采用了 O 形圈密封。

对于活塞杆处的动密封,由于承受高压力且是滑动密封,所以设计中不但密封性是一个主要问题,而且摩擦效率问题也是一个关键。密封的摩擦力(其中包括库仑摩擦力和与速度有关的黏滞摩擦阻力)高,则活塞对充液室压力的变化响应死区也大,由于减压装置为控制中的一个重要环节,所以对计算机过程控制不利,并且也很难标定控制中的一些参数如减压比、采样时间等,从而造成计算机对充液室的压力控制不准,导致工艺稳定性下降。在此采用了聚氨酯密封圈形式,具有高强度,耐油性好,能耐高压,能在 1000MPa 的压力下而无漏油现象,并在密封结构上进行了一定的改进,以尽可能使得压缩平面变得平整,实践证明,此种方案可行。

3.4　计算机控制系统的设计

3.4.1　原理分析及方案的选择

充液拉深技术也是较为复杂的一项技术,随着成形零件成形极限和成形复杂程度的不同,各个控制参数特别是充液室液体压力和压边力的设置就越加困难。最初,充液拉深工艺的压边一般都是采用定间隙和定压力的方式,后来又采用不连续的、靠几个溢流阀控制的分级压边方式;充液室的液压靠溢流阀来设置最高压力,成形中间过程只能靠压边力和充液室液体压力的关系来相互调节,而不能够进行分别控制,这就增加了确定最佳工艺参数的难度,所以人们又开始对充液室压力和压边力的连续过程控制进行研究,随着计算机的出现和在工业生产中的应用,使之成为可能。

为了符合本章研制的充液拉深装备的特点,本着简便易行和实用的原则,对计算机控制系统提出了以下要求:

(1) 可以在计算机中储存数据,并可以方便地进行修改、调用。

(2) 系统具有显示、储存充液室及压边力的实测值,并能够显示凸模行程 - 压力值($P-S$)曲线。

(3) 系统具有自动加工和手动加工两种功能,可以根据需要方便地进行切换。

(4) 系统可以控制模拟量和数字量,液压阀电磁铁和比例溢流阀进行联动。

(5) 压边缸 $P-S$ 曲线压边力最大设定值为 25MPa(2000kN),分辨率为 0.1MPa(8kN)。

(6) 充液室 $P-S$ 曲线充液室压力最大设定值为 100MPa,分辨率为 0.2MPa。

(7) 凸模行程最大值为 400mm,分辨率为 0.1mm。

为了满足以上的工艺要求,并考虑到本研制设备的特点和压边装置为内壁呈阶梯状的专利缸,所设计的总体方案框图如图 3 - 12 所示。

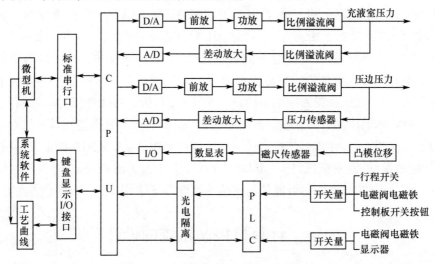

图 3 - 12 充液拉深计算机控制原理图

整个系统由硬件部分和软件部分组成。硬件部分须保证 D/A 和 A/D 之间转换的可靠性、控制基础的稳定性,故在硬件设计上采用一些可靠的措施。软件部分分析各个控制信号并传递控制信息,可以实现控制工艺参数曲线如充液室压力 P - S 曲线和压边力 P - S 曲线的输入输出以及编辑等,并根据凸模的位移和相应的工艺曲线来连续控制充液室压力和压边压力,工控机主要用来进行伺服控制。另外,如图 3 - 12 所示,为了保证各个开关量之间的逻辑关系,在控制系统中采用了 PLC,即可编程控制器,进一步提高了控制系统的可靠性。

3.4.2 计算机控制软件的设计

计算机软件主要包括系统软件、程序设计语言和应用软件等三种,本控制系统的控制程序主要由三部分组成,包括主程序、中断服务子程序和 PLC 开关量逻辑关系控制程序。主程序主要完成软件初始化,如采样时间的设定、中断向量地址的设定、储存常量的读取以及各个开关量的初始化等,其中主程序又由初始化程序和自动加工子程序组成。

中断服务子程序主要是完成定时采样、数字滤波、实现控制算法、进行人机对话和数据通信等功能。

3.4.3 计算机控制系统的响应性能分析

充液室压力控制系统主要由减压装置、压力传感器、比例溢流阀和 D/A 转换器等四部分组成,如图 3 - 13 所示,主要用来控制充液室压力和压边压力。其中,减压装置由于属于非标准件,并且包含在闭环控制内,所以在整个控制系统中占有重要的位置,故在本节对其控制响应性能进行了研究。另外在充液室压力控制系统中,压力传感器的选择可以有两种方案,本节对这两种方案进行了分析、评价,为以后合理方案的确定提供了有利的基础,同时选出了符合本设计目的的方案。

图3-13 充液拉深充液室压力计算机过程控制图

3.4.3.1 控制系统中减压装置的响应性能分析

减压装置是充液室压力计算机控制系统中的一个重要环节。减压装置中的一些参数,如活塞的质量、黏滞阻力系数和库仑摩擦力等直接影响到整个控制系统对充液室压力变化的响应,如果此环节对系统响应时间延迟较多,超过了采样时间,或振荡不收敛,则系统控制将发生混乱,所以有必要首先对减压装置环节的控制响应过程进行分析、讨论。

减压装置的传递函数可由其低压端和高压端的连续性方程和力平衡方程得到,具体过程如下。减压装置低压端的连续性方程为

$$Q_1 = A_1 v + \kappa_e P_1 + (V_1/K)(\mathrm{d}P_1/\mathrm{d}t) - \theta_2 \qquad (3-7)$$

减压装置高压端的连续性方程(包括液室):

$$Q_2 = A_3 W - \theta_1 - A_2 v - \kappa_e P_2 + (V_2/K)(\mathrm{d}P_2/\mathrm{d}t) \qquad (3-8)$$

减压装置受力平衡方程:

$$P_1 A_1 = P_2 A_2 - m(\mathrm{d}v/\mathrm{d}t) - Bv - F_L \qquad (3-9)$$

式中:Q_1、A_1、V_1、P_1、θ_1 和 Q_2、A_2、V_2、P_2、θ_2 分别为减压装置高压端和低压端在某一时刻的流量、活塞面积、缸体被液体充满的体积(此处分别取为 0.002m³ 和 0.0016m³,即活塞行至距低压端底端面 150mm 处)和液体压力、液体泄漏量;W 和 v 分别为冲头和减压装置中活塞的速度(m/s);κ_e 为液压缸与压力有关的泄漏系数,此处取为 $10^{-9} \mathrm{m}^5/\mathrm{N} \cdot \mathrm{s}$;$K$ 为液体容积弹性模数,一般取为 600 ~ 1200MPa,此处取为 1000MPa;B 为黏滞阻尼系数,与速度有关(N·s/m);F_L 为与速度无关的阻挠力,包括库仑摩擦力(N);m 为减压装置中活塞的质量(kg)。

对式(3-7)~式(3-9)取拉普拉斯变换,可以最终得出以下方程:

$$Q_1(S) = A_1 U(S) + \kappa_e P_1(S) + (V_1/K)P_1(S) \cdot S - \theta_2(S) \qquad (3-10)$$

$$Q_2(S) = A_3 W(S) - \theta_1(S) - A_2 U(S) - \kappa_e P_2(S) + (V_2/K)P_2(S) \cdot S$$

$$(3-11)$$

$$P_1(S)A_1 = P_2(S)A_2 - mU(S) \cdot S - BU(S) - F_L(S) \qquad (3-12)$$

式中:S 为拉普拉斯算子;$P_1(S)$、$P_2(S)$、$Q_2(S)$、$Q_1(S)$、$W(S)$、$U(S)$、$F_L(S)$ 分别为相应原函数的拉普拉斯变换式。设阻挠力 F_L、冲头速度 W 以及 θ_1 和 θ_2 为常量,则 $F_L(S)$、$\theta_1(S)$、$\theta_2(S)$ 和 $Q_1(S)$、$W(S)$ 皆为 0。把 $P_2(S)$ 作为输入量,$U(S)$ 为输出量,则根据式(3-11)和式(3-12)得传递函数:

$$\frac{U(S)}{P_2(S)} = \frac{A_2\kappa_e + \dfrac{A_2 V_1}{K} \cdot S}{\dfrac{m V_1}{K} \cdot S^2 + \left(m\kappa_e + B \cdot \dfrac{V_1}{K}\right) \cdot S + A_1^2 + B\kappa_e} \qquad (3-13)$$

根据传递函数(3-13),输入量采用阶跃函数,利用 MATLAB 软件包中的 SIMULINK 模块,可以得到如图 3-14(a)、(b)和(c)中针对不同的 m、B 时域响应函数曲线。从图中可以看到,减压装置中的活塞质量大,对系统的相应时间延迟较多,活塞质量小使得其振荡幅度加剧,而 B 因素在其范围内对系统的响应时间延迟不但不影响,并且还使得系统的振荡时间缩短,所以在设计中应合理地、尽量减

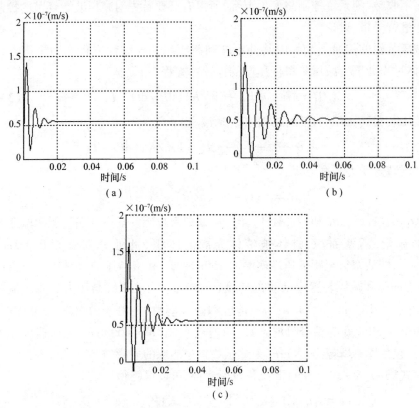

图 3-14　计算机控制下减压装置环节响应时域分析
(a) $m = 300\text{kg}$,$B = 10000\text{N} \cdot \text{s/m}$;(b) $m = 150\text{kg}$,$B = 20000\text{N} \cdot \text{s/m}$;
(c) $m = 150\text{kg}$,$B = 10000\text{N} \cdot \text{s/m}$。

少活塞的质量,而黏滞阻尼量增大可以提高系统振荡收敛的速度,减少二阶振荡环节的收敛时间。对于本减压装置环节($m = 150kg, B = 10000N \cdot s/m$),从图3-14(c)中可以看出,其环节振荡收敛时间为30ms左右,小于采样时间50ms,符合设计需要。库仑摩擦力由于是常量,故对系统的稳定性并无影响,对系统信号的响应时间也无影响。

3.4.3.2　充液室计算机控制系统的响应性能及其压力传感器的选择

如上所述,系统的控制环节主要由 D/A 转换器、比例溢流阀、减压装置和压力传感器等组成,系统控制方框图如图3-12所示。其中信息反馈环节即压力传感器的选择有两种方案,第一种是选用高压力传感器,量程为150MPa。其压力反馈系数为0.08V/MPa,安装在增压器的高压端,价格较为昂贵,如图3-15(a)为采用此方案时的计算机控制充液室压力传递函数方框图;第二种是选用低压力传感器,量程为40MPa,其压力反馈系数为0.2V/MPa,安装在减压器的低压端,价格较为便宜,如图3-15(b)为采用此方案时的计算机控制充液室压力传递函数方框图。以下就这两种方案的差异进行分析比较。

在图3-15中,各控制环节如 D/A、比例溢流阀的传递函数可根据手册或样本得到,比例溢流阀的调压函数为

$$\frac{P_1(S)}{I(S)} = \frac{22.86}{(1 + 0.2S)(1 + 0.04S)}$$

式中:$I(S)$ 为电流输入函数;$P_1(S)$ 为压力输出函数。

数/模(D/A)转换器的传递函数为

$$\frac{T}{1 + ST/2}$$

式中:T 为采样时间。

根据工艺要求,采样时间 T 取50ms,则上式为 $\frac{0.05}{1 + 0.05S/2}$。

为了得到如图3-15所示的充液室压力控制传递方框图,减压装置的传递函数应以 $P_1(S)$ 为输入,$P_2(S)$ 为输出,根据式(3-10)、式(3-12)可得到传递函数如下:

$$\frac{P_2(S)}{P_1(S)} = \frac{A_1 \cdot A_2}{\frac{mV_2}{K} \cdot S^2 + \left(m\kappa_e - B \cdot \frac{V_1}{K}\right) \cdot S + A_2^2 + B\kappa_e} \tag{3-14}$$

把 D/A 转换器、比例溢流阀、减压装置及压力传感器的传递函数分别代入图3-15(a)和(b)的框图中,就可以得到针对不同的压力传感器选择方案的计算机控制方框图,利用 MATLAB 软件中的 SIMULINK 模块对两个控制框图进行计

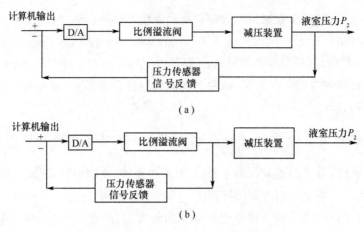

（a）

（b）

图3-15 充液室压力计算机控制方框图

（a）压力传感器在增压器高压端；（b）压力传感器在增压器低压端。

算,可以得到不同的系统仿真曲线,如图3-16(a)(压力传感器选用第一种方案)与(b)(压力传感器选用第二种方案)。可以看出,压力传感器加在减压装置的低压端或高压端对整个自动控制系统的响应时间并无太大的影响(此处,$m=150\text{kg}$,$B=10000\text{N}\cdot\text{s/m}$)。但对于第二种方案,虽然不影响系统的响应速度,但由于减压装置中库仑摩擦力和黏滞阻力系数不确定的影响,即使得到了低压端液体压力也不能由此准确地推导出高压端的液体压力,由图3-16(a)、(b)可以看出,由于黏滞阻力的影响,图(b)中的最大响应值要比图(a)中的最大响应值小,而具体数值随B的变化而变化,故在方案选择上应根据实际情况而定。如果是在具体应用设计上,由于并不需要得到充液室压力的直接测得值,只要求控制准确可靠,则可选用第一种方案,以求经济;如果以实验为目的,那么需要得到充液室压力的直接测得值,为实验的结果提供确凿的、可供参考的依据,则应选择第二种方案,本设计由于兼具实际和实验上的需要,故选择了第二种方案。

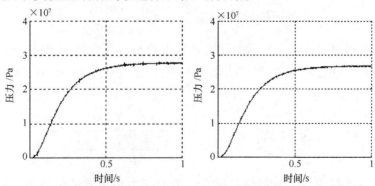

图3-16 计算机控制下减压装置环节响应时域分析

（a）压力传感器在高压端；（b）压力传感器在低压端。

3.4.3.3 实验结果分析

本章所讨论的减压装置已经应用在实际中,至今应用状况良好。图 3 – 17 为预先设置的曲线与控制过程中检测的实际曲线,可以看出,这两条曲线较为一致。

图中的实验曲线大致可以分为三个部分:第一部分为 A 区,这是减压装置及比例溢流阀的死区,经过测定,在工作状态时本减压装置的死区约为 15MPa,超过 15MPa 后,设置曲线与控制曲线较为一致;第二部分为 B 区,可以看出,控制曲线在设置曲线的上下 1MPa 的范围内波动,符合设计的要求;第三部分为 C 区,为充液室压力卸压阶段。

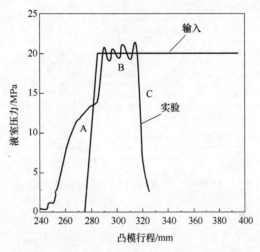

图 3 – 17 设置曲线及计算机控制曲线的对比

3.5 板材充液成形设备实例

3.5.1 HFS – 300 型充液拉深设备

图 3 – 18 所示为所研制的定型产品——HFS – 300 型充液成形机,其技术性能参数如表 3 – 4 所列。充液拉深成形装备的总体共分为三个部分:模架等结构设计部分、液压控制部分和计算机控制系统部分。

表 3 – 4 HFS – 300 液压机主要技术参数

序号	项　　　目	参　　数
1	主油缸公称力/kN	3000
2	主油缸液体最大工作压力/MPa	24
3	压边缸最大公称力/kN	1000

序号	项 目		参 数
4	压边缸液体最大工作压力/MPa		25
5	增强器最大增压压力/MPa		130
6	主油缸最大行程/mm		550
7	压边缸最大行程/mm		210
8	活动梁到工作台面距离/mm	最大	1325
		最小	775
9	活动梁升降速度/(mm/s)	空载下行	210
		加压	11
		回程	215
10	压边圈差动下行速度/(mm/s)		60
11	油泵流量(VQH 12 – 17) /(L/min)	轴端泵	81
		盖端泵	58
12	电动机功率/kW		30
13	工作台有效面积(左右×前后)/(mm×mm)		700×800

充液拉深模架如图 3 – 19 所示,主要由工作部分(主要包括凸模、凹模和压边圈)和辅助部分(主要包括垫板、充液室、压板和封头等)构成,对于不同形状和大

图 3 – 18　自行研制的
HFS – 300 型充液拉深装备

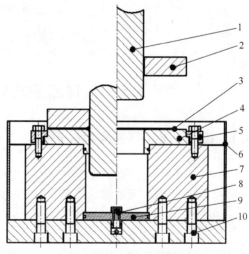

图 3 – 19　模架结构示意图
1—凸模;2—压边圈;3—板料;4—凹模;5—压板;
6—挡板;7—充液室体;8—滤油器;
9—封头;10—底板。

小的零件,只需要更换凸模、凹模和压边圈即可。充液拉深模架可以成形大小为 $\phi 150 \times 200 (\mathrm{mm} \times \mathrm{mm})$ 的零件,液室可以承受 150MPa 压力。为了使充液拉深模架具有通用性,能符合加工大多数零件的工艺要求,确定充液拉深的承受压力范围是 $0 \sim 150 \mathrm{MPa}$。对于如此高的压力,设计时需要对充液室体等部件的刚度和强度进行校核,确保其安全性。充液室体如图 3-20 所示,其材料选用 40Cr。在建立充液室体的模型之后对其进行网格划分,并设置边界条件。在其内壁施加 150MPa 的均布压力,在与底板连接的螺钉孔位置的边界条件设置为不可移动。有限元计算结果表明充液室体承受最大应力为 296MPa,远小于材料的屈服强度,而最大位移是 0.066mm,变形很小,因此可以确定这种设计是合理的、安全的。

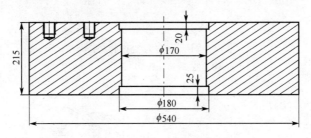

图 3 - 20　充液室体零件图

　　充液成形压力机是实现充液拉深成形工艺的设备,按压力机滑块的数量和作用分类主要有单动压力机和双动压力机两种。单动压力机只有一个滑块,适用于中小型零件充液拉深;双动压力机有内外两个滑块,外滑块压料,内滑块拉深,适合于大型零件的充液拉深。对于单动压力机,为解决拉深过程中板材的失稳问题,需要设计压边装置。压边装置是否合理有效,关键在于压边力的大小是否恰当。压边力太小,不足以抵抗法兰失稳的趋势,结果产生皱折;压边力太大,又会使法兰压得过紧,不利于材料的流动,助长了筒壁拉裂的危险。由于在整个充液拉深过程中,法兰失稳起皱趋势不同,合乎理想的压边力应当也是变化的。在拉深的开始阶段,失稳起皱趋势渐增,压边力也应该逐渐增大;此后,失稳起皱的趋势减弱,压边力也相应递减。图 3-21 所示的实验曲线是根据不同的拉深系数 m,维持法兰不失稳起皱所需的最小压边力 Q_{min} 在拉深过程中的变化规律,在生产过程中要想知道某种零件的压边力曲线当然是十分困难的。弹性压边装置中,除了气压(液压)工作缸可以在拉深过程中使压边力保持不变外,弹簧及橡皮压力装置所提供的压边力在整个拉深过程中都是不断增加的。三种压边装置的工作性能如图 3-22 所示,比较起来,以液压工作缸为最好。

　　我们采用了液压缸压边的方法,考虑到空间等问题,将压边装置设计在主缸活塞杆的内部。其结构如图 3-23 所示,然后通过导杆将压边力传递到压边圈上。它能够实现定压边力、变压边力和间隙压边等压边方式,能够满足工艺要求。

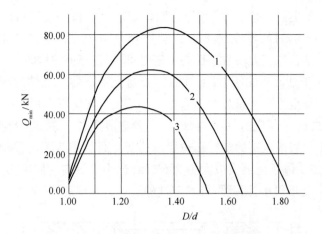

图 3 - 21　压边力变化趋势图

1—$m=0.55$；2—$m=0.60$；3—$m=0.65$。

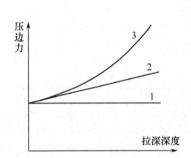

图 3 - 22　三种压边方式
效果对比图
1—工作缸；2—弹簧；
3—橡皮。

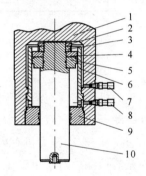

图 3 - 23　压边缸结构图
1—主缸活塞杆；2—螺母Ⅰ；3—螺母Ⅱ；
4—活塞Ⅰ；5—活塞Ⅱ；6—缸套；7—顶出油口；
8—退回油口；9—端盖；10—活塞杆。

　　充液拉深模架中需要液压控制的装置有充液室和压边缸,充液室液压控制所需的功能有主动增压和液压的实时控制,压边缸需要实现压边功能,在液压控制系统中需要考虑这些与工艺需要相适应的功能。充液室压力和压边缸压力可以通过利用多个溢流阀和换向阀来实现多级压力的控制,但是这种回路不能控制复杂的压力变化,并且在各级压力变化过程中因为要靠换向阀切换来使得不同的溢流阀工作,这就造成了压力控制的波动,对压力控制的稳定性不利;尤其在充液拉深成形过程控制中,当拉深比达到极限附近时压力的微妙变化都会造成试件的破裂或者造成零件表面的波浪状纹路,影响产品的质量。所以需要采用一种可以稳定控制压力的方法,这里采用电磁比例溢流阀来实现连续的压力控制,它可以根据 PLC 发出的指令改变溢流压力,从而达到控制压力的目的。

对于所设计的压边缸,它应该实现以下功能:

(1) 对压边力的实时控制。

(2) 压边力可以在0~100t(0~25MPa)范围内连续变化。

(3) 根据需要,充液室液压控制系统须有如下功能:

① 对充液室压力的实时控制;

② 对充液室可以快速补充液体;

③ 充液室压力可以随着凸模行程在0~150MPa范围内连续变化;

④ 对回收的液体介质过滤功能,以解决液体介质与零件直接接触造成的污染问题;

⑤ 充液室可以实现初始反胀。

充液室压力控制元件主要由三位四通换向阀、溢流阀、单向阀和比例溢流阀等元件组成,充液室的液体压力由比例溢流阀根据给定信号调节开口量的大小来控制。另外,由于充液室内液体介质要承受高压,并且还需要有一定特殊性能,如润滑黏度、压缩量小等。

为了符合充液拉深装备的特点,基于实用可靠的原则,计算机控制系统需具备要求:

(1) 能够在计算机中储存数据,并可以方便地进行修改和调用;

(2) 显示和储存充液室压力实测值,并能够显示压力—位移曲线($P-S$曲线);

(3) 系统具有自动运行和手动运行两种功能,可以根据需要方便地进行切换;

(4) 系统可以实现模拟量和数字量数据之间的转换,液压阀电磁铁和比例溢流阀进行联动。

整个系统由硬件和软件两个部分组成。硬件部分必须保证D/A和A/D之间转换的可靠性、控制基础的稳定性,故在硬件设计上采用一些可靠的措施。软件部分分析各个控制信号并传递控制信息,可以实现控制工艺参数曲线如充液室压力$P-S$曲线和压边力$P-S$曲线的输入输出以及编辑等,并根据凸模的位移和相应的工艺曲线来连续控制充液室压力和压边压力。另外,为了保证各个开关量之间的逻辑关系,在控制系统中采用PLC,进一步提高控制系统的可靠性。

由于增压器提供的压力是通过低压端的溢流阀来控制的,溢流阀本身又存在着2MPa左右的死区,经测量,溢流阀的死区经放大后达到了14MPa左右,如图3-24所示。给定4MPa的充液室压力,经过增压之后直接达到14MPa。由于在系统设计过程中加入了补油装置,它的压力可以达到5MPa,所以0~5MPa的液室压力可以通过补油装置加以控制。图3-25是设定曲线与实际测量曲线的对比图,可以看出这两条曲线较为一致。

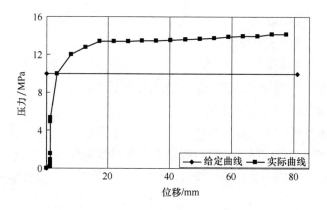

图 3 - 24　增压器的死区测量

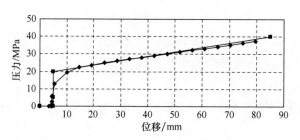

图 3 - 25　设定曲线与测量曲线对比图

3.5.2　模架型式的充液成形装备改造

将通用压力机改造为充液成形设备的方式,以某航空企业漏油箱上底板零件用单动液压机为对象进行开发研制充液成形装备。为了实现充液成形工艺的研究,首先对单动液压机性能指标的选择,所改进单动液压机工作台尺寸(四柱柱内):1200mm × 1200mm,活动横梁与工作台最大开口距离 1350mm,公称压力5000kN。充液成形装备总体同样需要考虑三部分:模架、液压控制系统和计算机自动控制系统。充液成形模架的主要工作参数见表 3 - 5。

表 3 - 5　充液成形模架的主要工作参数

序 号	项　　目	参　　数
1	凹模液室最大承受压力/MPa	150
2	最大压边力/kN	2000
3	压边缸最大行程/mm	255
4	模架平面外形尺寸(长×宽)/(mm×mm)	1190×1000
5	压边缸快速下行速度/(mm/s)	100
6	压边缸慢速下行速度/(mm/s)	20

序号	项　　目	参　数
7	压边缸慢速上行速度/(mm/s)	15
8	压边缸快速上行速度/(mm/s)	60
9	模架总重量/kg	4600

充液成形模架如图3-26所示,由工作零件(主要包括凸模、凹模及压边圈)和辅助零部件(主要包括上下模板、凹模液室、压边缸、导柱导套等)构成,可以方便地装配在任意符合尺寸要求的单动液压机上。

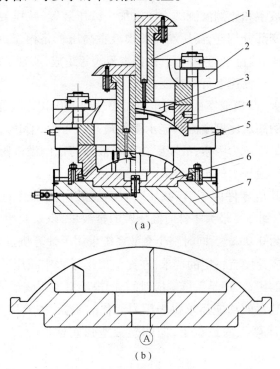

（a）

（b）

图3-26　充液成形模架

（a）模架；（b）液室。

1—支撑块；2—上模板；3—凸模；4—压边圈；5—压边缸；6—凹模液室；7—下模板。

充液室压力以及压边缸的压力可以通过多个溢流阀和换向阀来实现多级压力的控制,但是由于需要利用换向阀切换不同的溢流阀工作,造成压力控制波动,压力控制不稳定,因此此类回路无法对复杂变化压力给予很好的控制,在充液成形过程中会由于压力变化的控制不稳定而影响产品的质量。因此采用电磁比例溢流阀实施连续压力控制。根据工艺要求液压控制系统须有以下功能:

（1）系统可以实现对充液室及压边力压力的控制;

（2）充液室压力随凸模行程在0~150MPa范围内连续变化;

（3）压边力内液压力可在 0~30MPa 连续变化；

（4）提供充液室压力和压边力压力的液压油应该分开以防压边缸内的液压油受到污染。

在满足以上要求的基础上，整个液压控制系统共分为三部分：液室压力控制部分、压边力控制部分以及补油部分。凹模液室内液压油不仅要承受超高压，而且还需要具备其他性能，例如不易压缩，易于清洗等。同时考虑到在进行充液成形工艺中出现的液体喷溅以及取件造成的液体损耗，专门进行了补油装置的设计。为了实现对凹模充液室压力的实时控制，同时由于比例溢流阀的最高压力只有 31MPa，因此需要在凹模液室和比例溢流阀之间添加一减压装置，减压装置的低压端与凹模充液室压力控制部分相连，高压端与凹模液室高压管路相连。压边力控制部分由三位四通换向阀、两位三通换向阀、比例溢流阀等组成，实现了压边缸快速下行、慢速下行、快速上行、慢速上行等功能。

由于工艺需要，凹模液室的最高压力需要达到 150MPa，但是由于目前用来调节凹模液室压力的高压比例溢流阀能承受的最高压力为 31MPa，同时考虑到加工其他零件所需要最高压力因素，故需要在凹模液室与比例溢流阀之间增加一个用来增加凹模液室传递压力的中间环节——减压装置。

考虑到加工其他零件因素，该减压装置高压腔所能承受的最大压力设定为150MPa，另外考虑到加工最大零件时高压腔的排液量，以及初始反胀的可能性，对高压腔容积设计为 $0.09m^3$。同时整个充液系统采用了计算机过程控制技术，所以对增压装置的相应速度有一定的要求，在充液成形过程中减压装置的功能函数不仅仅是压力变化的函数，还是系统响应时间、凹模液室溢流流量等变量的函数。而传统的普通增压装置的功能需求仅为压力变化的函数，主要用来使得压力增值。另外增压装置在计算机的控制下，向凹模液室强制增压，可以省去超高压泵的选用。

随着计算机技术的不断发展，可以实现对凹模液室及压边力的控制。为了符合充液成形装备的特点，遵循使用可靠的原则，对计算机控制系统提出了以下要求：

（1）系统具有显示、储存凹模液室以及压边力的实测值，并能够显示凸模行程与凹模充液室压力之间的关系曲线；

（2）系统应具有自动、手动控制功能并可以进行两种功能方便的切换；

（3）可以实现控制模拟量和数字量；

（4）满足对凹模充液室压力控制分辨率为 0.2MPa（最大设定值为 150MPa），对压边缸压边力压力分辨率控制为 0.1MPa（最大设定压力为 25MPa），行程控制分辨率 0.1mm。

3.5.3　基于通用双动液压机的充液成形装备改造

将通用双动压力机改造为充液成形设备的方式,以某航空企业机门框零件用双动液压机为对象进行开发研制充液成形装备,如图 3 - 27 所示为安装充液成形装备用的双动液压机。为了实现充液成形工艺的研究,首先对双动液压机性能指标的选择,所改进双动液压机工作台尺寸(四柱柱内):3200mm×2600mm,活动横梁与工作台最大开口距离 1350mm,公称压力 6500/3000kN。充液成形装备总体同样需要考虑三部分:模架、液压控制系统和计算机自动控制系统。

图 3 - 27　基于双动液压机的充液成形装备

第4章 板材充液拉深溢流压力模型及反向建模技术

4.1 充液拉深溢流临界压力

4.1.1 筒形件充液拉深液室溢流压力模型

对于定压边力的情况,当充液室液体压力达到溢流压力时,液体将从凹模圆角处溢出,克服板材在凹模圆角处的拉深力和压边圈的压边力,从而形成溢流润滑现象,如图4-1所示。

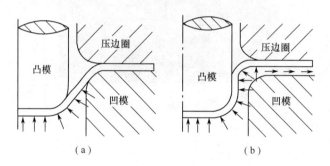

图4-1 溢流润滑产生前后的板材成形状态
(a)溢流润滑前;(b)溢流润滑后。

在凹模圆角处液体把板材抬起形成溢流润滑所需要的压力值可以用下式来表示:

$$2\pi R_p t \cdot \sigma_{re} = \pi r_d (2R_d + r_d) \cdot P_s \qquad (4-1)$$

对式(4-1)进行整理,可以得到下式:

$$\sigma_{re} = \frac{r_d (2R_d + r_d) \cdot P_s}{2R_p t} \qquad (4-2)$$

从式(4-2)可以看出,液室的溢流压力与凹模圆角半径有很大的关系。如图4-2所示,拉深成形过程中,板材承受径向拉应力和切向压应力,根据法兰处的应力公式:

$$\frac{\partial}{\partial r}(t\sigma_r) + \frac{\partial}{\partial z}(t\sigma_{rz}) + \frac{t}{r}(\sigma_r - \sigma_\theta) = 0 \qquad (4-3)$$

根据 Mises 屈服准则:

$$\sigma_r - \sigma_\theta = 2k \qquad (4-4)$$

式(4-3)中的剪切应变主要是由于板材与凹模和压边圈之间的摩擦力提供的,在溢流润滑之前,板材与工具之间无润滑,是干摩擦状态。

$$\sigma_{rz} = 2m\frac{F_{bh}}{S} \cdot \frac{u_0}{|u_0|} \qquad (4-5)$$

对式(4-3)进行积分,并应用式(4-4)和式(4-5),可以得到下列公式:

$$\sigma_r = 2k \cdot \ln\left(\frac{R}{r}\right) + \frac{1}{t}\int_r^R 2m\frac{F_{bh}}{S}dr = 2k \cdot \ln\left(\frac{R}{r}\right) + \frac{2mF_{bh}(R-r)}{t \cdot S} \quad (4-6)$$

根据式(4-2)和式(4-6),可以得到

$$2k \cdot \ln\left(\frac{R}{R_d + r_d}\right) + \frac{2mF_{bh}[R-(R_d+r_d)]}{t \cdot S} = \frac{r_d(2R_d+r_d)P_s}{2R_p \cdot t} \qquad (4-7)$$

对式(4-7)进行整理,可以得到

$$P_s = \frac{2R_p \cdot t \cdot \left\{2k \cdot \ln\left(\dfrac{R}{R_d + r_d}\right) + \dfrac{2mF_{bh}[R-(R_d+r_d)]}{t \cdot S}\right\}}{r_d(2R_d+r_d)} \qquad (4-8)$$

设材料为各向同性,并考虑材料的硬化特性,则

$$k = 0.5 \cdot c \cdot \varepsilon^n \qquad (4-9)$$

其中,由于板材法兰变形为平面应变状态,径向应变等于切向应变,即 $\varepsilon_r = \varepsilon_\theta$,则等效应变 $\varepsilon = \dfrac{2}{3}\varepsilon_\theta$。

根据工艺的需要,充液拉深成形过程中需加载初始反胀,设初始反胀压力为 P_{sp},初始反胀高度为 h_p,液体介质的弹性模量 E_c 为常数,当凸模压下量为 H 且并未产生溢流润滑现象时,充液室的液体压力为

$$P_s = P_{sp} + 2\pi R_p H \cdot E_c / V_c \qquad (4-10)$$

不考虑板材拉深成形过程中料厚减薄的影响,根据面积相等的原则,当凸模下行 H 时,法兰减少的面积 F 应与包上凸模板材的面积相等,则凸模圆角的面积为

$$F_1 = \frac{\pi}{4}\left[2\pi r_p(2R_p - 2r_p) + 8r_p^2\right] \qquad (4-11)$$

板材包上凸模圆角以上直壁的面积为

$$F_2 = 2\pi R_p(H - h_p - r_p) \qquad (4-12)$$

则有 $F = F_1 + F_2$。当凸模下行 H 时,凹模圆角口处板材的应变量可由以下公式计算得到:

$$\varepsilon_\theta = -\varepsilon_r = \ln \frac{R_m}{(R_p + r_d)} \tag{4-13}$$

式中:R_m 为凹模口板材变化前的半径,如图 4-2 所示的 A 点,则

$$R_m = \sqrt{\frac{F}{\pi} + (R_d + r_d)^2} \tag{4-14}$$

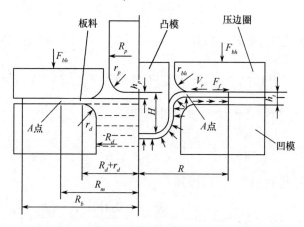

图 4-2　压边力施加在板材上时的充液拉深成形示意图

如果当凸模下行 H 时充液室的液体介质达到了溢流压力,则根据式(4-8)和式(4-10),可以得到以下公式:

$$P_{sp} + 2\pi R_p H \cdot E_c / V_c = \frac{2R_p \cdot t \cdot \left\{ 2k \cdot \ln\left(\dfrac{R}{R_d + r_d}\right) + \dfrac{2mF_{bh}[R - (R_d + r_d)]}{t \cdot S} \right\}}{r_d(2R_d + r_d)} \tag{4-15}$$

式中

$$R = \sqrt{R_b^2 - F/\pi}$$

$$S = \pi R_b^2 - F$$

$$k = 0.5 \cdot c \cdot \varepsilon^n = 0.5 \cdot c \left(\ln \frac{R_m}{(R_d + r_d)} \right)^n$$

$$R_m = \sqrt{\frac{F}{\pi} + (R_d + r_d)^2}$$

$$F = F_1 + F_2 = \frac{\pi}{4} \left[2\pi r_p (2R_p - 2r_p) + 8r_p^2 \right] + 2\pi R_p (H - h_p - r_p)$$

82

可以看出,式(4-15)是关于凸模压下量 H 的非线性函数,由于涉及到指数函数,故用解析的方式很难解决。为此,利用 C 语言编制了一套程序,采用了数值解析方法中的牛顿寻根法进行求解,得到当溢流润滑产生时凸模下行量。

对于定间隙压边的情况下,如图 4-3 所示,因为所研制设备的充液室的容积比较小,根据使用组内现有设备实验的结果来看,初始拉深时充液室实际液体压力(由传感器测得)相对于计算机控制系统设置曲线的滞后量并不是太大,故对于定间隙来说,可以假设在拉深初始时板材毛坯法兰的变厚量较小,由此产生的法兰与压边圈、凹模之间的摩擦力也较小,在此忽略不计。则根据式(4-8)和式(4-10),忽略摩擦力的效果,则可以得到凹模圆角口液体产生溢流润滑效果的临界压力计算公式:

$$P_s = \frac{2R_p \cdot t \cdot \left[2k \cdot \ln\left(\dfrac{R}{R_d + r_d} \right) \right]}{r_d(2R_d + r_d)} \qquad (4-16)$$

经过进一步的推导,可以得到下式:

$$P_{sp} + 2\pi R_p H \cdot E_c/V_c = \frac{2R_p \cdot t \cdot \left(2k \cdot \ln\left(\dfrac{R}{R_d + r_d} \right) \right)}{r_d(2R_d + r_d)} \qquad (4-17)$$

式中各个符号的含义同式(4-15)。

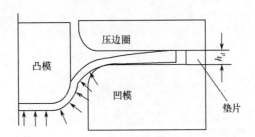

图 4-3　定间隙压边时充液拉深成形示意图

为了验证上述推导公式的正确性,根据在定间隙压边实验中所得到实验值与式(4-16)计算所得到的结果进行比较,如图 4-4 所示。实验中所采用的材料为 1mm 厚的 08Al 板材,σ_s 取为 230MPa,c 取为 410MPa,n 值取为 0.227,充液室液体介质采用国产标准的 20 号机械油,其他参数与圆筒形板材充液拉深实验所采用的参数一致。

从图 4-4 可以看出,理论计算值与实验所得到的值是比较接近的,只是前者比后者稍微小一些,大约为 4~5MPa,这主要是因为在采用理论计算式(4-16)计算定间隙压边时的充液拉深溢流压力值时忽略了由于板材最外端金属起皱而产生摩擦力的影响所造成的。

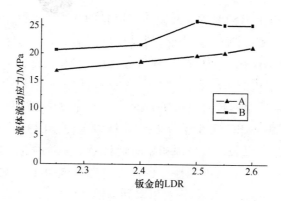

图 4-4 板材不同拉深比的溢流压力值
A—理论计算值；B—实验值。

4.1.2 筒形件充液拉深溢流后流体压力模型

如图 4-5 所示,在板材下表面与凹模上表面之间流动的流体符合 N-S (Navier-Stokes)公式。在不考虑流体的惯性及紊流所造成的影响的情况下,可以认为流体在此处流动为一薄层,则利用一维 N-S 公式可以得到以下公式:

$$\frac{\partial P(r)}{\partial r} = \eta \frac{\partial^2 u_r}{\partial z^2} \tag{4-18}$$

式中:$0 \leqslant z \leqslant h$;$R_b \leqslant r \leqslant a, a = R_d + r_d$。

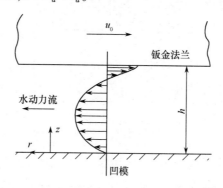

图 4-5 板材法兰下表面与凹模上表面之间流体速度分布图

式(4-18)中的边界条件如下:

$$u_r(z) = 0, \quad z = 0$$

$$u_r(z) = u_0 \frac{a}{r}, \quad z = h$$

为了解式(4-18),可作出如下假设:①流体不可压缩;②溢流层为一薄层,且流动均匀;③在板材法兰边缘处液体压力为 0,即 $P(R) = 0$。另外还规定凸模加工

下行速度 u_p 等于板材法兰处金属的流动速度 u_0，则可以得到如下公式：

$$u_r = \frac{h^2}{2\eta} \frac{\partial P(r)}{\partial r} \left(\frac{z}{h}\right)\left(\frac{z}{h} - 1\right) + u_0\left(\frac{a}{r}\right)\frac{z}{h} \qquad (4-19)$$

对函数 $P(r)$ 相对于变量 r 进行积分，可以得到

$$P(r) = P_s - \frac{6\eta}{h^3}\left(u_0 ah + \frac{Q}{\pi}\right)\ln\left(\frac{r}{a}\right) \qquad (4-20)$$

其中，Q 为液体从板材下表面和凹模上表面之间的溢流流量，如果忽略由于比例溢流阀调节压力而溢出的较小的溢流量，对于筒形件拉深时忽略凸模圆角的影响，Q 值可以用下式来表达：

$$Q = \pi(R_p + t)^2 u_p \qquad (4-21)$$

从式(4-20)可以看出 $P(r)$ 与 h、r 有关系。

压制住板材所需要压边力的大小可以从对轴对称式(4-20)积分来得到：

$$F_{bh} = 2\pi \int_a^R P(r)\mathrm{d}r \qquad (4-22)$$

则可以得到所需压边力的大小：

$$F_{bh} = \pi(R^2 - a^2)\left(P_s - (A \cdot \ln a) - \frac{A}{2}\right) + \pi A \cdot (R^2 \ln R - a^2 \ln a) \qquad (4-23)$$

其中

$$A = \frac{-6 \cdot \eta}{h^3}\left(u_0 R_p h + \frac{Q}{\pi}\right) \qquad (4-24)$$

从式(4-23)中可以看出，充液室溢流液体的流量和液体压力、溢流层的厚度与压边力的关系较大。实际上充液室溢流液体的流量和液体压力、溢流层的厚度是互相影响的，h 如果增大时，如果凸模速度不变即流量 Q 不变，就不可避免地造成充液室液体压力的降低，而由此所产生的向上克服压边力加载在法兰下表面的液体压力总和也就减少；反之，则得到的效果也是相反的。

对于定压边力充液拉深成形过程有限元分析，F_{bh} 是已知的，但并不知道溢流层的厚度 h 大小，这对于有限元分析计算的建模来讲是至关重要的。根据边界条件 $P(R) = 0$，由式(4-20)可以得到

$$P(R) = P_s - \frac{6\eta}{h^3}\left(u_0 ah + \frac{Q}{\pi}\right)\ln\left(\frac{R}{a}\right) = 0$$

通过对上式进行变换可以得到下式：

$$\frac{P_s}{\ln\left(\frac{R}{a}\right)} \cdot h^3 - 6\eta u_0 R_p h - 6\eta \frac{Q}{\pi} = 0 \qquad (4-25)$$

这是一个一元三次方程,设

$$X = \frac{P_s}{\ln\left(\frac{R}{a}\right)}$$

$$Y = 6\eta u_0 R_p$$

$$Z = 6\eta \frac{Q}{\pi}$$

对于此一元三次方程可以采用代数的方法进行求解,得到计算变量 h 的公式:

$$h = \frac{Y}{3X\left(\frac{Z}{2X} + \left(\frac{(-Y)^3}{27X^3} + \frac{Z^2}{4X^2}\right)^{1/2}\right)^{1/3}} + \left(\frac{Z}{2X} + \left(\frac{(-Y)^3}{27X^3} + \frac{Z^2}{4X^2}\right)^{1/2}\right)^{1/3} \quad (4-26)$$

从式(4-26)可以看出,当压边力 F_{bh} 一定时,h 与充液室液体压力 P_s、溢流液体流量 Q 有关,Q 和 P_s 越大则溢流层 h 就越大。利用数值分析的方法,可以得到最终的 h 值为 0.007456,式(4-25)中各参数分别为

$P_s = 20\text{MPa}, R = 130.0\text{mm}, a = 59\text{mm}, \eta = 1.8 \times 10^{-3} \text{ mm}^2/\text{s}, u_0 = 10\text{mm/s},$
$R_p = 50.0\text{mm}, Q = 2512.0\text{mm}^3/\text{s}$。

对于定间隙压边,因为 h 是已知的且设压边力为绝对大以至板材法兰下面的溢流压力并不能够抬起压边圈,则根据式(4-20)直接可以得到法兰下部流体溢流压力的分布曲线并应用到有限元分析模型中。

4.1.3 方盒形件充液拉深液室溢流压力模型

根据方锥盒形件拉深成形时的变形特点,取四分之一模型进行分析。为了简化分析模型,不考虑凸模锥度和拐角板材的影响,如图4-6所示,在板材法兰直边处取一宽度为 δ_y 的金属窄条,根据静力平衡的原则,液体压力作用在此窄条向上的力为

$$P = P_s \cdot \delta_y \cdot \left[(L_{dx} + r_d) - L_{px} \right] \quad (4-27)$$

把凹模口板材抬起来所需的力的大小为

$$P = 2 \cdot mq \cdot L_x \cdot \delta_y \quad (4-28)$$

根据式(4-27)和式(4-28)相等,则可以得到充液室液体的溢流压力为

$$P_s = \frac{2 \cdot m \cdot q \cdot L_x}{\left[(L_{dx} + r_d) - L_p \right]} \quad (4-29)$$

设坯料形式为方形坯料,长度 L_x 为430mm,切角量为160mm,图4-7为实验中检测到的溢流压力实际值和运用式(4-29)计算而得到的理论值比较,可以看出理论计算值要比实际测得的值小一些,这主要是由于在理论计算公式中未考虑板材的加工硬化和周围金属的影响。

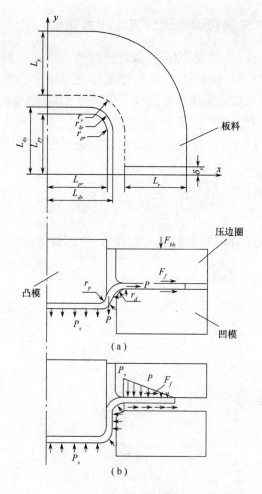

图 4 - 6　方盒形件充液拉深成形计算示意图

（a）溢流前；（b）溢流后。

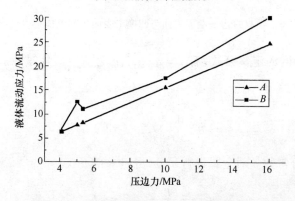

图 4 - 7　板材不同单位压边力下的溢流压力值

A—理论计算值；B—实验值。

4.1.4 方盒形件充液拉深溢流后流体压力模型

为了简化计算板材法兰直边部分溢流流体行为的数学模型,需要进行如下的假设:①流体在法兰边缘的压力为0;②流体的流动状态为层流;③板材直边法兰处部分 x 方向的流动速度等于凸模下行速度;④忽略板材毛坯外端的影响,认为毛坯为规则形状,如图4-6所示;⑤溢流层压力从凹模入口处到法兰边缘呈线性分布。如图4-8为流体在板材下面的速度分布图,根据此图,可以建立平衡方程式:

$$\mathrm{d}p \cdot \mathrm{d}y - \mathrm{d}\tau \mathrm{d}x = 0, \quad 即 \frac{\mathrm{d}p}{\mathrm{d}x} = \frac{\mathrm{d}\tau}{\mathrm{d}y} \qquad (4-30)$$

式中:τ 为流体在流动方向产生的切向摩擦力;$\dfrac{\mathrm{d}p}{\mathrm{d}x}$ 为流体在 x 方向上的压力变化率,实验证明此值为一常数。

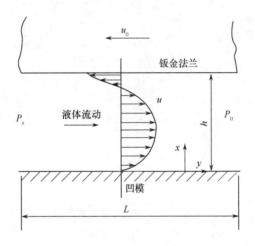

图4-8 板材直边法兰下表面与凹模上表面之间流体速度分布图

根据液体黏度的定义公式,有 $\tau = \eta \cdot \dfrac{\mathrm{d}u}{\mathrm{d}y}$,$u$ 为流动液体某一断面在 x 高度处的速度,代入式(4-30)中得

$$\eta \cdot \frac{\mathrm{d}u}{\mathrm{d}y} = \frac{\mathrm{d}p}{\mathrm{d}x} \cdot y + C_1 \qquad (4-31)$$

C_1 为一积分常数。对上式进行积分,可以求得下式:

$$u = \frac{1}{\eta} \frac{\mathrm{d}p}{\mathrm{d}x} \frac{y^2}{2} + C_1 y + C_2 \qquad (4-32)$$

C_2 为一积分常数。根据边界条件,$y=0$ 时,$u=0$;$y=h$ 时,$u=u_0$。可以得到两个积分常数 C_1 和 C_2 的值。

$$C_1 = \frac{u_0 - \dfrac{1}{\eta}\dfrac{\mathrm{d}p}{\mathrm{d}x}\dfrac{h^2}{2}}{h}$$

$$C_2 = 0$$

把积分常数代入式(4-32)中,则有:

$$u = \frac{1}{\eta}\frac{\mathrm{d}p}{\mathrm{d}x}\frac{y^2}{2} + \left(\frac{u_0}{h} + \frac{1}{h\cdot\eta}\frac{\mathrm{d}p}{\mathrm{d}x}\frac{h^2}{2}\right)\cdot y \qquad (4-33)$$

根据式(4-33)可以得到流体流动的平均速度:

$$v = \frac{\int_0^h u\,\mathrm{d}y}{h} = \frac{1}{6h\eta}\frac{\mathrm{d}p}{\mathrm{d}x}\cdot y^3 + \frac{u_0}{2} - \frac{1}{\eta}\frac{\mathrm{d}p}{\mathrm{d}x}\cdot\frac{h^2}{2} \qquad (4-34)$$

令 $y=h$,可以计算出流量为

$$Q = \delta_y\cdot h\cdot v = \delta_y\cdot h\cdot\left(\frac{1}{6\eta}\frac{\mathrm{d}p}{\mathrm{d}x}h^2 + \frac{u_0}{2} - \frac{1}{\eta}\frac{\mathrm{d}p}{\mathrm{d}x}\frac{h^2}{2}\right) \qquad (4-35)$$

式中:$\dfrac{\mathrm{d}p}{\mathrm{d}x} = \dfrac{-(P_s - P_0)}{L} = \dfrac{-P_s}{L}$,$P_0$ 为流体出口处的压力,此处设为 0,则流量的计算公式为

$$Q = \frac{\delta_y\cdot u_0\cdot h}{2} + \frac{\delta_y\cdot P_s}{3\eta\cdot L}\cdot h^3 \qquad (4-36)$$

由于充液室液体产生溢流时首先从直边处产生,直边溢流层的液体压力产生作用把压边圈抬起高度 h,接着充液室液体也开始从拐角部位溢出。此时由于充液室液体在拐角处的分流导致了直边处流量的降低,根据式(4-36)可以看出,h 将减小;但同时液体在拐角处的板材也产生了向上的推力,从而使得 h 有增大的趋势,这就导致了 h 的不确定。由于所推导出的变量 h 是为有限元分析服务的,允许有一定的简化,故在此不考虑拐角处溢流层产生的作用,认为溢流层主要由直壁流出的液体形成,根据式(4-36)可以得出在某一时刻溢流层的高度 h。

式(4-36)是一个一元三次方程组,可以通过式(4-26)求得解析解,也可以利用数值分析的方法进行解决。我们采用数值分析方法中的二分法来解此方程,如在实验的条件下 $Q=25875.0\text{mm}^3/\text{s}$,$u_0=10\text{mm/s}$,$\delta_y=125.0\text{mm}$,$P_s=20\text{MPa}$,$\eta=1.8\times10^{-3}\text{ mm}^2/\text{s}$,$L=133.5\text{mm}$,采用二分法得到的计算结果为 $h=0.019539\text{mm}$。

4.2 液体流动计算模型的离散格式

4.2.1 筒形件充液拉深液体流动模型离散格式

板材塑性成形计算机有限元分析首先是将所要分析的实体进行离散化处理,然后根据材料的本构方程和连续性方程、几何方程、静力平衡方程以及边界条件等得到最后的计算结果,如应力应变分布、壁厚分布等,流体的流动行为对拉深时板材成形的作用属于边界条件,适应于有限元分析的需要,也需要将连续的加载力进行离散化,将各个计算出来的液体面力施加到各个壳单元或薄膜单元中。如图4-9所示,拉深成形期间的板材毛坯可以分为三个部分。

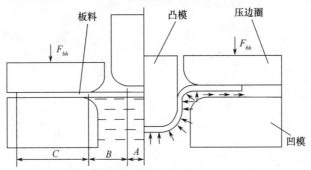

图4-9 充液拉深成形时板材的分区

如上所述,在充液拉深成形过程中液体对板材所产生的作用分为三个阶段:第一阶段为初始反胀阶段,此时充液室的液体压力只作用在板材的 A 和 B 部分;第二阶段凸模开始下行直到溢流润滑产生开始,因为液体都具有可压缩性,故要克服充液室液体的弹性而达到可以产生溢流润滑的液体压力。此时充液室液体压力随着凸模行程的增加而呈线性增长,充液室液体压力值可以用下面的公式进行描述:

$$P_s = P_{sp} + 2\pi R_p H_p \cdot E_c / V_c \qquad (4-37)$$

当 $H_p = H$ 时,则转入第三阶段。第三阶段,从溢流润滑产生到拉深结束,对于定间隙压边的情况,设板材法兰 C 部分划分的单元数为 $N_\theta \times N_r$,其中 N_r 为径向划分的单元列数,N_θ 为切向划分的单元列数,筒形件拉深成形为轴对称成形,故取四分之一的部分进行分析。则根据面积相等原则,在时间 t 处板材法兰各处所承受液体的压力为

$$\begin{cases} P(r_i) = P_{si}, & \text{当 } r_i \geqslant R_d + r_d \text{ 时} \\ P(r_i) = P_{si} - \dfrac{6\eta}{h^3}\left(u_0 ah + \dfrac{Q}{\pi}\right)\ln\left(\dfrac{r_i}{a}\right), & \text{当 } r_i \geqslant R_d + r_d \text{ 时} \end{cases} \qquad (4-38)$$

当凸模在 t 时刻下行到 H_t 时,假设包在凸模圆角部分的板材全部由 B 部分的胀形来提供,则计算拉深过程中板材法兰对零件成形的贡献仅考虑凸模圆角以上的部分,因板材包在凸模上的面积的大小可以根据式(4-11)和式(4-12)得到,在此因为是计算板材法兰部分的变形,故可以不考虑式(4-11)的影响,可以得到下式:

$$F_2 = 2\pi R_p (H_t - h_p - r_p), \quad \text{当 } H_t \geqslant h_p + r_p \tag{4-39}$$

对于板材法兰第 i 个单元所承受液体压力的作用可以采用下列公式进行计算:

$$P_{i,t} = \frac{P(r_{t,i}) + P(r_{t,i+1})}{2} \tag{4-40}$$

其中,由式(4-39)和式(4-40)可以得到:

$$P(r_{t,i}) = P_{s,t}, \qquad\qquad\qquad\qquad\qquad \text{当 } r_{t,i} \leqslant R_d + r_d \text{ 时}$$

$$P(r_{t,i}) = P_{s,t} - \frac{6\eta}{h^3}\left(u_0 ah + \frac{Q}{\pi}\right)\ln\left(\frac{r_{t,i}}{a}\right), \quad \text{当 } r_{t,i} \geqslant R_d + r_d \text{ 时}$$

$$r_{t,i} = \sqrt{r_{t0,i}^2 - \frac{F_2}{\pi}}, \quad \text{当 } r_{t0,i}^2 - \frac{F_2}{\pi} \geqslant 0 \text{ 时}$$

$$r_{t,i} = 0, \quad \text{当 } r_{t0,i}^2 - \frac{F_2}{\pi} < 0 \text{ 时}$$

式中: $P_{s,t}$ 为在 t 时刻充液室液体的压力; $P(r_{t,i})$, $P(r_{t,i+1})$ 分别为在 t 时刻第 i 个单元的径向前一个节点和后一个节点所承受的液体压力; $r_{t,i}$, $r_{t,i+1}$ 分别为在 t 时刻第 i 个单元的径向前一个节点和后一个节点的半径; $r_{t0,i}$, $r_{t0,i+1}$ 分别为在 t_0 时刻第 $i+1$ 个单元的径向前 个节点和后一个节点的半径。

根据数学模型式(4-39)和式(4-40)可以计算出在任意时刻任意法兰的单元处所承受的液体压力,利用 C 语言编制出符合 LS-DYAN3D 形式的加载曲线,按照一定的文件格式加入到其前处理文件中进行计算。

4.2.2 方盒形件充液拉深液体流动模型离散格式

在方锥盒形件充液拉深成形过程中溢流液体的流动行为是比较复杂的,液体既从坯料直边法兰处溢流也从拐角处法兰进行溢流,这两种溢流的状态相差迥异,又相互之间进行影响,所以为了方便进行有限元分析,就须进行一些简化处理。

首先充液室液体的压力按照式(4-40)进行计算,加载曲线如图4-10所示,代入式(4-33)后得到溢流压力 P_s 产生后凸模的行程,可以得到一条直线,然后延伸此直线与充液室设置的压力相交,如图4-11所示,这就是有限元分析计算中的充液室的液体压力的变化曲线。

$$P_s = P_{sp} + 2\pi R_p H \cdot E_c / V_c \qquad (4-41)$$

如图 4 - 11 所示,在 t 时刻,当充液室液体压力大于溢流压力开始溢流时,设直边法兰中心处(即第 N_0 行单元)的板材按拉伸变形进行,板材下面液体的流动规律按式(4 - 40)分布,而拐角法兰中心处(即第 N_y 行单元)的板材按在筒形件拉深时的变形进行,液体在板材下面的流动按 4.2.1 节计算的规律分布。因为模拟的零件近似于正方形盒形件,故可以认为介于第 N_0 行单元和第 N_y 行单元之间的单元的板材流动和液体在板材下面压力分布根据第 N_0 行单元和第 N_y 行单元的计算值的直线差补得到。则 t 时刻任一单元处(第 $N_{i,j}$ 个单元)所施加液体压力的大小如下式所描述:

$$P^t_{i,j} = \min(P^t_{i,j=0}, P_{i,j=N_y}) + j \cdot \frac{|P^t_{i,j=0} - P^t_{i,j=N_y}|}{N_y} \qquad (4-42)$$

式中:$P^t_{i,j}$ 为第 $i \times j$ 个单元所承受的溢流层液体压力;N_x 和 N_y 分别为在 i 和 j 方向划分的单元数。

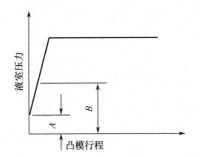

图 4 - 10 在有限元模拟中充
液室液压设置曲线

A—初始压力;B—液体流动应力。

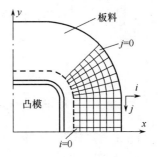

图 4 - 11   板材法兰的网格划分

法兰处各个单元向凹模口方向的位移量 $D_{i,j}$ 也可以由 $j=0$ 处单元的径向位移量和 $j=N_y$ 处的径向位移量差补得到。设在 t 时刻,$j=N_y$ 处法兰单元位移量 $D^t_{i,j=N_y}$ 为

$$D^t_{i,j=N_y} = H_t - h_0 - r_p \qquad (4-43)$$

在 $j=0$ 处单元的径向位移量可以按筒形件法兰的径向位移量 $D^t_{i,j=0}$ 进行计算。则 t 时刻任一单元处(第 $N_{i,j}$ 个单元)向凹模口的位移量 $D_{i,j}$ 为

$$D^t_{i,j} = D^t_{i,j=N_y} + j \cdot \frac{|D^t_{i,j=0} - D^t_{i,j=N_y}|}{N_y} \qquad (4-44)$$

式中:$D^t_{i,j}$ 为任一时刻第 $N_{i,j}$ 单元的位移量。根据位移量就可以得到第 $N_{i,j}$ 单元距离凹模圆角口的距离,然后根据式(4 - 40)可以得到此处的液体溢流层的压力。

根据以上的分析,可以得到在任一时刻任一单元所承受的溢流层液体的压力。因为在有限元分析中,各个单元的液体压力加载曲线都不相同,如果全部输入则加

载曲线的总数需要 $2 \times i \times j$，数量较为庞大，工作量也很大。在实际应用过程中，一般将单元分为若干个单元组，在同一个单元组内的单元承受相同的液体溢流层的压力，这样可以大大地减少工作量。

方盒形件拉深采用的材料为 08Al 板材，为了得到精确的计算结果，需要首先对一些模拟中的参数进行判断，如摩擦因数等，为此首先利用模拟筒形件充液拉深成形过程所得数据与实验数据（如零件壁厚等）相比较的方法来得到最佳的凸模—板材、凹模—板材、压边圈—板材的摩擦因数，筒形件模拟的凸模直径为 ϕ99.86mm，圆角半径为 8.0mm，凹模口直径为 ϕ102.16mm，凹模口圆角半径为 8mm，凹模外径为 ϕ400.0mm；压边圈内口直径为 ϕ102.2mm，圆角半径为 8mm，压边圈外径为 ϕ400.0mm；坯料为圆形，直径为 260mm（材料为 08Al），厚度为 1.0mm；定间隙压边，压边间隙为 1.11mm。其他性能参数及模拟所需参数如表 4 - 1 所列。

表 4 - 1　板材性能参数及模拟参数表

序号	名　称	数　值	序号	名　称	数　值
1	材料	08AL	9	单元类型	Belytschko - Tsay 壳单元
2	屈服强度 σ_s/MPa	230.0			
3	泊松比	0.30	10	静摩擦因数（凸模—板材）	0.14
4	弹性模量 E/MPa	2.1E5	11	动摩擦因数（凸模—板材）	0.14
5	强度常数 C/(kg/mm^2)	68.316	12	静摩擦因数（凹模—板材）（压边圈—板材）	0.08
6	强化指数 n	0.227			
7	密度/(g/cm^2)	7.83	13	动摩擦因数（凹模—板材）（压边圈—板材）	0.08
8	硬化模量 E_t/MPa	1000			

模拟和实验所得壁厚减薄率分布结果进行比较，如图 4 - 12 所示，两条曲线是比较接近的，可见以上所提供的参数是合理的，可以把这些参数应用于方盒形件充液拉深成形过程的有限元的模拟当中。

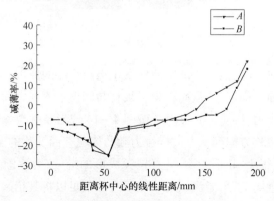

图 4 - 12　壁厚减薄率的分布

A—有限元模拟结果；B—实验结果。

4.3 充液室液体压力的功能研究

4.3.1 摩擦保持及溢流润滑效果

筒形件充液拉深成形中有许多工艺参数影响零件的成形性,其中最难控制的是充液室液体的压力和压边力的数值,对于定间隙压边充液拉深成形而言,可以认为压边圈是一种刚性压边圈,那么仅需要考虑充液室压力的设置。

由于充液室液体压力的作用,使得板材紧紧地贴在凸模上,凸模和板材之间的摩擦力缓解了板材危险断面的拉应力,如凸模圆角处板材的拉应力,造成危险点向凹模圆角口处转移,这称之为摩擦保持效果,所以在充液拉深成形过程中破坏一般发生在凹模圆角处,而不是普通拉深常见的在凸模圆角处,但如果在拉深中期由于某种原因造成充液室压力的骤然降低,那么就会造成凸模圆角处板材的破坏,如图 4-13 所示,其中充液室液体的加载条件见图 4-14,这对摩擦保持效果进行了进一步的说明。

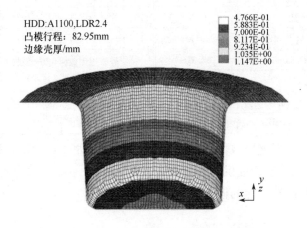

HDD:A1100,LDR2.4
凸模行程: 82.95mm
边缘壳厚/mm

4.766E-01
5.883E-01
7.000E-01
8.117E-01
9.234E-01
1.035E+00
1.147E+00

图 4-13 充液拉深成形中板材的破裂

当充液拉深成形时,由于充液室液体发生溢流现象的原因,液体就会从凹模上表面和板材下表面之间流出,从而减少了板材与凹模下表面之间的摩擦力,减小了板材内部径向拉应力,图 4-15 显示了按图 4-14 成形条件拉深时凹模、压边圈与板材之间的凸模位移方向即 y 方向接触力随凸模位移而变化的曲线图。从图中可以看出,力在初期很小,几乎为零,随着拉深成形的继续,力逐渐变大,这主要是由于板材法兰外周金属变厚,溢流层的液体压力已不足以将其抬起,并且这时充液室的液体压力已经达到了设置的最高压力,故法兰与凹模上表面接触,在凹模上表面施加了 y 方向的力,并且随着法兰变形的加剧,力越来越大,最后与压边圈所受到

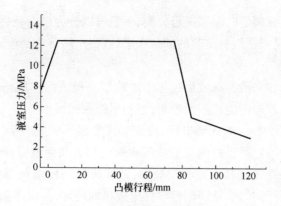

图 4-14　充液室压力加载曲线

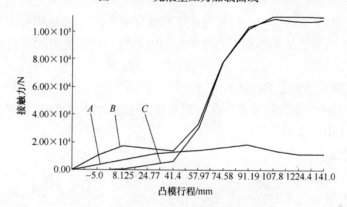

图 4-15　充液拉深过程中接触力的变化

A—拉深力；B—压边圈与板材；C—凹模与板材。

的力接近；压边圈所受到的力在初始阶段即凸模静止不动时所受到的压力已增加，这主要是由于施加初始反胀压力的原因，此后压力呈上升趋势；凸模受到的力是充液室液体压力的作用和拉深力的综合作用，达到了 8.0t，而经计算的拉深力为 1.0t左右，这可以看出充液室液体压力起着主要作用；当凸模位移进行到 80mm 左右时，有一降低段，这说明已拉深力已经过了最大值，开始降低，但由于此时法兰外端变厚，在定间隙压边的情况下会造成拉深力的持续增大。

　　所以综合以上的分析，可以得知充液室液体压力的主要作用为两方面，一是摩擦保持效果，二是板材法兰下表面的溢流润滑效果。但由于充液室加有液体压力，故不可避免地增加了凸模压制力，另外由于液体从凹模上表面和板材下表面溢出，对压边圈形成了向上的较大的推力，这种力也较普通拉深时为大，故在进行设计充液拉深模具时要充分地考虑到这些因素。

4.3.2　液室压力对零件成形性的影响

　　筒形件充液拉深成形中，板材常见的破裂根据不同的形式可以有不同的分类：

一种是根据板材破裂的时刻来进行分类,一般可以分为初期破裂、中初期破裂和中期破裂;另一种是根据板材破裂的部位来进行区分,可分为凸模圆角板材破裂和凹模圆角板材破裂。

充液室压力在充液拉深成形过程中起着举足轻重的作用,充液室液体的压力形成了摩擦保持效果和溢流润滑效果,抑制了拉深成形中各种破裂和起皱的趋势,所以极大地提高了板材的成形极限,提高了成形零件的成形精度,图4-16(a)为充液室液体压力适宜时板材的充液拉深成形过程。如果液室压力太低,就不会形成足够的摩擦保持效果和溢流润滑效果,造成板材凸模圆角部位减薄量过多,如图4-16(b)中所示A处,从而使得零件形成早期破坏,拉深不能进行下去;如果充液室压力太高,凹模圆角处的板材就会因为过高充液室压力的缘故而向上极度弯曲,如图4-16(c)所示的B处,使得此处的板材在受径向拉应力作用的同时,还要承受复杂的、由于液压胀形形成的弯曲力和胀形力,从而,此处的板材过度变薄而造成破裂。

如果充液室液体压力比较合适,则可以最终成形合格的零件。在本实验中,利用我们所研制的充液拉深装备一次拉制出拉深比为2.61的08Al筒形件和拉深比为2.50的A1100筒形件。

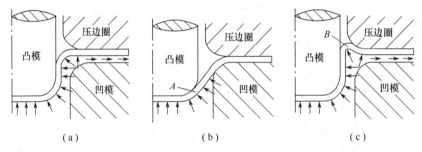

图4-16 充液拉深成形过程中充液室液体作用示意图
(a)理想的液体作用行为;(b)充液室液体压力过低;(c)充液室液体压力过高。

4.3.3 液室最高压力与板材成形极限的关系

板材的成形极限与充液室压力有很大的关系,压力或高或低都将造成零件破裂,使得拉深失败。图4-17(a)、(b)分别为铝A1100板材和08Al钢板成形极限与充液室液体最高压力之间的关系图。为了便于比较,从中发现规律,实验中,坯料形状皆采用圆形,对于材料铝A1100,初始反胀高度为5mm,初始反胀压力为5MPa,压边力设为40t,压边间隙为1.11mm;对于材料08Al钢板,初始反胀高度为5mm,初始反胀压力为10MPa,压边力设为60t,压边间隙为1.11mm。

从图4-17中可以看出,对于一定尺寸的筒形件,充液室压力的设置有一定的范围,有最高限和最低限,并且板材的拉深比越小,这个范围越大;反之,板材的拉

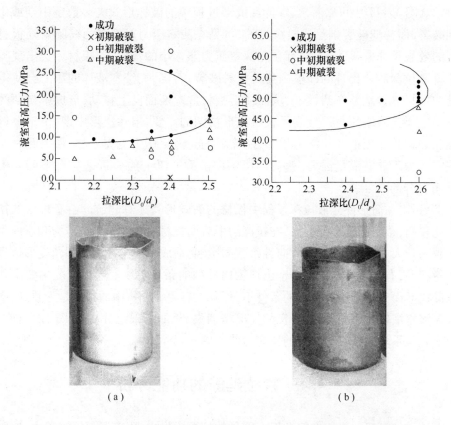

图 4 - 17　充液室最高压力与零件成形极限之间的关系曲线图及成形零件

(a)铝 A1100 板材；(b)08Al 钢板材。

深比越大,板材成形时充液室压力设置的自由度越小。从图 4 - 17(a)中可以看出,对于铝 A1100 板材,其成形时所需充液室压力的设置范围在 10.0 ~ 25.0MPa;从图 4 - 17(b)中可以看出,对于 08Al 钢板,其成形时所需充液室压力的设置范围在 42.5 ~ 55.0MPa,甚至还可以更高。当然,伴随着零件形状的不同和各控制参数设置的不同,充液室压力所需的数值范围也不尽相同,但大同小异,这种趋势在方盒形充液拉深成形实验中也可以看出。

从图 4 - 17 中可以看出,(a)中的充液室最高压力都比(b)中的压力低,这是由于所采用材料性能的不同而造成的。08Al 钢板的屈服强度和抗拉强度都要比铝 A1100 高很多,这样充液室液体为了在凹模圆角处克服板材拉深力而形成溢流润滑所需的溢流压力就要大,所以材料 08Al 钢板成形需要的充液室压力就要比铝 A1100 板材的高出很多。从图中看,对于拉深比为 2.4 的情况,铝 A1100 成形所需最大充液室的压力为 25MPa 左右,而 08Al 钢板成形所需充液室的压力至少应为 42.5MPa 才能够拉深成功。

从图 4 - 17 中可以看出,零件在成形过程中的破坏形式大多数是中期或中初期破裂,而初期破裂则是比较少见的,可见充液室压力对抑制凸模圆角处板材破裂的效果是非常显著的,只有在充液室压力非常小的情况下,板材才会出现类似于普通拉深时才出现的凸模圆角处板材破裂,否则,充液室液体的压力会使得此处的板材紧紧地贴在凸模上,从而使得板材危险断面向上移动,形成中初期的破坏。如果充液室压力设置满足板材成形初期的需要,但在成形中期,由于板材的加工硬化等原因造成拉深力增加,所需要的充液室压力也要增加,如果此时的充液室压力不能够满足需要,就会形成中期破裂。以上的分析是与有限元分析结果相吻合的。

另外,在筒形件充液拉深过程中板材的失效形式还有起皱。由于板材的拉深比比较高,金属的变形程度大,在拉深的中后期板材法兰切向的拉应力和压应力变得越来越大,并且由于板厚方向性系数的影响,造成了板材在凹模圆角变形时发生失稳起皱,有时就会在板材侧壁出现轴向并列的条状皱纹。这种情况主要出现在拉深比高而充液室压力较低的条件下,现象与有限元分析中的结果是一致的,当增大充液室液体压力时,这种不良的情况将消失,正如有限元分析所得出的结论,原因主要是不均匀拉应力和大的压应力造成的。

4.4　软拉延筋的功能分析

传统拉深筋一般用在复杂钣金零件的拉深成形中,用来调整拉深阻力,控制径向拉应力和切向压应力,以消除零件在拉深过程中起皱等缺陷,如图 4 - 18 所示。在充液拉深成形过程中,由于充液室液体的反胀作用,会使得凹模入口圆角处的板材向上反鼓凸起,形成了类似传统拉深筋的形式,虽然这种凸起和传统拉深筋的作用原理并不相同,但其功能和形式上与传统拉深筋较相近,这种拉深筋是由于液体等软介质的反胀而形成的,故称为软拉深筋。

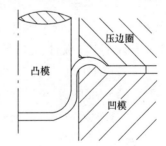

4.4.1　筒形件充液拉深软拉延筋

图 4 - 18　传统拉深筋的结构

软拉深筋由于具有摩擦力小(仅有黏性剪切摩擦力),所以是理想状态的拉深筋,可以说软拉深筋对提高板材的成形极限和降低零件表面粗糙度等方面起着至关重要的作用。取筒形件拉深成形四分之一部分进行分析。材料采用 A1100,硬化模型采用双线性硬化模型,摩擦采用库仑模型,凸、凹模圆角皆采用 8.0mm,凸、凹模单边间隙为 1.25 倍的料厚,凸模名义尺寸为 ϕ99.86mm,定间隙为 1.11mm,其他条件如表 4 - 2 所列。

表 4 - 2　A1100 材料性能数据

序号	名　称	数值	序号	名　称	数值
1	材料	A1100	7	单元类型	Belytschko - Tsay 壳单元
2	屈服强度 σ_s/MPa	28.0	8	静摩擦因数(凸模—板材)	0.14
3	泊松比	0.31	9	动摩擦因数(凸模—板材)	0.14
4	弹性模量 E/MPa	7.1×10^4	10	静摩擦因数(凹模—板材) (压边圈—板材)	0.05
5	密度/(g/cm^2)	2.7			
6	硬化模量 E_t/MPa	680	11	动摩擦因数(凹模—板材) (压边圈—板材)	0.05

　　根据成形零件状况的分析,充液拉深软拉深筋的功能主要改善了板材易破裂处的应力应变状态,减少了板材产生各种失效形式的趋势,均匀化了板材厚度的分布。为了研究充液室液体压力对板材厚度的影响,本节对成形各个过程的板材厚度、应力应变状态进行了分析。充液室液体压力的变化曲线如图 4 - 19 所示,由于本节研究所采用的充液室的体积较大,约为 $6.5 \times 10^{-3}m^3$,如果采用自然增压的充液拉深工艺,那么就会由于充液室液体压力建立得较晚而造成成形过程失败,故在有限元模拟中采用了初始反胀工艺条件,初始反胀压力为 7.5MPa,可以计算出 A1100 材料的溢流压力在 0.75MPa 和 7.5MPa(考虑加工硬化现象),所以可以认为在拉深过程中,充液室液体一直产生溢流润滑现象。通过模拟,可以得到图 4 - 20 的板材在充液拉深成形时各个时刻厚度的分布,图 4 - 21 为板材在充液拉深成形时各个时刻径向拉应力的分布,图 4 - 22 为板材在充液拉深成形时各个时刻径向压应力的分布,图 4 - 23 为板材在充液拉深成形时各个时刻凹模圆角与板材之间的距离。

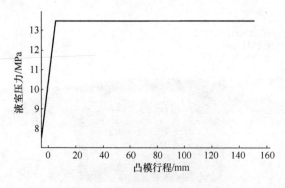

图 4 - 19　充液室液体压力加载曲线

　　从图 4 - 20 可以看出,当初始反胀时,产生反胀的板材都将产生不同程度的减薄,最小板材厚度在凸模圆角附近,为 8.5mm 左右,这对拉深成形来说是不利的,如果继续减薄并且减薄量加大,如同普通拉深所表现的那样,那么拉深过程就会因为此处板材的破裂而终止,但由于充液室液体压力的作用,使得板材紧紧地贴在凸模圆角上,凹模圆角处的板材向上反鼓形成了软拉深筋,改善了此处板材的应力和应变状态,从而板材凹模圆角部分的减薄程度降低,当板材拉深到41.4mm时,板材最薄处的厚度为8.4mm左右,为贴在凸模圆角处板材厚度,比拉深初期仅减薄了0.1mm左右,可以看出在拉深初期,板材的厚度并未因为初始反胀而造成严重减薄,从而导致板材的破裂。可以说软拉深筋减少了板材在拉深初期的破坏。

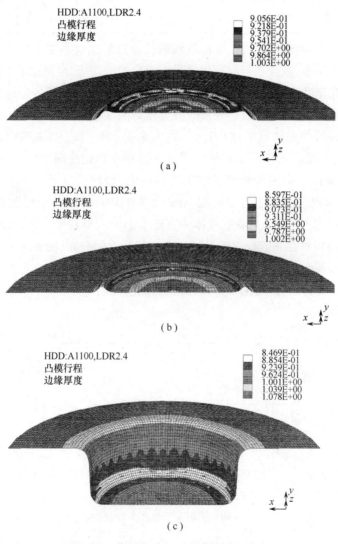

图 4 – 20 拉深不同时期板材厚度的分布

(a)凸模行程: –5.0mm;(b)凸模行程:0.099mm;(c)凸模行程:24.77mm。

在筒形件拉深过程中,一般来说板材内部承受的径向拉应力是造成板材破坏的关键因素,图4-21为筒形件拉深在不同时刻板材内部拉应力分布图,从中可以看出,在初始时刻,即凸模行程在5.0mm时,最大径向拉应力表现在凸模圆角处板材上,此处也是普通拉深易产生破裂的地方,当拉深继续下去时,板材内部所承受的最大径向拉应力逐渐从凸模圆角处的板材内向凹模口附近的板材内转移,并且一直保持在凹模圆角和凹模直壁相切处的板材内,这样就减少了凸模圆角处板材破裂的可能性,使得拉深成形得以继续进行下去。

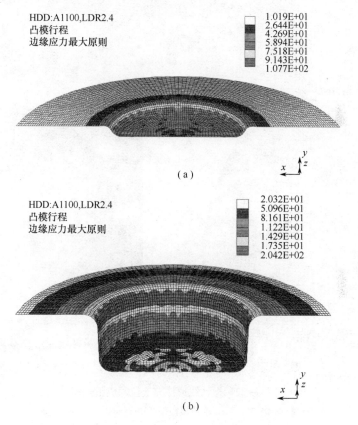

HDD:A1100,LDR2.4
凸模行程
边缘应力最大原则

| 1.019E+01 |
| 2.644E+01 |
| 4.269E+01 |
| 5.894E+01 |
| 7.518E+01 |
| 9.143E+01 |
| 1.077E+02 |

（a）

HDD:A1100,LDR2.4
凸模行程
边缘应力最大原则

| 2.032E+01 |
| 5.096E+01 |
| 8.161E+01 |
| 1.122E+01 |
| 1.429E+01 |
| 1.735E+01 |
| 2.042E+02 |

（b）

图4-21　拉深不同时期板材内部径向拉应力的分布
（a）凸模行程：-5.0mm；（b）凸模行程:41.4mm。

在筒形件充液拉深成形过程中,由于拉深成形的极限高,板材的变形较剧烈,故而板材内部的加工硬化现象就非常严重,图4-22为板材拉深成形各个时刻内部压应力的分布趋势。从图中可以看出,在拉深初期由于软拉深筋的作用而使得凸模圆角处板材内部压应力很小,随着拉深的进行,凹模圆角处板材内部压应力逐渐变大,但由于从凹模口处溢流液体的作用,以及凹模口液体把板材紧贴在凸模上的原因,使得板材进入凹模后压应力立刻有一个较大的变化,这与普通拉深并不相

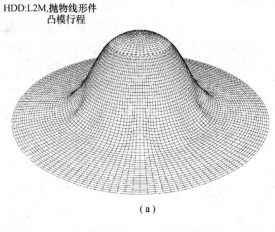

HDD:L2M,抛物线形件
凸模行程

(a)

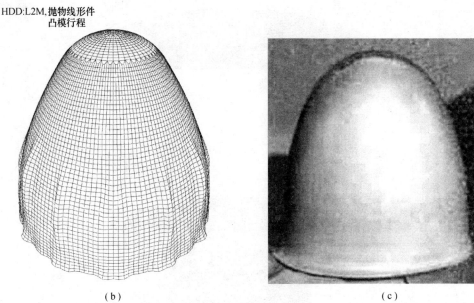

HDD:L2M,抛物线形件
凸模行程

(b)

(c)

图 4-22   抛物线形件充液拉深成形过程

(a) 凸模行程:55.15mm; (b) 凸模行程:101.35mm; (c) 最终成形零件。

同。普通拉深中板材被拉进凹模口后最大压应力还要持续一段,而这一段为板材悬空段,如果此时工艺条件不对,那么此时板材就会在此处起皱,由于承受弯曲、拉伸和挤压的综合作用,板材就会破裂。而充液拉深成形过程中消除了这种情况,由于液体压力的作用,即使此处板材会起皱也不会与凹模圆角接触,从而减少了板材失效的可能性。这种情况对于一些复杂零件充液拉深成形如抛物线形件成形时显得尤为突出,如图 4-22 所示的抛物线形零件拉深成形(哈尔滨工业大学胡大勇),成形条件同 4.1 节,充液室液体压力的加载曲线见图 4-23,可以看出,此处充液室压力设置是比较低的,不能以足够的液体压力来形成所需要的软拉深筋,吸

102

收不了多余的悬空段的板材,故而在成形零件侧壁形成了起皱现象,造成了废品,实际情况也是如此,如图4-22所示。

在充液拉深过程中,凹模圆角处板材由于液体的作用而脱离与凹模的接触,减少了板材在此处所承受的摩擦力,这已成为不争的事实。图4-24给出了在整个拉深过程中,凹模圆角处的板材中面与凹模口的法向距离 F_s,图中可以看出,随着拉深过程的进行逐渐地减小,直到最后变为最小,可以认为板材的下表面已与凹模直壁接触,这是由于零件壁厚逐渐增厚造成的,此时由于板材的增厚和加工硬化现象,凹模口板材的抗拉强度大大增加,从而减小破裂的可能性。

通过上述分析可以知道,充液拉深成形过程中,软拉深筋对提高拉深成形极限和提高成形表面质量的作用是不可替代的,它的作用可以总结如下:

(1) 拉深成形过程中板材的壁厚均匀,无剧烈变化区。

(2) 促使破裂危险点从凸模圆角处的板材向凹模圆角口处过渡。

(3) 使得凹模圆角处板材承受的压应力减小,减少了凹模口板材起皱的趋势,以免形成皱而在凹模口形成大的摩擦力造成破裂。

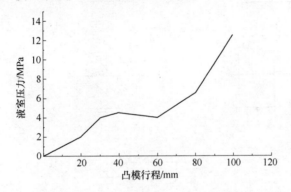

图4-23 抛物线形件充液拉深成形时充液室液体压力加载过程

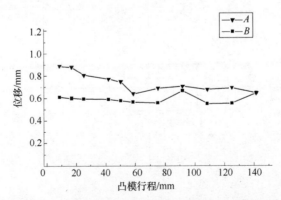

图4-24 凹模圆角处板材中面与凹模的法向距离

A—凹模圆角与凹模直壁相切处板材;B—凹模圆角与凹模表面相切处板材。

103

（4）板材拉深成形过程中凹模圆角处的板材在危险时刻总是脱离凹模，避免了形成大的拉深力而造成破坏。

4.4.2 方锥盒形件充液成形直边与拐角处软拉深筋的功能分析

有限元模拟时坯料形状采用方形坯料切角的形式，其中 $L=430\text{mm}$，$C=160\text{mm}$，根据式（4-41）可以计算出溢流压力为 20MPa。考虑计算机控制的响应速度和充液室液体弹性模量的影响，模具图如图 4-25 所示，毛坯几何形状如图 4-26 所示，有

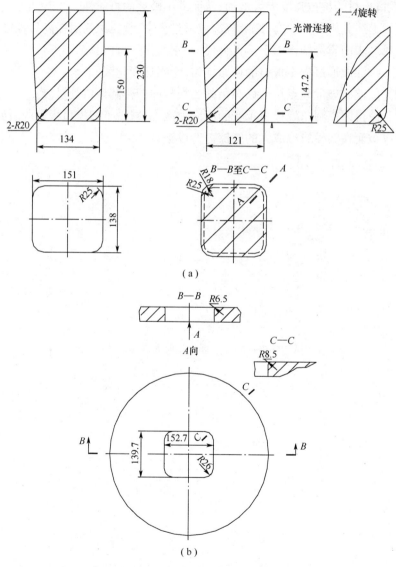

图 4-25　方锥盒形件成形模具图

（a）凸模；（b）凹模。

104

限元分析集合建模如图4-27所示,充液室液体压力的加载曲线和压边力变化曲线如图4-28所示,根据式(4-40),可以计算出初始溢流的瞬间溢流层的间隙为0.02mm,在凸模行程为150mm时溢流层的间隙为0.03mm,凸模下行的速度为10mm/s。

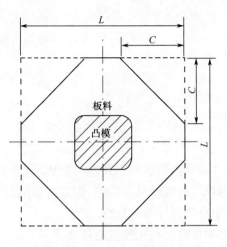

图4-26 毛坯几何尺寸图

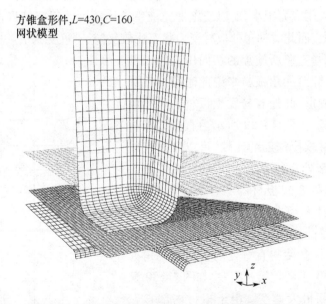

图4-27 方锥盒形件有限元分析模型的网格划分

　　在方锥盒形件充液拉深成形过程中,由于充液室液体压力的作用,在凹模圆角口处将板材抬起脱离凹模圆角,从而形成类似拉深筋作用的软拉深筋,形式类同筒形件充液拉深成形过程中形成的软拉深筋。但对于方锥盒形件充液拉深成形,由

105

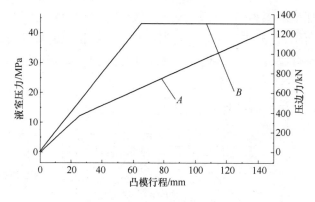

图4-28 压力加载曲线
A—充液室液体压力；B—压边力。

于其形状比较复杂,零件形状由直壁和拐角两部分组成,并且有一定的锥度,所以在不同时刻液压对拉深成形的贡献也不相同,但如何影响拉深成形及内部应力应变场,需要利用模拟的手段进行详细的分析。

根据方锥盒形件的变形特点和充液室液体压力对各部分作用的不同,可以把拉深筋分为直壁软拉深筋和拐角软拉深筋,但不同拉深筋产生的作用却是不同的。直壁处板材所受到的力主要是法兰的径向拉应力和板材在此处的弯曲力,而在切向的拉应力或压应力很小,所以当施加充液室液体压力时很容易将直壁处的板材压贴在凸模上,而此时拐角处板材受力状态比较复杂,不仅受到法兰板材的径向拉应力,还要承受直壁所施加的切向压应力以及弯曲力,并且针对拐角板材来说此时相当于圆锥形零件的成形,此处容易发生板材的堆积而产生起皱现象,如图4-29所示为直壁处板材和拐角处板材软拉深筋的比较,可以看出在成形过程中直壁处板材容易被充液室液体压力抬起,而拐角处金属板材却不容易被抬起,并且直壁处板材一经进入凹模就被紧紧地压贴在凸模上随着凸模的下移进行移动,之间很少产生滑动,这样就使得直壁处的板材较拐角处容易流动,产生了较大的速度差,如图4-30显示了板材平面最大速度。由于板材内部存在流动速度差,这样就将引起板材内部附加应力场如剪应力、不均匀拉应力和压应力,就会造成板材起皱和破裂等拉深缺陷。图4-31为最终成形零件。

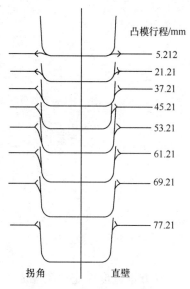

图4-29 成形过程中直壁
和拐角软拉深筋形状比较

106

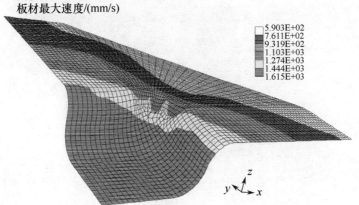

方锥盒形件,L=430,C=160
凸模行程:36.53mm
板材最大速度/(mm/s)

5.903E+02
7.611E+02
9.319E+02
1.103E+03
1.274E+03
1.444E+03
1.615E+03

图4-30　成形时板材流动最大速度场的分布

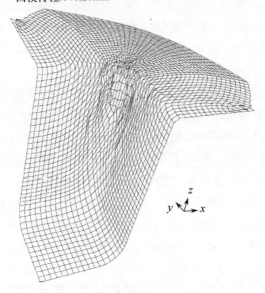

方锥盒形件,L=430,C=147
凸模行程:141.21mm

图4-31　方锥盒形件充液拉深成形最终结果

　　综上所述,方锥盒形件充液拉深成形时软拉深筋主要的作用是减小了板材与凹模圆角处的摩擦力,并由此实时地形成摩擦保持效果和溢流润滑效果,从而极大地提高了方锥盒形件充液拉深的成形极限,图4-32所示为最终成形零件。但由于方锥盒形件充液拉深成形过程中直边与拐角处软拉深筋对板材所起的作用不同,使得各处板材的变形不均匀,就容易形成拐角处板材体皱和破裂,这是不利的一点,需要采取措施妥善地加以解决。

图 4 - 32　最终成形的零件

4.5　基于反向建模的精确材料模型优化策略

板材充液成形是先进制造技术的一种,与传统的工艺相比,板材的成形性能显著提高、成形表面质量好。随着成形技术和成形设备的进一步发展,此工艺广泛应用于航空航天制造领域,使用铝合金、高强钢、不锈钢、钛合金等多种材料,成形复杂难成形的零件。其中,板材充液拉深的主要特征之一是有清晰的边界条件。凹模的流体压力统一加载在板材的表面,易于模拟。但是,现实中很难确定试最佳的成形参数,有限元数值模拟成为了最有效的预测最佳参数的方法。

在有限元充液拉深模拟中,相比传统拉深工艺,板材的塑性应变增大,板材的厚度减薄率可达到25%。因此,有限元模拟中材料模型的选择对有限元结果有极大的影响,不同的材料模型模拟的结果有可能完全相反,合理选择最符合实验结果的模型十分关键。在优化成形过程之前,我们应当优化材料参数。

本节基于充液拉深的实验数据和反向建模,使用 HUSCHEN 和 YAEB 提出的结构正割法近似逼近二阶模型来解决此反向建模问题,并使用信赖域策略控制迭代步数。通过使用优化的材料参数,不仅能准确分析过程关键参数,而且增强了对板材充液成形的创新设计基础。为了节省 CPU 的计算时间,解决反向建模问题优先采用动态显示算法 LS_DYNA。

4.5.1　材料和模具工装

实验材料选用 1.15mm 厚的铝合金 Al6016 - T4 和 1.24mm 厚的软铝 Al1050 - H0,单拉试验得到的材料性能如表4-3所列。所采用的充液拉深方法如图4-33所示,实验设备为 375t 的拉杆双动压力机,凸模的速度范围为 10~30mm/s。设备可以实现预胀形功能,其最大压力可达到 30MPa,预胀形泵的介质流速约为 10L/min。

108

而凹模内的流体压力由比例压力阀控制,最大压力可达到 70MPa。凸模半径 $d_p = 69mm$,凸模圆角半径 $r_p = 5mm$,凹模半径 $d_d = 71.9mm$,凹模圆角半径 $r_d = 6mm$,压边圈的内半径是 $d_{BH} = 70.0mm$,压边圈圆角半径 $r_{BH} = 5mm$。

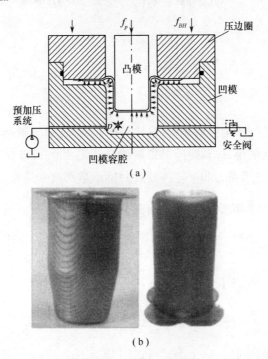

(a)

(b)

图 4-33　充液拉深方法图

(a)模具工装；(b)铝合金成形件(拉伸比:左2.9,右3.06)。

表 4-3　铝合金 Al6016-T4 和软铝 Al1050-H0 的材料性能参数

材料	轧制方向/(°)	弹性模量 E/MPa	强化指数 n	硬化系数 k/MPa	厚向异性指数 r
	0	70420	0.2360	405.00	0.935
Al6016-T4	45	69406	0.2500	407.00	0.388
	90	74115	0.2410	390.00	0.640
	0	70000	0.2403	140.48	0.810
Al1050-H0	45	70000	0.2805	152.40	0.640
	90	70000	0.2598	143.08	1.390

4.5.2　优化方法

为了减少试验与模拟之间的误差,运用非线性最小二乘法定义目标函数如下:

$$f(x) = \frac{1}{2} r(x)^{\mathrm{T}} r(x) \qquad (4-45)$$

109

式中:变量 x 和方程 $r(x)$ 都是本构参数,x 代表板材和模具之间的摩擦因数,$r(x)$ 代表其余变量。目标函数可以近似成二次方程如下:

$$\psi(s_{k+1}) = \nabla f(x_k)^T s_k + \frac{1}{2} s_k H s_k^T$$

$$f(x_k + s_k) = f(x_k) + \psi(s_k)$$

$$\nabla f(x) = J(x)^T r(x) \tag{4-46}$$

$$H = J(x)^T J(x) + \sum^m r_i(x) G_i$$

式中: $\nabla f(x)$ 为梯度; H 为汉森矩阵; G_i 为一个包含 $r_i(x)$ 导数的 $n \times n$ 阶对称矩阵。若残差和二阶导数很小,汉森矩阵的二阶部分几乎为 0,可以使用高斯牛顿法。但是,如果计算过程中残差为非零矩阵或者目标函数高度非线性,高斯牛顿法可能失效,可以使用结构正割法。矩阵的二阶部分可以近似为 $\sum\limits_{i=1}^{m} r_i(x) G_i \approx A_k$。结构正割法是用于解决凸函数的 Broyden 族算法,每步更新的 SRI 用于计算 Broyden 因子 ϕ。

通过计算信赖域,步长 s_k 表示如下:

$$\min_{s \in \Re^n} = \nabla f(x)^T s_k + \frac{1}{2} s_k H s_k^T, \parallel s_k \parallel \leq \Delta_k \tag{4-47}$$

式中:Δ_k 为信赖域的半径。这个等式可以用 DCA 法解决。

即使反向建模问题有多种解决方法,它也不能作为一个无约束问题解决。本节采用边界约束控制参数,边界变量组成信赖域的框架。此方法基于线性系统的仿射变换法,边界约束由两个变换矩阵组成二阶方程模型如下所示:

$$\hat{\psi}(\hat{s}_k) = (\hat{s}_{k+1}) = D_k \nabla f(x_k)^T \hat{s}_k + \frac{1}{2} s_k (D_k(H + C_k) D_k) \hat{s}_k^T$$

$$s_{k+1} = D_k \hat{s}_{k+1} \tag{4-48}$$

仿射变换矩阵 D_k 和 C_k 约束二次方程 $\hat{\psi}(\hat{s}_k)$ 的解空间,其定义域为 $l_k < x_i < u_i$。然而这两个方程组不能保证一定得到一个可行的解,我们可以实施另一种方法确保每步都在可行域内来增强求解的可行性。这个方法的最大优点是可以把边界约束问题简化成一个二阶模型 $\min\limits_{s \in \Re^n} \hat{\psi}(\hat{s}_k) \hat{s}_k \leq \Delta_k$。

4.5.3 确定目标函数和变量

首先,对于二维模型,目标函数可定义为模拟和实验的凸模作用力之间的误差见式(4-45)。将成形过程分为 m 步,凸模作用力可以取 m 个数值。

110

$$f(x) = \alpha \frac{1}{2} \sum_{i=1}^{m} \frac{(F_i^{\mathrm{EXP}} - F_i^{\mathrm{FEM}})^2}{m} \qquad (4-49)$$

式中:EXP 和 FEM 分别为实验数据和有限元模拟数据;F 为凸模作用力;m 为凸模作用力的数据点数;α 为拉深参数。

模拟过程使用动态显示算法 LS_DYNA,并使用质量缩放技术提高计算效率。由于质量缩放和时间尺度缩放,有限元模拟凸模作用力出现部分散射现象,屈服散射场很大地影响了梯度 $\nabla f(x)$。

虽然实验中不能精确确定,板材充液成形中还是有许多过程参数影响成形。在二维模拟中,为了满足模拟条件,铝合金 Al6016 – T4 的四个参数 $x_0 = [\mu_{pb}, \mu_{db},$ $k, n]$ 初始优化中,解空间的下限为 $l = [0, 0, 300, 0.2]$,上限为 $x_0 = [0.2, 0.2, 600,$ $0.3]$。μ_{pb} 为板材和凸模之间的摩擦因数,μ_{db} 为板材和其他模具之间的摩擦因数,材料变形为指数硬化的弹塑性变形,屈服准则采用 Von – Mises 屈服准则。

图 4 – 34 比较了实验和最优化的凸模作用力,两条曲线趋势相同。板材的直径为 160mm,凹模内液体压力加载路径如图 4 – 35 所示。图 4 – 34 中在充液成形初始阶段,凸模力呈现出反常的高,这种误差是实验装备初始阶段传感器反应滞后导致测量不准确的结果。最优化的数据结果是 $x = [0.144, 0.01, 422.6, 0.24]$,与表 4 – 3 比较得知,优化后的 k 值与单轴拉伸的实验结果不同。将优化后的数据应用到模拟中,将模拟结果得到的凸模作用力与实验对比,如图 4 – 36 所示,两条曲线基本重合。实验板材的直径为 170mm,凹模内液体压力的加载路径如图 4 – 37 所示。结果表明,此优化算法可行,测量误差可被忽略。

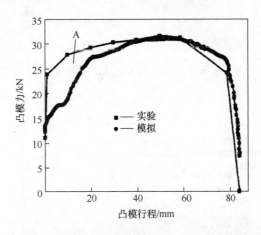

图 4 – 34 Al6016 – T4 实验和优化凸模作用力数值比较

在三维实体模拟中,鉴于材料的各向异性,采用 Barlat – Lian 材料模型,是动态显示算法 LS – DYNA 中的 36 号单元。铝合金 Al1050 – H0 板内各向异性显著,不仅要考虑四个基本参数 $x_0 = [\mu_{pb}, \mu_{db}, k, n]$,而且也要考虑 $[r_0, r_{45}, r_{90}]$ 三个各向

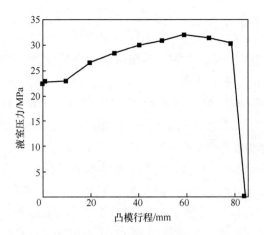

图 4 - 35　优化后的凹模内液体压力的加载路径(Al6016 - T4)

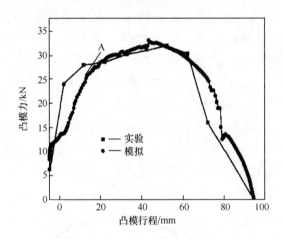

图 4 - 36　Al6016 - T4 实验和模拟凸模作用力数值比较

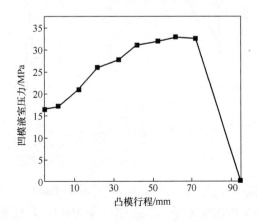

图 4 - 37　模拟后的凹模内液体压力的加载路径(Al6016 - T4)

异性指数。r_0 为沿轧制方向的各向异性指数，r_{45} 为与轧制方向成 45°的各向异性指数，r_{90} 为垂直轧制方向的各向异性指数。目标函数为实验和模拟中凸模作用力和法兰凸耳外形的差的最小值，如式（4-49）所示（凸模作用力可由实验中获取）：

$$f(x) = \alpha \frac{1}{2} \sum_{i=1}^{m} \frac{(F_i^{\mathrm{EXP}} - F_i^{\mathrm{FEM}})^2}{m} + \beta \frac{1}{2} \sum_{i=1}^{3} \frac{(D_i^{\mathrm{EXP}} - D_i^{\mathrm{FEM}})^2}{3} \quad (4-50)$$

式中：D 为法兰凸耳到杯形件中心的距离；β 为拉深参数。优化后的最佳参数为 $x_0 = [0.15, 0.049, 178.49, 0.22, 1.03, 0.749, 1.142]$。图 4-38 对比了优化后实验和模拟的凸模作用力，而表 4-4 列出了实验和模拟中法兰凸耳到杯形件中心的距离。结果表明：优化的材料参数符合实验结果。

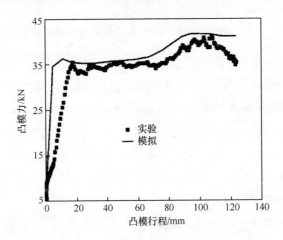

图 4-38　软铝的优化和实验中凸模作用力比较

表 4-4　实验和模拟中法兰凸耳到杯形件中心的距离

	0°	45°	90°
实验/mm	55.1	41.0	55.0
模拟/mm	52.3	38.5	53.6

4.5.4　使用优化材料参数分析过程成形参数的作用

如上所示，优化参数能很好地符合实际，用于分析成形过程，预测成形中关键的成形参数。众所周知，传统的拉深过程中，一些过程参数对成形过程没有影响，例如凸模和压边圈之间的间隙 c_{pd}，压边圈的圆角 r_{bb}。在充液拉深中需要考虑一些过程参数，如凸模和压边圈之间的间隙 c_{pd}，压边圈的圆角 r_{bb}，压边圈与板材之间的间隙 G。确定这些参数值需要消耗大量的时间，但是如果模拟分析基于优化参数，设计效率将大大提高，且模拟结果十分可靠。

图 4-39 所示为在不同的凸模和压边圈之间的间隙 c_{pd} 下的厚度分布，在图

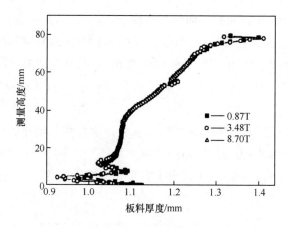

图 4 - 39 基于不同的凸模与压边圈间隙的厚度分布比较

中,0. 87T、3. 48T、8. 70T 分别表示凸模和压边圈之间的间隙为 0. 87 倍、3. 48 倍、8. 7 倍的原始板材厚度。如图所示,不同的 c_{pd} 值对厚度分布没有较大影响,特别是凸模圆角周围的厚度分布几乎一样。在凸模圆角以上,c_{pd} 值越大,直筒壁越厚。在传统的筒形件拉深中,如果仅为了成形零件,凸模与压边圈的间隙并不是重要参数。并且间隙太大,凸模与零件分开时会产生很多问题。但是在充液成形中,由于凹模内流体压力的作用,允许间隙过大。需要注意的是,如果有预胀形过程,c_{pd} 值越大会导致板料在径压力方向过分伸长,引起断裂。

图 4 - 40 所示为在凸模与压边圈间隙为 3. 48T 条件下,分析了不同压边圈圆角半径下的厚度分布。在图中,2. 61T、6. 08T、8. 70T 分别代表压边圈圆角半径为 2. 61 倍、6. 08 倍、8. 70 倍的原始板材厚度。虽然不同压边圈圆角半径下筒壁的厚度分布几乎相同,筒形杯的顶部的厚度分布仍有不同。由此说明,压边圈圆角半径越小,厚度分布越薄,不利于成形,甚至破裂。

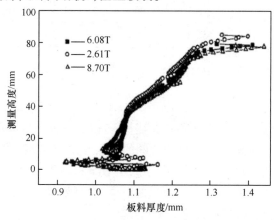

图 4 - 40 不同压边圈圆角的厚度分布比较

图 4 – 41 所示为凹模与压边圈间隙的不同对厚度分布的影响。如图所示，1.06T、1.30T 和 1.74T 分别代表间隙为 1.06 倍、1.30 倍、1.74 倍的原始板材厚度。显然，定间隙板材充液成形中，凹模与压边圈的间隙额可以增大。实际上，无凹模的板材充液拉深概念的提出，即用液室中的流体代替凹模。

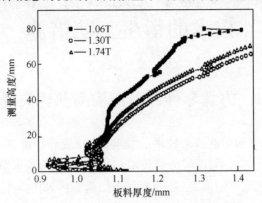

图 4 – 41　不同压边圈与液室间隙下的厚度分布

综上所述，板材充液拉深成形不同于传统的拉深成形。一些关键参数，如凸模与压边圈之间的间隙、压边圈圆角、液室与压边圈之间的间隙的成形域可以扩大，实现更好的过程设计。

第 5 章　基于先进板材充液成形技术的衍生工艺措施

5.1　方盒零件圆形凹模局部约束成形

由于结构轻量化和柔性成形技术的发展,充液成形在世界上的制造领域得到了越来越多的关注[1-5]。与传统成形技术相比,板材充液成形具有大的拉深比、零件成形表面质量好、成形精度高、能成形复杂结构零件等优点[6-8]。针对流体压力的不同功能及作用方式,板材充液成形可分为主动式与被动式。近年来,许多与板材充液成形相关的新的成形方法被提出,如深度拉深[9]、流体压力拉深[10]、液压成形[11]、利用水的背压作用拉深[12]、活动凹模板材充液成形[13,14]等被动式方法,以及作为主动式的对胀成形[15]方法。板材充液成形的很多特征已经被人们所熟知,这极大地促进了该成形技术的发展和实际应用。包含工具设计、成形过程设计和成形参数设计在内的许多传统的设计理念已经发生改变。本章描述了一种用于制造复杂结构的方盒形件的新的成形设计方法,利用所提出的板材充液拉深的方法,均匀的力作用于压边圈上,并使用圆形凹模(凹模入口是圆的)来约束材料的局部流动,以此来研究板材在充液成形中的变形机理。

图 5-1 为利用圆形凹模,均匀压力作用于压边圈上的板材充液成形来成形方形杯。按照这种方法,首先在凹模上放置坯料,凹模内有型腔,型腔内预先充满油。接着,夹紧力 f_{BH} 作用于压边圈上,保证坯料在凹模与压边圈之间不被流体压力推起。在凸模下降之前,预胀形完成。随着凸模下行,对凹模型腔内的油加压,压力作用在板坯上使板坯紧紧地贴在凸模表面,同时一个相同的力作用在板坯边缘,推着板坯流入凹模型腔内,这样能提高板坯的拉伸比。由于凹模入口是圆形的,很容易根据凹模来定位凸模。并且,由于大的曲率半径用在靠近凹模圆角入口的法兰区,可显著地提高拉伸比。此外,流体压力对板材在靠近凹模圆角入口的法兰区的局部约束功能在细节上的研究是基于多变的凹模形状,有别于传统冲压成形,能应用在充液拉深成形工艺中,丰富了板材充液成形的知识库。圆形凹模也为方形凸模圆角周围的板材提供局部约束,以便板材能够被紧紧地贴在凸模圆角的表面上。同时,充液成形无需有与凸模配合的复杂凹模型腔,这样可节省一大笔昂贵的凹模材料费用。

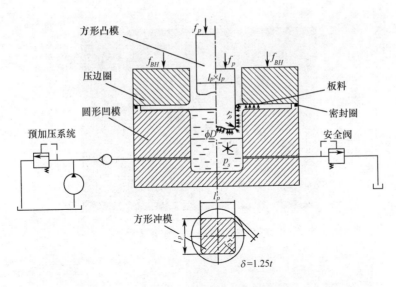

图 5-1 复杂方盒形零件圆形凹模局部约束成形

5.1.1 工具及材料

工具外形尺寸见表 5-1。凹模是一个横截面为圆形的凹模,用此方法可以与压边圈圆角一起为板材提供局部约束。所有的实验均是在丹麦奥尔堡大学 375t 双动压力下完成的,所用设备如图 5-2 所示。凸模移动速度在 10~30mm/s 之间可调。该系统可实现预胀形功能并且最大预胀形压力可达 30MPa。假如凸模圆角周围的板材在局部没有被圆形凹模约束,将会产生两种后果:一是凸模圆角周围的板材将不会粘附在凸模圆角表面上,并且成形后在板材与凸模圆角之间会留下一个缺口;二是将会形成非常严重的屈曲,如图 5-3(a)所示。凸模直壁圆角处凸、凹模之间的最小间隙是 1.25 倍板材的厚度($\delta = 1.25t$)。

表 5-1 模具尺寸

主要参数		值	
凸模侧边长度 l_p/mm	53.76	压边圈内边长度 l_{BH}/mm	55.0
凸模圆角半径 r_p/mm	5.0	压边圈内圆角半径 r_{BHc}/mm	8.5
凹模圆角半径 r_c/mm	8.0		
凸模表面粗糙度 Ra/μm	0.2	压边圈表面粗糙度 Ra/μm	0.2

所用材料为 1mm 厚的低碳钢 DC06($t = 1.0$mm)和 1mm 厚的软铝合金 APP211($t = 1.0$mm)。它们的材料性能见表 5-2。可以看出这种板材有很强的各向异性性质。由于材料的各向异性性质以及零件成形后的非轴对称几何体,坯料不同的轧制方向排列将会影响其成形过程及最终结果。本章中除非另有说明,坯料的轧制方向将和凸模的直边垂直。

图 5-2　所用设备(奥尔堡大学)

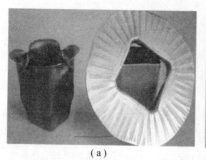

（a）　　　　　　　　　　　　　　　（b）

图 5-3　成形失败的零件

（a）起皱现象,包括杯身起皱、法兰起皱；（b）破裂。

表 5-2　APP211 和 DC04 的材料力学性能参数

板材材料	轧制方向 /(°)	弹性模量 E/MPa	强化 指数 n	硬化系数 k/MPa	厚向异性指数 r
APP211	0	70420	0.248	123.5	0.972
	45	69406	0.296	137.7	0.517
	90	74115	0.263	121.3	1.313
DC04	0	210000	0.19	542	2.13
	45	210000	0.19	552	1.57
	90	210000	0.19	533	2.67

5.1.2　模拟中的网格模型

数值模拟是对板材充液成形过程分析的一个强有力的工具,以及如何使用数值模拟,这些已经在许多论文中被提及[16-18]。一个流行的商用软件就是有限元软件 LS-DYNA3D[19],本模拟中就用它来分析成形过程。在仿真中,所有工具都被

118

设定成节点刚性壳单元。坯料用四节点四边形,板材采用 5 个积分点 Belytschko –
Lin – Tsay 壳单元。惩罚接触界面法用来描述接触界面和滑动边界条件。坯料和
凸模接触面之间的摩擦因数为 $\mu = 0.1$,坯料与其他工具之间的摩擦因数为 $\mu =$
0.03。凹模与压边圈之间被完全约束,凸模仅仅可以沿 z 向移动,相当于沿凸模中
轴线移动。图 5 – 4 所示的是数值模拟中的网格模型。由于在传统深拉深工艺的
模拟中利用 Barlat89 非二次方程屈服准则可获得很好的结果[20,21],Barlat89 非二
次方程屈服指数被用来解释板材面内横向各向异性,本数值模拟中采用了此种屈
服准则。

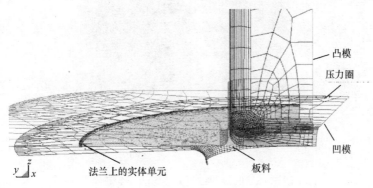

图 5 – 4　数值模拟中的网格模型

5.1.3　成形的盒形零件以及失效形式

图 5 – 5 为成形的盒形零件,最大坯料直径是 $\phi190$mm(最大拉深比(D/l_p)为
3.53),材料为钢材 DC06;最大坯料直径 $\phi185$mm(最大拉深比(D/l_p)为 3.44),材
料为软铝合金 APP211。依图 5 – 5 可见,成形的盒形零件质量很好且没有明显可
见的缺陷,证明板材充液成形利用圆形凹模进行局部约束来成形方盒形零件是可
行的。事实上也可以发现,在实验过程中模具的定位也十分简单。而且,在坯料与
凹模圆角入口之间可看到有一个清晰的接触痕迹,证明用圆形凹模可以成形方形
零件。因为流体不足以为反胀形提供足够高的压力,所以圆形凹模为凸模圆角处
的板材提供了必要的局部刚性约束。换句话说,圆形凹模应该为坯料法兰提供密
封作用。图 5 – 6 为一个沿与材料轧制方向成 0°(RD0)与 90°(RD90)方向,利用
凹模型腔提供两种压力加载路径的成形零件的尺寸精度。D1 表明凹模型腔内的
加载压力为 14.5MPa,D2 的加载压力为 22.5MPa。两种情况下的板材直径均为
170mm。该图整体表明,成形后的盒形件回弹率很小,不影响零件的精度要求。当
使用 14.5MPa 的压力时,零件成形后直边处的最大偏差:沿 0°方向的最大偏差为
0.24mm,沿 90°方向的最大偏差为 0.12mm。当使用 22.5MPa 的液室压力时,直边
处的最大偏差:沿 0°方向的最大偏差为 0.12mm,沿 90°方向的最大偏差为

0.22mm。证明液室压力对成形件尺寸精度的影响非常大,并且质量好的尺寸精度得益于加载在坯料表面上较高的压力。与此同时,随着液室压力的增加,发现成形件最顶端的直边处的尺寸大于与凸模外形尺寸相等的公称尺寸;位置稍微低一些的直边处尺寸非常接近于公称尺寸。此外,还发现当压力增加时,直边处的几何尺寸将会以一种近似于平行的方式向右偏移。

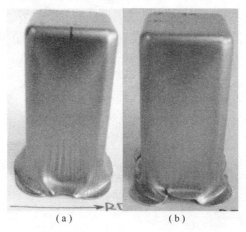

图 5 - 5　圆形凹模约束成形的方盒形件

(a)钢材,拉伸比 3.53;(b)铝合金,拉伸比 3.44。

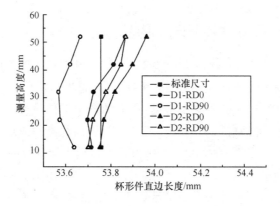

图 5 - 6　成形件内外侧的特征尺寸

　　图 5 - 7 所示为利用该方法成形方形杯形件过程中常见的失效形式。一般来说,成形失败可分为两大类:破裂和起皱。关于破裂发生时,破裂形式可分为三种类型,如图 5 - 7 中的 Ⅰ,Ⅱ 和 Ⅲ 所示。类型 Ⅰ 主要与预胀形和原始成形阶段的流体压力变化有关,凸模圆角周围的板材将会破裂。类型 Ⅱ 的破裂将会在液室压力达到预先设定的压力值之前发生,此时的情况主要是由于流体的弹性力造成的。类型 Ⅲ 的破裂发生在(凹模型腔内)液室压力稳定以后。图 5 - 7 所示的是在不同阶段的破裂类型,这在建立工艺窗口和制作系统分析时十分有用。

图 5-7 不同成形阶段的破裂形式(从左至右为类型Ⅰ、Ⅱ和Ⅲ)

5.1.4 壁厚分布

液室内压力的变化在成形过程中及对成形结果,比如零件成形后的壁厚分布、回弹和尺寸精度等均起着很重要的作用。本实验中使用了两种加载路径,一个是压力为 14.5MPa,另一个是压力为 22.5MPa。不论哪种情况,预胀形压力均为 10MPa,预胀形高度为 0mm;坯料直径 170mm。图 5-8 所示的是当使用不同的液室压力加载路径时零件沿不同轧制方向的壁厚分布变化情况。

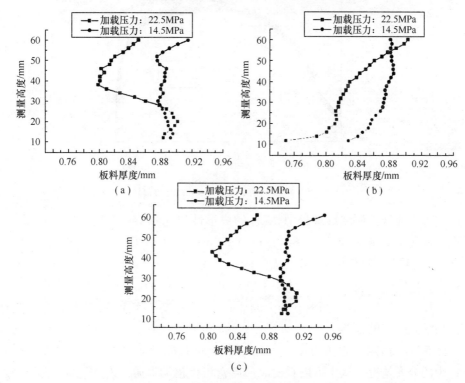

图 5-8 不同加载路径下零件壁厚变化

测量沿着:(a) RD0;(b) RD45;(c) RD90。

总体来说,能够看出的是压力越高,零件壁厚越薄。但是,当使用较低的压力时,零件沿 0°和 90°(RD0 和 RD90)的壁厚分布大致为一条竖直线,这就意味着零件的壁厚分布随着测量高度的增加而始终如一。当使用较高的液室压力时,壁厚分布随着测量高度的增加而变化很大。

5.1.5 成形极限分析

许多参数影响着板材充液成形工艺的成形过程,并且在实验过程中为了得到全部最适宜的工艺参数将会十分耗时。有限元建模(FEM)的出现提供了一个非常方便且很有效的能找到最理想的成形参数的方法。图 5-9 所示的是试验与模拟条件下,当凸模与坯料之间的摩擦因数为 0.1,而模拟环境中的摩擦因数为 0.03 时凸模冲压力的比较关系,从中可以看出两种曲线是基本互相吻合的。在板材充液成形利用圆形凹模成形方形杯体零件的关键成形参数中,压力值的变化及坯料的定位起着最重要的作用。凹模液室压力的变化对成形后的破裂类型 I 及杯身起皱现象有很大的影响,而坯料错误的定位将引起破裂形式 II 与 III 的发生。

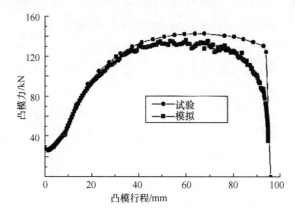

图 5-9　试验与模拟中凸模冲压力的对比

盒形件充液拉深成形过程中,零件的成形性与充液室的压力有很大的关系。模拟中仅用了低碳钢 DC06。坯料直径为 170mm,预胀形压力为 10MPa,胀形高度为 0mm。当凹模液室压力值分别固定在 14.5MPa 和 22.5MPa 时,图 5-10 显示了模拟中杯体零件的成形情况。从中可以看出较高的液室压力将会引发严重的杯体起皱及屈曲(buckling)。当液室压力较低时,成形件接近完美,仅仅在压力过低时零件顶端发生大的偏差。

图 5-11 所示的是压力在 14.5MPa 时沿着不同轧制方向主应变与次应变在 FLD 中的分布情况。从中可以看出成形后盒形件顶端下游沿着 0°方向(与 90°方向相比有较低的 r 值)的元素位于危险区域,这是由终成形阶段压力太低所引起的,所以在终成形阶段压力不宜过低。

图 5-12 所示的是压力值为 22.5MPa 时的成形极限图。从中可以看出单元沿 0°及 90°方向均为安全的,但沿 45°方向的单元不在安全区域内。表明较高的液

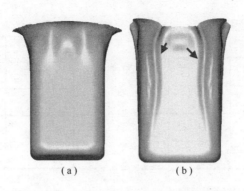

（a）   （b）

图 5 – 10　不同压力设定值下的成形零件

凹模液室压力：(a)14.5MPa；(b) 22.5MPa。

室压力可能导致板材沿 45°方向破裂。假如使用较低的压力,凸模圆角周围的板
材将可能会在成形的初始阶段破裂。

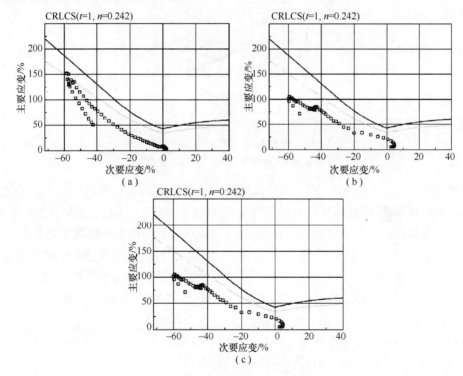

图 5 – 11　压力为 14.5MPa 时的成形极限图

测量沿着方向：(a) RD0；(b) RD45；(c) RD90。

图 5 – 13 为压力较高如 35MPa 时的成形过程,从中可以看出,当凸模下行至
1.4mm 时,圆角周围出现屈曲,如图 5 – 13(a)中所示。当凸模下行至 17.1mm 时,
屈曲变得更厉害,随着成形过程的进行,屈曲几乎消失,但它还是影响最终的尺寸

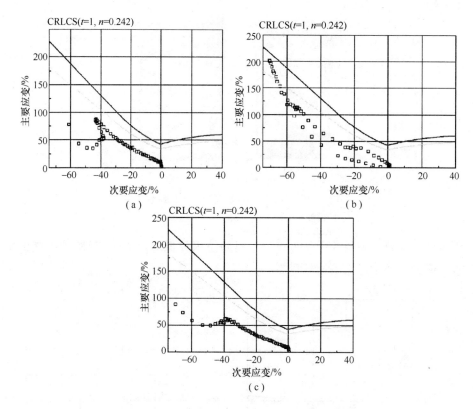

图 5 – 12　压力为 22.5MPa 时的成形极限图

测量沿着方向：（a）RD0；（b）RD45；（c）RD90。

精度。我们可以得出如 35MPa 这样太高的液室压力将引起盒形件圆角与直边之间的起皱和屈曲，因此最佳的成形压力应在 14.5～35MPa 之间。这表明凹模液室压力的变化将会显著地影响成形过程，且压力值应随着凸模的下降而变化。

图 5 – 14 所示的是使用变化的液室压力成形的盒形件，刚开始压力为 14.5MPa，接着压力上升至 22.5MPa。从中可以看出成形的盒形件更好且没有单元在危险区域内。而且能够看出在成形过程中，直边周围的板材有一个大的曲率半径，并在液室压力的作用下板材被紧紧地贴附在凸模上，这和传统的将凹模设计成方形杯体形状的冲压方法是不同的。板材在直边处允许使用大的曲率半径能降低剧烈的反复弯曲效应，并且减小拉伸力，增大拉伸比。

5.1.6　考虑轧制方向的坯料不同定位

坯料不同的定位方法将显著地影响成形过程和最终的成形结果。为了方便模拟，沿着 0°与 90°方向的 r 值相等，为 2.628。与上述不同的是，0°轧制方向将与沿着凸模圆角的方向对齐，如图 5 – 15（b）所示。从图 5 – 16 可以看出沿着 45°方向仍旧出现凸耳并且发生如图中指示的屈曲。图 5 – 17 表明单元沿着 45°方向的成

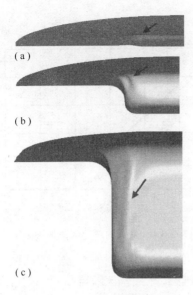

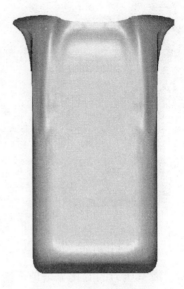

图 5 – 13　压力为 35MPa 时的
　　　　　成形过程

图 5 – 14　使用变化的液室
　　　　　压力成形杯形件

凸模行程:(a) 1.4 mm;(b) 17.1mm;(c) 45 mm。

形极限图的分布。与图 5 – 11(b)中所有的单元均在安全区域内不同的是,在这个
方向的盒形件顶端下面的单元成形过程中趋于破裂。

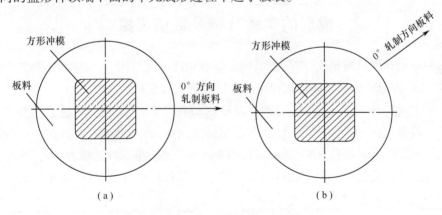

图 5 – 15　针对凸模圆角的坯料定位方法
(a)坯料第一种定位方法;(b) 坯料第二种定位方法。

　　以上主要研究了板材充液成形中利用圆形凹模提供局部约束来成形方盒形
件的成形工艺,并证明此工艺方法是可行的。利用低碳钢材料得到的方盒形件拉
伸比为 3.53,软铝合金材料拉伸比为 3.44。证明了在充液成形中,使用圆形凹模
来代替传统的设计(方形凹模来成形方形件)是可行的。这在充液成形工艺中是
一种创新设计,具有许多诸如改善拉伸比、工具定位简单、零件可以精确成形等优
势。因此它的知识库会逐渐丰富完善起来。

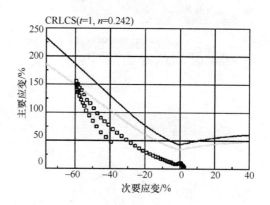

图 5 - 16　第二种定位
方法的成形件

图 5 - 17　沿着 45°方向单元的成形极限图

凹模液室压力的变化显著地影响着成形过程,并且应该随着凸模的行程施加变化的压力来除去该方法中的典型缺点,比如盒形件侧壁的起皱及破裂问题等。同时,考虑板材各向异性性质对成形过程的影响,坯料的定位也会大大影响成形过程。

5.2　多层板充液成形:基于中间铝箔
成形的实验分析及数值模拟

和功能梯度材料相比,多层板结构也具有功能梯度结构,可以实现多种复合的功能[22]。关于多层板材的传统冲压成形已经做了很多研究工作[23-25]。为了避免层与层之间的分离,在成形之前,需要将板材的各层之间连接起来,这就使整个成形过程较为复杂,如果拉伸力过大,在层与层之间就会出现空隙,特别是当中间层特别薄的情况下。而且,由于板材成形机制的复杂性,在不利的应力状态下,板材的层与层之间会脱落。由于充液成形均匀地对零件施加外力,可以减小中间薄层断裂和起皱的趋势[26,27]。

多层板结构主要用于抗腐蚀性的梯度功能材料和电学梯度功能材料的化工制品和物理制品,在这些产品中,都需要在中间加入一层很薄的中间层。除此之外,一些厚度很薄的零件可以通过这种多层板材成形的方式成形,一些很薄的金属层也可以通过这种方式附着在其他零件表面成形。

板材充液成形技术已经提出了很长一段时间,各方面的研究表明,板材充液成形可以成形很多难成形的金属材料,比如,铝合金、镁合金、钛合金、高温合金等,并且可以成形较为复杂的结构[28-30]。随着超高压和控制系统的发展,许多和充液成形相关的技术也得到迅猛的发展。充液成形的一个最大的优点就是可以从各个方向均匀地加载压力,这对于多层板的成形是非常有利的,可以确保多层板层与层之间紧密的贴合[31,32]。

图5-18为多层板材充液成形拉深的原理图。开始,坯料的法兰部分与模具接触,压边圈对其施加一个压力,当凸模开始下行,模具液室中的液体压力开始增加,当压力达到一个特定值,法兰部分开始离开模具,液压油从模具和法兰的缝隙中涌出来,与此同时,坯料在均匀压力的作用下被压入凹模,这可以很大程度地提升拉深比。压边圈和模具的间隙保持恒定,这种充液拉深对比传统的充液拉深有很多的优点,比如说施加均匀的压力、高的拉深比和凹模中液体压力稳定地变化,用这种方法在拉深铝合金筒形件的时候拉深比达到3.11,在拉深 Al - Mg - Si 合金盒形件时,拉深比达到2.46。

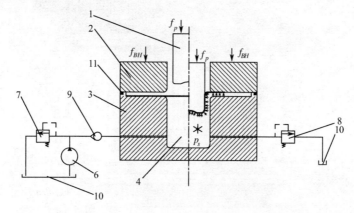

图5-18　三层板材充液拉深成形示意图

1—凸模;2—压边圈;3—凹模;4—液室;6—预胀泵;

7—溢流阀;8—比例溢流阀;9—单向阀;10—油箱;11—密封圈。

本章主要研究了三层板材的充液成形过程,在成形过程中,这三层材料都要发生相应的变形,中间的铝箔厚度为0.011mm,内层和外层的包覆材料分别为纯铝(APP211)和软钢(DC04)。

5.2.1　主要参数和数值模拟模型

如前所述,成形所用的材料内外包覆层分别为厚度1mm的软铝层(APP211)和0.75mm的软钢层(DC06),它们的性质见表5-2,从中可以看出两种材料都有很强的平面各向异性,中间层的铝箔伸长率为2%～3%,最终的抗拉强度为100MPa。所有的试验都在丹麦奥尔堡大学375t的双动压力机上进行,凸模的速度可以从10mm/s自由调整到30mm/s。预胀形压力可以达到30MPa,最大压力可以达到70MPa。

数值模拟是分析板材充液成形的有力工具,采用有限元软件 LS - DYNA3D[33]

来进行板材充液成形的数值模拟。根据实际模型,所有的模具利用刚性四节点单元来划分,坯料利用四节点的四边形网格来划分(Belytschko – Lin – Tsay 单元)[34],界面接触为间歇接触(intermittent contact),模具和板材的边界条件为滑动边界条件。板材和凸模之间的摩擦因数为 0.1,板材和压边圈之间的摩擦因数为 0.05,板材和凹模之间的摩擦因数为 0.05,板材和板材之间的摩擦因数为 0.08,凹模和压边圈被完全地限制住,凸模只能沿着凸模的中心线在 z 方向上移动,图 5 – 19 为数值模拟的网格划分情况。

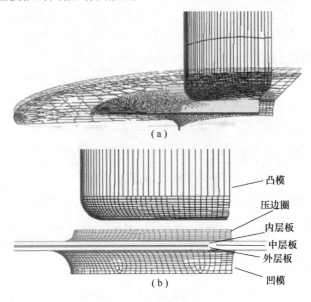

图 5 – 19　数值模拟模型
(a)全景图;(b)截面图。

板材坯料为圆形,直径为 150mm,板材的内层和外层材料的不同轧制方向会显著影响成形过程。因为中间层很薄,可以假设中间层的轧制方向不会影响成形过程,所以中间层在数值模拟中采用各向同性材料的幂定律模型,硬化系数为 160MPa,应变强化指数为 0.269。在传统的拉深过程的数值模拟中,应用 Barlat89 屈服准则可以得到较好的结果,在本次的数值模拟过程中应用非二次方指数的 Barlat89 屈服准则来分析内层和外层材料的平面各向异性。

5.2.2　筒形件成形

基于板材的充液成形技术,最大的板材坯料直径可以达到 165mm,本节中筒形件成形使用直径为 150mm 板材坯料来研究多层板充液成形的可行性。通过试验研究可以证明充液成形工艺可以很好地成形多层板的板材并且中间层的成形性能良好,没有断裂和起皱的现象。图 5 – 20 为内外层均为铝、中间层为铝薄膜的多层板材成形的筒形件,以及内外层为钢、中间层为铝薄膜成形的筒形件。可以看出,内层和外层材料的成形性能良好,零件具有良好的表面质量。其中,一个有趣的现象是内层和外层的铝层的轧制方向为0°~45°时会有八个凸耳出现,这和其他的轧制方向排布时不同,同样地,如果内外层为钢层,轧制方向为0°~45°,成形的杯形件的顶部边缘比其他的零件较为平整,通过研究可以得到这样的结论,虽然中间层的厚度非常薄,但是内层和外层材料仍然可以相互影响。

图 5 - 20　不同板层排布情况下的成形零件
(a)APP211 - 铝箔 - APP211,从左至右,RD0 - RD0,RD0 - RD45 和 RD0 - RD90;
(b)DC04 - 铝箔 - DC04,从左至右,RD0 - RD0 和 RD0 - RD45。

　　图 5 - 21 为杯形件从中心线切开的截面图,可以看出当内层和外层材料为钢时,中间层的材料成形良好。当内外层材料均为铝时,中间层的材料变形不易观察到,因为在成形后,分离内层和外层的板材时,中间层的铝薄膜已经被破坏,但是仍然可以看出中间层材料变形良好。同时,因为液体对外层施加压力而导致中间层紧紧地连接在内层和外层上,这也是为什么在分离内层和外层板材时,中间层容易破坏的原因。而且,由于中间层与其他两层材料紧密接触,而使三层材料紧密地连接在一起。如上所述,多层板材可以利用充液成形工艺得到很好的成形零件,并且由于压力均匀,可以很好地防止断裂和起皱。

5.2.3　厚度分布

　　从表 5 - 2 可以看出,作为内层和外层的铝和钢材料具有很强的各向异性,不同的轧制方向排布都会影响充液成形过程并显著影响最终的结果,图 5 - 22 为内层和外层材料为铝时,不同的轧制方向所引起的厚度分布的变化。

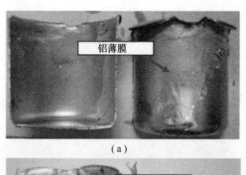

（a）

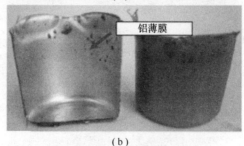

（b）

图5-21　成形零件的界面图
（a）APP211-铝箔-APP211；（b）钢-铝箔-钢。

从图5-22中可以看出,无论哪种轧制的方向排布,成形件上部外层材料在45°轧制方向上的壁厚会显著增加。外层材料在90°和0°轧制方向上的厚度分布相类似。RD0°-RD0°和RD0°-RD90°轧制方向上,在测量高度40mm以下时,90°的轧制方向上的厚度分布位于其他两个轧制方向之间。在RD0°-RD45°的轧制方向上,厚度的分布有两个极点,点A和点B。无论在RD0°-RD0°和RD0°-RD90°两个轧制方向上使用什么方法,其中在45°轧制方向上的厚度分布随着零件高度的增加而增加。从表5-2中可以看出,APP211在45°轧制方向上的r值比其他轧制方向上要小,这表明板材的厚度在单向拉伸或者单向压缩容易增加或减小。由于中间层非常薄,这对于最终的产品成形基本没有影响。和其他两个轧制方向相比,在0°～45°的轧制方向上,外层板材在厚度分布上非常接近,这就意味着在相同的测量高度,不同点厚度的分布非常接近并且比较均匀。

通过图5-22也可以看出,在RD0°-RD45°轧制方向上,在零件相同的测量高度上,壁厚分布非常均匀。在RD0°-RD0°轧制方向上,位于杯形件高度25mm处,在其中90°的轧制方向上,壁厚减小得最快。在某些情况下,即使用很小的压力,在这个位置都会出现颈缩甚至是断裂的现象,但是对于内层板材却没有任何影响。在成形DC04-铝箔-DC04多层板材时,由于钢层和铝箔的性质不同并且铝箔比较软,所以导致二者之间的摩擦因数比较小,中间层的金属的强度明显低于内层和外层,所以摩擦力可以导致中间层的铝箔破裂。外层金属由于摩擦保持效应降低,也会引起破裂,内层金属由于压力始终保持与凸模紧密接触,所以可以达到很大的拉深比。

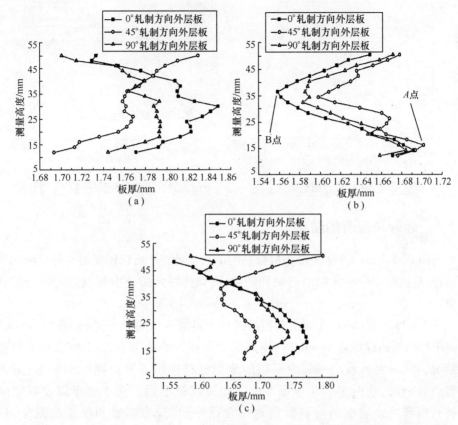

图 5 – 22　APP211 – 铝箔 – APP211 板层布局情况下的成形零件的厚度分布
(a)外层 RD0 与外层 RD0; (b)外层 RD0 与外层 RD45; (c)外层 RD0 与外层 RD90。

　　总体来说,和铝 – 铝箔 – 铝多层板的充液拉深相比,钢 – 铝箔 – 钢的多层板的充液拉深所得到的零件的壁厚分布彼此之间较为接近。充液成形的过程对于液体压力也不敏感,这对于钢 – 铝箔 – 钢多层板材的成形的工艺设计是非常有利的。

5.2.4　讨论分析

　　在实验中,很难直接观察到板材的成形过程,但是,数值模拟手段可以很好地解决这一问题。在数值模拟过程中,不仅是成形的过程,成形极限图都可以很容易地显示出来。成形过程中所存在的风险也可以分析,这就大大减少了试验的数量。在数值模拟中,板材的直径为 150mm,内外层的轧制方向分别为 0°、90°。

　　图 5 – 23 显示了在凹模型腔中压力的加载曲线。图 5 – 24 为在 LD0 加载曲线下,在数值模拟和试验中凸模压力的大小,可以看出,这两条曲线是比较吻合的。

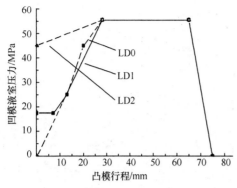

图 5-23 液室压力加载曲线

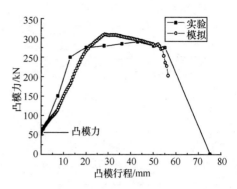

图 5-24 实验与数值模拟凸模力比较

5.2.5 起皱和破裂的防止

利用充液成形的方法成形多层板材的最大优势在于可以保证层与层之间的紧密贴合,从而防止中间薄层的起皱和破裂,可以更好地防止中间层的局部起皱和破裂。

图 5-25(a)、(b)是在数值模拟的过程中多层板材的成形情况,图 5-25(c)表明了当凸模的行程为 56mm 时,中间层金属在没有起皱和破裂的情况下的成形情况。从中可以看出尽管中间层的金属材料使用了各向同性的模型,但仍然有凸耳出现,从图 5-20 和图 5-21 也可以观察到。从中也可以发现中间层的材料和内外层金属材料紧密地贴合在一起,没有起皱和破裂的现象,从图 5-26 可以看出三层板材紧密地贴合在一起,同时也可以看出三层板材之间的贴合力。

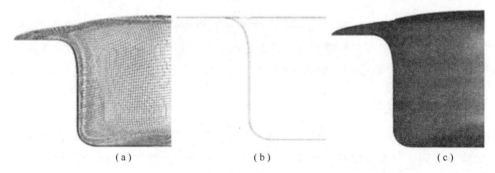

(a)   (b)   (c)

图 5-25 多层板成形有限元模型
(a)网格划分;(b)边界;(c)中间层成形零件。

从图 5-26 中可以看出中间层板材和内层金属之间的贴合力与中间层与外层之间的贴合力基本相等,这主要是因为中间层的铝箔很薄,由于外层金属的压力而紧紧地贴在内层。还可以看出由于内层金属材料的抗力,使得内层金属材料和凸模的贴合力小于内外层板材之间的贴合力。

从图 5 - 26 中的曲线 A 和 B 可以看出,对于施加在外层板材上的压力远远大于外层板材和中间层金属的贴合力,因此凹模型腔中的压力应该足够高来保证层与层之间的紧密结合,这也是能够保证中间层板材能够不起皱或者不断裂的先决条件。

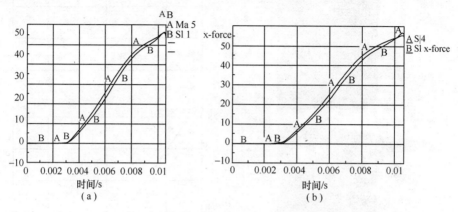

图 5 - 26　板层间 x 方向接触力

(a) A—内侧与外层,B—内侧与凸模;(b) A—外层与中间层,B—内层与凸模。

5.2.6　成形极限的提高

由于中间层的板材比较薄,受其他层的影响比较严重。图 5 - 27 表明,尽管中间层的金属材料定义成各向同性,但是由于受内层和外层的板材影响,在盒形件的相同高度上,特别是在零件的顶部,厚度的分布仍然不均匀。

内外层板材的壁厚变化趋势基本一样,在 0°轧制方向上壁厚的减薄量要比 90°方向上的大。但是,对于外层板材在相同位置上的壁厚的减薄率要比内层板材上大得多。这可以证明,尽管中间层紧紧贴在内外层材料之间,但并没有连接在上面,外层板材在滑动的同时,中间层在内层和外层之间扮演了润滑的角色,这也导致了外层板材的拉深比不可能和内层金属的拉深比一样高。

和传统的充液成形相比,在本次研究中的充液成形的拉深比并不算太高,仅仅达到 2.45,但是这仍然超过了传统充液成形的拉深比。图 5 - 28 为中间层在三个方向上的成形极限图,并以此来分析成形过程,提高拉深比。从中可以看出,外层板材的变形非常接近颈缩曲线,但是并没有超过,还处于稳态。中间层金属特别是位于凸模圆角处的材料,相比于其他两层就危险得多,这是因为在成形的开始阶段,压力特别是在凹模型腔中预成形压力并不大,使层与层之间紧密贴合。可以发现,如果在模拟的过程中,凹模型腔的压力足够高,中间层在凸模附近的网格单元将会处于稳态。

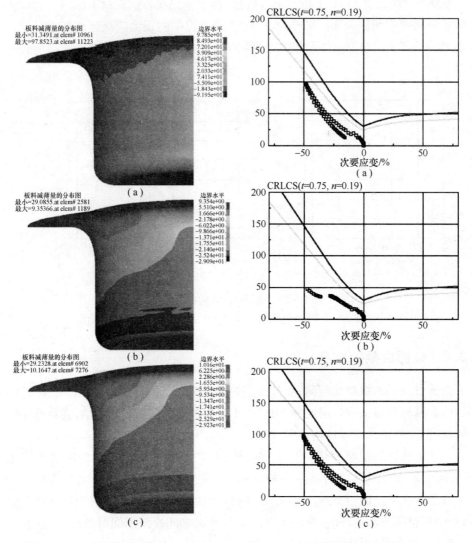

图 5-27　板材厚度分布（RD0-RD90）　　图 5-28　内层铝箔成形极限（RD0-RD0）
　　（a）中间层；（b）内层；（c）外层。　　　　　　　（a）RD0；（b）RD45；（c）RD90。

在模拟过程中，当层与层之间的摩擦因数定义为0.01时，外层金属的断裂将会发生在初期，紧接着，中间层金属也会随之发生断裂。通过图5-27可以看出，外层与内层的应力分布大致一样，这种情况下，中间层的金属就像是一层润滑剂，对于外层金属没有摩擦保持效果。可以预测，如果层与层之间的贴合面非常粗糙，将会获得很大的拉深比。图5-29和图5-30为外层和内层的沿不同轧制方向（RD0，RD45，RD90）的成形极限图。

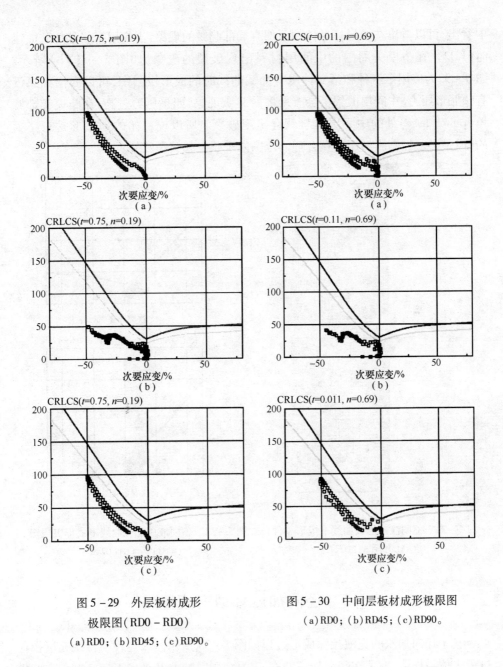

图 5-29　外层板材成形
极限图(RD0-RD0)

(a)RD0；(b)RD45；(c)RD90。

图 5-30　中间层板材成形极限图

(a)RD0；(b)RD45；(c)RD90。

5.2.7　凹模型腔压力变化的影响

在其他工艺参数不变的条件下,液室压力的大小和加载路径直接影响到零件成形质量。本章研究设定其加载路径是液体压力随着凸模行程的增大而从零逐渐线性增加到一定的数值,然后维持该数值恒定不变,直到成形结束。

当应用第一种压力加载曲线(LD1)时,中间层的变形情况可以从图 5-31(a)

135

中看出,可以看出在成形杯形件的顶部有局部起皱的现象,当应用第二种加载曲线时(LD2),在凸模头周围的中间层材料出现破裂的现象,如图 5 – 31(b)所示。图 5 – 32 为应用第一种和第二种压力加载曲线时的成形极限图,可以看出如果没有预胀形压力,中间层的铝箔会有局部的起皱现象,如果压力过高,在凸模头部圆角(punch nose)处的中间层材料就会出现破裂。所以说初始的预胀形是有必要的,但是必须控制胀形压力在合理的范围内来减少起皱和破裂。

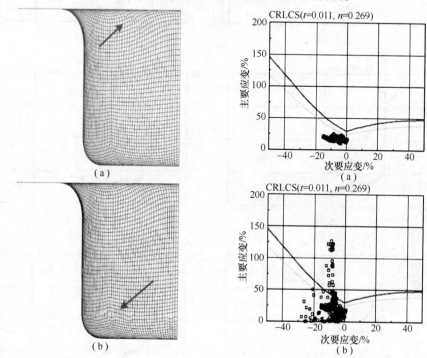

图 5 – 31 不同液压加载曲线下成形零件　　图 5 – 32 不同液压加载曲线下成形极限图
　　　　　(a)LD1;(b)LD2。　　　　　　　　　　　(a) LD1;(b)LD2。

5.3　径向加压辅助充液拉深

　　基于径向加压的充液拉深成形过程如图 5 – 33 所示。该过程与传统充液拉深过程大体一样[35-37]。在径向加压的充液拉深过程中,当凸模向下运行进入到凹模中时,板材会被推向充满油液或者其他液体的凹模空腔内。这样,凹模空腔内的液体施压于板材上面,从而使板材贴紧凸模。与此同时,液体也会从板材和凹模之间的空隙中流出。另一方面,由于液体流过的缝隙 g 非常小,在板材的外部边缘会始终存在有液体压力作用于板材法兰边缘,这有别于传统的充液成形方法。相比于传统的充液拉深过程,该径向液压不仅能够降低拉深力而且可以增加拉深比。并且,通过该工艺还具有其他的一些优点,能够获得很好的零件表面,更高的尺寸精度和更复杂的零件形状。相比于其他的板材充液成形工艺,在该成形过程中所需要的设备更加简单,不需要额外的高密封性装置[38,39]。另外,区别于传统的凹-凸模拉深工艺,这种工艺过程去除了凹模,取而代之的是持续存在的液压作用力。

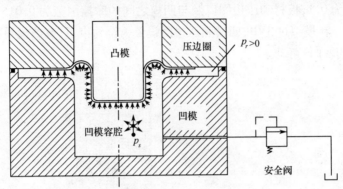

图 5 – 33　径向加压的充液拉深工艺

目前,汽车的轻量化趋势促使高强铝合金的需求持续增加。尤其是 Al – Mg – Si 系列铝合金被大量应用于汽车和航空工业[40-44]。本章主要介绍了径向加压充液拉深的数值模拟与试验对比结果。由于成形过程中的动态润滑作用存在,想要对成形过程参数进行优化会非常困难。目前,随着科技的发展极大地促进了过程模拟的手段发展[45-47]。

5.3.1　材料及有限元模型

在该模拟过程中,适用型号为 Al6016 – T4 的一种 Al – Mg – Si 铝合金板材,厚度为 1.15mm。表 5 – 3 所列为其主要性能参数(通过单向拉伸试验获得)。这种材料沿 45°方向的 r 值非常小。

表 5 – 3　AL6016 – T4 的性能规格

参数	轧制方向		
	0°	45°	90°
屈服应力 σ_s/MPa	125	123	118
抗拉强度 σ_b/MPa	227	224	217
均匀延伸率 δ_U/%	21.5	24.3	22
总延伸率 δ_T/%	27.2	27.2	26.6
弹性模量/MPa	70420	69406	74115
应变强化指数/n	0.236	0.25	0.241
硬化系数 k/MPa	405	407	390
厚向异性指数 r	0.935	0.388	0.64

数值模拟采用显式的有限元软件 LS – DYNA[33]。根据物理模型,图 5 – 34 所示为网格模型。表 5 – 4 列出了模具尺寸。所有模具模型为四节点刚性单元。板材采用四边形 Belytschko – Lin – Tsay 网格单元。惩罚接触面能够用来实现板材和模具之间的间歇接触和滑坡边界。根据有限元模拟经验,当设定板材和凸模之间的摩擦因数为 0.1,板材和压边圈以及与凹模之间的摩擦因数为 0.015 时,能够得到最优结果。在模拟过程中,凹模和压边圈设置为全约束,只有凸模设置为沿 z 方向(即凸模的轴向)可动。

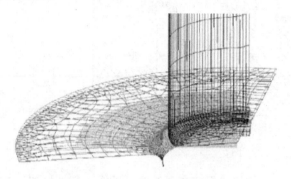

图 5 – 34　有限元网格类型

凹模和压边圈的间隙为固定值。为限制惯性效应,凸模的移动速度按照正弦函数曲线设置。考虑到预胀形要求,凹模中液体的压力曲线设置为双线性曲线。

表 5 – 4　模具尺寸

主要参数	值	主要参数	值
凸模直径 d_p/mm	69.0	凹模半径 r_d/mm	7.0
冲模头半径 r_p/mm	6.0	压边圈入口半径 r_{HB}/mm	6.0
凹模内腔直径 d_d/mm	73.0		

由于在传统的拉深工艺模拟过程中对铝合金采用 Barlat89 屈服准则能够获得很好的模拟结果,所以在该模拟过程中也采用非二次屈服指数的 Barlat89 模型来计算平面内和横截面的各向异性。材料模型采用 LS – DYNA3D 中的 36 号单元模型。在丹麦奥尔堡大学 375t 液压机上面进行基于模拟结果的验证试验。凸模的标准速度为 10 ~ 30mm/s。为降低计算时间,在模拟过程中采用的凸模运行速度为 300mm/s。成形的压力介质采用 30 号液压油。

考虑到板材边缘处的油压作用,可以根据式(5 – 1)计算。在式(5 – 1)中,P_r 是板材外缘的油液压力,η 是液体的动力黏性,Q 为流动速率,g 为缝隙高度,R_r 为缝隙外缘半径,a_r 为缝隙外缘半径。在模拟和实验过程中均采用单线性压力加载方式。在预胀形过程中,液体的流动速率为 101L/min。试验中,图 5 – 33 中的 h 值为 1.13mm,a_r 为 107mm,R_r 为 165mm。

$$P_r = \frac{6\eta Q}{\pi g^3} \ln\left(\frac{R_r}{a}\right) \qquad (5-1)$$

5.3.2 压力边界

在径向加压的充液拉深成形过程中,最重要的一个参数就是凹模腔内液压变量。尽管板材下面液压按照线性变化(图5-35(a)),但为简化边界条件,加载于板材低处表面统一压力如图5-35(b)所示。根据图5-35,加载到板材边缘的液压会向前推进板材,这对增加板材的拉深比非常重要。但是在 LS-DYNA[33] 中,垂直于板材单元的压力矢量无法对单元体进行作用。在本章中,板材与压边圈以及板材与凹模之间的摩擦因数设置为非常小,用以平衡径向压力产生的影响,这也被证明是合理的。

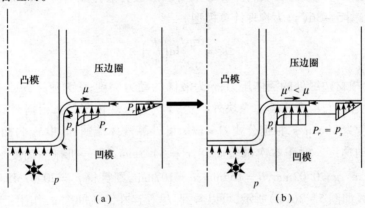

图5-35 压力边界

根据文献[48],在径向加压充液拉深过程中,任何时刻的盒形件拉深应力能够按照下面所示的公式表达:

$$\sigma_z = \frac{F}{\pi d_p t} = \sigma_{rmax} + \sigma_f + \sigma_W - P_R$$

$$= 1.1\sigma_m \ln\beta + \int_{r_p}^{R}\left[\frac{\mu P_r}{8}(\beta^2 - 1)\left(\frac{1}{\beta} + 1\right)\frac{d_p}{t}\right]dr + \sigma_s\left(\frac{t}{2R}\right) - P_R$$

$$(5-2)$$

式中:σ_z 为沿着拉深方向盒形件直壁入口圆角的拉深应力;F 为拉深力;d_p 为凸模直径;t 为板材初始厚度;σ_{rmax} 为径向压力;σ_f 为摩擦压力;β 为拉深比;σ_W 为因弯曲造成的应力;σ_m 为材料法兰处的平均屈服应力;μ 为摩擦因数;P_r 为加载于板材低处表面的压力;r_p 为凸模半径;R 为法兰在成形过程中的不变半径;σ_s 为具有硬化性能的材料屈服应力;P_R 为法兰边缘的液体压力。

可以假设,当液体从凹模入口处流入板材边缘时,液体压力的沿径向的分布几乎呈线性,如式(5-1)。忽略 P_R 的作用,并且假设板材法兰下面液体压力跟凹模内腔中液体压力 p_s 一致,这样,式(5-2)能够进一步被推导为

$$\sigma_z = 1.1\sigma_m \ln\beta + \frac{\mu p_s}{16}\left[(\beta^2-1)\left(\frac{1}{\beta}+1\right)\frac{d_p}{t}\right] + \sigma_s\left(\frac{t}{2R}\right) \qquad (5-3)$$

式中:p_s 为模腔里的液体压力。从式(5-2)中可以得出,这与摩擦因数 μ 有很大关系。并且发现,P_R 可以通过调整摩擦因数 μ 来进行补偿。当然,为简化板材上的加载液压方法,可以在 3D 模拟中采用统一液压 p_s 加载到所有单元上,并且使用壳单元类型。

5.3.3 压边间隙

在压边圈与凹模边缘块间隙 g 影响下圆形板材液体压力分布计算公式[49]如式(5-4),图 5-36(a)为物理计算模型。

$$p_r = \frac{6\eta Q}{\pi g^3}\ln\left(\frac{R}{a}\right) \qquad (5-4)$$

式中:p_r 为板材边缘处的液体压力;η 为液体的动力黏度;Q 为流速;g 为压边圈与凹模边缘块间隙;R 为凹模边缘块外半径;a 为边缘块内半径。根据时间条件,凸模运动速度为 30mm/s,根据公式 $Q = \pi r_p^2 s$ 可计算液体流速,其中 r_p 为凸模半径,s 为凸模运动速度。对于本次试验而言,$r_p = 34.5\text{mm}$,30 号机械油黏度 $\eta = 1.8 \times 10^{-3}\text{N} \cdot \text{s/m}^2$,$g = 0.02\text{mm}$,$R = 165\text{mm}$,$a = 107\text{mm}$,则算得 $p_r = 20.87\text{MPa}$。p_r 与 g 的关系曲线如图 5-36(b)所示,可以看到,尽管存在溢流间隙 g,作用于板材边缘的液体压力仍然达到较大数值。从图 5-36 可以看出,当拉深比达到最大值时,理想的压边圈与凹模的间隙 G 为 1.01 倍的料厚,间隙 g 为 0.0255mm,径向压力约为 10.07MPa。

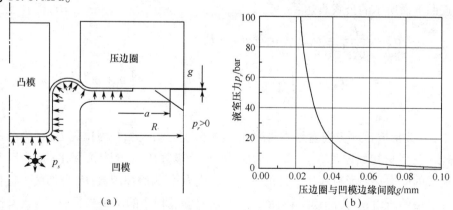

图 5-36 不同间隙 g 作用下液体压力 p_r 计算结果

(a)计算模型;(b)p_r 与 g 的关系曲线。

图 5 – 37 展示了成形出的筒形零件,对于铝合金 Al6016 – T4 而言,采用径向辅助压力充液拉深技术得到的最大拉深比可达 2.46。

图 5 – 37　成形筒形零件（拉深比:2.0 ~ 2.46）

5.3.4　凸模力

凸模力作为实验过程中的关键参数,可以通过对比模拟结果和实验结果,用来验证模拟结果,以及优化选取影响最显著的参数(如摩擦因数等)。由于在成形过程中许多参数对成形结果会产生影响,所以想要完全符合每个参数的最优选取几乎是不可能的,这更加说明了最大凸模力在研究过程中的重要性。

在实验过程中,诸如传感器精度、摩擦因数、凸模速度、材料性能以及成形介质等都会对成形结果产生影响。并且,所采用的材料性能、物理模型的简化以及接触设置都会影响模拟结果。最大凸模力(Maximum Punch Force,MPF)可以认为是一种涉及优化的因素和目标值。如果模拟中的 MPF 变化和试验的吻合度很好时,模拟中的参数可以认为是最优的。

图 5 – 38 所示为板材和模具之间不同摩擦参数情况下,以 MPF 为对比值,实验和模拟的结果对比。板材的初始直径为 ϕ160 mm。在实验过程中,没有增加特殊的摩擦力,但是在板材的双面都事先涂抹介质油。当间隙值 g 为 0.03 倍的初始板材厚度时,根据式(5 – 1),可以计算出施加在板材边缘油压为 10MPa,这可以通过降低板材和模具之间的摩擦力来实现。实践证明,当板材与凸模之间的摩擦因数为 0.1,与其他部件之间的摩擦因数为 0.015 时,模拟过程中的 MPF 与实验吻合度很好。另外,当板材与压边圈之间的摩擦因数以及板材与凹模之间的摩擦因数都为 0.01 时,尽管凸模力变量在成形开始阶段与其他曲线一样,但是成形后期,模拟中的 MPF 就会明显比试验结果低。还有,当板材与压边圈,板材与凹模之间的摩擦因数为 0.02 时,MPF 会增高。当然,因为凸模力的快速降低(图 5 – 38(d)),如果板材和压边圈,板材和凹模之间的摩擦因数为 0.03 时,板材在成形的中间阶段会出现破裂。

图 5 – 38(b)和(c)所示为当模拟控制参数采用为图 5 – 38(a)所示时,模拟结果与试验的对比,可以看出,当优化的参数在一个实例中应用成功后可以应用到其他实例当中。可以看到,尽管在径向加压充液拉深成形过程中会存在液压在板材法兰边缘顶着板材,但是在模拟中,径向压力所造成的影响可以通过调整板材与模具之间的摩擦因数来平衡。

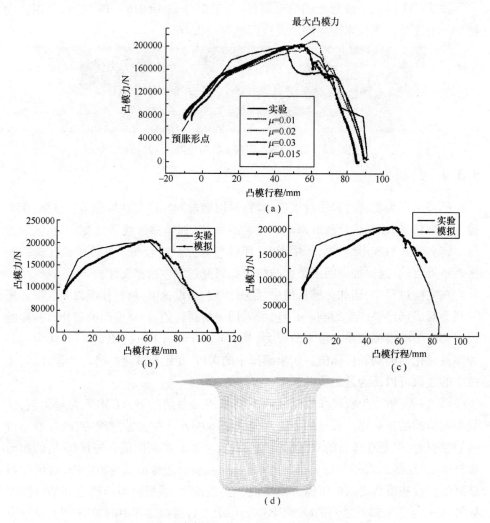

图 5-38　不同摩擦因数条件下凸模力和模拟中破裂情况对比

(a)初始板材直径:ϕ160mm;(b)初始板材直径:ϕ165mm;(c)初始板材直径:
ϕ160mm,加载曲线不同于(a)、(b);(d)凸模力降低模拟图。

5.3.5　预胀形

预胀形在板材充液成形技术中发挥着重要的作用,在某些文章中,预胀形也被称为主动式。影响预胀形效应的工艺参数主要有凹模圆角半径、压边圈内边缘圆角半径、坯料厚度和材料性能。在径向辅助压力充液成形技术中,预胀形过程主要有两个功能:建立初始压力以避免成形初期坯料在凹模圆角部分的破裂以及建立坯料法兰处润滑效果。对于铝合金板材成形而言,当凹模与压边圈间隙 G 小于坯料厚度时,预胀形所产生的法兰润滑效果意义更加显著。另外,压边圈与凹模边缘

块间隙 g 越小,产生径向辅助压力也越大。

因为液体具有较大的弹性模量,因此在液体介质影响下,建立匹配而稳健的工艺过程比较困难。例如,在径向辅助压力充液深拉深技术中,液室压力与预设压力之间会有一定的滞后现象,这一点对于建立有效初始压力极为不利,容易引起初始阶段的破裂现象。采用预胀形工艺则可有效建立初始凹模液室压力。图 5 - 39 显示了采用/未采用预胀形方法的液室压力变化曲线,可以看出,使用了预胀形方法之后,凹模液室压力可以更早地达到预设压力。

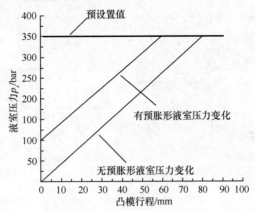

图 5 - 39   采用/未采用预胀形液室压力变化曲线

预胀形工艺具有两个重要的工艺参数:预胀形高度 H_{pre} 与预胀形压力 P_{pre},且其量值均可调节。试验结果证明,预胀形对初始阶段的成形影响较大,而中期破裂类型 M - 3 以及最后破裂类型 F - 1、F - 2 与预胀形无关。图 5 - 40 显示了预胀形高度比((H_{pre}/t) 理想成形区。如果将 M - 3、F - 1 及 F - 2 破裂模式点从图中去除,则图中拉深成功点与失败点之间界限明显,图中 D 为原始板材直径,H_{pre} 为预胀形高度,t 为板材厚度。结果证明,随着拉深比的增大,理想成形区中预胀形高度可变范围缩小。

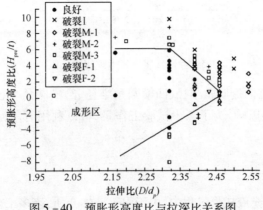

图 5 - 40   预胀形高度比与拉深比关系图

143

根据不同的预胀形高度特点,预胀形法可以分为两种类型:负预胀形法(Minus Pre – bulging, MPB)与正预胀形法(Plus Pre – bulging, PPB),如图 5 – 41 所示。当使用正预胀形法时,凹模圆角处的板材会产生弯曲复直效应,这对延展性较差的金属材料成形不利,另外,可以看出预胀形高度此时并没有超过压边圈内侧圆角半径。图 5 – 42 显示了预胀形压力对拉深比的影响,在理想成形区,预胀形压力在 20MPa 左右,约为材料强度极限 σ_b 的十分之一。

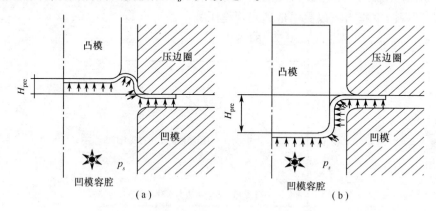

图 5 – 41　预胀形法两种类型

(a)负预胀形法;(b)正预胀形法。

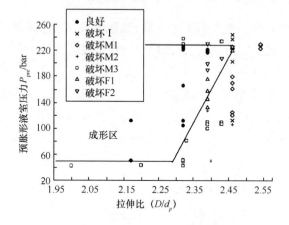

图 5 – 42　预胀形压力理想成形区

事实上,压边圈内侧圆角半径、凹模圆角半径、凸模圆角半径等工艺参数均会对预胀形产生重要影响,为了减少试验工作量,可以利用有限元技术(FEM)确定这类工艺参数。

5.3.6　工艺窗口

径向辅助压力充液成形过程中,由于引入液体介质,诸多工艺参数均会影响成形过程。其中,两个最主要的参数为凹模液室压力以及压边圈与凹模间隙 G。在本次试验过程中上述参数可调。并且,试验发现两种破裂类型($F-1$、$F-2$)主要源于压边圈和凹模间不均匀间隙、润滑剂的错误使用以及坯料中心定位不准。上述问题可加以注意而容易避免,因此,在工艺窗口制定试验中若未出现这两种破裂类型则认为拉深成功。

图 $5-43($ a$)$ 显示了压边圈与凹模间隙 G 的理想成形区。可以发现,在前述条件下压边圈与凹模间隙 G 的理想成形区为 $0.98 \sim 1.035$ 倍的坯料厚度。如果间隙 G 过大,凹模液室无法提供足够压力并且法兰区也易出现的严重起皱,此时会出现初始破裂以及 $M-1$、$M-2$ 类型的中期破裂。值得注意的是,凹模与压边圈间隙 G 可以小于原始的坯料厚度,这是由于液压机提供的 200t 夹紧力不足所致。成形区主要包括拉深成功点以及 $F-1$、$F-2$ 类型的破裂点。图 $5-43($ b$)$ 显示了不考虑 $F-1$、$F-2$ 类型的破裂的成形区,可以发现在成形区与初始破裂点及 $M-1 \sim$

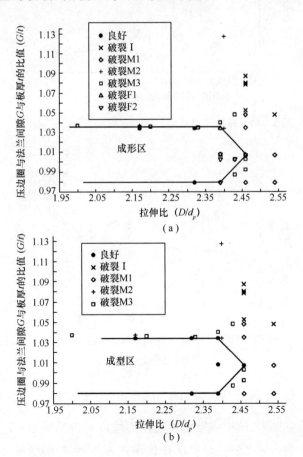

图 5-43　压边圈与凹模间隙的理想成形区

(a)考虑所有的破裂类型;(b)不考虑 $F-1$、$F-2$ 类型的破裂。

M－3类型的破裂点之间存在明显边界,并且随着拉深比的增大,成形区变窄。此处,$G = h + g$。图5－44显示了在拉深比为2.39时压边圈与凹模间隙G与最大凹模液室压力的对比图,可以看到,随着间隙G的减小,凹模液室所能提供的最大油压力也随之上升。图5－45显示了最大液室压力与拉深比关系图,从图中可发现,对于成功拉深过程而言,随着拉深比的增大,凹模液室中可调压力变化范围缩小。可以预见,当成形大拉深比零件时,废品率也会相应提高。

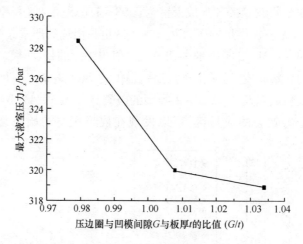

图5－44　压边间隙G与凹模液室最大压力的关系曲线

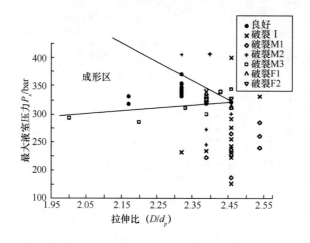

图5－45　最大液室压力与拉深比关系图

除了最大液室压力,凹模液室压力变化曲线也对包括极限拉深比在内的成形性有着重要的影响。图5－46显示了在拉深比为2.46时凹模液室压力随凸模位移变化曲线,可以看到,成形区(以条带表示)较窄,成形区中包含F－1、F－2类型的最终破裂,这些破裂均可以通过改良润滑条件而避免。

146

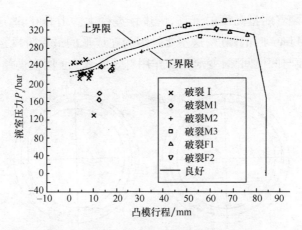

图 5 - 46　液室压力 - 凸模行程对应成形区

5.3.7　精度分析

　　类似于传统充液深拉深技术,径向辅助压力充液拉深所获零件具有良好的表面质量及尺寸精度。德国研究人员[50]比较了在拉深比为 2.1 条件下充液深拉深与传统深拉深零件性能,发现充液深拉深技术能极大提高零件的尺寸精度。

　　图 5 - 47 和图 5 - 48 显示了成形零件圆度值,其中 M_h 为距零件筒底的测量高

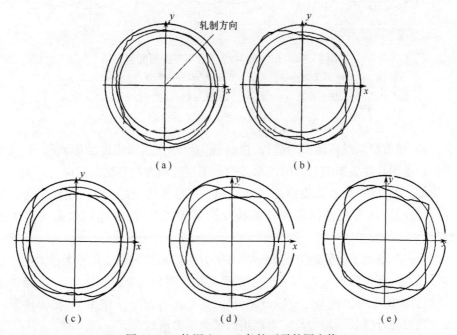

图 5 - 47　拉深比 2.32 条件下零件圆度值

(a) M_h = 15mm 圆度误差小于 74μm;　(b) M_h = 25mm 圆度误差小于 133.1μm;

(c) M_h = 35mm 圆度误差小于 198.1μm;　(d) M_h = 45mm 圆度误差小于 277.5μm;

(e) M_h = 55mm 圆度误差小于 267.9μm。

度。结果发现,随着测量高度的升高,圆度误差变大。但是在 $M_h = 55\text{mm}$ 时的圆度却大于 $M_h = 45\text{mm}$ 时的圆度,这主要是因为在成形的最后阶段,45°轧制方向的壁厚超过了凸模与凹模间隙,变薄拉深作用有效地减少了圆度误差。

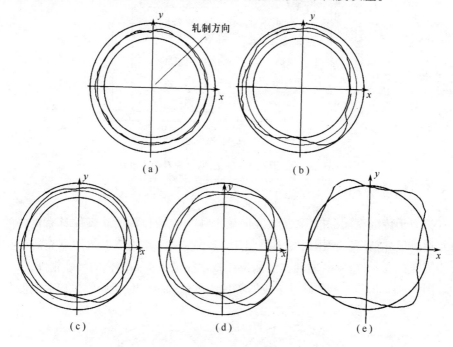

图 5-48 拉深比 2.39 条件下零件圆度值

（a） $M_h = 15\text{mm}$ 圆度误差小于 30μm；（b） $M_h = 25\text{mm}$ 圆度误差小于 93.8μm；

（c） $M_h = 35\text{mm}$ 圆度误差小于 176μm；（d） $M_h = 45\text{mm}$ 圆度误差小于 268.4μm；

（e） $M_h = 55\text{mm}$ 圆度误差小于 264μm。

另外,随着拉深过程的不断进行,板材各向异性作用对圆度的影响凸显,这是由于板材各向异性会影响材料的流动并引起不同轧制方向不均匀拉应力。同时当拉深比增大时,同一高度测得圆度更加精确。根据参考文献[50],相比于传统深拉深,径向辅助压力充液深拉深技术拉深比更大,同时尺寸精度也获得很大的提高。

图 5-49 显示了沿轧制方向 0°、45°、90°方向筒形件内半径与外半径沿高度分布,可以发现,在拉深比为 2.32 条件下的尺寸精度明显大于拉深比为 2.39 条件下的尺寸精度,沿轧制方向 0°、90°尤其明显。这是在各向异性作用下,筒形件同一高度上内壁与外壁处不均匀拉应力产生的残余应力所致。

图 5-50 显示了沿筒形件高度上的厚度分布。传统深拉深中,只允许 8.0% 的厚度减薄率,但是径向辅助压力充液深拉深中可以并且允许达到的减薄率显著提高。从图 5-50 可以看到,筒形件最大厚度处超出原始料厚25%,A 点显示了板

148

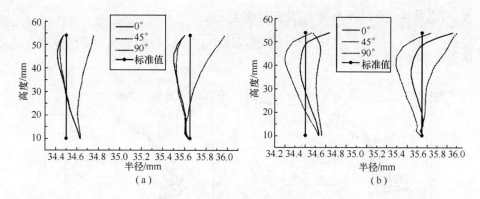

图 5 – 49　沿筒形件内壁/外壁尺寸

(a)拉深比 2.39；(b)拉深比 2.32。

材从拉延成形到拉深成形应力状态变化。在 B 点所示高度之下，45°轧制方向的壁厚比其他方向壁厚值小，但是在 B 点所示高度上，由于材料的各向异性，壁厚值出现了相反的结果。

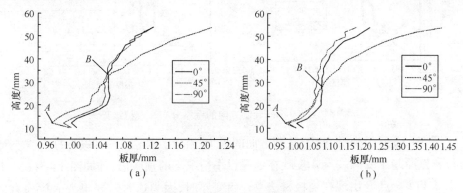

图 5 – 50　筒形件高度上壁厚分布

(a)拉深比 2.39；(b)拉深比 2.32。

5.3.8　壁厚分布

与各向同性材料不同，Al6016T4 有强烈的平面内各向异性特性，这会影响材料流动和极限拉深比的数值模拟预测以及当沿着不同轧制方向拉深时的壁厚分布。并且，在不同的轧制方向上壁厚分布会表现出差异。从图 5 – 51(a)中可以看出，实验与模拟结果吻合度很好。有两个位置壁厚很薄。一个是凸模圆角位置 A，这与传统的拉深成形一致，另一个出现在凸模力最大的时候为 B 点。这两个点会进一步造成板材破裂，因此非常重要。由于测量仪器的局限性，B 位置很难被测量到，但可以在模拟过程中发现，这对于获得最优化参数非常重要。这也进一步证明了模拟能够很好地预测实验结果。图 5 – 51(b)所示为沿着 45°轧制方向的壁厚分布,可以看到变化区间非常大,从而说明 Landford 参数在 45°方向上的作用要比其他方向上小。此时,板材在双向拉伸应力作用下将会变薄,而在单方向拉应力以及压应力作用下将会变厚。

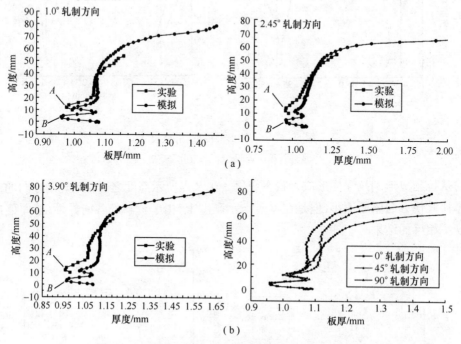

图 5 - 51　沿着不同轧制方向的壁厚分布和模拟结果

图 5 - 52 所示为沿着 90°轧制方向的最大拉应力分布图。可以发现有三个关键位置壁厚趋于变薄。点 A 反映在壁厚很小情况下的预胀形,如同图 5 - 51(a)中的点 A 和 B。点 B 出现在当板材法兰开始变厚时,因为这时需要更大的拉深力来

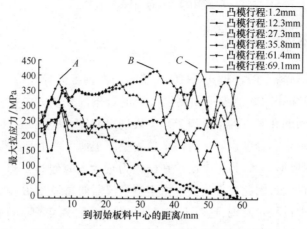

图 5 - 52　沿 90°轧制方向的最大拉应力分布

克服摩擦力以拉深板材到模腔中去。点 C 出现在将左凸耳推到模腔中去的成形最后阶段,此时平面内各向异性会对最大拉应力产生很大影响。

5.3.9 成形极限预测

目前,在板材成形过程中会广泛地用到成形极限图(FLD),因为数值模拟不能直接预测板材成形破裂,这显得尤为重要。另一方面,FLD 能够预测有破裂趋势的位置。通过输入基本参数(例如硬化指数、板材厚度等),LS-DYNA 中的后处理程序能够自动计算出基于 M-K 模型的 FLD。图 5-53 显示板材初始直径为160mm 的 FLD。这能够说明,在这些条件参数情况下,能很好地成形零件,没有破裂产生,凸模圆角周围出现危险点的位置在其上方 20mm 和 40mm 处(图 5-53),这在试验中也有所反应。图 5-54(a)给出了不同轧制方向上所选取的单元。图 5-54(b)所示为沿着 90°轧制方向的应变变化,除了凸模圆角周围的单元,几乎所有单元的应变变化呈线性。FLD 能够更加准确地预测径向加压充液成形各个

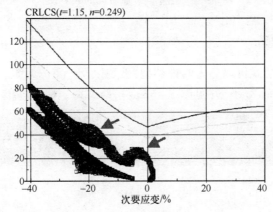

图 5-53　成形极限图

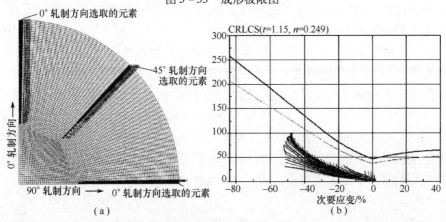

(a)　　　　　　　　　　(b)

图 5-54　不同轧制方向所选取的单元(a)和沿 90°轧制方向的应变变化追踪(b)

单元的成形极限。图 5-55 所示为沿着不同轧制方向的单元最终应变。可以看出,危险点主要分布在沿着 90°轧制方向上,这个方向上成形零件需要良好的摩擦和其他更好的工艺。

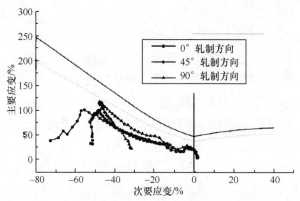

图 5-55 沿不同轧制方向的 FLD 图

5.3.10   失效模式

总体上,失效模式可以分为两种类型:破裂以及严重的起皱。试验过程中的破裂可以再分为三种主要类型(见图 5-56):初期破裂、中期破裂以及后期破裂。

图 5-56   所有破裂类型

初期破裂意味着在成形初始阶段由于破裂而导致的成形失败。初期破裂可以分为两种类型(见图 5-56)。第一种类型的初期破裂未出现法兰处起皱现象;第二种类型的初期破裂出现了法兰起皱,如图 5-57 所示。对于铝合金材料 6016-T4 而言,初期破裂的产生主要是由于凹模液室中初始压力不足、坯料法兰处的恶劣摩擦条件、凹模与压边圈之间过小的距离以及过大的拉深比所致。图 5-58 显示了实验过程中液室压力及凸模拉伸力变化曲线,可以发现,初期破裂可能源于过大以及过小的液室压力。图 5-58(c)显示了两种类型的初期破裂时板材拉深力((Sheet Drawing Forces,SDF)由板材变形及摩擦而产生)几乎相等。设备控制系统只能测量总凸模拉深力(Total Punch Force,TPF)。计算板材拉深力时应在总凸模拉深力的基础上减去由液室压力而产生的附加力(见式(5-5))。

$$f_D = f_P - \frac{1}{4}\pi d_p^2 P_S \tag{5-5}$$

式中:f_D 为板材拉深力 SDF;f_P 为力传感器测得的总凸模拉深力 TPF;d_p 为凸模直

152

径;P_s为液室压力。

图 5-57　初期破裂模式(I)

左为法兰无皱初期破裂,右为法兰起皱初期破裂。

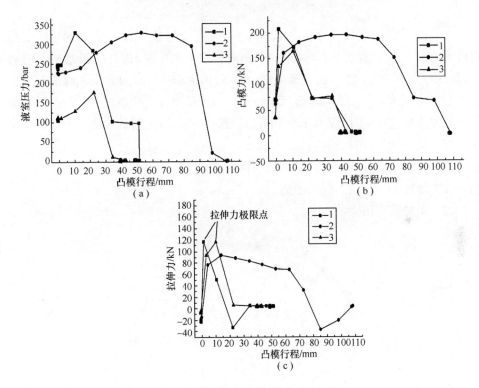

图 5-58　初始成形过程中工艺参量变化曲线(拉深比 2.39)

(a)凹模液室压力变化曲线;(b)总凸模拉深力 TPF 变化曲线;

(c)板材拉深力 SDF 变化曲线。

1—由于液室压力过大引起的初期破裂;2—拉深成功;3—由于液室压力过小引起的初期破裂。

为了避免初期破裂,可以采用如下方法:

(1)调整预胀形压力;

(2)板材法兰处使用更好的润滑剂;

(3)提高凸模表面粗糙度以加强摩擦保持效果;

（4）调整凹模与法兰间的间距。

中期破裂根据峰值凸模拉深力(Peak Punch Force,PPF)[51]产生的位置可以分为三种类型:M-1、M-2、M-3,如图5-59所示。

图5-59　中期破裂模式
左:M-1; 中:M-2; 右:M-3。

第一种类型(M-1)的中期破裂现象发生时,板材拉深力SDF未到达峰值凸模拉深力PPF;第二种类型(M-2)的中期破裂现象发生时,板材拉深力SDF恰巧达到峰值凸模拉深力PPF;第三种类型(M-3)的中期破裂现象发生在峰值凸模拉深力PPF出现之后。图5-60显示了拉深力随凸模位移变化曲线,可以发现,在中期破裂发生时,总凸模拉深力TPF和板材拉深力SDF均达到最大值。为了避免中期破裂现象,可以采用如下途径:

（1）板材法兰处使用更好的润滑剂;
（2）增加凹模与法兰间的距离;
（3）增加液室压力。

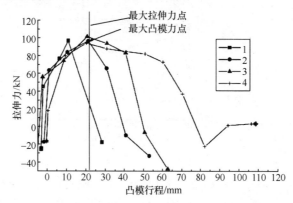

图5-60　中期破裂模式拉深力变化曲线(拉深比2.32)
1—M-1; 2—M-2; 3—M-3; 4—拉深成功。

后期破裂模式分为两种类型:F-1、F-2,如图5-61所示。

第一种类型(F-1)破裂模式:板材法兰被拉断。第二种类型(F-2)破裂模式:只有一个或两个凸耳被拉断。这种破裂模式的产生是由于板材在凹模圆角处过大的弯曲复直效应产生的,为了避免这种破裂模式,可以采用如下的方法:

154

图 5 - 61　最后破裂模式

左:F - 1; 右:F - 2。

（1）减小在最后阶段的液室压力;

（2）使用更好的润滑剂,特别在法兰边缘处;

（3）减小在初始成形阶段的起皱现象;

（4）使凸凹模间间隙更加均匀。

基本上,破裂的主要原因在于筒壁区过大的拉深力,如果坯料法兰处产生的阻力过大或者筒壁区没有足够的强度使法兰处坯料拉入凹模中时,破裂便会发生。可以通过两种途径来阻止破裂现象的发生:一是通过减小筒壁区负载或者通过使用良好的润滑剂而降低坯料法兰处的流动阻力;二是通过避免起皱现象来减少接触力。

另一种失效形式为严重的起皱现象,可以分为两种类型:体起皱与法兰起皱（见图 5 - 62）。杯体起皱现象发生的原因主要有以下几点:

（1）凹模圆角半径过大;

（2）之前的法兰起皱导致了后续的杯体起皱;

（3）凸模与凹模间间距过大;

（4）凹模液室中的压力不足。

图 5 - 62　径向液压辅助充液拉深起皱现象

左:法兰严重起皱; 右:筒壁严重起皱。

法兰起皱现象的原因可归结如下：

（1）过小的压边力；

（2）压边圈与凹模间间隙过大；

（3）润滑条件过于优良未能建立有益摩擦；

（4）溢出油液产生的压力同时施加在了坯料的上下表面。

实验发现，即使大幅增加凹模液室中的液体压力也不能有效防止法兰区起皱现象的发生。

5.3.11　摩擦因数的影响

显而易见，当降低板材与压边圈之间以及板材与凹模之间的摩擦因数时，能够显著提高拉深比，这对想要得到大的拉深比来说至关重要。这说明在该成形过程中，需要良好的摩擦。并且，在板材充液成形过程中会存在摩擦保持[35,36]，这更极大地增加了拉深比。

图5-63所示为采用不同的板材-凸模摩擦因数的效果对比。这可以说明，成形好坏有明显的边界。板材与凸模之间的摩擦因数应该大于0.05，如果板材与凸模之间的摩擦因数太小，板材在凹模圆角入口处会因为摩擦保持效果弱而产生破裂，见图5-63(a)。利用铝合金，从图5-63(a)和(b)中可以看出，当板材与压边圈之间的摩擦因数超过0.05时，对最终成形结果几乎没有影响。这同时也可以

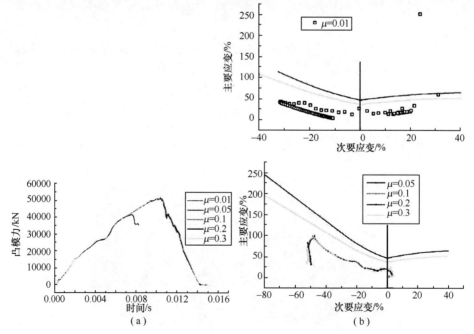

图5-63　不同的板材-凸模摩擦因数的影响

(a)凸模变量；(b)沿90°轧制方向的最终应变。

156

说明,没必要增大凸模的表面粗糙度来改善成形性能,但前提是摩擦因数必须要达到某个下限值。

5.3.12 起皱预测

塑性失稳包括两类:试验中的颈缩以及起皱,如图5-64所示。起皱主要是因为过小的压应力且没有足够的边界约束造成的。在板材充液成形过程中,板材法兰部位会随着成形产生越来越大的压应力,这会比传统拉深更大,这主要是因为充液拉深的拉深比更大和液体压力的加载原因。在径向加压的充液成形过程中,会存在径向压力,这会把板材边缘推向凹模空腔中,如图5-65(a)所示。一开始,油压施加在板材法兰的下表面,这足以消除板材边缘与压边圈之间的缝隙。

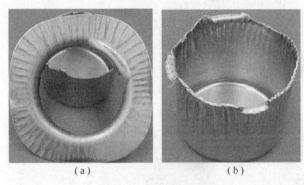

图5-64　产生起皱的试验件

(a)法兰起皱;(b)直壁起皱。

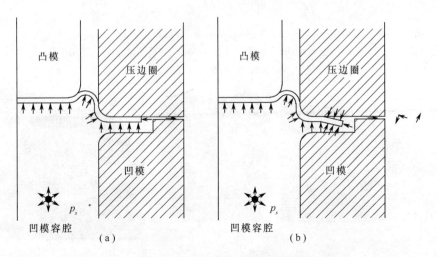

图5-65　法兰边缘处液压的影响

(a)仅在边缘处加载;(b)挤入板材和压边圈之间的缝隙。

在成形过程中,法兰处的压应力会越来越大,这意味着当法兰表面出现微小的扰动就会造成材料变形不稳定,从而出现起皱。这个过程可以在模拟中有所体现,如图5-66所示。此时,当法兰出现起皱时,法兰上加载的液压液会挤进板材和压边圈之间的缝隙中,如图5-65(b)所示。法兰处的起皱会延伸到凹模圆角入口处,这里会形成如图5-67所示的屈曲现象。利用橡胶圈密封板材和压边圈之间的缝隙,可以减小缝隙,从而避免法兰处的起皱。也可以通过改变法兰处的应力状态来实现,可以在起皱延伸到凹模腔内之前就被去除掉。图5-68所示为通过试验得到的无起皱的成形零件。

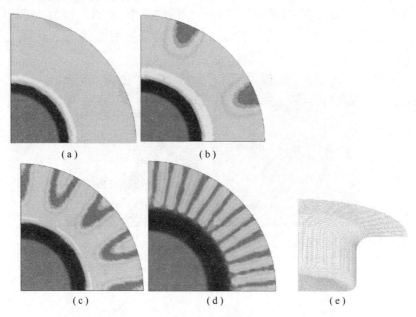

图5-66　法兰起皱过程

(a)凸模进程:3.63mm;(b)凸模进程:11.9mm;(c)凸模进程:17.2mm;
(d)凸模进程:34.5mm;(e)凸模进程为34.5时的网格演化。

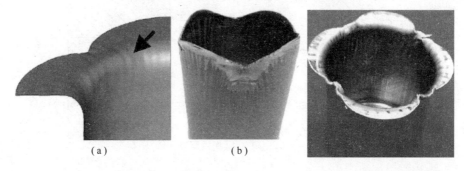

图5-67　凹模圆角入口处的屈曲　　　　图5-68　成功的拉深件
(a)模拟;(b)试验。　　　　　　　　　　　　(拉深比:2.46)

158

5.3.13 平面各向异性

由于轧制工艺的特点,几乎所有的板材都会存在各向异性。不同于传统的拉深,在径向加压充液深拉深工艺过程中,材料的各向异性不仅会影响零件的最终成形性能,还会影响成形过程。图 5 - 69(a)所示为板材在凹模圆角处的屈曲,虽然该位置没有形成起皱,但是有明显的起皱趋势。图 5 - 69(b)所示是(a)所对应的试验件。图 5 - 70(a)所示为剪应力分布。能够说明,不同的轧制方向会造成不同的成形结果。这种差异包括如图 5 - 70(b)所示的板材法兰的撕裂。图 5 - 71(a)反映了因为各向异性所造成的在凹模圆角周围出现材料速率分布差异,这会造成 V 形破裂,如图 5 - 71(b)所示。

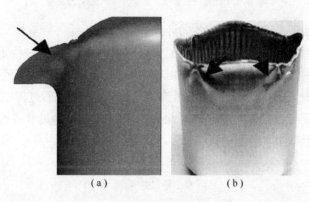

(a)   (b)

图 5 - 69 凹模圆角周围的屈曲

(a)模拟;(b)试验。

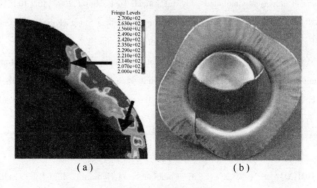

(a)   (b)

图 5 - 70 法兰撕裂

(a) 模拟中法兰部位的剪应力分布;(b)试验件的法兰撕裂。

其他的一些方法可以用来去除各向异性所造成的影响,如减小凸、凹模之间的间隙,优化初始板材形状,应用弹性的多点压边力以及合理分配摩擦力。然而,当板材的硬化指数很高时,减小凸、凹模之间的间隙并不是一个很好的措施。当然,

159

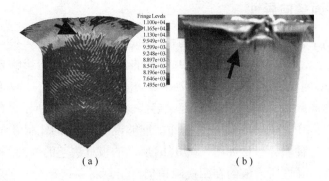

图 5 - 71　V 形破裂

(a) 模拟中速度分布；(b) 试验件所示的 V 形破裂。

也可以通过热处理来消除材料的各向异性。

如何迅速而准确地预测整个冲压成形过程并确定其中的一些重要冲压参数，已成为冲压技术发展的瓶颈问题。根据以上分析，可以证明，数值模拟是一种有效的过程分析手段，这可以获得精确的最终成形结果、分析成形过程以及探索在实际试验中不能被观察到的一些过程。因此数值模拟能对实验过程进行合理指导，从而进行优化成形结果和节省时间。

参 考 文 献

[1] ZHANG S H, LANG L H, KANG D C, et al. Hydromechanical deep-drawing of aluminum parabolic workpieces-experiments and numerical simulation [J]. Int J Mach Tools Manuf, 2000, 40 (10): 1479 – 1492.

[2] LANG L, WANG Z R, YUAN S, et al. Hydroforming Highlights: Sheet Hydroforming and Tubehydroforming [J]. J Mater Process Technol, 2004, 151 (1 – 3): 165 – 177.

[3] LANG L, DANCKERT J, NIELSEN K B. Analysis of Key Parameters in Sheet Hydroforming Combined with Stretching Forming and Deep Drawing [J]. J Eng Manuf Proc Imeche Part B, 2004, 218: 845 – 856.

[4] SIEGERT K, HAUSSERMANN M, LOSCH B, et al. Recent Devel-Opment in Hydroforming Technology [J]. J Mater Process Technol, 2000, 98: 251 – 258.

[5] GELIN J C, GHOUATI O, PAQUIR P. Modelling and Control of Hydro-Forming Processes for flangesforming [J]. Ann Cirp, 1998, 47 (1): 213 – 216.

[6] SIEGERT K, HOHNHAUS J, WANGNER S. Combination of Hydraulic Multi-Point Cushion System and Segment-Elastic Blank Holders [J]. Sae-Paper, No: 980077, 1998.

[7] LUKE H U, HARTL Ch, ABBEY T. Hydroforming [J]. J Mater Process Technol, 115 (2001) 87 – 91.

[8] VOLLERTSEN F. Process Layout Avoiding Reverse Drawing Wrinkles in Hydroforming of Sheet Metal [J]. Ann Cirp, 2002, 52 (1): 203 – 208.

[9] NIELSEN K B, JENSEN M R, DANCKERT J. Automatic Process Layout for the Aquadraw Process [M]. in Proceedings of the 19Th Risø International Symposium On Materials Science, Denmark: 1998: 391.

[10] KANG D, LANG L, MENG X, et al. Hydrodynamic Deep Drawing Process[J]. J Mater Process Technol, 2000,101 (1 - 3):21 - 24.

[11] THIRUVARUDCHELVAN S, LEWIS W. A Note On Hydroforming with Con- Stantfluid Pressure[J]. J Mater Process Technol, 1999,88: 51 - 56.

[12] AMINO H, NAKAMURA K, NAKAGAWA T. Counter-Pressure Deep Draw-Ing and its Application in the Forming of Automobile Parts[J]. J Mater Process Technol, 1990,23:243 - 265.

[13] FRIEBE E, BIRKERT A, KLEINER M. Hydromechanical Deep Draw-Ing of Passenger Car Fuel[J]. in Proceedings of International Con-Ference On Hydroforming, Stuttgart: November, 2001: 181 - 200.

[14] ZHANG S H, ZHOU L X, WANG Z T, et al. Technology of Sheet Hydroforming with a Movable Female Die [J]. J Mach Tools Manuf, 2003,43 (8): 781 - 785.

[15] HEIN P, VOLLERTSEN F. Hydroforming of Sheet Metal Pairs[J]. J Mater Process Technol, 1999,87: 154 - 164.

[16] KIM T J, YANG D Y, HAN S S. Numerical Modelling of the Multi-Stage Sheet Pair Hydroforming Process [J]. J Mater Process Technol,2004,151:48 - 53.

[17] ZAMPALONI M, ABEDRABBO N, POURBOGHRAT F. Experimental and Numerical Study of Stamp Hydroforming of Sheet Metals[J]. J Mater Process Technol, 2003,45:1815 - 1848.

[18] AHMED M, HASHMI M S J. Finite-Element Analysis of Bulge Forming Applying Pressure and in-Plane Compressive Load[J]. J Mater Process Technol, 1998,77:95 - 02.

[19] HALLQUIST J O. Ls-Dyna: Theoretical Manual-1[M], Livermore Software Technology Corporation, 1998,5.

[20] BARLAT F, LIAN J. Plastic Behavior and Stretchability of Sheet Metals, Part I: A Yield Function for Orthotropic Sheets Under Plane Stress Conditions[J]. Int J Plast, 1989,5:51 - 66.

[21] HARPELL E T, WORKWICK M J, FINN M, et al. Numerical Predication of the Limiting Draw Ratio for Aluminum Alloy Sheet[J]. J Mater Process Technol, 2000,100:131 - 141.

[22] WOJCIECHOWSKI S. New Trends in the Development of Mechani-Cal Engineering Materials[J]. J Mater Process Technol, 2000,106: 230 - 235.

[23] YOSHIDA Y, URABE M, HINO R, TOROPOV V V. Inverse Approach to Identification of Material Parameters of Cyclic Elasto-Plasticity for Component Layers of a Bimetallic Sheet[J]. Intern J Plast 2003,19: 2149 - 2170.

[24] YUEN W Y D. A Generalised Solution for the Prediction of Spring-Back in Laminated Strip[J]. J Mater Process Technol, 1996,61: 254 - 264.

[25] WLOSINSKI W, OLESINSKA W. Pietrzak K. Bonding of Alumina to Steel Using Copper Interlayer[J]. J Mater Process Technol, 1996,56: 190 - 199.

[26] LANG L H. Innovative Hydroforming. I: Triple-Layer Hydroform-Ing Based On the Experimental Observations [M]. Technical Confidential Report. Department of Production, Aalborg University, 2004.

[27] LANG L H. Active Pressure in Hydromechanical Deep Drawing without a Draw Die[M]. Technical Report. Department of Production, Aalborg University, 2004.

[28] YU W R, ZAMPALONI M, POURBOGHRAT F, et al. Sheet Hydroforming of Woven Frt Composites: Non-Orthogonal Constitu-Tive Equation Considering Shear Stiffness and Undulation of Woven Structure[J]. Compos Struct, 2003,61 (4): 353 - 362.

[29] VOLLERTSEN F. State of the Art and Perspectives of Hydroforming of Tubes and Sheets[J]. J Mater Sci

Technol, 2001,17 (3): 321 – 324.

[30] KANG B S, SON B M, KIM J. A Comparative Study of Stamping and Hydroforming Processes for an Automobile Fuel Tank Using Fem[J]. Int J Mach Tools Manuf, 2004,44 (1): 87 – 94.

[31] LANG L H, KANG D C, ZHANG S H, et al. Effects of Specified Blank Size On Body Wrink-Ing During Hydrodynamic Deep Drawing of Tapered Rectangular Box[J]. Acta Metall Sinica, 2000,13 (1): 476 – 480.

[32] NAKAMURA K, NAKAGAWA T. Sheet Metal Forming with Hydraulic Counter Pressure in Japan[J]. Ann Cirp, 1987,36:191 – 194.

[33] HALLQUIST J O. Ls-Dyna: Theoretical Manual-2 [M]. Livermore Software Technology Corporation, 1998. 5.

[34] BELYTSCHKO T, LIN J I, TSAY C S. Explicit Algorithms for the Nonlin- Ear Dynamics of Shells[J]. Comput Meth Appl Mech Eng, 1984,42:225 – 251.

[35] NAKAGAWA T, NAKAMURA K, AMINO H. Various Applications of Hy-Draulic Counter Pressure Deep Drawing[J]. J Mater Process Technol,1997,71:160 – 167.

[36] L Li-Hui, K Da-Chang, Z Shi-Hong, et al. Numerical Simulation of Cup Hydrodynamic Deep Drawing[J]. Transact. Nonferrous Metals Soc. Nonferrous Metals Soc. China: 2000,10 (5):631 – 634.

[37] BAY N. Forming Limits in Hydromechanical Deep Drawing, Ann Cirp, 1994,(43):253 – 257.

[38] KLEINER M, HOMBERG W, BROSIUS A. Process and Control of Sheet Metal Hydroforming[M]. in Proceedings of the 6Th International Con- Ference On Technology Plasticity, German; 1999: 1243.

[39] GEIGER M, VAHL M, NOVOTNY S, et al. Process Strategies for the Sheet Metal Hydroforming of Lightweight Components [M]. in Pro-Ceedings of the Institution of Mechanical Engineers, London: 2001: 967 – 975.

[40] JAIN M, ALLIN J, BULL M J. Deep Drawing Characteristics of Auto-Motive Aluminum Alloys[J]. Mater Sci Eng, 1998,A256:69 – 82.

[41] MARUMO Y, SAIKI H. Evaluation of the Forming Limit of Aluminum Square Cups[J]. J Mater Process Technol, 1998,80 – 81:427 – 432.

[42] BOLT P J, LAMBOO N a P M, ROZIER P J C M. Feasibility of Warm Drawing of Aluminum Products[J]. J Mater Process Technol, 2001,115:118 – 121.

[43] KATAOKA S. Deep Drawing Process of Aluminum Alloy Sheet with Hydraulic Counter Pressure and Vibration to Tool System with Use of Volatile Lubricants[J]. J Japan Inst Light Metals, 1998,48 (2):78 – 82.

[44] CHOW C L, YU L G, TAI W H, et al. Predication of Forming Limit Diagrams for Al6111 – T4 Under Non – Proportional Loading[J]. Int J Mech Sci, 2001,43:471 – 486.

[45] ZHANG S H, DANCKERT J. Development of Hydro-Mechanical Deep Drawing[J]. J Mater Process Technol, 1998,83: 14 – 25.

[46] JENSEN M R, OLOVSSON L, DANCKERT J, et al. Aspects of finite Element Simulation of Axi-Symmetric Hydromechanical Deep Drawing[J]. J Manufacturing Sci Eng Trans Asme, 2001,123:411 – 415.

[47] NIELSEN K B, JENSEN M R, DANCKERT J. Optimization of Sheet Metalforming Processes by a Systematic Application of finite Element Sim-Ulations[M]. in Proceedings of the Second European Ls-Dyna Usersconference, Gothenburg Sweden: 1999: A3 – a16.

[48] MARCINIAK Z, DUNCAN J L. Sheet Metal Forming[M]. Edward Arnold,1992.

[49] MARUMO Y, SAIKI H. Evaluation of the Forming Limit of Aluminum Square Cups[J]. J Mater Process

Technol, 1998,80 – 81:427 – 432.

[50] HEROLD U. Hydromechanisches Tiefziechen Erlaubt Das Optimieren Von Massen[M]. Vol. 45, Form Und Toleranzen, Maschinenmarkt, 1981: 920 – 923.

[51] HARPELL E T, WORKSWICK M J, FINN M, et al. Numerical Predication of the Limiting Draw Ratio for the Aluminum Alloy Sheet[J]. J Mater Process Technol, 2000,100:131 – 141.

第6章 典型复杂薄壁构件
充液成形分析

6.1 小锥形件充液成形分析

6.1.1 小锥形件充液成形过程有限元模型

充液成形具有成形极限高,成形零件质量好、回弹小、精度高等特点,可以成形难成形材料(如不锈钢、铝合金、镁合金等)、形状复杂、具有典型特征的零件。本章主要利用有限元软件 DYNAFORM 对材料为不锈钢、整体尺寸较小的圆锥形零件的充液成形过程进行数值模拟,分析小锥形件充液成形的基本特征及关键工艺参数。

模具尺寸如图 6-1 所示,其中凸模 A 的相对高度 $h/d = 11/20 = 0.55$,半锥角 $\alpha = 15°$;凸模 B 的相对高度 $h/d = 13.7/20 = 0.685$,半锥角 $\alpha = 27°$。其中凸模 B 不仅具有较大的相对高度、较小的相对锥顶直径,而且凸模圆角半径很小,以致在成形过程中很容易导致板材在凸模圆角处拉裂以及在锥面上起皱。因此,利用凸模 B 一次拉深出相应的零件难度比较大。为此,采用凸模 A 和凸模 B 进行分步充液成形,即在凸模 A 成形出零件的基础上,再利用凸模 B 进行二次充液拉深。

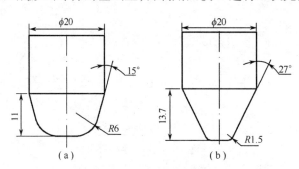

图 6-1 凸模的基本尺寸

(a) 凸模 A;(b) 凸模 B。

本章首先对小圆锥形零件的充液成形过程进行模拟,研究板材在充液成形中的变化规律,以及影响板材成形的主要因素。模拟中的凸模、凹模和压边圈的网格模型如图 6-2 所示,都是刚性属性。

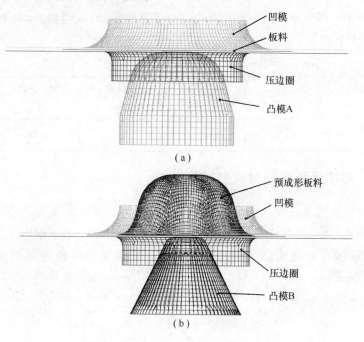

图 6-2　小锥形件模拟采用的工具模型

（a）初次拉深网格模型；（b）二次拉深网格模型。

6.1.2　基本工艺条件及材料设定

在模拟过程中,板材与凸模的摩擦因数设置为 0.15,板材与压边圈、板材与凹模的摩擦因数均设置为 0.05,凸模 A 速度为 3000mm/s,凸模 B 速度为 1000mm/s。模拟中采用定压边间隙的工艺条件,定间隙取 1.1 倍板厚,即 0.55mm。

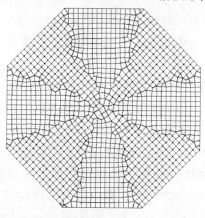

图 6-3　小锥形件模拟采用的板材网格模型

模拟中采用的材料性能参数见表 6-1。板厚 0.5mm,坯料外形如图 6-3 所示。板材采用四节点 BT(Belytschko-Tsay)壳单元,划分网格后,共有 1396 个单元,1397 个节点。

表 6-1   材料(1Cr18Ni9Ti)性能参数

弹性模量 E/GPa	屈服强度 $\sigma_{0.2}$/MPa	抗拉强度 σ_{b}/MPa	延伸率 δ/%	硬化指数 n	厚向异性 指数 r
200	357	652	45	0.34	0.89

6.1.3   初始反胀压力对成形的影响

在基本工艺条件下,通过改变作用在板材上的初始反胀压力,分析其对小圆锥形零件成形的影响。初始反胀压力分别采用 0MPa、5MPa 和 10MPa 三种情况进行模拟,液室压力加载曲线如图 6-4 所示。模拟完成后板材厚度分布状态见图 6-5、图 6-6。

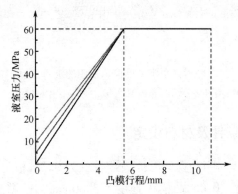

图 6-4   不同的初始反胀作用下液室压力加载曲线

由图 6-5、图 6-6 可以看出,板材厚度变薄最严重的地方都发生在凸模圆角处,其次是凸模底部和锥面侧壁处。在成形零件的中线上选取如图 6-6 所示的十个测量点,从左至右依次为 1~10 号测量点。比较在三种不同的初始反胀压力作用下,板材厚度的最终分布情况,如图 6-7 所示。

通过比较可以看出,在小圆锥形零件的充液成形过程中,无初始反胀情况下板材厚度的减薄状况比有初始反胀压力情况下要严重一些。在 5MPa 和 10MPa 的初始反胀压力作用下,相比而言板材厚度分布的差别不十分明显,但是前者要比后者更能有效抑制板材的变薄。因此可以得出,在充液成形过程中,选取适当的初始反胀压力能有效改善板材厚度的分布状况,对零件的成形是有利的;但是反胀压力也不宜过大,反胀压力过大也会导致板材的严重减薄、甚至破裂。

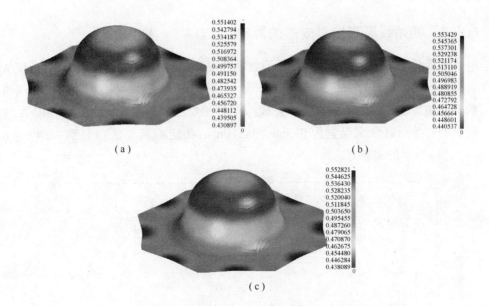

图 6-5　初始反胀压力模拟结果板材厚度分布

（a）无初始反胀压力；（b）初始反胀压力 5MPa；（c）初始反胀压力 10MPa。

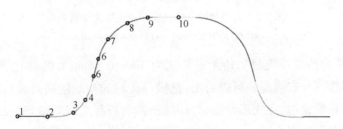

图 6-6　板材厚度测量点

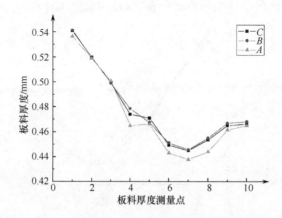

图 6-7　三种不同初始反胀压力模拟结果板材厚度分布情况

A—无初始反胀；B—反胀压力 5.0MPa；C—反胀压力 10MPa。

6.1.4　初始反胀高度对成形的影响

上面讨论了初始反胀压力对小圆锥零件成形的影响,在此成形过程中,凸模 A 与板材的初始距离为 0mm,即在成形开始时凸模 A 与板材贴合。下面分析凸模与板材的初始距离对成形的影响。在模拟中初始反胀压力取为 5.0MPa,凸模 A 与板材的初始距离分别设置为 0.5mm 和 1.0mm,相应的液室压力分别为图 6−8 (a)、(b)所示的加载方式。

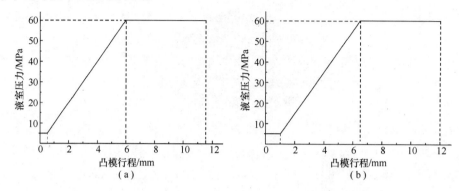

图 6−8　不同初始反胀高度下液室压力加载曲线

(a)初始距离为 0.5mm；(b)初始距离为 1.0mm。

图 6−9 为凸模与板材初始距离分别为 0mm、0.5mm、1.0mm 情况下,模拟完成后板材厚度的分布情况。可以看出,凸模与板材的初始距离对板材厚度的分布影响不大。也就是说,在成形开始时,即使凸模与板材之间有微量的间隙,即凸模顶端与板材并没有完全贴合,对成形结果没有太大影响。但是相对来说,当凸模与板材的初始距离为 0mm 时,板材厚度变化相对更小,更有利于成形。因此在成形开始时,应该尽量使凸模顶端与板材贴合,保证两者间不存在间隙。

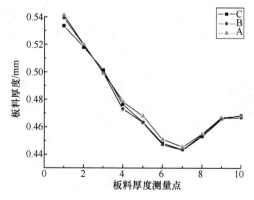

图 6−9　凸模与板材不同的初始距离对板材厚度分布状况的影响

A—凸模与板材贴合；B—初始距离为 0.5mm；C—初始距离为 1.0mm。

6.1.5 液室压力变化对成形的影响

充液成形过程中,液室压力可以改善板材易破裂处的应力应变状态,减少了板材产生各种失效形式的趋势。在小圆锥形零件充液成形过程中,液室中的液体将板材紧紧地贴在凸模上,可以形成有效的摩擦保持效果。

小圆锥形零件成形时,液室中的液体作为软凹模,在成形过程中依靠液室中液体的反胀使板材与凸模贴合。如果液室压力过小则不能保证板材与凸模很好地贴合,以致影响成形质量。模拟中当最大液室压力为30MPa时,模拟结果如图6－10所示。可以明显看出,在最大液室压力30MPa作用下,板材并没有与凸模很好地贴合,这说明在成形中,液室压力太小,不能提供成形需要的反胀力。

当最大液室压力增大到60MPa时,模拟结果见图6－11。可以看出,板材与凸模的贴合程度明显好于最大液室压力30MPa作用下得到的结果。因此在充液成形过程中,液室中的液体至少要提供能够使板材与凸模贴合的液体压力。从上述分析中看出,在小锥形件的充液成形中,要保证板材与凸模较好地贴合需要较高的液室压力。

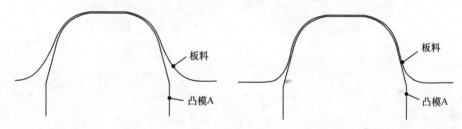

图6－10 最大液室压力30 MPa　　　　图6－11 最大液室压力60 MPa
　　　作用下板材贴模情况　　　　　　　作用下板材贴模情况

初始反胀压力取5MPa,凸模与板材初始距离为0mm,最大液室压力分别设置为60MPa、90MPa和120MPa进行模拟,液室压力的三种不同加载方式如图6－12

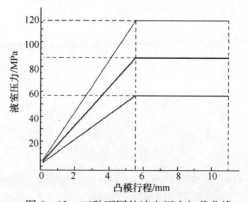

图6－12 三种不同的液室压力加载曲线

所示。在基本工艺条件下,分析不同的液室压力对成形的影响。

图 6-13 描述了最大液室压力为 60MPa 和 120MPa,凸模 A 的行程为 3.15mm、8.30mm、11.0mm 时,板材的变形状态。

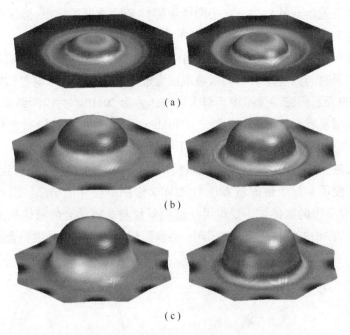

（a）

（b）

（c）

图 6-13　不同凸模 A 行程时板材的变形状态
（a）3.15mm;（b）8.30mm;（c）11.0mm。

图 6-14～图 6-16 描述了凸模 A 的行程分别为 3.15mm、8.30mm、11.0mm 时,在不同的液室压力作用下板材厚度的分布状况。

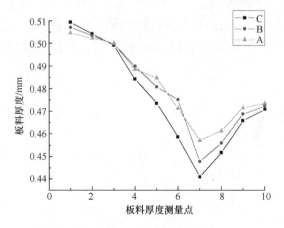

图 6-14　凸模 A 行程 3.15mm 时不同液室压力作用下板材厚度分布
A—最大液室压力 60MPa; B—最大液室压力 90MPa; C—最大液室压力 120MPa。

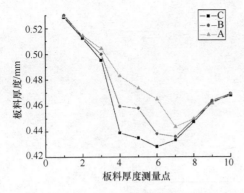
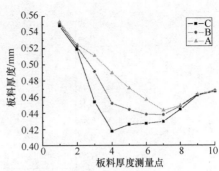

图 6 - 15　凸模 A 行程 8.30mm 时不同
液室压力作用下板材厚度分布
A—最大液室压力 60MPa；B—最大液室压力
90MPa；C—最大液室压力 120MPa。

图 6 - 16　凸模 A 行程 11mm 时不同
液室压力作用下板材厚度分布
A—最大液室压力 60MPa；B—最大液室压力
90MPa；C—最大液室压力 120MPa。

　　图 6 - 17 ~ 图 6 - 19 描述了液室压力分别为 60MPa、90MPa 和 120MPa 时，在相同的液室压力作用下，凸模 A 处于不同的行程位置时板材厚度分布情况。

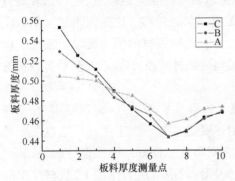
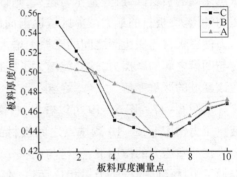

图 6 - 17　最大液室压力 60MPa 作用
下不同位置板材厚度分布
A—凸模 A 行程 3.15mm；B—凸模 A 行程
8.30mm；C—凸模 A 行程 11mm。

图 6 - 18　最大液室压力 90MPa 作用
下不同位置板材厚度分布
A—凸模 A 行程 3.15mm；B—凸模 A 行程
8.30mm；C—凸模 A 行程 11mm。

　　从图 6 - 14 中可以看出，当凸模行程为 3.15mm 时，液室压力越大，板材整体的减薄程度越显著。这是因为在该位置板材尚未将凸模包络住（见图 6 - 13），板材的大部分处于充液胀形状态，液室压力越大，板材的变形程度越大，相应的板材的厚度减薄程度也越大，因此在小锥形件充液成形前期的液室压力不宜过大。随着圆锥形凸模行程的增加，充液胀形区面积逐渐减小，此时可以增加液室压力，既能避免板材在成形前期严重变薄，又能形成良好摩擦保持效果。

　　由图 6 - 14 ~ 图 6 - 16 可以看出，从凸模圆角到凸模底部，即 7 ~ 10 测试点之间的板材部分，若在凸模行程 3.15mm 处继续拉深，随着液室压力的增加，板材进

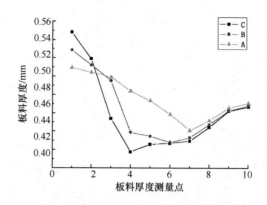

图 6 – 19　最大液室压力 120MPa 作用下不同位置板材厚度分布
A—凸模 A 行程 3.15mm；B—凸模 A 行程 8.30mm；C—凸模 A 行程 11mm。

一步变薄的程度降低。这是因为在液室压力作用下，板材与凸模间形成良好的摩擦保持效果，液室压力越高，摩擦保持效果越好。但是在凸模的锥面区，即 3 ~ 6 测试点之间的板材部分，液室压力越大，则该区域板材的变薄越严重，并且随着液室压力的增大，板材的最大减薄区域逐渐向凹模圆角处转移。这是因为较大的溢流压力使得板材与压边圈之间的摩擦力增大，并且此时板材的法兰变厚也增加了板材与凹模之间的摩擦力，这样就增大了凹模口处板材的径向拉应力，从而导致板材在该区域的严重变薄。

　　从图 6 – 17 ~ 图 6 – 19 可以看出，凸模 A 行程从 8.30 ~ 11mm 过程中，在三种液室压力作用下，6 ~ 10 测试点之间板材的厚度基本都不发生变化。这也主要是因为在液室压力的作用下，板材与凸模 A 之间形成了良好的摩擦保持效果，从而降低了板材径向的拉应力。相比而言，在 60MPa 的液室压力作用下，板材厚度的变化更加缓和，分布更加均匀。而 90MPa 和 120MPa 的液室压力容易导致圆锥侧壁尤其是靠近凹模圆角处产生严重变薄，甚至破裂。

　　因此，在小圆锥形零件的充液成形过程中，对于液室压力既要控制其下限，保证板材与凸模贴合，又要控制其上限，以避免小圆锥形零件的侧壁或凹模圆角处发生破坏。

6.1.6　凸模与板材的摩擦因数对成形的影响

　　凸模与板材间的摩擦因数直接影响板材与凸模间的摩擦保持效果。在初始反胀压力 5MPa、最大液室压力 60MPa 条件下，摩擦因数分别取 0.15、0.10 和 0.05 进行模拟。在不同的摩擦因数作用下，模拟结果得到的板材厚度分布如图 6 – 20 所示。

　　由图 6 – 20 可以看出，当凸模摩擦因数取 0.05 时，板材厚度的变薄最严重；当

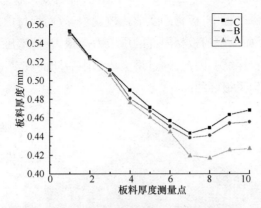

图 6-20 不同凸模摩擦因数模拟结果板材厚度分布

A—摩擦因数 0.05；B—摩擦因数 0.10；C—摩擦因数 0.15。

凸模摩擦因数取 0.15 时，板材的变薄程度最小。也就是说在相同条件下，随着凸模与板材间摩擦因数的增大，板材的变薄程度逐渐降低。这是因为相对较大的凸模摩擦因数可以改善凸模与板材间的摩擦保持效果，有效缓解了从凸模底部到凸模侧壁板材的变薄状况。

6.1.7　小锥形件二次充液拉深过程数值模拟

在凸模 A 拉深得到的锥形件的基础上，利用凸模 B 进行二次拉深，以获得相对高度更大的锥形件。模拟过程采用前述的基本工艺条件，初次拉深凸模 A 的行程为 11mm。

在二次拉深过程中，成形中后期的液室压力相对较小会导致零件的侧壁出现褶皱，最大液室压力 60MPa 时模拟结果如图 6-21 所示。适当增大成形中后期的液室压力，虽然在凸模圆角处板材厚度的减薄会有所增加，但由于板材与凸模之间具有良好的摩擦保持效果，相比而言板材减薄的增加程度并不明显，而锥形零件侧壁的起皱现象得到了明显的改善。图 6-22 为最大液室压力为 90MPa 时的模拟

图 6-21　二次拉深锥形零件侧壁出现褶皱

173

结果,与最大液室压力 60MPa(见图 6-21)相比,板材变形状态得到了明显改善。这是因为在二次拉深过程中,板材的变形比较剧烈,故而板材内部的加工硬化现象就非常严重,在锥形面侧壁的板材内部的压应力会很大,液室压力过低不能够形成拉深中所需要的软拉深筋。因此,通过增大成形中后期的液室压力后,板材在圆锥侧面的起皱现象得到了很好的改善。

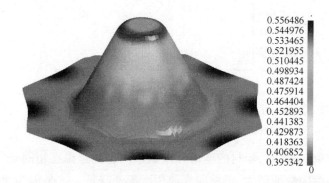

图 6-22 二次拉深锥形零件侧壁褶皱消失

6.1.8 小锥形件初次拉深实验

在实验过程中保持其他工艺条件不变,主要研究液室压力对板材成形的影响。当最大液室压力为 30MPa 时,获得了图 6-23 所示的实验结果,由于液室压力太小,导致板材的贴模性较差;实验结果与模拟结果中板材的厚度分布情况对比见图 6-24。当最大液室压力为 60MPa 时,实验结果见图 6-25,可以看出增大液室压力可使板材的贴模性大大提高;实验结果与模拟结果中板材的厚度分布情况对比见图 6-26。

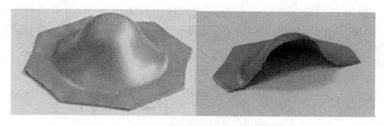

图 6-23 最大液室压力 30MPa 实验结果

由图 6-23～图 6-26 可以看出,在相同的液室压力加载条件下,有限元模拟结果与实验结果基本吻合。这说明第 5 章针对小锥形零件的充液成形有限元模型具有较高的准确性。因此可以利用第 3 章建立有限元模型的方法对其他零件的充液成形过程进行模拟。

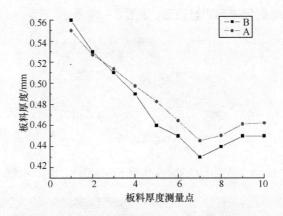

图 6 – 24　最大液室压力 30MPa 作用下板材厚度分布

A—有限元模拟结果；B—实验结果。

图 6 – 25　最大液室压力 60MPa 实验结果

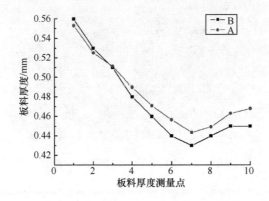

图 6 – 26　最大液室压力 60MPa 作用下板材厚度分布

A—有限元模拟结果；B—实验结果。

6.1.9　小锥形件二次拉深实验

在小圆锥形零件初次拉深的基础上进行二次拉深,初次拉深深度为 11mm。当最大液室压力为 60MPa 时,拉深出的零件如图 6 – 27 所示,可以看出小圆锥形零件的侧壁出现了明显的褶皱；当最大液室压力为 90MPa 时,成形出了质量较高的小锥形零件,其侧壁质量得到明显改善,如图6-28所示。

图6-27 最大液室压力60MPa作用下小锥形件二次拉深成形状态

图6-28 最大液室压力90MPa作用下小锥形件二次拉深成形状态

可见,在二次拉深过程中,其他工艺条件不变的情况下,在充液成形的中后期适当提高液室压力可以有效改善锥形零件侧壁的起皱现象。但是在二次拉深初期液室压力不宜过大,若在二次拉深初期压力过大将导致板材在凸模圆角处产生严重变薄,甚至破裂(见图6-29)。

图6-29 小锥形件二次拉深产生破裂

6.2 复杂微小 W 环成形工艺及其数值模拟

复杂微小 W 环主要应用于航空发动机的密封,该零件具有材料强度高、截面形状复杂、特征尺寸小和相对尺寸大等显著特点,利用传统的加工方法很难实现。

6.2.1 W 环基本特征描述

该零件是微小复杂的剖面为母轮廓的一个环形件,因其剖面形状与英文字母

176

"W"相似,因此这里将该零件统一称作"W 环"。整体来说,W 环具有较小特征尺寸(最小半径为 0.7mm)和较大的相对尺寸(外径与最大高度之比 $D/H = 134$),截面形状复杂,壁厚超薄(0.25mm)等典型特征。

W 环的材料采用的是高温合金,作为一种耐高温、耐腐蚀的高强度合金被广泛用于制造各类涡轮发动机,燃气轮机,高压压气机的涡轮盘、叶片、轴等部件,是现代发动机生产中用量最大的合金之一。

6.2.2 W 环成形工艺及模具结构

从外形方面看,W 环具有直径尺寸大、截面尺寸小、形状复杂、壁厚超薄等显著特点;从材料方面看,材料的强度较高,不易成形。因此该零件的成形具有相当大的难度,采用传统的加工方法很难成形。充液成形作为一种先进的板材柔性成形技术,适合材料强度高、形状复杂零件的成形,而且具有成形质量好、精度高、回弹小等优点。基于 W 环几何外形及材料方面的基本特征以及充液成形技术的主要优点,本节将充液成形作为 W 环成形的基本工艺方法。

对于 W 环的成形,本节采用轴向进给与超高压充液胀形相结合的工艺方法。该方法的基本原理如图 6 - 30 所示,整个过程主要分为三个阶段:① 第一阶段是初始胀形阶段。首先将上、下模预先设置一定的间距,称作开模间距(见图 6 - 30 (a)),并且在此过程中保持开模间距不变,即模具不进行轴向进给,只增加液室压力对坯料进行预胀形,在此阶段液室压力无需太大,只要能保证坯料沿径向产生一定的鼓胀变形即可(见图 6 - 30(b))。② 第二阶段是合模进给阶段。当坯料产生一定的鼓胀变形之后,在对坯料施加液压力的同时,开始闭合上、下模,坯料在模具的带动下获得轴向进给,即对坯料边胀形、边进给,直到上、下模完全合拢在一起,这样坯料就会在液压力和模具施加给坯料的轴向力的双重作用下很好地填充到模

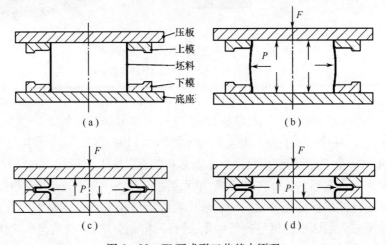

图 6 - 30 W 环成形工艺基本原理

腔内(见图6-30(c))。③第三阶段是加压整形阶段。当模具完全合拢后,增大合模力,以限制上、下模的轴向运动,然后逐步增加液室压力,利用超高压液体使坯料与封闭的模腔完全贴合,最终完成零件的成形(见图6-30(d))。

在成形过程中,通过模具间的支撑弹簧和外侧的调整螺钉来控制开模间距。模具中间的管接头连接自行研制的最高压力可达150MPa的增压缸,用以提供作用在坯料上的液压力。利用通用液压机对模具的合模动作进行控制。模具的主体(包括上模、中模和下模等部分)采用高强度的热作模具钢材料。

6.2.3 有限元模型的建立

采用ABAQUS软件对W环的充液成形过程进行数值模拟,研究影响W环成形的主要因素,优化成形参数。由于W环是轴对称零件,所以在模拟过程中可以取模型连续的四分之一部分进行模拟,以提高运算效率。在ABAQUS中模型可以定义为三种不同的模式:① 柔体部件(Deformable Part);② 离散刚体部件(Discrete Rigid Part);③ 解析刚体部件(Analytical Rigid Part)。模拟过程中,所有模具都采用不可变形的离散刚体部件模式,如图6-31所示。

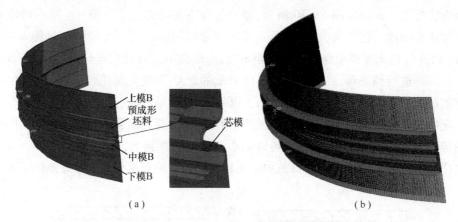

图6-31 W环模拟采用的有限元模型
(a)成形几何模型;(b)最终成形网格模型。

对模具进行网格划分后,上模A包含11220个单元,12168个节点;下模A包含13611个单元,14672个节点;芯模包含7930个单元,8734个节点;上模B包含990个单元,1194个节点;下模B包含990个单元,1194个节点;中模B包含45090个单元,45980个节点;所有模具模型加起来一共有79831个单元,83942个节点。

坯料采用可变形的柔体部件模式,单元类型采用S4R单元(4节点四边形有限薄膜应变线性减缩积分壳单元),坯料采用粗细网格相组合的网格划分方式,对影响成形结果较大的区域的网格进行细化,进行网格划分后,坯料共包含46000个单元,46431个节点。

6.2.4　成形模拟实验方案

在实际模拟时,将初始成形过程一直进行到预成形坯料完全放置到最终成形模具中。在此阶段,影响成形的因素主要包括以下几个方面:

(1) 坯料与上模 A 的摩擦因数 f_{a1};

(2) 坯料与下模 A 的摩擦因数 f_{a2};

(3) 坯料与芯模的摩擦因数 f_{a3};

(4) 坯料与中模 B 的摩擦因数 f_{b3};

(5) 上模 A 与下模 A 的开模间距 d_1;

(6) 初始成形液室压力加载曲线 AMPa。

对于上述几个因素,保持液室压力加载曲线不变,采用图 6–32 所示的压力加载曲线。在此液室压力加载曲线中,从原点开始的第一个斜线段为初始胀形阶段的压力加载曲线,液室压力由 0MPa 线性增大到 6.0MPa;从第一个斜线终点开始的水平直线为合模进给阶段的液室压力加载曲线,在此阶段保持 6.0MPa 的液室压力不变;剩下的部分是加压整形阶段的压力加载曲线,在此阶段液室压力迅速增大到 120MPa,并保压一段时间。

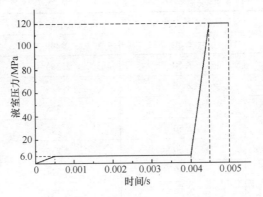

图 6–32　初始成形过程模拟液室压力加载曲线 AMPa–1

在图 6–32 所示的液室压力加载条件下,采用正交实验法对初始成形过程进行模拟,主要分析各模具与坯料的摩擦因数以及上、下模的开模间距对成形的影响:摩擦因数分别取 0.05、0.10 和 0.15,开模间距分别取 3.7mm、3.5mm 和 3.3mm 进行模拟。其中坯料与上模 A 的摩擦因数 f_{a1} 和坯料与下模 A 的摩擦因数 f_{a2} 对成形的影响效果相同,可以归结为同一个影响因素 f_{a0}。因此在初始成形模拟过程中,主要考虑四个因素的影响,即 f_{a0}、f_{a3}、f_{b3} 和 d_1。

由上面的分析得出,实验共有 4 个因子(四个主要影响因素),3 个水平(同一影响因素的不同取值),正交设计表采用 $L_9(3^4)$,模拟实验的正交设计方案见表 6–2。应用极差分析法对模拟结果进行分析,采用的主要评价指标为坯料最大减薄率,在一般情况下,坯料减薄程度越小,则工艺条件相对来说就更有利于零件成形。根据表 6-3 中的工艺条件进行模拟,获得不同工艺条件下坯料的最大减薄率,见表 6-3。

表 6-2　模拟实验设计方案

序号 \ 因素	f_{a0}	f_{a3}	f_{b3}	d_1/mm
1	0.05	0.05	0.05	3.7
2	0.05	0.10	0.10	3.5
3	0.05	0.15	0.15	3.3
4	0.10	0.10	0.15	3.7
5	0.10	0.15	0.05	3.5
6	0.10	0.05	0.03	3.3
7	0.15	0.15	0.10	3.7
8	0.15	0.05	0.15	3.5
9	0.15	0.10	0.05	3.3

表 6-3　不同工艺条件下坯料最大减薄率

实验序号	坯料原始厚度/mm	坯料最小厚度/mm	最大减薄率/%
1	2.50	2.349	5.92
2	2.50	2.195	12.2
3	2.50	1.824	27.0
4	2.50	2.388	4.44
5	2.50	2.243	10.1
6	2.50	2.235	10.6
7	2.50	2.394	4.24
8	2.50	2.253	9.68
9	2.50	2.225	10.8

6.2.5　上(下)模 A 与坯料的摩擦因数对初始成形的影响

在模拟实验中,摩擦因数 f_{a0} 分别为 0.05、0.10 和 0.15 三个不同的取值,其中实验 1、2、3 的摩擦因数为 0.05,实验 4、5、6 的摩擦因数为 0.10,实验 7、8、9 的摩擦因数为 0.15,这样就根据摩擦因数 f_{a0} 的不同将实验分为三组,分别用 I_{A1}、II_{A1}、III_{A1} 表示。将每组模拟实验结果对应的坯料最大减薄率相加,可以得到如下结果:

$$I_{A1} = 5.92 + 12.2 + 27.0 = 45.1 \tag{6-1}$$

$$II_{A1} = 4.44 + 10.1 + 10.6 = 25.1 \tag{6-2}$$

$$\text{III}_{A1} = 4.24 + 9.68 + 10.8 = 24.7 \tag{6-3}$$

$$\text{I}_{A1} > \text{II}_{A1} > \text{III}_{A1} \tag{6-4}$$

$$R_{A1} = \text{I}_{A1} - \text{III}_{A1} = 20.4 \tag{6-5}$$

由式(6-1)~式(6-4)可以看出,当上(下)模 A 与坯料的摩擦因数为 0.05 时,坯料的最大减薄率相对较大。这是因为在成形过程中坯料的进给主要依靠上(下)模 A 与坯料的轴向摩擦提供的进给力实现的,摩擦因数过小会导致坯料与模具之间产生相对滑动,以致在合模进给阶段坯料的进给量不足,因而仅仅依靠坯料在最终整形阶段的胀形,将使板材的减薄率大大增加。当摩擦因数为 0.10 或 0.15 时,坯料的减薄率相对较小。这是因为随着坯料与模具间摩擦因数的增加,两者间的摩擦力也随之增大,使得在合模进给阶段坯料与模具之间基本不产生滑动,这样坯料就获得了比较合适的进给量,因此在加压整形阶段有效地降低了坯料的减薄程度。

从上面的分析中可以得出,在相同条件下,上(下)模 A 与坯料的摩擦因数 f_{a0} 越大,坯料与模具间产生的摩擦力相对越大,这就更有利于坯料沿轴向的进给。因此,相对较大的摩擦因数 f_{a0} 有利于成形。

6.2.6 芯模与坯料的摩擦因数对初始成形的影响

在模拟实验中,摩擦因数 f_{a3} 分别为 0.05、0.10、0.15 三个不同的取值,其中实验 1、6、8 的摩擦因数为 0.05,实验 2、4、9 的摩擦因数为 0.10,实验 3、5、7 的摩擦因数为 0.15,根据摩擦系数 f_{a3} 的不同,同样将模拟结果分为三组,分别用 I_{A2}、II_{A2} 和 III_{A2} 表示。将每组实验结果对应的坯料最大减薄率相加,可得:

$$\text{I}_{A2} = 5.92 + 10.6 + 9.68 = 26.2 \tag{6-6}$$

$$\text{II}_{A2} = 12.2 + 4.44 + 10.8 = 27.4 \tag{6-7}$$

$$\text{III}_{A2} = 27.0 + 10.1 + 4.24 = 41.3 \tag{6-8}$$

$$\text{III}_{A2} > \text{II}_{A2} > \text{I}_{A2} \tag{6-9}$$

$$R_{A2} = \text{III}_{A2} - \text{I}_{A2} = 15.1 \tag{6-10}$$

由式(6-6)~式(6-10)可以看出,当芯模与坯料的摩擦因数取 0.05 时,坯料的最大减薄率最小,随着摩擦因数 f_{a3} 的增加,坯料的减薄率也有所增大。当摩擦因数为 0.15 时,坯料减薄率相对最大。总体来看,芯模与坯料之间的摩擦因数 f_{a3} 越小,坯料的最大减薄率相对越小。因此,保证相对较小的摩擦因数 f_{a3} 有利于成形。

6.2.7 中模 B 与坯料的摩擦因数对初始成形的影响

在模拟过程中,摩擦因数 f_{b3} 分别为 0.05、0.10、0.15 三个不同的取值,其中实验 1、5、9 的摩擦因数 f_{b3} 为 0.05，实验 2、6、7 的摩擦因数 f_{b3} 为 0.10，实验 3、4、8 的摩擦因数 f_{b3} 为 0.15，根据 f_{b3} 的不同，将模拟结果分为三组，分别用 I_{A3}、II_{A3}、III_{A3} 表示。将每组实验结果对应的坯料最大减薄率相加，可得如下结果：

$$I_{A3} = 5.92 + 10.1 + 10.8 = 26.8 \tag{6-11}$$

$$II_{A3} = 12.2 + 10.6 + 4.24 = 27.0 \tag{6-12}$$

$$III_{A3} = 27.0 + 4.44 + 9.68 = 41.1 \tag{6-13}$$

$$III_{A3} > II_{A3} > I_{A3} \tag{6-14}$$

$$R_{A3} = III_{A3} - I_{A3} = 14.3 \tag{6-15}$$

由式(6-11)~式(6-15)可以看出，当坯料与模具的摩擦因数 f_{b3} 为 0.05 时，坯料的最大减薄率相对最小，当坯料与模具的摩擦因数 f_{b3} 为 0.15 时，坯料的最大减薄率相对最大，即在相同的工艺条件下，随着摩擦因数 f_{b3} 的增大，坯料的最大减薄率增大。这是因为坯料与模具的摩擦因数越小，在胀形的过程中，模具对坯料的切向阻力相对较小，有利于坯料在模具型腔内流动，降低了坯料局部严重变薄的可能性。因此，坯料与中模 B 间的摩擦因数 f_{b3} 越小，越有利于零件的成形。

6.2.8 上模 A 与下模 A 的开模间距对初始成形的影响

在模拟实验中，上模 A 与下模 A 的开模间距 d_1 分别取 3.7mm、3.5mm 和 3.3mm，其中实验 1、4、7 的开模间距为 3.7mm，实验 2、5、8 的开模间距为 3.5mm，实验 3、6、9 的开模间距为 3.3mm。这样就根据开模间距的不同将模拟结果分为 3 组，分别用 I_{d1}、II_{d1} 和 III_{d1} 表示，将每组实验结果对应的坯料最大减薄率相加，得到如下结果：

$$I_{d1} = 5.92 + 4.44 + 4.24 = 14.6 \tag{6-16}$$

$$II_{d1} = 12.2 + 10.1 + 9.68 = 32.0 \tag{6-17}$$

$$III_{d1} = 27.0 + 10.6 + 10.8 = 48.4 \tag{6-18}$$

$$III_{d1} > II_{d1} > I_{d1} \tag{6-19}$$

$$R_{d1} = III_{d1} - I_{d1} = 33.8 \tag{6-20}$$

由式(6-16)~式(6-20)可以看出，开模间距 d_1 取 3.7mm 时，坯料的最大减薄率相对最小。开模间距 d_1 取 3.3mm 时，坯料的最大减薄率相对最大。即在一定范围内，相同的条件下，开模间距越大坯料最大减薄率越小。这是因为当上(下)模与坯料间不产生明显的滑动时，开模间距越大，则坯料可以在轴向获得更大的进给量，以减少坯料由于纯胀形造成的局部严重变薄。但是开模间距也有一定的限度，开模间距过大会使坯料的进给量超过模腔的曲线长度，以致坯料在模腔内产生褶皱或在合模进给过程中被挤出模腔。

6.2.9 成形工艺参数优化

前面几节对影响成形的四个主要因素进行了系统的分析，由式(6-5)、

182

式(6-10)、式(6-15)和式(6-20)可以得到各因素对成形结果影响的主次顺序,即

$$R_{d1} > R_{A1} > R_{A2} > R_{A3} \qquad (6-21)$$

式(6-21)说明在四个影响因素中,开模间距 d_1 和摩擦因数 f_{a0} 两个因素对成形的影响最大,而摩擦因数 f_{a3} 和 f_{b3} 对成形的影响较小。通过上面一系列的分析可以得到初步的优化工艺参数,见表6-4。

表6-4   初步优化工艺参数

影响因素	开模间距 d_1/mm	摩擦因数 f_{a0}	摩擦因数 f_{a3}	摩擦因数 f_{b3}
参数水平	3.7	0.15	0.05	0.05

利用表6-4的优化工艺参数对初始成形进行模拟,从模拟结果可以看出,坯料厚度分布均匀,成形效果比较理想。从坯料厚度的分布情况(见图6-33)可以得出,坯料减薄最严重的区域出现在小环槽的顶端,最大减薄率为4.24%。

可以看出,优化工艺条件下的模拟结果与7号模拟实验结果相比,坯料的最大减薄率相同,成形结果差别不大。对比两者的工艺参数,开模间距 d_1 和摩擦因数 f_{a0} 相同,只是摩擦因数 f_{a3} 和 f_{b3} 不同,这也恰恰说明了开模间距 d_1 和摩擦因数 f_{a0} 是影响坯料成形的最主要因素,而摩擦因数 f_{a3} 和 f_{b3} 的改变对成形结果的影响相对要小得多。与其余8个模拟实验结果相比,在优化工艺条件下模拟所得坯料的最大减薄率最小。因此,利用前面模拟实验获得的优化工艺参数是比较合理的,在四个影响因素中要重点保证选取合理的开模间距 d_1、提供较大的摩擦因数 f_{a0}。

开模间距 d_1 由3.7mm增大为3.85mm,保持优化工艺条件其他参数不变,可以分析出坯料的最大减薄率进一步减小为3.12%,图6-34为坯料沿路径的厚度分布。从前面的分析中得出开模间距 d_1 越大,坯料的最大减薄率越小。但是开模间距 d_1 的大小也有一定的限度,开模间距 d_1 过小将导致坯料的轴向进给量不足,坯料减薄率增大;而开模间距 d_1 超过一定的限度会导致坯料轴向进给量过大,使

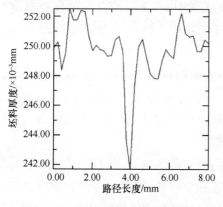

图6-33   优化工艺条件下沿路径的
坯料厚度分布

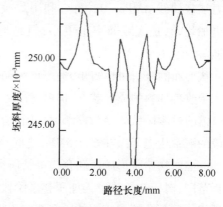

图6-34   增大开模间距后沿路径的
坯料厚度分布

得坯料可能产生褶皱或被挤出模腔。总的来看,开模间距 d_1 取 3.7mm 和 3.85mm 时,成形结果都比较理想,因此可以将 3.7 ~ 3.85mm 作为开模间距 d_1 的合理范围。

6.2.10　液室压力加载曲线对初始成形的影响

在充液成形过程中,压力加载曲线对成形会产生较大的影响。在优化工艺条件下(见表 6-4),比较不同的液室压力加载曲线对成形结果的影响。

将初始胀形阶段的最大液室压力和合模进给阶段的液室压力降低为 3.0MPa,得到新的压力加载曲线 AMPa-2。

根据模拟结果可以明显看出,模具与坯料之间产生了相对滑动,导致坯料的进给量严重不足。这是因为一方面初始胀形阶段的液室压力不足,使得坯料产生的胀形程度过小,导致坯料在合模进给时需要更大的进给力;另一方面,在合模进给阶段,坯料的进给力是由坯料与模具间的摩擦力提供的,较小的液室压力致使该摩擦力相对较小,这样就导致坯料的进给力过小。综合这两方面的原因可以得出,为了使坯料获得足够的进给量,应该适当增大初始胀形阶段和合模进给阶段的液室压力。初始胀形阶段最大压力和合模进给阶段的液室压力达到了 6.0MPa,在相同工艺条件下,应用压力加载曲线 AMPa-1 进行模拟没有出现坯料进给量不足的现象。因此适当增大这两个阶段的液室压力对解决上述坯料基本不产生轴向进给的问题是有效的。

增大初始胀形阶段和合模进给阶段的液室压力,增加到 15MPa,得到液室压力加载曲线 AMPa-3。在其他工艺条件不变的情况下,从模拟结果可以看出,坯料变薄最严重的区域发生在小环槽的顶端和直壁与小环槽过渡处,坯料厚度的最大减薄率为 2.96% 。图 6-35 为坯料厚度沿路径的分布状况,可以看出,与液室压力加载曲线 AMPa-1 相比,利用加载曲线 AMPa-3 模拟得到的坯料厚度分布更加均匀,最大减薄率也更小,但是坯料在直壁与环槽过渡处的减薄率有所增加。

从上面的分析可以得出,适当增大初始胀形和合模进给阶段的液室压力可以进一步改善坯料的成形状态,但液室压力也不能太大,压力过大会导致坯料在直壁与环槽的过渡区域的变薄率增大。因此在初始成形过程中,初始胀形和合模进给阶段的液室压力可以在 6 ~ 15MPa 之间合理选取。

前面对初始胀形阶段和合模进给阶段的液室压力进行了分析,确定了合理的选择范围,对于初始成形的加压整形阶段,在一定程度内,液室压力越高则成形结果越好。前面分析中应用的所有液室压力加载曲线在加压整形阶段的压力峰值都是 120MPa,在优化的工艺条件下获得了比较理想的结果。

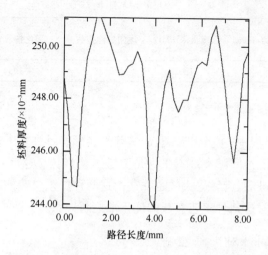

图 6 - 35　增大初始反胀压力坯料厚度沿路径分布

6.3　铝合金方盒异型件充液成形

6.3.1　零件特征及材料参数

　　某型飞机内部覆盖件,成形材料为 2024 - O 铝合金,厚度为 2mm,材料参数如表 6 - 5 所列。采用基于 LS - DYNA 求解器的 ETA/Dynaform 有限元软件,对零件的充液成形过程进行数值模拟分析。坯料采用四节点 Belytschko - Tsay 壳单元,选用 36 号材料模型,凸模、凹模及压边圈视为刚性体,凸模与板材之间的摩擦因数为 0.2,而凹模、压边圈与板材之间的摩擦因数为 0.1,凸模和压边圈之间采用定间隙压边的方法。有限元模型如图 6 - 36 所示。

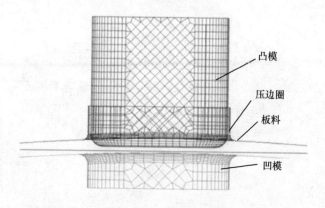

图 6 - 36　有限元模型

表 6 – 5   2024 – O 材料性能参数

材料	屈服应力/MPa	强度极限 /MPa	厚向异性指数 r	强化指数 n	硬化模量 k/MPa
2024 – O	75	180	0.88	0.195	102.5

6.3.2   失稳控制有限元分析

在充液成形过程中,主要有破裂、起皱等失稳形式。许多工艺参数都对成形过程产生影响,其中压边间隙和液室压力是关键工艺参数。这两种工艺参数在试验中比较容易控制,破裂、起皱等失效也往往由这两种工艺参数控制不当而产生。因此,这里主要通过对这两种工艺参数的优化来控制失稳。

6.3.2.1   压边间隙对失稳控制的影响

由于零件的非轴对称性,在成形过程中其受力和变形都不均匀。圆角区与筒形件拉深类似,径向受拉,切向受压,因此,圆角区材料在切向压应力作用下向直边区扩展,使直边区材料受到切向压缩,当切向压应力超过临界载荷时,法兰区材料便失稳起皱。合理的压边间隙是控制法兰起皱的有效措施。

由数值模拟结果可以看出,当增大压边间隙时,最大减薄率明显下降,这是因为过小的压边间隙会使板材被压边圈压得太紧,板材与压边圈、凹模之间的摩擦阻力增大,使板材不能顺利流入凹模,造成传力区拉应力增大,从而板材变薄严重,图 6 – 37 是压边间隙为 2mm 的数值模拟厚度分布图结果,从图中可以看出,凸模底部拐角处变薄最严重,并且由于短边增厚严重,造成短边侧壁拉应力增大,短边侧壁变薄比长边侧壁严重,因此短边侧壁与凸模圆角相切的地方是危险截面,此处比

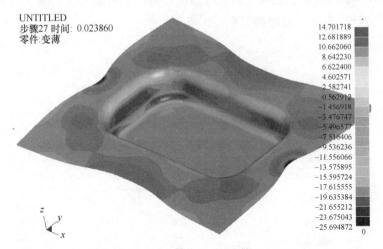

图 6 – 37   压边间隙 2mm 的厚度分布图

长边侧壁容易破裂。

从模拟结果还可看出,当压边间隙增加到一定程度后,其对减薄率的影响不再明显,并且当间隙为 2.3mm、2.4mm 时,模拟中法兰出现起皱现象,如图 6-38 所示,图中画圈部分为法兰起皱部位。因此为了避免零件过度减薄和法兰起皱,压边间隙在 2.1~2.2mm 之间为宜。

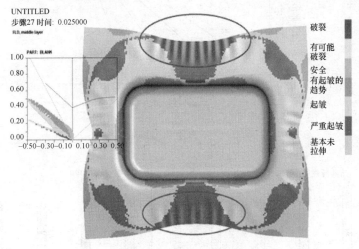

图 6-38   压边间隙为 2.4mm 数值模拟 FLD 示意图

6.3.2.2   液室压力对失稳控制的影响

板材在拉深过程中,当变形超出材料的成形极限时,便会出现颈缩失稳,进而发生破裂。在充液拉深中,由液体压力产生的"摩擦保持"和"流体润滑"效应,可有效抑制材料的过度变薄,提高材料的成形极限。因此,液室压力是充液成形中重要的参数,合理的液压加载路径可有效控制破裂的产生。

针对该零件,为了确定合理的液压加载路径,对如图 6-39 所示的 4 种加载路径进行数值模拟,初始压力均为 1MPa,最大压力为 20MPa,压边间隙设为 2.1mm。4 种加载路径在凸模不同位移时最大减薄率的模拟结果如图 6-40 所示。

由图 6-40 所示数值模拟结果可以看出,成形结束后,加载路径 1 的最大减薄率最大,并且在凸模位移 20mm 以前,明显大于另外三种加载路径下的模拟结果,这是因为在凸模下行位移较小时,板材还没有完全包覆在凸模上。此时过大的液室压力会使板材胀形量过大。加载路径 1 在此期间的压力最大,所以其减薄也最严重。

加载路径 4 在凸模下行位移 20mm 之前,最大减薄率都是最小的,但之后的减薄率急剧上升,成形结束后减薄率最大,这是因为,在成形后期,板材已经被拉入凹

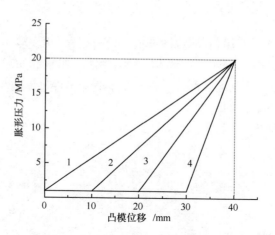

图 6 - 39　液室压力加载曲线

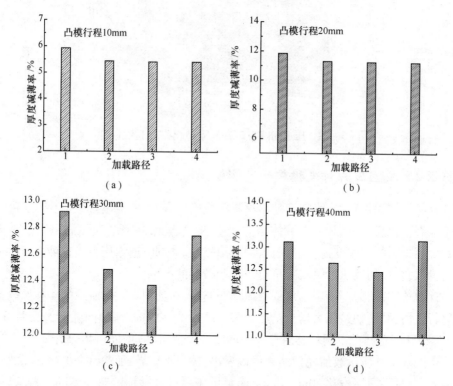

图 6 - 40　四种压力加载曲线在凸模不同位移时刻的最大变薄率比较

模,此时较大的液室压力,可使板材紧贴在凸模上形成摩擦保持效果,降低筒壁的拉应力,抑制板材过度减薄,而加载路径 4 此时的液室压力最小,摩擦保持效果不能充分发挥,所以板材变薄最严重。

　　加载路径 2、3 成形前期压力较加载路径 1 的小,后期压力比路径 4 的大,成形结束后最大减薄率也比另外两种加载路径的小,因此,在成形过程的前期不宜施加太大的液室压力,而在成形后期适当加大压力则有利于成形。

图 6 - 41 是加载路径 3 成形过程最大变薄率的变化情况,从模拟结果可以看出,板材变薄主要发生在凸模位移 20mm 以前,之后增加缓慢,这是由于液室压力在此刻后逐步增大,摩擦保持效果能够充分发挥作用,使材料变薄得到有效抑制。

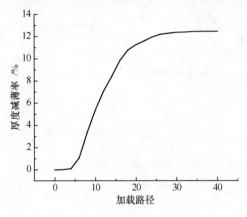

图 6 - 41　加载路径 3 最大变薄率的变化情况

6.3.3　实验研究

在数值模拟初步获得的工艺参数基础上进行试验,当压边间隙在 2.1 ~ 2.2mm 之间,在凸模行程 0 ~ 20mm 之间压力控制在 3MPa 以内。在凸模行程 20 ~ 40mm 时最大液室压力为 15 ~ 20MPa 均加工出了合格样件,如图 6 - 42 所示。沿图中曲线 1、2 所示路径对零件进行剖切,从零件底部中心沿剖切路径取 24 个点测量其厚度分布如图 6 - 43 所示。从图中可以看出,壁厚分布规律与数值模拟结果比较接近,短边侧壁的变薄较长边侧壁的严重。

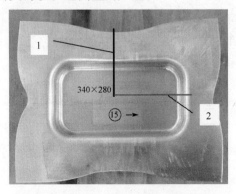

图 6 - 42　实验合格样件

当压边间隙较小时,断裂将发生在短边侧壁处,如图 6 - 44(a)所示破裂试验件,断裂首先发生在短边侧壁与凸模圆角相切的地方,后扩展到长边侧壁。与数值

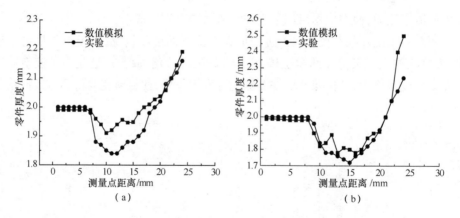

图 6-43   沿曲线 1 和 2 的厚度分布

模拟情况比较符合。当压边间隙为 2.2~2.4mm 时,法兰均出现了不同程度的起皱,如图 6-44(b)所示,图中画圈部分为法兰起皱部位,实验与模拟结果吻合较好。

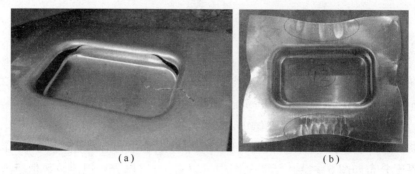

图 6-44   实验破裂零件

铝合金异型件充液拉深过程中,主要失效形式有凸模圆角与短边侧壁相切处的破裂与长边法兰起皱,合理的压边间隙和压力加载路径,可以有效控制起皱和破裂的发生。合理的压边间隙在 2.1~2.2mm 之间。在凸模行程 0~20mm 之前压力不宜太大,可控制在 3MPa 以内,在凸模行程 20~40mm 时最大液室压力为 15~20MPa,可有效控制法兰起皱和侧壁破裂。

6.4   飞机大型复杂双曲度蒙皮充液成形数值模拟及实验研究

飞机蒙皮是维持飞机外形,使之具有优良的空气动力学特性的一类钣金零件。飞机蒙皮零件具有结构尺寸大、曲度变化缓和、相对厚度小、结构刚度差的特点。随着航空航天技术的发展,新一代飞机对气动性能和外观要求越来越高,越来越多地采用复杂曲率蒙皮,飞机蒙皮朝着高强度、高精度、高表面质量的方向发展。目前,该类零件主要采用拉形工艺生产。拉形过程中夹钳和工作台对板材施加拉、扭、顶等多种复合运动,拉形工艺加载轨迹复杂、控制难度大。滑移线、粗晶、纵向皱纹等缺陷控制不稳定,且生产效率较低。

6.4.1 零件概述

该零件所用材料牌号为2024 - O,料厚为0.6mm,零件外形比较复杂。零件装配于机身前部,与机身紧密配合,其两侧大圆角处开有多个装配触点,其加工精度及零件截面角度的成形精度直接影响到零件装配时整体的配合要求;为保证机身气动流线型外形,零件由多个理论曲面拼合而成,常规工艺无法保证零件的质量。

6.4.2 零件成形工艺设计

针对零件外形大、壁厚薄的特点,同时考虑实际加工过程中的生产成本,拟采用主动式充液成形方法对其进行加工。即利用液体介质代替凸模,在液体压力的作用下使得坯料与凹模贴合以成形零件,成形过程主要包括两个阶段:第一阶段上、下模合模对原始坯料进行弯折,将坯料完全纳入到型腔当中,使下模与坯料之间形成密封腔;第二阶段由下模开口处向型腔内充入高压液压油,在高压液体的作用下板材与上模相贴合成形零件。其中,上模按需要保证的型面设计,下模根据最小形变原则设计。

该种方法首先需对零件中的分块曲面进行工艺面补充。补充的工艺面应满足以下两点要求:

(1)补充工艺面需与零件原始曲面光滑连接;

(2)因零件壁厚较薄,成形过程中极易出现断裂的现象,因此补充工艺面需在合理的范围内尽量减少坯料的形变量。

根据零件外形特点,考虑到主动式充液成形过程中板材需与下模形成高压密封腔,所需型面全部由上模保证的特点,添加工艺补充面后的外形如图6 - 45所示。

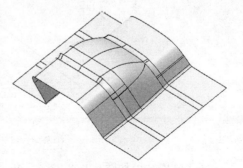

图6 - 45　添加工艺补充面后的零件

6.4.3 数值模拟

利用 Dynaform 软件中的反算下料功能模拟结合实际经验将坯料尺寸定为

630mm×1800mm。在有限元分析中采用 36 号 BARLAT 各向异性材料模型,根据单向拉伸试验数据设置材料参数;坯料网格划分采用 Belytschko – Tsay 壳单元,模具网格采用刚性四边形单元,对于法线夹角过大的部分相邻单元重划为三角形单元;摩擦因数根据需要进行调节,调节范围为 0.05 ~ 0.3。

第一阶段合模过程模拟结果如图 6 – 46 所示,零件最大减薄率为 2.94%,对后续第二阶段破裂缺陷的产生影响不大;该阶段板材的外形将对零件最终成形时起皱缺陷是否存在产生直接的影响,若该阶段板材起皱严重,第二阶段胀形过程中零件很容易在型面上形成"死皱"。

图 6 – 46　第一阶段合模过程模拟结果

第一阶段完成后,向下模与坯料之间形成密封腔中充入高压液体,高压液体的压力加载曲线如图 6 – 47 所示,其中,最大液体压力达到 20MPa。

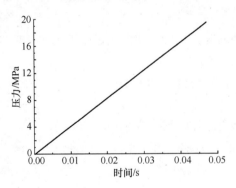

图 6 – 47　压力加载曲线

最终模拟结果如图 6 – 48、图 6 – 49 所示。

从模拟结果可以看出,起皱是该零件成形过程中的主要缺陷形式,起皱位置多位于两侧大圆角四周的工艺补充面上,不影响零件最终的成形结果;零件能较好地进入塑性状态,成形后回弹量小;零件的最大减薄区域出现在两侧大圆角处,最大减薄率为 8.23%。模拟结果表明,该零件可以使用主动式充液成形方法生产。

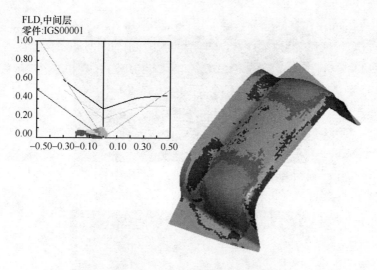

图 6 – 48　模拟结果 FLD 图

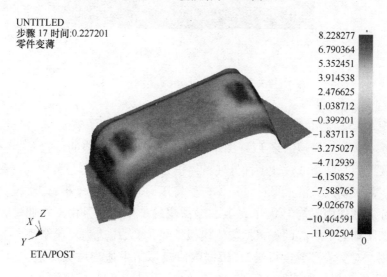

图 6 – 49　模拟结果厚度分布图

6.4.4　实验结果及零件缺陷分析

　　实验在龙门式单动液压机上进行。图 6 – 50 为成形所用模具。在实验过程中,影响材料成形结果的参数有很多,主要包括摩擦因数、液体压力、压边力,凸、凹模圆角半径等。在本实验中,凹、凸模圆角半径按初始模具设计。按数值模拟结果对试验过程中的液体压力和压边力等参数进行设定。实验成形出的零件如图 6 – 51所示。

　　零件成形实验过程中出现了起皱和破裂两种缺陷,以下综合实验结果和数值

图 6-50　模具

图 6-51　成形后的零件

模拟结果对两种缺陷的产生及其成因进行分析。

1. 起皱缺陷

如图 6-52 所示,实验过程中成形后的零件表面出现了皱纹,零件皱纹分布位置与图 6-49 数值模拟结果 FLD 图中零件表面有起皱趋势的位置基本一致。起皱的主要原因是圆角或过渡型面处坯料体积分布过多和成形过程中局部受力不均匀所致。而主动式充液成形通过液体介质将压力直接作用于板材上,板材各部分在液体介质的作用下均匀受力,故其起皱缺陷的产生主要是由于拉伸过程中板材体积分布不均匀所引起的。根据数值模拟结果,增大压边力对起皱现象有一定的缓解作用。对实验参数进行修改,根据数值模拟结果适当增大压边力,再次成形后,发现零件表面依旧有皱纹存在,改善效果不明显,可见压边力的改变对零件起皱缺陷的产生影响不大。

图 6-52　零件产生起皱缺陷

考虑到数值模拟过程中零件并没有出现明显的起皱现象,实时加工成形后的零件与数值模拟结果有较大出入。重新分析数值模拟结果发现,如图 6 - 53 所示,成形过程中当液体压力未达到 20MPa 时,零件表面有皱纹存在,且该时刻的皱纹与实验过程中产生的皱纹极为相似。检查实验台,发现实验过程中使用的模具出现了密封失效的现象。根据分析可初步断定,零件表面的起皱缺陷是因为模具密封失效导致液体压力不足而引起的。根据分析结果,改善工作环境,适当提高液体压力。再次进行实验,最终成形出合格零件。由此可以断定,起皱缺陷是由实验过程中液体压力未达到 20MPa 而引起的。

图 6 - 53　数值模拟结果零件产生起皱缺陷

2. 破裂缺陷

在增大压边力尝试解决零件表面起皱时,发现当压边力过大时,零件会发生破裂的现象,如图 6 - 54 所示,裂缝长约 82.4mm,宽 2mm。对比如图 6 - 55 所示的数值模拟结果,实验中零件破裂产生位置与数值模拟过程零件最大减薄率区域基本一致,破裂位置均位于零件的两侧大圆角上。适当减小压边力,再次成形零件,破裂缺陷消失,成形出合格零件。由此可以断定,破裂缺陷是由实验过程中压边力过大而引起的。

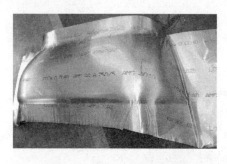

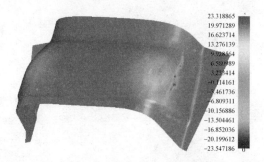

| 23.318865 |
| 19.971289 |
| 16.623714 |
| 13.276139 |
| 9.928564 |
| 6.580989 |
| 3.233414 |
| -0.114161 |
| -3.461736 |
| -6.809311 |
| -10.156886 |
| -13.504461 |
| -16.852036 |
| -20.199612 |
| -23.547186 |

图 6 - 54　零件产生破裂缺陷　　　　图 6 - 55　数值模拟中的破裂缺陷

分析破裂的产生位置,可以得出:在胀形过程中,板材首先与模具 A 侧与 C 侧相接触,之后在液体压力的作用下,A、C 两处之间的板材继续发生形变,最终与圆角 B 贴合。显然,与圆角 B 贴合的板材在成形过程中的形变量最大,故较 A、C 两

195

点,圆角 B 处易产生破裂缺陷。

通过数值模拟对大型复杂双曲度蒙皮零件成形的过程进行了全面的分析,获得了零件成形过程中各个阶段的成形规律以及应力应变状态分布。成功预测了零件成形过程中可能出现的缺陷形式和分布位置,为后续工艺生产节约了大量的时间和成本。同时,为飞机蒙皮复杂曲面零件的制造提供了新的工艺方法与工艺设计思路。

可见,充液成形技术作为一种极具竞争力的生产工艺能够适应航空企业大型复杂零件的生产需求。在此过程中,以有限元分析为基础的数值模拟技术能为整个生产过程工艺参数的确定提供可靠的、科学的、有效的新途径。这不仅可以大幅降低企业生产成本,缩短新产品生产周期,还能促使企业向敏捷制造、绿色制造的方向发展。

第7章 板材热介质充液成形设备

7.1 总体方案确定

本装备总体方案是结合常温下板材充液拉深设备和板材温热成形设备的特点来确定的。板材充液热成形装备总体分为三部分:通用双动液压机机架,加热冷却系统和板材充液成形装置。加热是由加热室、底部加热板以及模具上的加热块来实现,主缸横梁、压边横梁、下底板,以及增压缸部分均装有冷却装置。模具和液室安装在加热室内,液体压力靠连接加热室外的增压器来提供。装备总体方案如图7-1所示。所用双动液压机性能参数如表7-1所列。图7-2和图7-3分别为装备的示意图和实物图。

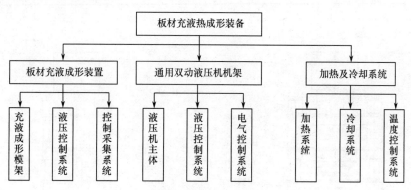

图 7-1 板材充液热成形装备总体方案

表 7-1 Y28-630/880 双动热成形试验液压机技术规格

序号	项 目		数据
1	主缸公称力/kN		6300
2	压边缸公称力/kN		2500
3	主缸回程力/kN		1050
4	最高液体压力/MPa		100
5	加热温度/℃	充液状态	350
		非充液状态	900
6	主缸工作行程/mm		1200

序号	项　　目		数　据
7	压边缸工作行程/mm		900
8	活动横梁下表面至工作台面最大距离/mm		2745
9	压边梁至工作台面最大距离/mm		2100
10	压边梁内框尺寸/mm		$\phi500$
11	工作台有效尺寸　左右×前后		1350×1520
12	活动横梁速度/(mm/s)	空程下行	250
13		工作	2.5~19,0.17~0.55
14		回程	115
15	机器外形尺寸　左右×前后×高/(mm×mm×mm)		2090×1520×7070
16	电动机总功率/kW		80
17	机器总重量/t		37

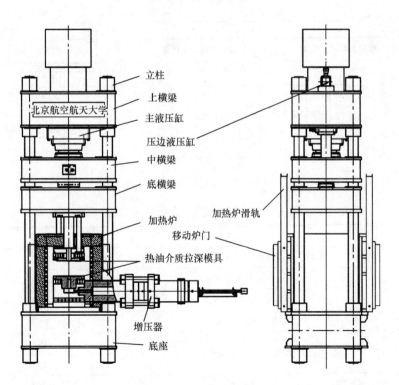

图 7-2　设备示意图

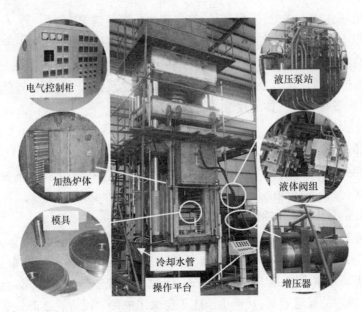

电气控制柜　　　液压泵站

加热炉体　　　液体阀组

模具

冷却水管

操作平台　　　增压器

图 7 – 3　设备实物图

7.2　加热系统设计

考虑到后续研究所用,加热系统分 900℃和 500℃二级控制,由加热室四壁、底部加热板以及模具上的加热块来实现。由于研究经费所限,此次模具上加热块及底部加热板的材料均按 500℃要求设计,其中,模具上的电热体及控制部分按500℃设计,底部加热板上的电热体及控制部分设计要满足 900℃要求,这样在后续 900℃研究中,可避免更换控制部分;加热室四壁的发热体及控制部分均按900℃设计。

7.2.1　加热室主体加热设计

1. 电热体选择

电热体是加热系统的主要组成部分,正确选用电热体材料,设计性能优良的电热体结构,是评价加热系统的主要指标。

电热体可分为金属和非金属两类。电热体材料应满足下列要求:

（1）具有优良的高温性能;

（2）具有较高的电阻率;

（3）具有较小的电阻温度系数;

（4）具有较低的热膨胀系数;

（5）具有良好的力学性能;

（6）电热体成本要低，来源充足，符合我国的资源情况。

根据以上原则以及本加热系统的特性选用抗高温性能好，价格低廉，应用广泛的铁铬铝合金，铁铬铝合金具有良好的抗氧化性能，加热后，表面生成一层高熔点的 Al_2O_3 保护薄膜。此合金电阻率较大，电阻温度系数较小，具有较强的抗渗碳性，耐硫及耐各种碳氢气体的侵蚀。不含镍，成本低。

2. 电热体结构布置

电热体布置的方式及位置影响着加热室的加热功能及安全性能。根据加热室加热的功能要求以及空间位置，电热体布置到加热室四壁，每个壁布置三个加热区，共 12 区，每个区域均由可控硅执行元件控制，每个区域的温度均可设定和调整，工作温度可达 900℃，控温误差 ±5℃。

电热体布置方式初选两种，如图 7-4 所示。可以看出，相同的炉体面积，方式 1 布置的电热体的总长度要小，从而布置的功率也要小；若按方式 1 布置，陶瓷套管需连接于加热室内壁，伸出于加热室外壁，整个贯穿加热室，这势必会破坏保温层，影响加热室的保温效果，从而也给施工带来了麻烦。而方式 2 陶瓷套管可在加热室内壁两侧固定，从而避免了上述问题。另外，按方式 1 布置，电热体大部分处于悬空，一旦发生熔断，电热体很容易接触旁边的加热室内壁的不锈钢挡板，易发生短路危险，而方式 2 安全系数就高得多。基于以上两点考虑，选用方式 2 布置电热体。实际布置如图 7-5 所示。

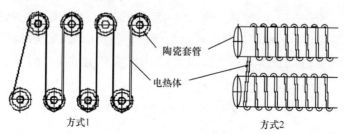

图 7-4　加热室四壁电热体布置方式示意图

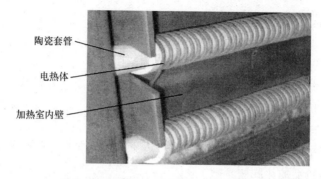

图 7-5　加热室四壁电热体布置实物图

200

7.2.2 底加热板设计

底加热板位于液室下部,是对整个加热室和液室加热的主要组成部分,由于位于液室下部,工作时整个设备的吨位作用其上,因此它不但能够进行加热、温度控制,还要能够传递压力,如图7-6所示。因此要求底加热板不仅要有良好的导热性,还要有较大的刚度和硬度。本次材料设计按满足工作温度500℃的要求,这里选用具有高的强韧性的热作模具钢,该钢具有较高的热强度和硬度,有很好的韧性、热疲劳性能和一定的耐磨性。在500℃时,屈服强度$\sigma_s = 1200\text{MPa}$,抗拉强度$\sigma_b = 1370\text{MPa}$。

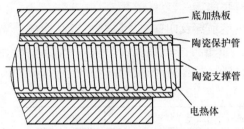

图7-6 底加热板电热体安装结构形式

由于此处电热体材料设计要满足900℃要求,因此这里也选用经济实用的铁铬铝电热体。底加热板上开有通孔,电热体采用插入式结构。安装结构形式如图7-6所示,电热体采用螺旋结构套装在陶瓷支撑管上,陶瓷支撑管的作用是防止电热体倒塌,然后装入陶瓷保护管中,再一起装入底加热板的通孔中。

7.2.3 模具加热块设计

模具加热块是对模具进行加热的主要组成部分,它的功能和要求基本与底加热板一致,材料也选用热作模具钢。

凹模、压边圈上分别装有加热块,模具上的加热块均与模具分离,不在模具上开发热管安装孔,这样可实现更换模具时和常温下一样方便,也保证了加热系统的使用寿命。加热块的加热方式采用插入式电加热棒加热,加热棒采用304不锈钢发热管,每个加热块上都呈二层交错穿插布置,采用耐火绝缘引出导线连接,工作温度可达500℃,采用PID自动温度控制,控温误差±1.5℃。加热块设计方案如图7-7所示。

7.2.4 隔热保温设计

选择隔热保温材料首先要考虑它的导热系数,导热系数越小,其隔热性能就越好。此外还要根据隔热材料的具体使用场合考虑材料的机械强度、吸水率、耐热

201

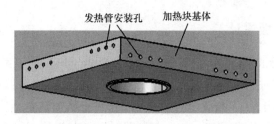

图 7 – 7　加热块结构设计

性、使用温度、经济性,以及环保要求等。

根据本系统的需要,加热室需要的隔热材料可以分为两种位置放置:①加热室顶部及四壁;②加热室底部。

第一种位置,加热室顶部及四壁布置隔热材料。这部分隔热材料主要防止加热室内部的热量损失。根据本系统温度及结构特点,以及隔热材料的选用原则,选硅酸铝棉作隔热保温材料,其规格和物理性能如表 7 – 2 所列。

表 7 – 2　硅酸铝棉规格和物理性能

种 类	密度 /(kg/m³)	热导率/(W/(m·K))	渣球含量/%	加热线膨胀率/%
2a	192	≤0.153	≤18	≤4

此部分隔热保温层厚度可按下式确定:

热损失(保温层内的温度 900℃,环境温度设为 20℃)

$$q = \frac{\Delta t}{\frac{\delta}{\lambda} + \frac{1}{\alpha}} = \frac{900 - 20}{\frac{\delta}{0.153} + \frac{1}{11.63}} \qquad (7 - 1)$$

$$t_{w2} = \frac{q}{\alpha} + t_{f2} = \frac{q}{11.63} + 20 \leqslant 65℃ \qquad (7 - 2)$$

式中:λ 为绝热材料的热绝缘系数((m·K)/W);α 为绝热结构外表面传热系数(W/(m²·K)),$\alpha = 11.63 W/(m² · K)$;$\delta$ 为绝热层厚度,$\delta = 245 \times 10^{-3}$;$t_{w2}$ 为外表面温度;t_{f2} 为环境温度,20℃。

根据上两式可得 $\delta \geqslant 0.244m = 244mm$,$\delta$ 取 255mm。

第二种位置,加热室底部。此部分承受整个设备的工作压力,因此这部分隔热保温材料不但要较好地防止热量损失,而且能够传递压力。因此,不能采用普通保温棉进行隔热,需采用能承受高温、高压,并有较好的绝热性能的物质来隔热。这里选用硅酸铝陶瓷,其耐高温性能好,耐热温度可达 1950℃。有一定的绝热性能。另外,考虑到陶瓷在受到不均匀压力情况下易发生裂纹的特性,陶瓷外部加装金属容框,限制其发生裂纹的倾向。

7.2.5　各加热部分功率设计

功率设计原则为:①除掉增压缸及加热室内的模架部分,加热室整体封闭时,要求加热室四壁及底部加热板整体加热时能够在3h内把与液室材料与体积相同的物体加热到900℃；②四壁不加热时，保温效果良好的情况下，要求模具上的加热块和底部加热板能够在4h内加热到500℃。加热系统控制，主要由接触式热电偶、数字显示温度调节仪和交流接触器组成。

根据上述设计原则，按照热平衡计算法进行功率设计，如式（7-3）。

$$P = K \sum \Phi \qquad\qquad (7-3)$$

式中：P 为热消耗总功率，即电热体的电功率；$\sum \Phi$ 加热室各种热消耗功率总和；K 安全系数或称储备系数，对于间歇作业炉一般取 1.4 ~ 1.5。

其中，加热室各种热消耗功率总和

$$\sum \Phi = \Phi_{有效} + \Phi_{损耗} + \Phi_{储热} \qquad\qquad (7-4)$$

据式（7-3）、式（7-4）及加热元件的空间位置的布置，最后确定加热室四壁加热功率为72kW，底加热板布置功率为8kW，压边圈上加热块布置8kW，凹模加热块布置6kW。

7.3 冷却系统设计

整个加热室安装在通用双动液压机上，加热室侧壁还连接增压缸，势必一些热量会通过凸模主杆、压边杆等传递到液压机机架和增压缸上。这会引起以下后果：①热量过高会引起横梁等设备部件变形，不但影响设备精度，而且会由于热应力过大造成设备报废；②热量过高会损坏液压及控制系统；③热量过高会损坏液压机机架及增压缸部分的密封装置。为了防止上述不良情况发生，需要在适当的位置布置冷却系统。

7.3.1 液压机机架部分冷却

为了防止热量通过凸模主杆、压边杆传递到主缸横梁和压边横梁上，以及保证凸模主杆和压边杆工作时能有足够的强度和刚度，需在凸模主杆、压边杆以及横梁上布置冷却系统。凸模主杆和压边杆冷却设计如图7-8所示。主杆上钻有冷却入口，外套不锈钢套筒一起组成冷却水通道。这样可使主杆能够得到充分的冷却，不至于产生过热现象，工作时保持足够的刚度和强度。继而也不会把过多的热量传递给主缸横梁和压边横梁。其中凸模主杆冷却水流速设置可调，可在一定条件下，适当调整凸模温度。另外，为了更好地保证横梁部分的冷却效果，确保工作精度，在凸模主杆固定板以及压边杆固定板上开有冷却水道，如图7-9所示。

由于受空间所限以及经济型的要求，加热室底部隔热的陶瓷平台厚度受限，

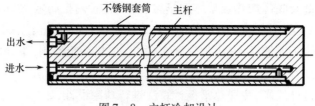

图 7－8　主杆冷却设计

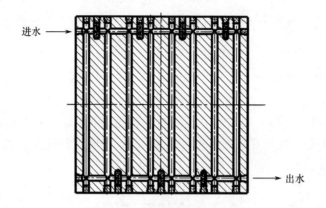

图 7－9　固定板冷却设计

只能隔绝部分热量,一部分热量还是要通过它传到液压机的底平台,为了防止过多热量传到液压机的底平台,从而损坏设备,需在陶瓷平台和金属容框下加装冷却水板。其冷却水板水道设计类似凸模主杆固定板上的冷却水道设计。这样冷却水板与加热板、陶瓷隔热平台、金属容框一起构成加热冷却平台,如图 7－10所示。

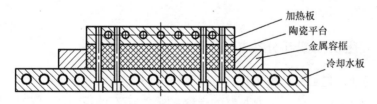

图 7－10　底部加热冷却平台

7.3.2　增压缸部分冷却

增压缸与液室连接,且高温高压液体介质在两者之间流动,加热室内的热量通过高温高压液体介质的流动和金属的热传导势必会传递给增压缸。这样会损坏增压缸上的密封装置,以及与增压缸连接的低压端,低压端是由普通液压油推动,不能承受高温。为了保护增压缸上密封装置以及低压端能够正常工作,必须在增压缸上增加冷却装置。在高压端和低压端连接部分增加冷却装置,确保低压端液压油及此处密封能够正常工作;另外,在活塞杆内增加冷却水道,和上一冷却装置共同冷却活塞杆上的动密封装置。

7.4　液室结构设计及其强度分析

为了使得充液热成形的模架具有一定的通用性,能符合加工大多数零件的工艺性要求,根据常温下充液拉深的经验,确定液室在设定最高温度下(300℃)能承受的最高压力为100MPa。在以往的设计经验中对于超高压常采用传统的厚壁筒承受内压的计算公式,如式(7-5)、式(7-6)分别是厚壁筒承受内压时的强度计算和筒壁径向位移的计算公式。

$$\frac{p(r_1^2+r_2^2)}{r_2^2-r_1^2}-p\leqslant\sigma_p \tag{7-5}$$

$$\Delta r=\frac{pr_1^2}{E(r_2^2-r_1^2)}\left[(1-\mu)r_1+(1+\mu)\frac{r_2^2}{r_1}\right] \tag{7-6}$$

式中:r_1 为液室内半径;r_2 为液室外半径;σ_p 为液室材料的许用应力;p 为液室所承受的内压,μ 为泊松比。材料选用热作模具钢,在300℃时,$\sigma_s=1420$MPa,则 $\sigma_p=\frac{1420}{3}=473$MPa;$r_1=225/2=112.5$,$p=100$MPa,根据上两公式,及以往常温下设计的经验取 $r_2=340$mm。凹模加热板结构如图7-7所示,为安装发热棒方便,设计为方形结构。相应的液室也采用内接圆半径为340mm的方形结构,凹模则为圆形结构。则所设计的凹模、液室及相连接结构如图7-11所示。

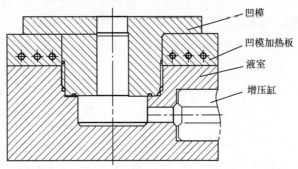

图7-11　凹模和液室的连接结构

上述方法是根据传统厚壁筒受压公式来计算的,但此液室侧壁连接增压缸,简单计算难以确定其应力场的分布,因此需要进一步用有限元法进行分析,根据图7-12所示建立有限元模型,在300℃时的应力场分布进行模拟分析,如图7-12所示,可见满足强度要求。

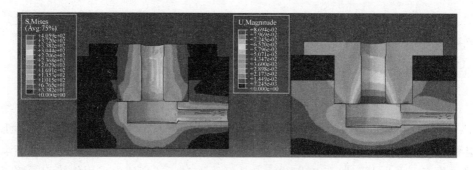

图7-12　凹模和液室的连接部分强度分析

7.5　增压装置设计

板材充液成形有两种增压方式。一种是被动增压,即只靠凸模压入凹模来建立液室压力;另一种是主动增压,即利用增压装置向液室内强行增压。对于尺寸较小的零件,被动增压方式很难使液室内压力升高;而对于大零件,在拉深的初期,被动增压由于液压压力不足对成形基本不起作用,完全等效于普通拉深,并且其压力很难得到控制。主动增压板料能够在成形初期建立反胀,可预先储料以达到平衡各部分材料流动的效果,从而提高成形极限;并且当压力增大到一定值,可在拉深过程中使坯料与凹模面之间形成流体润滑,减小摩擦,降低危险断面的拉应力,并且液体压力易实现实时可控。为了更好地实现板材充液成形过程,本设计采用主动增压的方式。设计了可向充液室强行增压,并可实时控制液压力的增压装置。

根据工艺需求,充液室的最高压力设计为100MPa。然而目前国内市场上的液压泵的工作压力一般为31.5MPa,也有能够达到60MPa甚至更高的的小流量液压泵,但是它不能满足工艺要求,故需要在液室与比例溢流阀之间增加一个用来提供给液室高压的增压装置。它的工作原理是通过液压泵向大腔内注入低压液压油,推动活塞向前移动将前侧小腔内的液体介质挤出,由于活塞杆两端受力相等,即 $F_{大腔} = F_{小腔}$,又 $F = p \cdot S$,所以 $p_{小腔} = p_{大腔} \dfrac{\pi 360^2/4}{\pi 180^2/4} = 4p_{大腔}$。这样就实现了获得高压液体介质的要求。

该增压装置高压腔所能承受的最高压力高达100MPa,温度高达300℃,如此高的压力和温度下,对缸体的密封、刚度、强度和设计的合理性提出了更高的要求。此增压装置与液室相连,其材料选用要考虑热膨胀等工作环境的要求,这里选用与液室相同的热作模具钢,其强度设计和液室设计类似,另外增压器高压腔容积应考虑最大零件的排液量,以及初时反胀要求。

7.6 关键部位高温高压密封设计

7.6.1 液室上的静密封

液室设计的承受最高温度为300℃,承受最高压力为100MPa,在此高温高压下,密封要求比常温下充液成形的更苛刻,是关系到整个系统成败的关键因素。根据常温下充液拉深,以及其他行业的经验,在凹模和液室,以及增压缸和液室之间的静密封,均预设了两种密封方案。

1. 金属空心O形圈

第一种是采用金属空心O形密封圈,它是一种新型的静密封元件,具有良好的密封性能、耐高压(300MPa)、耐高低温(-250~650℃)、耐腐蚀、不老化等特点,特别适用于高温、高真空、高温介质的密封。已经在石油、化工、航空航天、核工业等部门得到了应用。

(1)密封原理。金属空心O形密封圈是靠预紧后空心圈的弹性变形(压扁)所产生的回弹力,使密封面上产生一定的应力,此应力使密封圈表面材料产生屈服,用以填补密封面上的凹凸不平之处,使密封圈和密封槽的密封面严密贴合,从而达到使圈和槽实现静密封的目的。

(2)材料及型式选择。金属空心O形密封圈常用的材料有铝、碳钢和不锈钢,为提高密封效果和耐蚀能力,在其表面喷涂0.03~0.10mm的金、银或铜等高延性的补偿涂层,同时也适当降低了密封面的加工要求。根据操作介质、压力和温度的不同确定不同的材料和涂层。根据本设计要求选取表面涂银的不锈钢材料。

金属空心O形密封圈有三种型式:基本型、充压型、平衡型。根据不同使用温度、使用压力等选用不同的金属空心O形圈的形式,根据此处的密封环境选取了平衡型金属空心O形圈。此种型式是一种在基本型内径或外径一侧上钻数个小孔,工作时,系统中的高压力通过小孔进入密封圈管内腔,达到自增压。最大密封压力可达300MPa,工作温度可达400℃。

(3)密封槽结构设计。在承受由螺纹提供的压紧力和液体压力作用下,金属空心O形圈的形状变化如图7-13所示,密封效果的好与坏,由金属空心O形圈是否提供足够的回弹确定。如果回弹力太大,金属空心O形圈易被压坏;如果回弹力太小,则会导致密封面泄漏。回弹力的大小取决于其压扁程度,而合理的压扁程度则由矩形槽的结构尺寸决定。金属O形圈的压缩量一般为20%~30%。

增压缸与液室之间的静密封的密封槽结构设计与此类似。

2. 压缩紫铜环密封

选择尺寸合适的紫铜环,当安装凹模时,紫铜环在螺纹预紧力的作用下发生足

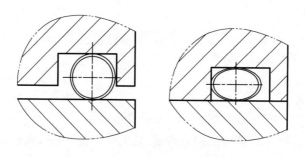

图 7 - 13　金属 O 形圈受压前后变化

够大的径向与轴向的塑性变形,堵塞导热油泄漏通道。

7.6.2　增压缸筒上的动密封

活塞在增压缸筒内作往复运动,成形温度高达 300℃,压力高达 100MPa。目前,市场上能够承受如此高温高压的动密封圈,价格十分昂贵,此处选择较为经济的,可用作动密封的耐油密封圈,最高可承受温度为 250℃。

若只保证板料附近的温度达到 300℃,使导热油主体温度低于 300℃,特别是处于增压缸内的导热油部分低于 250℃,这样才能满足要求。按照以上考虑,先利用凹模上加热块和底部加热板将导热油加热到 200℃左右,然后用压边圈上加热块、凹模上加热块继续升温使板料达到 300℃的要求,而底部加热板及其他加热部分只在 200℃左右保温,炉外的增压缸部分给予一定程度的冷却。对此方案,利用 MSC. marc 进行模拟分析,模拟结果如图 7 - 14 所示,可知这种方案可基本满足要求。

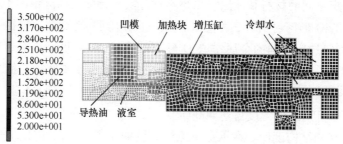

图 7 - 14　在一定的加热、冷却条件下部分模架的温度场分布

另外,考虑到导热油的流动性,为保证安全可靠性,不能让承受 250℃的密封圈和导热油直接接触。若能在密封圈前面加上一段能承受 300℃以上,有一定密封效果的东西抵挡一下,使之导热油经过它变成还具有一定压力的细流体,则可在冷却水的进一步作用下,使导热油的温度进一步降低,则可保证密封的可靠性。为此,考虑到在内燃机上常用的活塞环能承受 450℃以上的高温,有一定密封作用的

208

特点,设计了相应的密封结构,实践证明,效果达到预期。

7.7 液压控制系统及计算机控制系统

7.7.1 液压控制系统

板材充液热成形模架中需要液压控制的装置有液室、主油缸、压边缸。液室液压控制所需功能有主动增压、液压力实时控制;主油缸能够速度可调,也就是能够实现不同拉深速度的充液成形;压边缸需要实现变压边力功能。在液压控制系统中需要考虑这些与工艺需要相适应的功能。采用电磁比例溢流阀来实现连续的压力控制,它可以根据 PLC 发出的指令改变溢流压力,从而达到控制压力的目的。根据工艺的需要液压控制系统须具备以下功能:

(1)液室压力和压边力能够实现实时控制;

(2)液室压力可以随凸模行程在 0~100MPa 范围内连续变化;

(3)液室的液体压力可以实现初始反胀;

(4)主油缸速度能在一定速度范围内可调;

(5)主油缸能够在板料破裂时立刻停止行程;

(6)压边缸能够实现定程控制;

(7)可以实现变压边力控制。

在满足上述要求的基础上,进行整个液压控制系统的设置,主控制元件主要采用了动作快、响应灵敏、结构紧凑、噪声小的二通插装阀。整个部分主要由先导控制元件方向阀、溢流阀等来对插装阀和油路进行控制,实现了充液热成形过程中的初始反胀和液室压力的实时控制。

增压缸的高压端直接通过金属管道和液室相连,中间没有任何液压元件,并在增压缸部分采用一定的冷却措施,这样不但避免了拉深时产生的金属颗粒对液压系统的污染,而且防止液压元件经受高温的影响。

7.7.2 计算机控制系统

对于加热系统的控制要求,前面已做了简单说明,这里主要介绍充液拉深模架部分的控制要求,根据充液拉深成形的特点,提出以下要求:

(1)能够在计算机中储存数据,并可以方便地进行修改、调用;

(2)显示和储存充液室压力实测值;

(3)系统具有自动运行和手动运行两种功能,可以根据需要方便地进行切换;

(4)系统可以实现模拟量和数字量数据之间的转换,液压阀电磁铁和比例溢流阀可联动。

整个系统由硬件和软件两个部分组成。硬件部分必须保证 D/A 和 A/D 之间转换的可靠性、控制基础的稳定性，故在硬件设计上采用一些可靠的措施。软件部分分析各个控制信号并传递控制信息，并根据凸模的位移和相应的工艺曲线来连续控制充液室压力和压边压力。另外，为了保证各个开关量之间的逻辑关系，在控制系统中采用 PLC，进一步提高了控制系统的可靠性。

本次设计的增压装置目前使用状况良好，控制系统可靠。图 7 - 15 是预先设定曲线与控制过程中测量曲线的对比图，其中反胀部分没有记录。可以看出，这两条曲线较为一致。

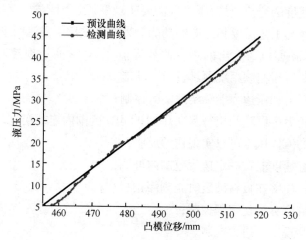

图 7 - 15　预设曲线与检测曲线对比

第8章　板材热介质成形力学解析

热介质成形也叫做充液热成形,充液热成形在世界范围内是年轻的创新性技术,与板材热冲压成形显著的不同表现在板材成形过程中一侧受到流体压力的作用。流体压力影响下的板材应力状态对揭示这种先进工艺的成形机理具有重要意义,对成形过程变形规律的准确把握及工艺路线制定、参数优化等起到促进作用。本章结合铝合金5A06 - O材料性能[1]对筒形件充液热拉深成形进行了力学解析,在考虑流体压力影响下,对法兰区域、凹模圆角区域及直壁区域进行受力分析。

8.1　主应力法力学解析基本方程

回转体类薄壁件充液热成形为轴对称壳体成形,坯料的每个微元体(质点)都要变形并产生空间位移。对薄壁件充液热成形受力解析以分析变形过程中坯料产生的应力。在实际成形过程中,影响应力、应变场及整个变形过程的因素很多,主要有:坯料、模具的形状与尺寸,热成形中的材料软化,接触面的摩擦、变形温度等。采用主应力法求解变形过程应力场常结合平衡方程、塑性方程,有时也辅以应力应变关系方程、变形连续方程等使求解问题能够得到非奇异解。这些方程构成的方程组往往异常复杂,为了求得分析变形过程的解,在不严重偏离实际变形过程的情况下,遵循某些假设,对于获得简单的解析表达式是大有裨益的。

本章分析中所遵循的假设条件如下:

(1) 变形前垂直于中性层的直法线段在变形后仍为直线,且垂直于中性层;

(2) 不计纬向曲率变化对径向应力的影响,而径向曲率急剧变化对径向应力的影响通过弯曲附加应力进行修正;

(3) 厚度法向应力绝对值大小不超过面内主应力。

8.1.1　任意薄壁件回转体平衡方程

薄壁件充液成形过程中,垂直于中性层的应力沿壁厚并从流体压力作用面的 $\sigma_t = -p$ 过渡到与模具接触面上最大应力 σ_k,坯料两侧不存在应力自由面。因此需要在微元体受力分析时计入厚度法向应力的变化,在回转薄壁件上切取的微元体在 r 向和 t 向均有应力改变。同时考虑接触面上由摩擦引起的切应力 $\tau_{rt} = \mu\sigma_k$

211

的作用,受力分析如图 8-1 所示。

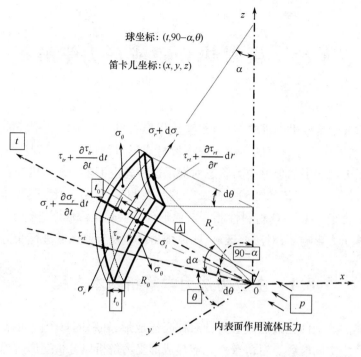

图 8-1　考虑摩擦及厚度法向应力的平衡微元体

建立微元体面积为

$$f_1 = \rho \mathrm{d}\gamma \mathrm{d}z = \frac{\rho}{\sin\alpha}\mathrm{d}\theta \mathrm{d}z = R_\theta \mathrm{d}\beta \mathrm{d}z \qquad (8-1)$$

$$f_2 = \mathrm{d}\alpha R_\rho \mathrm{d}z = \frac{\mathrm{d}\rho}{\sin\alpha}\mathrm{d}z \qquad (8-2)$$

$$f_3 = R_\rho R_\theta \mathrm{d}\alpha \mathrm{d}\beta = \rho \mathrm{d}\gamma \frac{\mathrm{d}\rho}{\sin\alpha} \qquad (8-3)$$

$$f_4 = (R_\theta + \mathrm{d}z)\mathrm{d}\alpha \mathrm{d}\beta(R_\rho + \mathrm{d}z) = R_\rho R_\theta \mathrm{d}\alpha \mathrm{d}\beta + (R_\rho + R_\theta)\mathrm{d}\alpha \mathrm{d}\beta \mathrm{d}z$$

$$= (\rho + \cos\alpha \mathrm{d}z)\mathrm{d}\gamma(R_\rho + \mathrm{d}z)\mathrm{d}\alpha = \left(\rho + \rho\frac{\mathrm{d}z}{R_\theta}\right)\mathrm{d}\gamma\frac{\mathrm{d}\rho}{\sin\alpha}\left(1 + \frac{\mathrm{d}z}{R_\rho}\right) \qquad (8-4)$$

$$f_5 = R_\theta(\mathrm{d}\beta + \Delta \mathrm{d}\beta)\mathrm{d}z = R_\theta \mathrm{d}\beta \mathrm{d}z = f_1 = (\rho + \mathrm{d}\rho)\mathrm{d}\gamma \mathrm{d}z \qquad (8-5)$$

存在的关系式:

$$l = \rho \mathrm{d}\gamma = \frac{\rho}{\sin\alpha}\mathrm{d}\theta = \frac{\rho}{\cos\alpha}\mathrm{d}\beta, R_\theta = \frac{\rho}{\cos\alpha}, \mathrm{d}\rho = \mathrm{d}\alpha R_\rho \sin\alpha$$

将被研究微元体的平衡方程:

（1）曲面法向上投影

$$\left(\sigma_z + \frac{\partial\sigma_z}{\partial z}\mathrm{d}z\right)f_4 + \left(\tau_{z\rho} + \frac{\partial\tau_{z\rho}}{\partial\rho}\mathrm{d}\rho\right)f_5 - \tau_{z\rho}f_1 - \sigma_z f_3$$

212

$$-\sigma_\rho f_1 \sin\frac{\mathrm{d}\alpha}{2} - \left(\sigma_\rho + \frac{\partial\sigma_\rho}{\partial\rho}\mathrm{d}\rho\right)f_5\sin\frac{\mathrm{d}\alpha}{2} - 2\sigma_\theta f_2\sin\frac{\mathrm{d}\beta}{2} = 0 \qquad (8-6)$$

将面积代入，微分元采用 $\mathrm{d}\alpha\mathrm{d}\beta\mathrm{d}z$，并注意到 $\sin\dfrac{\mathrm{d}\alpha}{2} = \dfrac{\mathrm{d}\alpha}{2}$ 及 $\sin\dfrac{\mathrm{d}\beta}{2} = \dfrac{\mathrm{d}\beta}{2}$，上式为

$$\left(\sigma_z + \frac{\partial\sigma_z}{\partial z}\mathrm{d}z\right)\left[R_\theta R_\rho\mathrm{d}\alpha\mathrm{d}\beta + (R_\theta + R_\rho)\mathrm{d}\alpha\mathrm{d}\beta\mathrm{d}z\right] + \left(\tau_{z\rho} + \frac{\partial\tau_{z\rho}}{\partial\rho}\mathrm{d}\rho\right)R_\theta\mathrm{d}\beta\mathrm{d}z - \tau_{z\rho}R_\theta\mathrm{d}\beta\mathrm{d}z$$

$$- \sigma_z R_\rho R_\theta\mathrm{d}\alpha\mathrm{d}\beta - \sigma_\rho R_\theta\mathrm{d}\beta\mathrm{d}z\frac{\mathrm{d}\alpha}{2} - \left(\sigma_\rho + \frac{\partial\sigma_\rho}{\partial\rho}\mathrm{d}\rho\right)R_\theta\mathrm{d}\beta\mathrm{d}z\frac{\mathrm{d}\alpha}{2} - 2\sigma_\theta\mathrm{d}\alpha R_\rho\mathrm{d}z\frac{\mathrm{d}\beta}{2} = 0$$

$$(8-7)$$

去掉公因式 $\mathrm{d}\alpha\mathrm{d}\beta\mathrm{d}z$，则法向平衡方程为

$$\frac{\partial\sigma_z}{\partial z} + \sigma_z\left(\frac{1}{R_\rho} + \frac{1}{R_\theta}\right) - \frac{\sigma_\rho}{R_\rho} - \frac{\sigma_\theta}{R_\theta} + \frac{\partial\tau_{z\rho}}{\partial\rho}\sin\alpha = 0 \qquad (8-8)$$

（2）径向剖面中曲面的切线上投影

$$\left(\sigma_\rho + \frac{\partial\sigma_\rho}{\partial\rho}\mathrm{d}\rho\right)f_5 - \sigma_\rho f_1 + \left(\tau_{\rho z} + \frac{\partial\tau_{\rho z}}{\partial z}\mathrm{d}z\right)f_4 - \tau_{\rho z}f_3 - 2\sigma_\theta f_2\sin\frac{\mathrm{d}\theta}{2} = 0 \quad (8-9)$$

将面积代入，微分元采用 $\mathrm{d}\rho\mathrm{d}\gamma\mathrm{d}z$，且 $\sin\dfrac{\mathrm{d}\theta}{2} = \dfrac{\mathrm{d}\theta}{2}$，$\mathrm{d}\theta = \mathrm{d}\gamma\sin\alpha$，有

$$\left(\sigma_\rho + \frac{\partial\sigma_\rho}{\partial\rho}\mathrm{d}\rho\right)(\rho + \mathrm{d}\rho)\mathrm{d}\gamma\mathrm{d}z - \sigma_\rho\rho\mathrm{d}\gamma\mathrm{d}z + \left(\tau_{\rho z} + \frac{\partial\tau_{\rho z}}{\partial z}\mathrm{d}z\right)\left(\rho + \rho\frac{\mathrm{d}z}{R_\theta}\right)\mathrm{d}\gamma\frac{\mathrm{d}\rho}{\sin\alpha}\left(1 + \frac{\mathrm{d}z}{R_\rho}\right)$$

$$- \tau_{\rho z}\rho\mathrm{d}\gamma\frac{\mathrm{d}\rho}{\sin\alpha} - 2\sigma_\theta\frac{\mathrm{d}\rho}{\sin\alpha}\mathrm{d}z\frac{\mathrm{d}\theta}{2} = 0 \qquad (8-10)$$

式（8-10）展开后

$$\sigma_\rho\rho\mathrm{d}\gamma\mathrm{d}z + \sigma_\rho\mathrm{d}\rho\mathrm{d}\gamma\mathrm{d}z + \frac{\partial\sigma_\rho}{\partial\rho}\rho\mathrm{d}\rho\mathrm{d}\gamma\mathrm{d}z + \frac{\partial\sigma_\rho}{\partial\rho}\mathrm{d}\rho\mathrm{d}\rho\mathrm{d}\gamma\mathrm{d}z - \sigma_\rho\rho\mathrm{d}\gamma\mathrm{d}z$$

$$+ \tau_{\rho z}\rho\mathrm{d}\gamma\frac{\mathrm{d}\rho}{\sin\alpha} + \tau_{\rho z}\frac{\mathrm{d}z}{R_\theta}\mathrm{d}\gamma\frac{\mathrm{d}\rho}{\sin\alpha} + \tau_{\rho z}\rho\mathrm{d}\gamma\frac{\mathrm{d}\rho}{\sin\alpha}\frac{\mathrm{d}z}{R_\rho} + \tau_{\rho z}\rho\frac{\mathrm{d}z}{R_\theta}\mathrm{d}\gamma\frac{\mathrm{d}\rho}{\sin\alpha}\frac{\mathrm{d}z}{R_\rho}$$

$$+ \frac{\partial\tau_{\rho z}}{\partial z}\mathrm{d}z\rho\mathrm{d}\gamma\frac{\mathrm{d}\rho}{\sin\alpha} + \frac{\partial\tau_{\rho z}}{\partial z}\mathrm{d}z\frac{\mathrm{d}z}{R_\theta}\mathrm{d}\gamma\frac{\mathrm{d}\rho}{\sin\alpha} + \frac{\partial\tau_{\rho z}}{\partial z}\mathrm{d}z\rho\mathrm{d}\gamma\frac{\mathrm{d}\rho}{\sin\alpha}\frac{\mathrm{d}z}{R_\rho} + \frac{\partial\tau_{\rho z}}{\partial z}\mathrm{d}z\rho\frac{\mathrm{d}z}{R_\theta}\mathrm{d}\gamma\frac{\mathrm{d}\rho}{\sin\alpha}\frac{\mathrm{d}z}{R_\rho} -$$

$$\tau_{\rho z}\rho\mathrm{d}\gamma\frac{\mathrm{d}\rho}{\sin\alpha} - 2\sigma_\theta\frac{\mathrm{d}\rho}{\sin\alpha}\mathrm{d}z\frac{\mathrm{d}\theta}{2} = 0 \qquad (8-11)$$

去掉公因式 $\rho\mathrm{d}\gamma\mathrm{d}z$，则径向平衡方程为

$$\sigma_\rho + \frac{\partial\sigma_\rho}{\partial\rho}\rho + \tau_{\rho z}\rho\frac{1}{R_\theta\sin\alpha} + \tau_{\rho z}\rho\frac{1}{R_\rho\sin\alpha} + \frac{\partial\tau_{\rho z}}{\partial z}\rho\frac{1}{\sin\alpha} - \sigma_\theta = 0 \qquad (8-12)$$

整理后，径向平衡方程为

$$\rho \frac{\partial \sigma_\rho}{\partial \rho} + \sigma_\rho - \sigma_\theta + \frac{\rho}{\sin\alpha} \left(\frac{\tau_{\rho z}}{R_\rho} + \frac{\tau_{\rho z}}{R_\theta} + \frac{\partial \tau_{\rho z}}{\partial z} \right) = 0 \qquad (8-13)$$

式(8-8)和式(8-13)构成回转体复杂应力状态下平衡方程组。

8.1.2 塑性方程

回转体轴对称变形过程中,径向应力 σ_r、周向应力 σ_θ、厚度法向应力 σ_t 三个主轴应力恰好与各向异性主轴重合。假设板料面内同性、厚向异性,屈服条件采用 Hill48 屈服准则[2]

$$2f = \frac{1}{1+\xi} \left[\xi(\sigma_r - \sigma_\theta)^2 + (\sigma_\theta - \sigma_t)^2 + (\sigma_t - \sigma_r)^2 \right]^{\frac{1}{2}} - \bar{\sigma}^2 \qquad (8-14)$$

式中:ξ 为厚向异性指数。如果忽略法兰处厚度变化,则 $d\varepsilon_2 = d\varepsilon_t = 0$。遵循应力应变大小代数关系[3]

$$\sigma_1 = \sigma_r > \sigma_2 = \sigma_t > \sigma_3 = \sigma_\theta \quad d\varepsilon_1 = d\varepsilon_r > d\varepsilon_2 = d\varepsilon_t > d\varepsilon_3 = d\varepsilon_\theta$$

根据流动法则

$$d\varepsilon_t = \frac{\partial f}{\partial \sigma_t} d\lambda \qquad (8-15)$$

其中,$d\lambda$ 为比例系数,则有

$$d\varepsilon_t = d\lambda \left[\sigma_t - \frac{1}{1+\xi} (\xi\sigma_r + \sigma_\theta) \right] \qquad (8-16)$$

根据假设 $d\varepsilon_t = 0$,则

$$\sigma_t = \frac{1}{1+\xi} (\xi\sigma_r + \sigma_\theta) \qquad (8-17)$$

而式(8-17)可以写作下面形式:

$$\sigma_\theta = (1+\xi)\sigma_t - \xi\sigma_r \qquad (8-18)$$

$$\sigma_r = \frac{1}{\xi} \left[(1+\xi)\sigma_t - \sigma_\theta \right] \qquad (8-19)$$

将式(8-18)、式(8-19)代入式(8-14),有

$$\sigma_r = \sigma_t + \frac{1}{\sqrt{1+2\xi}} \bar{\sigma} \qquad (8-20)$$

$$\sigma_\theta = \sigma_t - \frac{\xi}{\sqrt{1+2\xi}} \bar{\sigma} \qquad (8-21)$$

可知,式(8-20)与式(8-21)均是厚度法向应力的函数,两式相减有

$$\sigma_r - \sigma_\theta = \frac{1+\xi}{\sqrt{1+2\xi}} \bar{\sigma} = \beta_1 \bar{\sigma} \qquad (8-22)$$

同理,在筒壁处材料被模具限制周向变形,在后面的理论计算中,为了简化计算,凹模圆角处也假设没有周向变形,即周向应变 $d\varepsilon_\theta = 0$,此时塑性方程同式(8-22)。考虑厚向异性指数的 Hill 等效应力[2] 表示为

214

$$\bar{\sigma} = \frac{1}{\sqrt{1+\xi}}\sqrt{(\sigma_r - \sigma_z)^2 + (\sigma_\theta - \sigma_z)^2 + \xi(\sigma_r - \sigma_\theta)^2} \qquad (8-23)$$

8.1.3 应力应变关系

采用 5A06 – O 铝合金板材热单向拉伸试验数据[1]，温度区间 $150℃ \leqslant T \leqslant 300℃$。当应变速率 $\dot{\varepsilon} = 0.0055$ 时，温热成形本构方程[1]为

$$\bar{\sigma} = K_1 \bar{\varepsilon}^{n_1} - K_2 \bar{\varepsilon}^{n_2} \qquad (8-24)$$

式中参数为：$K_1 = 710.02$，$n_1 = 0.34377$，$K_2 = \dfrac{-83975}{T} + 997.8$，$n_2 = -0.00274T + 1.420$。则式（8 – 24）变为式（8 – 25）：

$$\bar{\sigma} = 710.02 \times \bar{\varepsilon}^{0.34377} - \left(\frac{-83975}{T} + 997.8\right)\bar{\varepsilon}^{-0.00274T + 1.420} \qquad (8-25)$$

8.2 筒形件充液拉深成形厚度法向应力

筒形件充液拉深是典型的薄壁件充液成形工艺，其成形过程中的力学状态具有代表性。式（8 – 8）与式（8 – 13）是考虑厚度法向应力变化的微元体平衡方程的一般形式，对于充液热成形来讲，液体压力是以边界条件的形式加入到平衡方程的。筒形件充液拉深示意图如图 8 – 2 所示，拉深前原始平板坯料半径为 R_0，当拉深成带法兰筒形件的中间过程时，法兰外半径由 R_0 减少为 R_t。筒壁部分中半径为 R_m，凸、凹模半径分别为 R_p 和 R_d，凸、凹模圆角半径分别为 r_p 和 r_d，厚度 t_0。从图 8 – 2 可以看出，筒形件拉深的 5 个典型变形区为：法兰、凹模圆角、直壁、凸模圆角、筒底。其中，凹模圆角为自由胀形，而其他变形区两侧均没有应力自由面，为非自由胀形区。

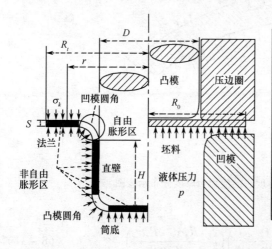

名称	几何参数
凸模半径 R_p	50mm
凹模圆角 r_d	12mm
凸模圆角 r_p	10mm
液室内半径 R_e	52.25mm
法兰外半径 R_0	110mm
法兰内半径 R_A	$R_A = R_e + r_d$
筒壁中半径 R_m	$R_m = R_p + 0.5S$
筒底半径 R_B	$R_B = R_p - r_p$

图 8 – 2　筒形件充液热拉深示意图

由图 8 - 1 可知,厚度法向应力 σ_t 不是变量 r 的函数,且径向应力 σ_r 及周向应力 σ_θ 也不是厚度变量 t 的函数,并忽略剪切应力 τ_{rz},可知平衡方程式(8 - 8)为

$$\frac{\partial \sigma_t}{\partial t} + \sigma_t \left(\frac{1}{R_r} + \frac{1}{R_\theta} \right) - \frac{\sigma_r}{R_r} - \frac{\sigma_\theta}{R_\theta} = 0 \qquad (8-26)$$

在式(8 - 26)中,对于厚度变量 t,σ_r 与 σ_θ 可以视作常数。从图 8 - 1 可知边界条件:$t = \Delta$,$\sigma_t = -p$,则上式解得

$$\sigma_t = e^{-\left(\frac{1}{R_r} + \frac{1}{R_\theta} \right)(t-\Delta)} (-p) + \frac{R_\theta \sigma_r + R_r \sigma_\theta}{R_r + R_\theta} \left(1 - e^{-\left(\frac{1}{R_r} + \frac{1}{R_\theta} \right)(t-\Delta)} \right) \qquad (8-27)$$

式(8 - 27)是关于厚度分布的非线性形式。对式中 $e^{-\left(\frac{1}{R_r} + \frac{1}{R_\theta} \right)(t-\Delta)}$ 项进行一阶泰勒公式展开,有

$$e^{-\left(\frac{1}{R_r} + \frac{1}{R_\theta} \right)(t-\Delta)} \approx 1 - \left(\frac{1}{R_r} + \frac{1}{R_\theta} \right)(t-\Delta) \qquad (8-28)$$

将式(8 - 28)代入式(8 - 27),有

$$\sigma_t = -p - \left(p + \frac{R_\theta \sigma_r + R_r \sigma_\theta}{R_r + R_\theta} \right) \left(\frac{1}{R_r} + \frac{1}{R_\theta} \right)(t-\Delta) \qquad (8-29)$$

从式(8 - 29)可以看出,厚度法向应力沿厚度呈线性分布,示意图见图 8 - 3。厚度法向应力沿厚度分布的平均形式为

$$\sigma_t^{ave} = \frac{1}{t_0} \int_\Delta^{t_0 + \Delta} \sigma_t \mathrm{d}t \qquad (8-30)$$

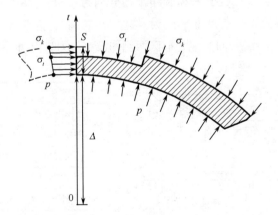

图 8 - 3 非自由面厚度法向应力沿厚度分布示意图

将式(8 - 29)代入式(8 - 30),有

$$\sigma_t^{ave} = -p + \frac{t_0}{2} \left(\frac{1}{R_r} + \frac{1}{R_\theta} \right) \left(p + \frac{R_\theta \sigma_r + R_r \sigma_\theta}{R_r + R_\theta} \right) \qquad (8-31)$$

下面叙述中以符号 σ_t 代替平均厚度法向应力 σ_t^{ave}。以筒壁为例,径向曲率半径 $R_r = \infty$,则式(8-31)简化为

$$\sigma_t = -p + \frac{t_0}{2R_\theta}(p + \sigma_\theta) \qquad (8-32)$$

在边界条件: $t = \Delta + t_0$,接触应力可表示为

$$\sigma_k = -p + \frac{t_0}{R_\theta}(p + \sigma_\theta) \qquad (8-33)$$

图8-4受力平衡方程为

$$F + f = p\pi\left(\frac{D}{2} + t_0\right)^2 + \sigma_z\pi Dt_0 \qquad (8-34)$$

其中,摩擦力 $f = \mu\sigma_k\pi D(z - z_0)$。筒形件拉深过程中,在法兰区域材料经凹模圆角流入直壁后,筒壁处材料液体压力作用下包络在凸模外表面,周向不再发生变形,即筒壁为平面应变状态,则下式满足:

$$\sigma_\theta = \frac{1}{2}(\sigma_t + \sigma_z) \qquad (8-35)$$

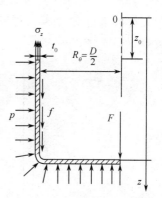

图8-4　筒壁受力分析

联立式(8-32)、式(8-33)、式(8-34)、式(8-35),有

$$\sigma_t = \frac{F + \mu p\pi D(z - z_0) - p\pi\left(\frac{D}{2} + t_0\right)^2 - \pi Dt_0 p\left(\frac{4R_\theta}{t_0} - 2\right)}{\left(\frac{4R_\theta}{t_0} - 1\right)\pi Dt_0 - 2\mu\pi D(z - z_0)} \qquad (8-36)$$

式中: F 为凸模力; p 为液体压力; $z - z_0$ 为有效凸模行程。

8.3　筒形件温热介质拉深典型区域应力解析

8.3.1　基本参数及有限元建模

法兰为筒形件充液拉深过程中的主要变形区,在下面的研究中,该部分分两种情况讨论:①忽略厚度分布情况下应力法兰应力分布情况;②考虑厚度分布的法兰应力分布情况。法兰部分在拉深过程中有明显增厚现象,但常常在理论分析中,出于计算方便考虑,认为厚度在拉深过程中不变,而考虑厚度分布又增大了计算难度,往往不被采用。这里建立了基于上述考虑的两种模型,进行了对比研究。针对充液体成形的特点,作如下处理:认为法兰下表面完全受液体压力作用,且不接触凹模,上表面完全接触压边圈。

板材充液热成形有限元模型如图 8－6 所示。采用 MSC. Marc 通用有限元软件,为了能够计算厚度法向应力,采用三维 7 号实体单元。液体压力以面力的形式加载在坯料底面。筒形件充液热拉深过程中的径向应力、周向应力、厚度法向应力处于柱坐标系统下,因此需要在后处理界面转换为柱坐标系下查看相关结果。用于筒形件充液拉深有限元模拟、解析模型的压力行程曲线如图 8－5 所示,相关参数如表 8－1 所列。其中,理论计算的摩擦因数为 0.1,用于有限元分析的温度相关参数来自文献[4],如摩擦因数、热传导系数、弹性模量、比热容、线膨胀系数等。

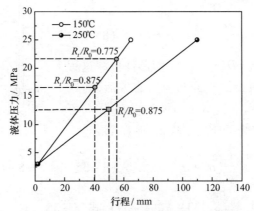

图 8－5　解析模型与有限元计算采用的压力行程曲线

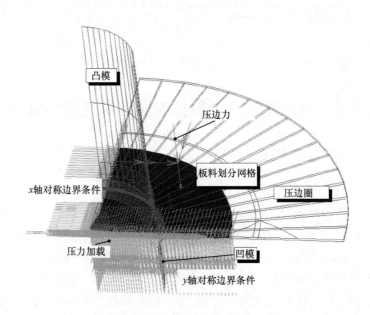

图 8－6　筒形件充液热拉深有限元模型

218

表 8-1 试验、有限元模型及解析模型参数对照表

变量	试验参数[1]	有限元分析	解析模型
铝合金材料	5A06-O	5A06-O	5A06-O
铝板直径	110mm (150℃)、125mm(250℃)		
板材初始厚度/mm	1.48	1.5	1.5
厚向异性指数 ξ	0.916 (150℃)、1.259(250℃)		
评价值 $\bar{x}$	—	—	1.44
板料温度 /℃	150、250		
介质温度 /℃	150、250		
凸模温度 /℃	50	50	
凸模速度/(mm/s)	5	5	—
压力行程曲线	单段递增	单段递增	150℃时 22MPa($R_t/R_0 = 0.775$)
			150℃时 17MPa($R_t/R_0 = 0.875$)
			250℃时 13MPa($R_t/R_0 = 0.875$)
变压边力/kN	8kN ($R_t/R_0 = 1$)、6kN($R_t/R_0 = 0.875$)、2kN($R_t/R_0 = 0.775$)		

8.3.2 法兰应力分析

8.3.2.1 法兰等效应变简化

法兰为拉深过程中主要的变形区域之一,法兰起皱与周向压应力有关。周向主应变 ε_θ 大体上可以看作是绝对值最大的主应变 ε_{max},因此法兰上某处切向应变 ε_θ 可以作为衡量该处材料变化程度的近似指标。在某一拉深阶段,由拉深变形前后板料体积不变可得法兰区任意半径 r 处的理想周向应变[5]为

$$\varepsilon_\theta = \ln \frac{r}{\sqrt{R_0^2 - R_t^2 + r^2}} \qquad (8-37)$$

设板料厚度不增厚,即 $\varepsilon_t = 0$,根据不可压缩条件,有 $\varepsilon_\theta + \varepsilon_r = 0$,代入 Hill48 等效应变公式[2]

$$\bar{\varepsilon} = \frac{\sqrt{1+\xi}}{1+2\xi} \sqrt{\xi(\varepsilon_r - \varepsilon_\theta)^2 + (\varepsilon_\theta - \xi\varepsilon_t)^2 + (\xi\varepsilon_t - \varepsilon_r)^2} \qquad (8-38)$$

根据板厚不变和体积不可压缩,可得等效应变与周向应变关系式

$$\bar{\varepsilon} = \beta_2 |\varepsilon_\theta| \qquad (8-39)$$

式中,$\beta_2 = \sqrt{\dfrac{2(1+\xi)}{1+2\xi}}$。式(8-37)作为被积分项难以解析求解。以 R_t/R_0 表示拉深时刻,r/R_t 表示拉深位置,则采用 $\varepsilon_\theta = f\left(\dfrac{R_t}{r}\right)g\left(\dfrac{R_0}{R_t}\right)$ 的形式替代式(8-37)。已被

证明采用下式拟合周向应变表达式较理想[6]:

$$|\varepsilon_\theta| = -\varepsilon_\theta = \left(\frac{R_t}{r}\right)^x \ln\left(\frac{R_0}{R_t}\right) \qquad (8-40)$$

即等效应变为

$$\bar{\varepsilon} = \beta_2 \left| \left(\frac{R_t}{r}\right)^x \ln\left(\frac{R_0}{R_t}\right) \right| \qquad (8-41)$$

式中:x 为常量。令式(8-39)和式(8-41)相等得到

$$x = \ln\left(\ln\frac{r}{\sqrt{R_0^2 - R_t^2 + r^2}} \Big/ \ln\frac{R_t}{R_0}\right) \Big/ \ln\frac{R_t}{r} \qquad (8-42)$$

x 随着 r、R 和 R_0 的变化而变化,范围在(0~2)之间。选取合适的 x 要考虑到能在较大的范围内和真实应变接近,同时也要考虑到对应力的影响。取整个拉深过程中的评价值 $\bar{x}$ 作为式(8-40)中的 x 值,令式(8-41)中的 $r = \dfrac{R_t + R_m}{2}$ 和 $R_t = \dfrac{R_0 + R_m}{2}$,即[6]

$$\bar{x} = \ln\left(\ln\frac{\dfrac{1+3m}{4}}{\sqrt{1 - \left(\dfrac{1+m}{2}\right)^2 + \left(\dfrac{1+3m}{4}\right)^2}} \Big/ \ln\frac{1+m}{2}\right)\frac{1}{\ln\dfrac{2(1+m)}{1+3m}} \qquad (8-43)$$

式中:$m = R_m/R_0$ 为拉深系数。以 5A06-O 铝合金为例,拉深系数 $m = 0.48$ 的等效应变比较如图 8-7 所示,可见两者符合较好。

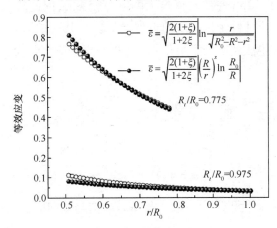

图 8-7 法兰等效应变比较

结合本构方程(8-24)及式(8-41),有

$$\bar{\sigma} = K_1 \bar{\varepsilon}^{n_1} - K_2 \bar{\varepsilon}^{n_2} = K_1 \beta_2^{n_1}\left(\frac{R_t}{r}\right)^{xn_1}\ln^{n_1}\left(\frac{R_0}{R_t}\right) - K_2 \beta_2^{n_2}\left(\frac{R_t}{r}\right)^{xn_2}\ln^{n_2}\left(\frac{R_0}{R_t}\right) \qquad (8-44)$$

该硬化模型能够反映法兰径向拉深过程中不同拉深时间及不同拉深位置的应力强度。虽然基于厚度不变的假设,但具有普遍性。

8.3.2.2 忽略厚度因素(模型Ⅰ)

此处采用周向应变为最大应变的假设来计算法兰内应力。法兰处相关参数为:$\alpha = 90°$,$R_r = \infty$,$R_\theta = \dfrac{r}{\cos\alpha} = \infty$。并注意应力符号 $\sigma_r > 0$、$\sigma_\theta < 0$。则法兰的微分平衡方程式可表示为

$$\frac{\partial \sigma_r}{\partial r} + \frac{\beta_1 \bar{\sigma}}{r} + \frac{\mu p}{S} = 0 \qquad (8-45)$$

联立式(8-22)、式(8-45),结合边界条件 $\sigma_r(r = R_t) = 0$,解得 σ_r、σ_θ。与厚度法向应力 σ_t 构成板料充液热成形的三个主应力,即

$$\sigma_r = \frac{K_1 \beta_1^{n_1+1}}{x n_1} \ln^{n_1} \frac{R_0}{R_t} \Big[\Big(\frac{R_t}{r} \Big)^{x n_1} - 1 \Big] - \frac{K_2 \beta_1^{n_2+1}}{x n_2} \ln^{n_2} \frac{R_0}{R_t} \Big[\Big(\frac{R_t}{r} \Big)^{x n_2} - 1 \Big] + \frac{\mu p R_t}{S} \Big(1 - \frac{r}{R_t} \Big)$$

$$(8-46)$$

$$\sigma_\theta = \frac{K_1 \beta_1^{n_1+1}}{x n_1} \ln^{n_1} \frac{R_0}{R_t} \Big[\Big(\frac{R_t}{r} \Big)^{x n_1} (1 - x n_1) - 1 \Big]$$

$$(8-47)$$

$$- \frac{K_2 \beta_1^{n_2+1}}{x n_2} \ln^{n_2} \frac{R_0}{R_t} \Big[\Big(\frac{R_t}{r} \Big)^{x n_2} (1 - x n_2) - 1 \Big] + \frac{\mu p R_t}{S} \Big(1 - \frac{r}{R_t} \Big)$$

根据法兰处 $R_r = R_\theta = \infty$,则厚度法向应力式(8-29)变为

$$\sigma_t = -p \qquad (8-48)$$

上式说明,法兰在满足一侧始终受液体压力作用的条件下,其厚度法向应力可以用液体压力值来估计。

在150℃进行充液热拉深(图8-8),在 R_t/R_0 从 0.875 拉深至 0.775 的过程中,径向应力减小,而周向应力绝对值在增大,表明随着拉深的进行,法兰宽度不断在减小同时径向变形抗力也在减小,而周向则有起皱趋势,应力绝对值反而增大,增大了周向失稳的可能。对于通过上述公式求解的径向应力、周向应力及厚度法向应力与有限元计算结果进行了比较,符合程度较好(图8-9)。从图8-10中可以看到,250℃材料软化,在径向及周向的变形抗力绝对值均较150℃时有所减小。

8.3.2.3 考虑厚度因素(模型Ⅱ)

平衡方程可采用式(8-13)形式,同时考虑此处厚度的变化,平衡方程变为

$$\frac{d\sigma_r}{dr} = \frac{\sigma_\theta - \sigma_r}{r} + \frac{\mu \sigma_t}{t} - \frac{\sigma_r}{t} \frac{dt}{dr} \qquad (8-49)$$

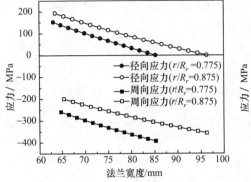

图 8 - 8 温度 150℃时的径向、周向应力分布

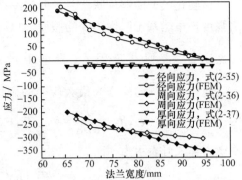

图 8 - 9 径向、周向、厚度法向应力结果
比较($R_t/R_0 = 0.875, 150℃$)

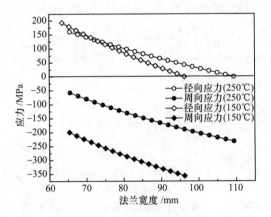

图 8 - 10 不同温度下的应力分布($R_t/R_0 = 0.875$)

比例加载条件下,全量应变的 Levy – Mises 方程为

$$\frac{\varepsilon_1}{\dfrac{\partial f}{\partial \sigma_1}} = \frac{\varepsilon_2}{\dfrac{\partial f}{\partial \sigma_2}} = \frac{\overline{\varepsilon}}{\dfrac{\partial f}{\partial \overline{\sigma}}} \qquad (8-50)$$

根据 Hill48 各向异性屈服准则,考虑厚向异性的屈服条件为

$$\frac{\mathrm{d}\overline{\varepsilon}}{(1+\xi)\overline{\sigma}} = \frac{\mathrm{d}\varepsilon_r}{\xi(\sigma_r - \sigma_\theta) + (\sigma_r - \sigma_t)} = \frac{\mathrm{d}\varepsilon_\theta}{\xi(\sigma_\theta - \sigma_r) + (\sigma_\theta - \sigma_t)}$$

$$= \frac{\mathrm{d}\varepsilon_t}{(\sigma_t - \sigma_\theta) + (\sigma_t - \sigma_r)} \qquad (8-51)$$

厚度真实应变的增量 $\mathrm{d}\varepsilon_t$ 为厚度增量 $\mathrm{d}t$ 与当前厚度 t 的比值。注意到拉深过程中法兰厚度增大为正,而周向应变压缩为负,有

$$\mathrm{d}\varepsilon_t = \frac{\mathrm{d}t}{t}, \mathrm{d}\varepsilon_\theta = -\frac{2\pi(r+\mathrm{d}r) - 2\pi r}{2\pi r} = -\frac{\mathrm{d}r}{r} \qquad (8-52)$$

由式(8-51)和式(8-52)可得厚度变化方程为

$$\frac{\mathrm{d}t}{\mathrm{d}r} = -\frac{2\sigma_t - \sigma_r - \sigma_\theta}{(1+\xi)\sigma_\theta - \xi\sigma_r - \sigma_t}\frac{t}{r} \tag{8-53}$$

为了简化计算,塑性方程采用式(8-22),进行下面转换:

$$\sigma_\theta = \sigma_r - \beta_1\bar{\sigma} \tag{8-54}$$

虽然式(8-43)的推导基于厚度不变的假设,但表征的是应力间的关系,在其产生误差的基础上,并不影响其作为塑性方程联立求解有厚度变化的微分方程。将式(8-54)代入式(8-49)和式(8-53),再结合式(8-25),求解微分方程组(8-49)、方程组(8-53),可以得到径向应力 σ_r 及厚度 t。如图8-11所示,等效应力 $\bar{\sigma}$ 随拉深而变化,为方便考虑,计算中采用沿当前法兰宽度分布等效应力的平均值 $\bar{\sigma}^{ave}$ 进行估计,见表8-2。

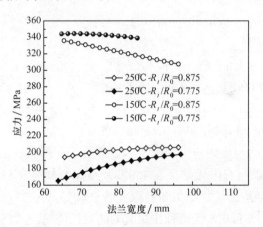

图8-11 不同拉深时刻等效应力沿法兰分布图

表8-2 等效应力沿法兰平均值

温度/℃	拉深时刻	平均等效应力 $\bar{\sigma}^{ave}$/MPa
150	$R_t/R_0 = 0.775$	322
	$R_t/R_0 = 0.875$	342
250	$R_t/R_0 = 0.775$	203
	$R_t/R_0 = 0.875$	184

式(8-49)、式(8-53)为一阶线性微分方程组两点边值问题,属于较复杂的数值计算。在 MATLAB 数值软件中该类问题归结为 BVPs(Boundary Value Problems)问题。通常采用 bvp4c 函数对其进行求解,计算步骤如下:

第一步:确定一阶微分方程组

待解微分方程组由式(8-49)、式(8-53)构成,且恰好符合最高阶变量位于等号左侧的规定格式;

223

第二步:微分方程选择状态变量

因变量为厚度 t 和径向应力 σ_r,均为法兰上距离中心轴任意位置 r 的函数,设 $y_1 = t$, $y_2 = \sigma_r$,方程组变为

$$\begin{cases} y_1' = -\dfrac{2\sigma_t - y_2 - (y_2 - \beta_1\overline{\sigma})}{(1+\xi)(y_2 - \beta_1\overline{\sigma}) - y_2\xi - \sigma_t}\dfrac{y_1}{r} \\[4mm] y_2' = \dfrac{(y_2 - \beta_1\overline{\sigma}) - y_2}{r} + \dfrac{\mu_1\sigma_t}{y_1} - \dfrac{y_2}{y_1}y_1' \end{cases} \quad (8-55)$$

第三步:MATLAB 数值实现

① 选项设置:options = bvpset('RelTol', 1e^{-6});

② 变量区间:$x = \text{linspace}(R_A, R_t, n)$;

③ 目标值常值估计:guess = $[t(r = R_A) = t_0, \sigma_r(r = R_t) = 0]$;

④ 生产计算网格:solinit = bvpinit(x, guess);

⑤ 边值微分方程:

$$\text{odefun} = @(x, y)\left[\frac{-(2\sigma_t + y_2 + (y_2 - \beta_1\overline{\sigma}))}{(1+\xi)(y_2 - \beta_1\overline{\sigma}) - y_2\xi - \sigma_t}\frac{y_1}{r}; \frac{(y_2 - \beta_1\overline{\sigma}) - y_2}{r} + \frac{\mu_1\sigma_t}{y_1} - \frac{y_2}{y_1}y_1'\right]$$

⑥ 边界条件:bcfun = @(ya, yb)[ya(1) - 1.5; yb(2) - 0]

⑦ 计算求解:sol = bvp4c(odefun, bcfun, solinit)

经计算,径向应力与周向应力如图 8 - 12 所示。图 8 - 12(a)为考虑厚度变化的理论模型计算结果与有限元结果在 150℃ 及拉深时刻为 0.875 时的对比情况,可知考虑厚度的法兰应力解析结果与有限元符合较好。图 8 - 12(b)为两种解析模型在 150℃ 及 0.775 和 0.875 两种拉深时刻的对比情况,可以看到两种解析模型计算结果很接近。在 250℃ 时,两种解析结果符合很好,如图 8 - 12(c)所示。

假设法兰与凹模圆角相接处初始厚度为原始板料厚度,选择拉深时刻为 0.811 时解析模型与充液拉深法兰试验厚度进行比较,如图 8 - 13 所示,可以看到,结果符合较好。与传统拉深成形不同,板材充液热成形有流体压力参与,其大小对法兰厚度存在一定的影响。图 8 - 14(a)为 150℃ 时液体压力对法兰厚度影响图,可以看到,没有液体压力的情况下法兰厚度增厚最严重,随着液体压力的增大,厚度增厚趋势减缓,30MPa 时法兰厚度比没有液体压力作用时厚度小 3.7%。液体压力对法兰处应力影响也比较大(见图 8 - 14(b)),随着液体压力的增大,法兰处应力也在增大。

8.3.3 凹模圆角应力分析

8.3.3.1 弯曲分析

法兰材料流入凹模圆角区域,开始沿着凹模圆角处模具型面进行弯曲。该部

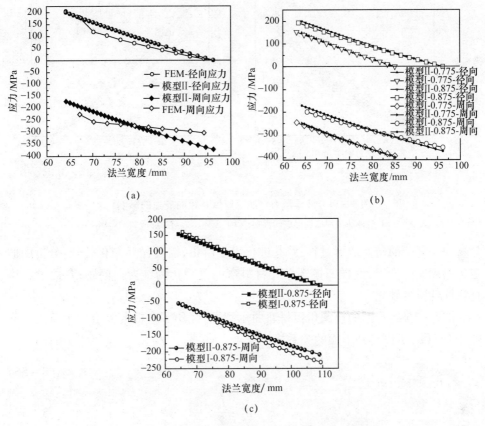

（a）

（b）

（c）

图 8 - 12　250℃时两种解析模型及有限元结果比较

（a）150℃，$R_t/R_0 = 0.875$ 应力结果比较；（b）150℃两种解析模型结果比较；

（c）250℃两种解析模型结果比较。

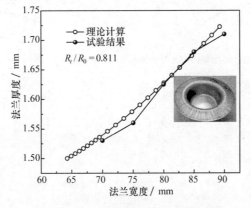

图 8 - 13　法兰厚度与试验对比图

225

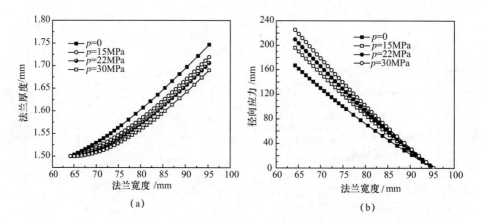

（a）　　　　　　　　　　　　　（b）

图 8 - 14　液体压力对法兰厚度及径向应力的影响

（a）液体压力对法兰厚度的影响；（b）液体压力对径向应力的影响。

分弯曲是复杂的塑性成形过程,对其进行力学解析,需要做些简化处理:分析中假定忽略周向应变[7],这样凹模圆角处材料弯曲可简化为纯弯曲问题;弯曲过程中材料线性应变硬化。

图 8 - 15 所示为凹模圆角板材弯曲示意图,经历了弯曲与复直两个阶段。从图 8 - 15(b)可以得到下面的关系式:

$$\rho_1 = \rho_c + \frac{t_d}{2} \tag{8-56}$$

$$r_d = \rho_c - \frac{t_d}{2} \tag{8-57}$$

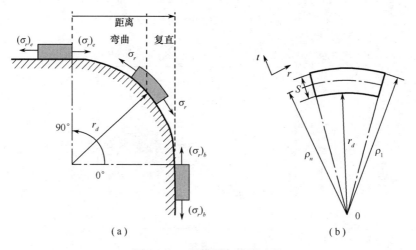

（a）　　　　　　　　　　　　　（b）

图 8 - 15　凹模圆角成形过程

（a）弯曲与复直；（b）弯曲示意图。

$$\rho_n = r_d + \frac{t_d}{2} - \chi \tag{8-58}$$

式中：ρ_c为中心层半径；ρ_n为中性层半径；χ 为中心层与中性层距离。取图 8-15 中弯曲板材的某一单元，假设弯曲的某一时刻单元夹角为 α'，弯曲的另一时刻夹角为 β'。根据中性层长度不变条件，有

$$\alpha'\left(\frac{S}{2} + r_d\right) = \beta'\left(r_d + \frac{t_d}{2} - \chi\right) \tag{8-59}$$

根据体积不变条件，有

$$\frac{1}{2}\alpha'\left[(r_d + S)^2 - r_d^2\right] = \frac{1}{2}\beta'\left[(r_d + t_d)^2 - r_d^2\right] \tag{8-60}$$

由式(8-59)和式(8-60)联立可以得到变化后的厚度[8]

$$t_d = \frac{1}{2}\left(-2r_d + S + \sqrt{(2r_d + S)^2 - 4S\chi}\right) \tag{8-61}$$

周向应变不计的情况下，应变状态表示为

$$\varepsilon_r = \pm\ln\left(\frac{\rho}{\rho_n}\right), \varepsilon_\theta = 0, \varepsilon_t = \mp\ln\left(\frac{\rho}{\rho_n}\right) \tag{8-62}$$

结合不可压缩条件，由于弯曲效应引起的等效应变增量表示为

$$\Delta\bar{\varepsilon} = \frac{1+\xi}{\sqrt{1+2\xi}}|\varepsilon_r| = \psi|\varepsilon_r| \tag{8-63}$$

式中，$\psi = \beta_1 = \dfrac{1+\xi}{\sqrt{1+2\xi}}$。根据 Chang 等[8]建议的线性应变硬化方法，结合本构关系式(8-14)，有

$$D_b = \frac{\Delta\bar{\sigma}}{\Delta\bar{\varepsilon}} = K_1 n_1 \bar{\varepsilon}^{n_1-1} - K_2 n_2 \bar{\varepsilon}^{n_2-1} \tag{8-64}$$

设 σ_e为凹模圆角与法兰交接处的初始等效应力，σ_b为弯曲后等效应力，可知，$\Delta\bar{\sigma} = \bar{\sigma}_b - \bar{\sigma}_e$，则

$$\bar{\sigma}_b = \bar{\sigma}_e + D_b \Delta\bar{\varepsilon} \tag{8-65}$$

以中性层为界线，外侧为拉应力区域，内侧为压应力区域。两区域力学微分平衡方程、塑性方程、平面应变条件组成的独立方程组可以表示[5]为

外侧区域(+)：   内侧区域(-)：

$$\begin{cases} \dfrac{\mathrm{d}\sigma_t}{\mathrm{d}\rho} - \dfrac{\sigma_r - \sigma_t}{\rho} = 0 \\[2mm] \sigma_\theta = \dfrac{\xi\sigma_r - \sigma_t}{1+\xi} \\[2mm] \sigma_r - \sigma_t = \psi\bar{\sigma}_b \end{cases} \qquad \begin{cases} \dfrac{\mathrm{d}\sigma_t}{\mathrm{d}\rho} + \dfrac{\sigma_r - \sigma_t}{\rho} = 0 \\[2mm] \sigma_\theta = \dfrac{\xi\sigma_r + \sigma_t}{1+\xi} \\[2mm] \sigma_r - \sigma_t = \psi\bar{\sigma}_b \end{cases} \tag{8-66}$$

注意到,厚度应变 ε_r 在上半层为正,下半层为负。求解得到两区域厚度法向应力分别为

$$\sigma_t^+ = \psi\,\bar{\sigma}_e \ln\frac{\rho}{\rho_n} - \frac{\psi D_b}{2}\ln^2\frac{\rho}{\rho_n} + E_1 \tag{8-67}$$

$$\sigma_t^- = -\psi\,\bar{\sigma}_e \ln\frac{\rho}{\rho_n} + \frac{\psi D_b}{2}\ln^2\frac{\rho}{\rho_n} + E_2 \tag{8-68}$$

凹模圆角处板材在充液成形中,上表面始终为自由表面,而下表面根据与模具是否接触分为两种边界,如下:

$$\rho = r_d + t_d,\ \sigma_t^+ = 0;\ \rho = r_d,\ \sigma_t^- = \sigma_{z-} = \begin{cases} \sigma_k & \text{接触模具} \\ -p & \text{板材悬空} \end{cases} \tag{8-69}$$

代入边界条件,可以确定常数 E_1、E_2,这样式(8-67)、式(8-68)可表示为[7]

$$\sigma_t^+ = \psi\,\bar{\sigma}_e \ln\frac{\rho}{r_d + t_d} + \frac{\psi D_b}{2}\left(\ln^2\frac{(r_d + t_d)}{\rho_n} - \ln^2\frac{\rho}{\rho_n}\right) \tag{8-70}$$

$$\sigma_t^- = \sigma_{z-} - \psi\,\bar{\sigma}_e \ln\frac{\rho}{r_d} - \frac{\psi^2 D_b}{2}\left(\ln^2\frac{r_d}{\rho_n} - \ln^2\frac{\rho}{\rho_n}\right) \tag{8-71}$$

厚度法向应力在厚度方向上应该是连续的,因此当 $\rho = \rho_n$ 时,$\sigma_t^+ = \sigma_t^-$,可以得到接触应力 σ_{z-} 的表达式[7]如下:

$$\sigma_{z-} = 2\ln\left(\frac{\rho_n}{\sqrt{r_d(r_d + t_d)}}\right)\left(\psi\bar{\sigma}_e + \frac{\psi^2 D_b}{2}\ln\frac{r_d + t_d}{r_d}\right) \tag{8-72}$$

一般情况下,弯曲时 $0 \leqslant \chi \leqslant \dfrac{t_d}{2}$。设凹模圆角弯曲前厚度等于板料初始厚度;$\sigma_e$ 为拉深时刻为 0.875 时凹模圆角与法兰连接处等效应力;等效应变增量取平均值 $\Delta\bar{\varepsilon} = 0.05$;$\sigma_b$ 为同一拉深时刻下经由式(8-65)计算所得,相应参数如表 8-3 所列。结合式(8-58)、式(8-59)、式(8-64)、式(8-65)、式(8-70)、式(8-71)、式(8-72),可以得到接触应力随变量 χ 的变化趋势,如图 8-16 所示。可以看出距离中心层的距离越大,接触应力越大,同时 250℃所需的接触应力由于材料软化的缘故较 150℃要小。

表 8-3　弯曲相关参数

温度 /℃	拉深时刻 R_t/R_0	初始厚度 S/mm	弯曲前等效应力 σ_e /MPa	弯曲后等效应力 σ_b /MPa	刚度 D_b/MPa
150	0.875	1.5	331	352	266
250	0.875	1.5	191	188	-75

8.3.3.2　附加应力

将式(8-70)、式(8-71)代入式(8-66)第三式,可以得到外侧与内侧拉应力

228

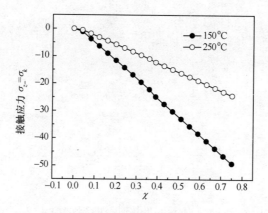

图 8-16　接触应力与 χ 的关系

$$\sigma_r^+ = \sigma_t^+ + \psi\,\overline{\sigma}_b\,, \sigma_r^- = \sigma_t^- + \psi\,\overline{\sigma}_b \qquad (8-73)$$

可知, σ_r^+ 与 σ_r^- 在 $\rho = \rho_c$ 处也应该是连续的,则弯曲后的径向应力在厚度方向平均值为[7]

$$\sigma_r^b = \frac{1}{t_d}\left\{\rho_n\ln\left(\frac{\rho_n(r_d+t_d)}{\rho_n^2}\right)\left[\psi\sigma_e + D_b\psi^2\ln\left(\frac{r_d+t_d}{\rho_n}\right)\right] + \sigma_{z-}(\rho_n - r_d)\right\}$$
$$(8-74)$$

与法兰连接凹模边界上的径向应力值之差则为附加应力

$$\Delta\sigma_{r1} = \sigma_r^b - (\sigma_r)_{r=R_A} \qquad (8-75)$$

也可以用功互等条件[9]求出,如图 8-17 所示,弯曲时截面弯矩 M 在剖面转动时所做的功等于附件应力 $\Delta\sigma_r$ 在相应位移上做的功:

$$\Delta\sigma_{r2}Sr_d\mathrm{d}\varpi = M\mathrm{d}\varpi \qquad (8-76)$$

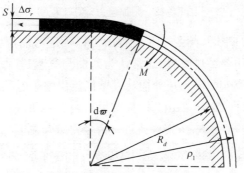

图 8-17　弯曲过程中功互等条件示意图[9]

无硬化效应弯曲情况下,式(8-73)中的 $\overline{\sigma}_b$ 用 $\overline{\sigma}_e$ 来代替,结合边界条件(8-69)解得

$$\sigma_r^+ = \overline{\sigma}_e\psi\left(1 - \ln\frac{r_d+t_d}{\rho}\right) \qquad (8-77)$$

229

$$\sigma_r^- = -\bar{\sigma}_e\psi\left(1 + \ln\frac{r_d + t_d}{\rho} + \ln\frac{(r_d + t_d)r_d}{\rho_n^2}\right) \tag{8-78}$$

截面的弯矩计算如下:

$$M = \int_{\rho_n}^{r_d + t_d} \sigma_r^+ \rho\ \mathrm{d}\rho + \int_{r_d}^{\rho_n} \sigma_r^- \rho\ \mathrm{d}\rho \tag{8-79}$$

积分后

$$M = \bar{\sigma}_e\psi\left[\frac{\rho_n^2}{2}\ln\frac{\rho_n^2}{(r_d + t_d)r_d} + \frac{(r_d + t_d)^2 - 2\rho_n^2 + r_d^2}{4} - \frac{\rho_n^2 - r_d^2}{2}\ln\frac{(r_d + t_d)r_d}{\rho_n^2}\right]$$

$$\tag{8-80}$$

结合式(8-61)和式(8-76)可以得到径向附加应力 $\Delta\sigma_{r2}$ 为

$$\Delta\sigma_{r2} = \frac{M}{r_d t_d} \tag{8-81}$$

上述两种方法对弯曲过程中产生的径向附加应力是等效的,通过式(8-75)与式(8-81)相等,可以得到弯曲引起的径向附加应力,计算流程如图8-18所示。

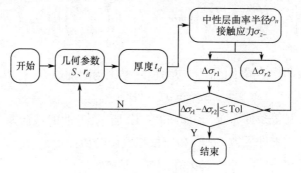

图8-18 附加应力计算流程图

结合表8-3的参数及图8-18流程图可以确定弯曲产生的附加应力。实际上在凹模出口材料还要经过复直,通常认为弯曲与复直过程产生的附加应力是相等的。板材从法兰流入凹模圆角处而从直壁区流出整个过程产生的附件应力是弯曲附加应力的2倍,即 $\Delta\sigma_r = 2\Delta\sigma_r'$,计算结果如表8-4所列。

表8-4 弯曲引起的径向附加应力

温度/℃	R_t/R_0	厚度 t_d /mm	中性层半径 ρ_n /mm	接触应力 σ_k /MPa	距中心层距离 χ /mm	附加应力 $\Delta\sigma_r'$ /MPa
150	0.875	1.48	12.34	-24.8	0.39	9.2
250	0.875	1.47	12.22	-16.2	0.51	6.7

8.3.3.3　应力分析

充液热成形弯曲过程中,在液体压力作用下,板材弯曲经历两个不同过程。当达到溢流压力时,凹模圆角处坯料将被液压油胀起而不接触凹模。如果压力不够大,则板材在凹模圆角上滑动,径向应力增加还需要考虑摩擦力的影响。可以认为液体压力满足下述条件[7]时凹模圆角处板材被胀起:

$$p \geqslant |\sigma_{z-}| = |\sigma_k| \tag{8-82}$$

接触应力 σ_k 见图 8-19。从方程(8-13)知凹模圆角处径向应力平衡方程为

$$\frac{\partial \sigma_r}{\partial r} + \frac{\sigma_r - \sigma_\theta}{r} + \frac{\mu \sigma_k}{\sin\alpha} = 0 \tag{8-83}$$

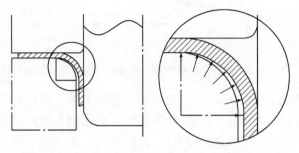

图 8-19　坯料凹模圆角胀起状态局部放大图

凹模圆角处没有胀起的时候板料下表面接触应力 $\sigma_k \neq 0$。凹模圆角处相关参数:$0 \leqslant \alpha \leqslant 90°$,$r = R_m + r_d(1 - \cos\alpha)$,且 $dr = r_d \sin\alpha \, d\alpha$。结合上述参数及塑性方程(8-22),平衡方程(8-83)改为

$$\frac{\partial \sigma_r}{\partial \alpha} + \frac{\beta_1 r_d \sin\alpha}{R_m + r_d(1 - \cos\alpha)} \bar{\sigma}_e + r_d \mu \sigma_k = 0 \tag{8-84}$$

其中,接触应力 $\sigma_k < 0$。在 p 增大过程中,接触应力对板料的作用逐渐减弱,液体压力作用下剩余接触应力则可以用 $\sigma'_k = \sigma_k + p$ 代替,可知完全胀起后板料接触应力 $\sigma'_k = 0$。板材悬空后,液体压力开始作用在板料下表面,液体压力 p 变化对等效应力的影响可以用下式表示:

$$\Delta \bar{\sigma} = \frac{p\rho_i}{2t_d} \tag{8-85}$$

假设(8-85)以线性形式附加在初始等效应力 $\bar{\sigma}_e$ 上,其中 $\rho_i = r_d$ 时,板料接触凹模。式(8-84)变为

$$\frac{\partial \sigma_r}{\partial \alpha} + \frac{\beta_1 r_d \sin\alpha}{R_m + r_d(1 - \cos\alpha)} \left(\bar{\sigma}_e + \frac{p\rho_i}{2t} \right) = 0 \tag{8-86}$$

式(8-86)计算所得径向应力,并结合表 8-4 中径向附加应力,便是凹模圆角处弯曲与复直后的径向应力。在 150℃,拉深时刻为 $R_t/R_0 = 0.875$ 时,17MPa 液室压力情况下,式(8-86)与有限元计算的结果对比如图 8-20 所示,结果符合较好。

从图 8-21(a)所示,板料未被胀起时,液体压力增大过程中,板料剩余接触应

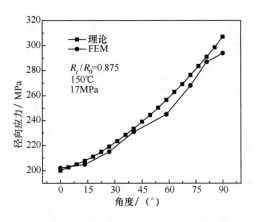

图 8 – 20   凹圆角处径向应力理论计算与有限元预测对比

力减小,进而径向应力也在减小,当液体压力足够大能够将板料抬起来时,径向应力最小。此后,板料进入悬浮状态,液体压力全部作用在板料下表面,径向应力随液体压力的增大而增大,但是增幅不大,如图 8 – 21(b)所示。需要指出的是,采用式(8 – 84)与式(8 – 86)对接触状态与悬浮状态应力分析,会出现板料胀起时刻径向应力跳跃,而不是连续变化的问题,这是接触应力在胀起过程中被假定为常值的缘故。图 8 – 21(a)中,没有液体压力的作用下,径向应力很容易达到应力极限。在液体压力的作用下,应力水平有所下降,反而趋于安全。

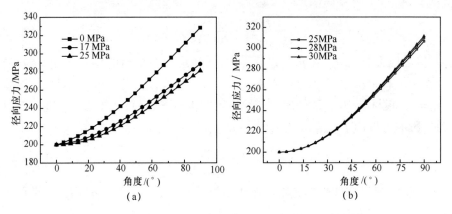

图 8 – 21   150℃凹模圆角处径向应力受液体压力的影响
(a)接触状态;(b)悬浮状态。

8.3.4   筒壁处应力分析

直壁区域,坯料外侧为受液体压力 p 作用,内侧受摩擦力和接触应力作用,厚向边界条件见图 8 – 3。通过厚度法向方程(8 – 29),筒壁区域几何参数及边界条件,可得到厚度法向应力

$$\sigma_t = e^{\frac{S-t}{R_\theta}}(-p) + \sigma_\theta\left(1 - e^{\frac{S-t}{R_\theta}}\right) \qquad (8-87)$$

筒壁处于平面应变状态,对式(8-87)指数部分进行泰勒展开,定义厚径比为 $\varsigma = \dfrac{S}{R_m}$,则壁厚中性层法向应力表示如下:

$$\sigma_t = \frac{-p\left(1 + \dfrac{S}{2}\right) + \dfrac{S}{2(1+\xi)}\sigma_r}{1 - \dfrac{S}{2(1+\xi)}} \qquad (8-88)$$

从上式可以知道,在厚径比足够小的情况下,式(8-87)表示的厚向应力可以用液体压力值近似

$$\sigma_t \approx -p \qquad (8-89)$$

在150℃,拉深时刻为0.875时,厚度法向应力与厚径比的关系如图8-22(a)所示。数值模拟中,充液热拉深筒形件几何尺寸采用图8-22所示参数,可知厚径比 $\varsigma = 1.48/50 = 0.0296$。从图8-22(b)可知,在 $\varsigma \to 0$ 的情况下,由式(8-89)预测的厚度法向应力即为液体压力值大小,误差为0。随着厚径比增大,用液体压力表示厚度法向应力的误差也在增大,在 $\varsigma = 0.0296$ 时,17MPa 时误差为 11%,25MPa 时误差为6.7%,30MPa 时误差为5.2%,40MPa 时误差为3.3%。在法兰与筒底部分,$R_r = R_\theta = \infty$,厚径比 $\varsigma \to 0$,因此该部分厚度法向应力用式(8-88)近似精度很高,如图8-22(b)所示。而筒壁区厚径比为有限值,用式(8-89)表征厚度法向应力,在厚径比很小及液体压力很大的情况下,精度较高。

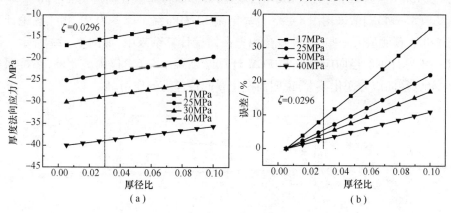

图8-22   150℃厚度法向应力与厚径比关系

(a) 厚度法向应力随厚径比变化;(b) 式(8-88)计算应力与压力 p 误差随厚径比变化情况。

将边界条件代入平衡方程(8-8)和式(8-13),得到如下表达式:

$$\frac{\mathrm{d}\sigma_r}{\mathrm{d}r} + \frac{\sigma_r - \sigma_\theta}{r} + \frac{\mu\sigma_k}{\sin\alpha \cdot S}\left(\frac{S}{2R_\theta} + 1\right) = 0 \qquad (8-90)$$

相关参数为:$\alpha = 0$,$R_r = \infty$,$R_\theta = R_m = R_p + \dfrac{S}{2} = \dfrac{r}{\cos\alpha} = r$,$\sigma_\theta > 0$。由 $\mathrm{d}r = -R_\theta \sin\alpha \, \mathrm{d}\alpha$,可知 $\mathrm{d}\alpha = 0 \to \mathrm{d}r = 0$,有

$$\mathrm{d}\sigma_r = -\frac{\sigma_r - \sigma_\theta}{r}\mathrm{d}r + \frac{\mu\sigma_k}{S}\left(\frac{S}{2R_\theta} + 1\right)R_\theta \mathrm{d}\alpha \qquad (8-91)$$

由上式可知,$\mathrm{d}\sigma_r = 0$,即 $\sigma_r = C_3$。考虑边界条件,$\sigma_r \big|_{r=R_m}^{\text{die out}} = \sigma_r \big|_{r=R_m}^{\text{wall in}}$,以及摩擦力对径向应力的影响

$$\Delta\sigma_r^f = \frac{2\pi r_0 L_0 \mu\sigma_k}{2\pi r_0 S} = \mu L_0\left(\frac{\sigma_\theta}{R_\theta} - \frac{p}{S}\right) \qquad (8-92)$$

式中:L_0 为筒壁长度。则径向应力 σ_r 为

$$\sigma_r = \sigma_r \bigg|_{r=R_m}^{\text{die out}} + \Delta\sigma_r^f = \sigma_r \bigg|_{r=R_m}^{\text{die out}} + \mu L_0\left(\frac{\sigma_\theta}{R_\theta} - \frac{p}{S}\right) \qquad (8-93)$$

上式说明筒壁径向应力等于凹模圆角与筒壁交界处径向应力 $\sigma_r \bigg|_{r=R_m}^{\text{die out}}$ 与筒壁摩擦应力的代数和。考虑平面应变条件,筒壁径向应力为

$$\sigma_r = \frac{\sigma_r \bigg|_{r=R_m}^{\text{die out}} + \mu L_0 p\left(\dfrac{1}{(1+\xi)R_m} + \dfrac{1}{S}\right)}{1 + \mu L_0 \dfrac{\xi}{(1+\xi)R_m}} \qquad (8-94)$$

在 150℃,拉深时刻为 0.875 时,$L_0 = 16.35\text{mm}$,筒壁径向应力如图 8-23 所示。式(8-94)初值采用图 8-23 计算结果 307MPa,在图 8-20 中,由于理论计算值比 FEM 预测值大一些,该误差会积累在筒壁计算结果中,如图 8-23 所示。但式(8-94)计算的径向应力 σ_r 与 FEM 计算结果误差在 6% 以内。此外,在拉深过程中筒壁径向应力变化不大,说明筒壁主要起传递力的作用。

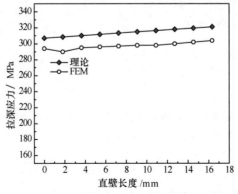

图 8-23   17MPa 时解析式(8-94)计算应力与有限元结果比较($R_t/R_0 = 0.875$)

参 考 文 献

[1] 李涛. 难变形材料温热介质充液成形新技术及其装备关键技术研究[D]. 北京: 北京航空航天大学, 2010.

[2] HILL R. A Theory of the Yielding and Plastic Flow of Anisotropic Metals[J]. Proceedings of the Royal Society of London Series A, 1948(193): 281 – 297.

[3] WANG Z R. A Consistent Relationship Between the Stress – And Strain Components and its Application for Analyzing the Plane Stress Forming Process[J]. Journal of Material Processing Technology, 1995, 55: 1 – 4.

[4] 中国航空材料手册编辑委员会. 中国航空材料手册[M]. 第 2 版. 北京: 中国标准出版社, 2002.

[5] 胡世光, 陈鹤峥. 板料冷压成形的工程解析[M]. 第 2 版. 北京: 北京航空航天大学出版社, 2009: 340.

[6] 赵升吨, 张志远, 林军, 等. 圆筒形件拉深工艺的有效压边力研究[J]. 西安交通大学学报, 2007(9): 1018 – 1016.

[7] CHOI H, KOC M, NI J. A Study On the Analytical Modeling for Warm Hydro – Mechanical Deep Drawing of Lightweight Materials[J]. International Journal of Machine Tools & Manufacture, 2007(47): 1758 – 1766.

[8] CHANG D F, WANG J E. Analysis of Draw – Redraw Processes[J]. International Journal of Mechanical Sciences, 1998, 40(8): 793 – 804.

[9] 波波夫 E A, 斯德洛日夫 M B. 金属压力加工原理[M]. 北京: 机械工业出版社, 1980.

第9章 三向应力状态板材充液成形应力状态及成形性分析

在厚径比很小且液体压力较大的情况下,用液体压力表征厚度法向应力具有较高的精度。因此,液体压力的存在使得板材充液热成形工艺本身具有特殊性,区别于平面应力状态。本章以简形件为例,研究厚度法向应力影响下简形件不同变形区域的应力应变状态变化及特征。

9.1 厚度法向应力对屈服轨迹的影响

9.1.1 简形件充液拉深在屈服轨迹上的应力分布

研究塑性理论问题时,常采用能量形式的塑性条件即 Mises 屈服准则,平面应力状态及三向应力状态(图 9-1)下的表达式为

平面应力: $\qquad\qquad \sigma_1^2 - \sigma_1\sigma_2 + \sigma_2^2 = 2\sigma_s^2$ $\qquad\qquad$ (9-1)

三向应力: $\quad (\sigma_1 - \sigma_2)^2 + (\sigma_2 - \sigma_3)^2 + (\sigma_3 - \sigma_1)^2 = 2\sigma_s^2$ $\qquad$ (9-2)

二维屈服函数及其屈服轨迹无法体现厚度法向应力的影响。王仲仁等引入了三维屈服轨迹的描述方法。三向应力状态下的 Mises 屈服面在 σ_1、σ_2、σ_3 主应力空间中的轨迹为与三坐标轴等倾斜的圆柱面。当满足代数条件 $\sigma_1 \geqslant \sigma_2 \geqslant \sigma_3$ 时,满足能量条件的三主应力在应力空间中所对应的点在 Mises 圆柱面六分之一的范围内,将这六分之一圆柱面展开,则在 Mises 圆柱面上的应力分布如图 9-1(c)所示。图中,beg 线以下为 $0 > \sigma_1 > \sigma_2 > \sigma_3$,即三向压应力;$beg$ 线与 fdb 线之间为 $\sigma_1 > 0 > \sigma_2 > \sigma_3$,即两压一拉应力状态;$fdb$ 线与 acf 线间为 $\sigma_1 > \sigma_2 > 0 > \sigma_3$,即两拉一压应力状态;$acf$ 线以上为 $\sigma_1 > \sigma_2 > \sigma_3 > 0$,即三向拉应力状态;$L$ 线为 $\sigma_2 = \sigma_3$,M 线为 $\sigma_2 = (\sigma_1 + \sigma_3)/2$,$N$ 线为 $\sigma_1 = \sigma_2$。M 线上的应力状态仅产生平面变形,L 线与 M 线间($-1 \leqslant \mu_\sigma \leqslant 0$)应力状态只产生伸长类应变,$MN$ 线间($0 \leqslant \mu_\sigma \leqslant 1$)应力状态只产生缩短类应变。

充液成形与传统钣金成形最大不同点在于流体介质压力产生的厚度法向压力 $\sigma_t < 0$ 不可忽略。在以往的薄壁件充液成形中的理论基础为平面应力假设,板材充液成形典型变形区的应力分布如图 9-1(a)所示。考虑流体压力作用下的变

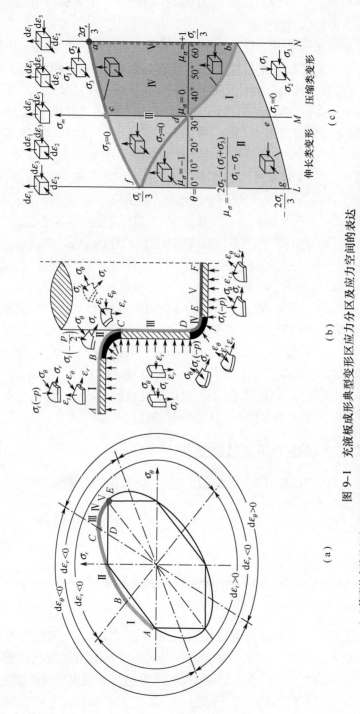

图 9-1　充液板成形典型变形区应力分区及应力空间的表达

（a）筒形件充液拉深变形区在Tresca与Mises平面应力屈服轨迹上分布；（b）筒形件充液成形典型变形区及应力应变状态；

（c）变形区在Mises圆柱展开面构成的三向应力空间上分布。筒形件分区：Ⅰ—法兰区；Ⅱ—凹模圆角区；Ⅲ—筒壁区；Ⅳ—凸模圆角区；Ⅴ—筒底区。

形体的应力分布如图 9-1(c) 所示,较图 9-1(a) 增加了第三向应力对面内应力的影响导致应力分布区间的变化。

在板材充液拉深成形中三个主应力的对应关系是随着成形的进行而变化的。变形过程中应变大小代数关系与应力大小代数关系保持一致,即如果 $\sigma_1 > \sigma_2 > \sigma_3$,则 $\varepsilon_1 > \varepsilon_2 > \varepsilon_3$。Ⅰ区主应力对应关系为 $\sigma_1 = \sigma_r > 0$, $\sigma_2 = \sigma_t < 0$, $\sigma_3 = \sigma_\theta < 0$,应变为 $\mathrm{d}\varepsilon_1 = \mathrm{d}\varepsilon_r > 0$, $\mathrm{d}\varepsilon_2 = \mathrm{d}\varepsilon_t > 0$, $\mathrm{d}\varepsilon_3 = \mathrm{d}\varepsilon_\theta < 0$,即应力状态为两压一拉,应变状态是两拉一压,则Ⅰ区域位于图 9-1(c) 中的 bde 区域,产生压缩应变,若不计 σ_t 的影响,对应图 9-1(a) 中 AB 及图 9-1(c) 中的 bd 线。Ⅱ区存在两种潜在的应力应变关系。图 9-1(b) 中Ⅱ区靠近 B 的区域主应力关系同区Ⅰ,而应变不同,$\mathrm{d}\varepsilon_1 = \mathrm{d}\varepsilon_r > 0$, $\mathrm{d}\varepsilon_2 = \mathrm{d}\varepsilon_t < 0$, $\mathrm{d}\varepsilon_3 = \mathrm{d}\varepsilon_\theta < 0$。对应区域为图 9-1(c) 中 dfge。Ⅱ区靠近 C 点应力关系,$\sigma_1 = \sigma_r > 0$, $\sigma_2 = \sigma_\theta > 0$, $\sigma_3 = \sigma_t < 0$,应变关系同Ⅱ区近 B 点,相应区域为图 9-1(c) 中 cfd。整个Ⅱ区对应图 9-1(c) 中的 cfge。平面应力状态对应图 9-1(a) 中的 BC 与图 9-1(c) 中的 fd 和 cf。Ⅲ区内,为平面应变变形,应变满足 $\mathrm{d}\varepsilon_1 = \mathrm{d}\varepsilon_r > 0$, $\mathrm{d}\varepsilon_2 = \mathrm{d}\varepsilon_\theta = 0$, $\mathrm{d}\varepsilon_3 = \mathrm{d}\varepsilon_t < 0$,应力满足 $\sigma_1 = \sigma_r > 0$, $\sigma_2 = \sigma_\theta = (\sigma_r + \sigma_t)/2 > 0$, $\sigma_3 = \sigma_t < 0$。其影响区域为图 9-1(c) 中的 dc,如果 $\sigma_t = 0$,则影响区缩为一个点,对应图 9-1(a) 中的 D 点及图 9-1(c) 中的 c 点。Ⅳ区内,$\sigma_1 = \sigma_r > 0$, $\sigma_2 = \sigma_\theta > 0$, $\sigma_3 = \sigma_t < 0$,且 $\mathrm{d}\varepsilon_1 = \mathrm{d}\varepsilon_r > 0$, $\mathrm{d}\varepsilon_2 = \mathrm{d}\varepsilon_\theta > 0$, $\mathrm{d}\varepsilon_3 = \mathrm{d}\varepsilon_t < 0$。在图 9-1(c) 的影响区域为 acdb,平面应力对应图 9-1(a) 中 DE 和图 9-1(c) 中 ca。Ⅴ区内主应力顺序同Ⅳ区,此外,$\sigma_r = \sigma_\theta$, $\mathrm{d}\varepsilon_r = \mathrm{d}\varepsilon_\theta$,对应线段为图 9-1(c) 中 ba。平面应力状态对应图 9-1(a) 中 E 点及图 9-1(c) 中 a 点。

9.1.2 平面应力状态下屈服轨迹变化

计入厚度法向应力,基于 Hill48 屈服准则,主应力 σ_1 可以表示为

$$\sigma_1 = \frac{1}{1+\xi}(\xi\sigma_2 + \sigma_t)$$

$$\pm\sqrt{\left[\left(\frac{2\xi}{1+\xi}\right)^2 - 4\right]\sigma_2^2 + \left[\left(\frac{2}{1+\xi}\right)^2 - \frac{8}{1+\xi}\right]\sigma_t^2 + \left[\frac{4\xi}{(1+\xi)^2} + \frac{8}{1+\xi}\right]\sigma_2\sigma_t + 4\sigma_s^2}/2$$

$$(9-3)$$

从式 (9-3) 所示,σ_1 是厚向异性指数 ξ、厚度法向应力 σ_t、屈服应力 σ_s 的函数,其中 ξ 和 σ_s 又是温度的函数。为了消除厚向异性指数对屈服轨迹形状的影响,采用各向同性条件。图 9-2 为平面应力屈服轨迹形状受温度及厚度法向应力影响示意图。可知,温度影响屈服轨迹的大小,温度越高,屈服应力越小,则屈服轨迹相应缩小。厚度法向应力影响屈服轨迹的位置,当厚度法向应力绝对值增大时,屈服轨迹从第一象限向第三象限移动。

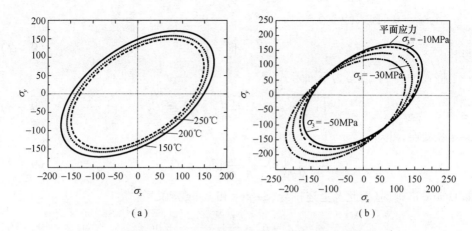

图 9 - 2　平面应力下温度及厚度法向应力对屈服轨迹的影响

（a）温度对屈服轨迹的影响（$r=1$）；（b）厚度法向应力对屈服轨迹的影响（$T=150℃$，$r=1$）。

9.2　板材充液热成形力学特征

9.2.1　$(\beta_{av}, \bar{\varepsilon})$ 及 (η, ω) 坐标空间

为了便于分析流体压力影响下的成形过程，采用两种坐标变量来展示流体压力对三维变形应力状态的影响，分别为 $(\beta_{av}, \bar{\varepsilon})$ 及 (η, ω)。应力三维度 $\beta_{av} = \dfrac{\sigma}{\bar{\sigma}}$ 被广泛用于研究断裂韧性，用来描述应力状态如下：单向拉应力状态，$\beta_{av} = \dfrac{1}{3}$，$\bar{\varepsilon} = \varepsilon_1$；平面应变状态，$\beta_{av} = \dfrac{1}{\sqrt{3}}$，$\bar{\varepsilon} = \dfrac{2\sqrt{3}\varepsilon_1}{3}$；单向压应力状态，$\beta_{av} = -\dfrac{1}{3}$，$\bar{\varepsilon} = 2\varepsilon_1$；双向等拉应力状态，$\beta_{av} = \dfrac{2}{3}$，$\bar{\varepsilon} = 2\varepsilon_1$。

Murty 和 Nageswa 提出基于应变能的经验断裂准则为

$$\int_0^{\bar{\varepsilon}_f} \left(\bar{\alpha} \frac{\sigma_1}{\bar{\sigma}} + \bar{\beta} \frac{\sigma}{\bar{\sigma}} \right) \mathrm{d}\bar{\varepsilon} = 1 \qquad (9-4)$$

式中：$\bar{\alpha}$、$\bar{\beta}$ 为材料常数。上式可以写为

$$\bar{\alpha}\lambda + \bar{\beta}\mu = 1 \qquad (9-5)$$

式中：$\bar{\lambda} = \dfrac{3}{2} \int_0^t \dfrac{\sigma_1}{\bar{\sigma}} \dot{\bar{\varepsilon}} \mathrm{d}t$，$\bar{\mu} = \dfrac{3}{2} \int_0^t \dfrac{\sigma}{\bar{\sigma}} \dot{\bar{\varepsilon}} \mathrm{d}t$；$\sigma_1$ 为最大拉伸应力；σ 为静水压力；$\dot{\bar{\varepsilon}}$ 为等效应变率；t 为时间。

当 $\alpha_0 = 0$ 时，式（9-5）转变为 Oh 准则

$$\int_0^t \frac{\sigma_1}{\bar{\sigma}} \dot{\bar{\varepsilon}} \mathrm{d}t = C_1 \qquad (9-6)$$

当 $\beta_0 = 0$ 时,式(9 − 5) 为

$$\int_0^t \frac{\sigma}{\overline{\sigma}} \dot{\overline{\varepsilon}} dt = C_2 \tag{9 − 7}$$

将式(9 − 7) 改写为下面形式:

$$\int_0^{\overline{\varepsilon}_f} \frac{\sigma}{\overline{\sigma}} d\overline{\varepsilon} = A(C - (\overline{\varepsilon})_f) = C_2 \tag{9 − 8}$$

经变换,可知

$$\int_0^{\overline{\varepsilon}_f} \left(1 + \frac{1}{A} \frac{\sigma}{\overline{\sigma}}\right) d\overline{\varepsilon} = C \tag{9 − 9}$$

即 Oyane 准则。基于此及上述推导,Sergey 和 Lang 定义

$$\omega = \lambda - \mu = \frac{3}{2} \int_0^t \frac{\sigma_1 - \sigma}{\overline{\sigma}} \dot{\overline{\varepsilon}} dt \tag{9 − 10}$$

$$\eta = \lambda + \mu = \frac{3}{2} \int_0^t \frac{\sigma_1 + \sigma}{\overline{\sigma}} \dot{\overline{\varepsilon}} dt \tag{9 − 11}$$

则式(9 − 5) 可改写为

$$\tilde{\alpha}\eta + \tilde{\beta}\omega = 1 \tag{9 − 12}$$

材料常数 $\tilde{\alpha}$、$\tilde{\beta}$ 为 $\overline{\alpha}$、$\overline{\beta}$ 的表达式。假设材料符合 Levy − Mises 本构关系及 Mises 屈服准则,并且应力主轴与应变主轴重合,ω 表示如下:

$$\omega = \frac{3}{2} \int_0^t \frac{\tau_1}{\overline{\sigma}} \dot{\overline{\varepsilon}} dt = \int_0^t \dot{\varepsilon}_1 dt = \varepsilon_1 > 0 \tag{9 − 13}$$

其中,τ_1 为应力偏张量的第一分量,对于不可压缩材料,$\sigma_1 - \sigma > 0$ 始终成立。对于应力自由面的情况,η 根据不同的应力应变状态有不同的表达式,即:双向等拉应力状态,$\eta = 5\omega$;平面应变状态,$\eta = 3\omega$;单向拉应力状态,$\eta = 2\omega$;单向压应力状态,$\eta = -\omega$。

9.2.2 断裂韧性与 β_{av} 及 η 关系定性分析

应力三维度 $(\beta_{av}, \overline{\varepsilon})$ 坐标空间被广泛用于研究断裂韧性。Li 和 Luo 等采用二维 Mohr − Coulomb(MMC)断裂准则用于表示不同加载路径下的韧性断裂轨迹,表达式如下:

$$\overline{\varepsilon}^f = \left\{\frac{K}{C_2} f_3 \left[\sqrt{\frac{1 + C_1^2}{3}} \cdot f_1 + C_1 \left(\beta_{av} + \frac{f_2}{3}\right)\right]\right\}^{-1/n} \tag{9 − 14}$$

其中,

$$f_1 = \cos\left\{\frac{1}{3}\arcsin\left[-\frac{27}{2}\beta_{av}\left(\beta_{av}^2 - \frac{1}{3}\right)\right]\right\} \tag{9 − 14a}$$

$$f_2 = \sin\left\{\frac{1}{3}\arcsin\left[-\frac{27}{2}\beta_{av}\left(\beta_{av}^2 - \frac{1}{3}\right)\right]\right\} \tag{9 − 14b}$$

$$f_3 = C_3 + \frac{\sqrt{3}}{2 - \sqrt{3}}(1 - C_3)\left(\frac{1}{f_1} - 1\right) \tag{9-14c}$$

材料常数 K 和 n 为材料本构模型参数，C_1、C_2 和 C_3 为与断裂轨迹相关的参数。对于钢材 TRIP690，五个参数分别为 $K = 1275.9\mathrm{MPa}$，$n = 0.2655$，$C_1 = 0.12$，$C_2 = 720\mathrm{MPa}$，$C_3 = 1.095$，则 TRIP690 三维度 $(\beta_{av}, \overline{\varepsilon})$ 坐标空间上的断裂轨迹形式如图 9-3 所示。

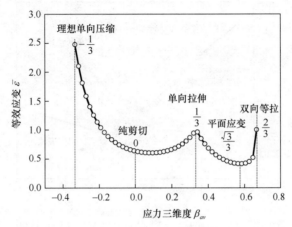

图 9-3 平面应力条件下不同加载路径下断裂韧性与应力三维度的关系

以 $(\beta_{av}, \overline{\varepsilon})$ 坐标空间上的断裂轨迹为基础，通过下面的推导过程，将其转换到 (η, ω) 坐标空间。对于平面应力条件下的各向同性材料，β_{av} 与面内应力比 $\alpha(\alpha = \sigma_2 / \sigma)$ 的关系如下式：

$$\beta_{av} = \frac{1 + \alpha}{3 \sqrt{1 - \alpha + \alpha^2}} \tag{9-15}$$

将 α 用 β_{av} 表示，存在两个根

$$\begin{cases} \alpha_1 = \dfrac{(9\beta_{av}^2 + 2) + \sqrt{(9\beta_{av}^2 + 2)^2 - 4(9\beta_{av}^2 - 1)^2}}{2(9\beta_{av}^2 - 1)}, & -\dfrac{1}{3} \leqslant \beta_{av} \leqslant 0 \\[4mm] \alpha_2 = \dfrac{(9\beta_{av}^2 + 2) - \sqrt{(9\beta_{av}^2 + 2)^2 - 4(9\beta_{av}^2 - 1)^2}}{2(9\beta_{av}^2 - 1)}, & 0 < \beta_{av} \leqslant \dfrac{2}{3} \end{cases}$$

$$\tag{9-16}$$

第一主应力 σ_1 与等效应力 $\overline{\sigma}$ 的比值为

$$\frac{\sigma_1}{\sigma} = \frac{1}{\sqrt{1 - \alpha + \alpha^2}} \tag{9-17}$$

则式（9-10）、式（9-11）变为

$$\omega = \frac{3}{2} \frac{\sigma_1}{\sigma} \overline{\varepsilon}^f - \frac{3}{2} \beta_{av} \overline{\varepsilon}^f \tag{9-18}$$

$$\eta = \frac{3}{2}\frac{\sigma_1}{\bar{\sigma}}\bar{\varepsilon}^f + \frac{3}{2}\beta_{av}\bar{\varepsilon}^f \qquad (9-19)$$

式中,断裂应变 ε^f 从式(9-14)中获得,在指定区间 $-\frac{1}{3} \leq \beta_{av} \leq \frac{2}{3}$ 上,遵循式(9-15)~式(9-19)变换关系,可以得到(η,ω)坐标空间上的韧性断裂轨迹,如图9-4所示。可以看到,不同加载路径 η 与 ω 均有相应的对应关系。

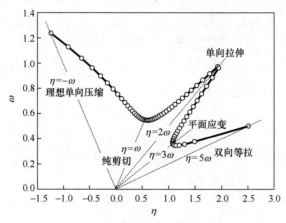

图9-4　(η,ω)坐标空间上的韧性断裂轨迹(TRIP690)

9.2.3　流体压力对板材充液成形应力状态的影响

根据塑性理论,在不可压缩条件下,任何一种几何形状的物体的塑性变形,其应变状态只有三种,且属于二维与三维应变状态。因此,在($\beta_{av},\bar{\varepsilon}$)及($\eta,\omega$)坐标空间上,根据板材应变特征分为以下几种情况进行讨论。

9.2.3.1　平面应变状态

第一种:长度方向变形忽略不计,如足够长的管坯胀形。

应变状态为 $\varepsilon_r = 0, \varepsilon_\theta = -\varepsilon_t(\varepsilon_1 = \varepsilon_\theta)$,应力满足 $\sigma_r = \frac{\sigma_\theta + \sigma_t}{2}(\sigma_\theta > 0)$、

$\sigma_t = -p < 0(\sigma_1 = \sigma_\theta)$,则 $\sigma = \sigma_r = \frac{\sigma_1 - p}{2}, \sigma_{eq} = \frac{\sqrt{3}(\sigma_1 + p)}{2}$。

(1) 在($\beta_{av},\varepsilon_{eq}$)坐标空间上,$\beta_{av} = \frac{\sigma_1 - p}{\sqrt{3}(\sigma_1 + p)}$,则:

当 $p \to 0$ 时,$\beta_{av} = \frac{1}{\sqrt{3}}$;当 $p \to \sigma_1$ 时,$\beta_{av} = 0$;当 $p \to \infty$ 时,$\beta_{av} = -\frac{1}{\sqrt{3}}$。可知

$-\frac{1}{\sqrt{3}} < \beta_{av} < \frac{1}{\sqrt{3}}$。

（2）在 (η,ω) 坐标空间上，$\bar{\varepsilon} = \dfrac{2\sqrt{3}}{3}\varepsilon_1$，$\eta = \dfrac{3}{2}\displaystyle\int_0^t \dfrac{3\sigma_1 - p}{\sqrt{3}(\sigma_1 + p)}\dot{\bar{\varepsilon}}\mathrm{d}t$，则：

当 $p \to 0$ 时，$\eta = 3\omega$；当 $p \to \sigma_1$ 时，$\eta = \omega$；当 $p \to \infty$ 时，$\eta = -\omega$。可知，影响区域为 $-\omega < \eta < 3\omega$。

第二种：周向变形忽略不计，如回转体薄壁件充液成形贴模后周向变形被限制的情况，常见的有筒形件充液拉深过程中筒壁处。

应变状态为 $\varepsilon_\theta = 0$，$\varepsilon_r = -\varepsilon_t$（$\varepsilon_1 = \varepsilon_r$），应力满足 $\sigma_r > 0$、$\sigma_\theta = \dfrac{\sigma_r + \sigma_t}{2}$、$\sigma_t = -p < 0$（$\sigma_1 = \sigma_r$），则 $\sigma = \dfrac{\sigma_1 - p}{2}$，$\bar{\sigma} = \sqrt{3}(\sigma_1 + p)$。

（1）在 $(\beta_{av}, \bar{\varepsilon})$ 坐标空间上，$\beta_{av} = \dfrac{\sigma_1 - p}{2\sqrt{3}(\sigma_1 + p)}$

当 $p \to 0$ 时，$\beta_{av} = \dfrac{1}{2\sqrt{3}}$；当 $p \to \sigma_1$ 时，$\beta_{av} = 0$；当 $p \to \infty$ 时，$\beta_{av} = -\dfrac{1}{2\sqrt{3}}$。可知 $-\dfrac{1}{2\sqrt{3}} < \beta_{av} < \dfrac{1}{2\sqrt{3}}$。

（2）在 (η,ω) 坐标空间上，$\bar{\varepsilon} = \dfrac{2\sqrt{3}}{3}\varepsilon_1$，$\eta = \dfrac{3}{2}\displaystyle\int_0^t \dfrac{3\sigma_1 - p}{2\sqrt{3}(\sigma_1 + p)}\dot{\bar{\varepsilon}}\mathrm{d}t$，则

当 $p \to 0$ 时，$\eta = \dfrac{3\omega}{2}$；当 $p \to \sigma_1$ 时，$\eta = \dfrac{\omega}{2}$；当 $p \to \infty$ 时，$\eta = -\dfrac{\omega}{2}$。可知，影响区域为 $-\dfrac{\omega}{2} < \eta < \dfrac{3\omega}{2}$。

第三种：厚向变形忽略不计，在厚度变化不是所研究的主要因素情况下所作的简化处理。

应变状态为 $\varepsilon_t = 0$，$\varepsilon_r = -\varepsilon_\theta$（$\varepsilon_1 = \varepsilon_r$），应力满足 $\sigma_r > 0$、$\sigma_\theta < 0$、$\sigma_t = -p = \dfrac{\sigma_r + \sigma_\theta}{2} < 0$（$\sigma_1 = \sigma_r$），则 $\sigma = -p$，$\bar{\sigma} = \sqrt{3}(\sigma_1 + p)$。

（1）在 $(\beta_{av}, \bar{\varepsilon})$ 坐标空间上，$\beta_{av} = \dfrac{-p}{\sqrt{3}(\sigma_1 + p)}$

当 $p \to 0$ 时，$\beta_{av} = 0$；当 $p \to \sigma_1$ 时，$\beta_{av} = -\dfrac{1}{2\sqrt{3}}$；当 $p \to \infty$ 时，$\beta_{av} = -\dfrac{1}{\sqrt{3}}$。可知 $-\dfrac{1}{\sqrt{3}} < \beta_{av} < 0$。

（2）在 (η,ω) 坐标空间上，$\bar{\varepsilon} = \dfrac{2\sqrt{3}}{3}\varepsilon_1$，$\eta = \dfrac{3}{2}\displaystyle\int_0^t \dfrac{\sigma_1 - p}{\sqrt{3}(\sigma_1 + p)}\dot{\bar{\varepsilon}}\mathrm{d}t$，则

当 $p\to 0$ 时，$\eta=\omega$；当 $p\to\sigma_1$ 时，$\eta=0$；当 $p\to\infty$ 时，$\eta=-\omega$。可知，影响区域为 $-\omega<\eta<\omega$。

9.2.3.2 三向应变状态

在更多情况下，在充液成形中板材面内处于双向拉伸状态，厚度方向处于压应变状态，即为三向应变状态。而其任意三向应变状态较复杂，下面以双向等拉状态对其定性描述。板材充液成形应力状态理论极限分布如图 9-5 所示。

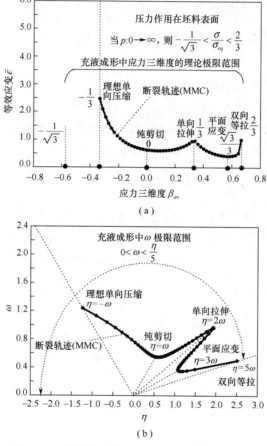

图 9-5 板材充液成形应力状态理论极限分布
（a）应力三维度空间；（b）η 与 ω 空间。

应力满足 $\sigma_1=\sigma_2$，$\sigma_3=-p$，则 $\sigma=\dfrac{2\sigma_1-p}{3}$，$\bar\sigma=\sigma_1+p$。

（1）在 $(\beta_{av},\bar\varepsilon)$ 坐标空间上，$\beta_{av}=\dfrac{2\sigma_1-p}{3(\sigma_1+p)}$

当 $p \to 0$ 时,$\beta_{av} = \dfrac{2}{3}$;当 $p \to \sigma_1$ 时,$\beta_{av} = \dfrac{1}{6}$;当 $p \to \infty$ 时,$\beta_{av} = -\dfrac{1}{3}$。可知 $-\dfrac{1}{3} < \beta_{av} < \dfrac{2}{3}$。

(2) 在 (η, ω) 坐标空间上,$\bar{\varepsilon} = 2\varepsilon_1$,$\eta = \dfrac{3}{2} \displaystyle\int_0^t \dfrac{5\sigma_1 - p}{3(\sigma_1 + p)} \dot{\bar{\varepsilon}} \mathrm{d}t$,则

当 $p \to 0$ 时,$\eta = 5\omega$;当 $p \to \sigma_1$ 时,$\eta = 2\omega$;当 $p \to \infty$ 时,$\eta = -\omega$。可知,影响区域为 $-\omega < \eta < 5\omega$。

由上面讨论可知,在 $(\beta_{av}, \bar{\varepsilon})$ 坐标空间上,在 $p \to \infty$ 的极限情况下,板材充液成形区域并集为 $-\dfrac{1}{\sqrt{3}} < \beta_{av} < \dfrac{2}{3}$,涵盖单向压缩至板材双向等拉成形区域范围 $-\dfrac{1}{3} < \beta_{av} < \dfrac{1}{\sqrt{3}}$;在 (η, ω) 坐标空间上,考虑到 ω 的非负性,板材充液成形区域并集为 $0 < \omega < \dfrac{\eta}{5}$,涵盖单向压缩至板材双向等拉成形区域范围 $-\eta < \omega < \dfrac{\eta}{5}$。可知,在液体压力足够大的情况下,板材充液成形工艺将涵盖从单向压缩至双向拉伸大范围应力状态。

9.2.4 有限元结果分析

定义 $\gamma = \dfrac{\sigma_t}{\sigma_1} = \dfrac{-p}{\sigma_1}$ 为厚度法向应力与第一主应力的比值。结合第 8 章对筒形件充液热拉深有限元模拟,在 $0 < p < 0.2\sigma_1$ 范围内,对板材充液热成形力学特征进行分析。

在 $p = 0$ 的情况下,即传统拉深成形,β_{av} 范围为 $0 \leqslant \beta_{av} \leqslant \dfrac{2}{3}$,$\omega$ 范围为 $\omega \leqslant \eta \leqslant 5\omega$。理论上,$\gamma = -0.1$ 时,$-\dfrac{1}{11\sqrt{3}} \leqslant \beta_{av} \leqslant \dfrac{19}{33}$,$\dfrac{9\omega}{11} \leqslant \eta \leqslant \dfrac{49\omega}{11}$,较 $p = 0$ 的情况范围左移。在不同的压力下,其影响范围也不同,详见表 9 - 1。总体讲,β_{av} 范围及 η 范围随着流体压力增大而趋向于负值。

在拉深时刻 $R_t/R_0 = 0.775$ 及拉深位置 $r/R_t = 0.8$ 的情况下,应力三维度 β_{av}、等效应变 $\bar{\varepsilon}$ 空间与 (η, ω) 空间的变化情况如图 9 - 6 所示。η 可以定义为 $\eta = \kappa\omega$,其中,$\kappa = \dfrac{\sqrt{3}(\sigma_1 + \sigma)}{\bar{\sigma}}$。可以看到,法兰区域属于压缩类变形,本身便具有三维应力成形特征,所以在液体压力为零的时候,应力三维度便是负值。随着液体压力的增大,应力三维度 β_{av} 与 η 的代数值均在减小,使得法兰区域三维应力状态得到加强。同时可以看到,温度对 β_{av} 与 η 的影响不是很大,说明温度对应力状态影响不大。法兰、筒底、筒壁区理论应力变化趋势如图 9 - 6 所示。

前面介绍筒壁为平面应变状态,筒底区为双向等拉状态,β_{av} 和 η 用 γ 表示为

$$\text{筒壁:} \beta_{av} = \frac{1-\gamma}{2\sqrt{3}(1+\gamma)}, \quad \eta = \frac{3-\gamma}{2(1+\gamma)}\omega \tag{9-20}$$

$$\text{筒底:} \beta_{av} = \frac{2-\gamma}{3(1+\gamma)}, \quad \eta = \frac{5-\gamma}{1+\gamma}\omega \tag{9-21}$$

表 9-1　流体压力对 $(\beta_{av}, \bar{\varepsilon})$ 和 (η, ω) 的影响范围

压力	β_{av} 范围	η 范围
$p/\sigma_1 = 0$	$0 \leqslant \beta_{av} \leqslant \frac{2}{3}$	$\omega \leqslant \eta \leqslant 5\omega$
$p/\sigma_1 = 0.1$	$-\frac{1}{11\sqrt{3}} \leqslant \beta_{av} \leqslant \frac{19}{33}$	$\frac{9\omega}{11} \leqslant \eta \leqslant \frac{49}{11}\omega$
$p/\sigma_1 = 0.2$	$-\frac{1}{6\sqrt{3}} \leqslant \beta_{av} \leqslant \frac{1}{3}$	$\frac{2\omega}{3} \leqslant \eta \leqslant 4\omega$
$p/\sigma_1 = 1$	$-\frac{1}{2\sqrt{3}} \leqslant \beta_{av} \leqslant \frac{1}{6}$	$0 \leqslant \eta \leqslant 2\omega$
$p/\sigma_1 \approx \infty$	$-\frac{1}{\sqrt{3}} \leqslant \beta_{av} \leqslant -\frac{1}{2\sqrt{3}}$	$-\omega \leqslant \eta \leqslant -\frac{\omega}{2}$

在 γ 增至大的过程中,筒壁区 β_{av} 和 η 均趋于稳定值,即前面介绍的筒壁趋于 $-\frac{1}{2\sqrt{3}}$ 和 $-\omega$,而筒底区趋向 $-\frac{1}{3}$ 和 $-\omega$。在有限压力条件下,β_{av} 和 η 沿此趋势变化,板材力学状态随着压力的增大发生变化,明显区别于平面应力条件。对于这种变化,在筒形件充液热拉深数值模拟中可以得到验证。

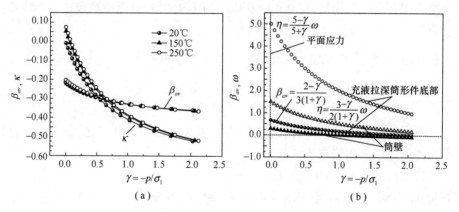

图 9-6　法兰、筒底、筒壁区理论应力变化趋势
(150℃,有限元,各向同性,最高液体压力 30MPa)

从图 9-7(a)、(b)中筒形件充液热拉深有限元模拟结果,可以清楚地看到,考虑厚度法向应力的情况下应力三维度 β_{av} 及 η 较平面应力状态向左侧偏移。在 $(\beta_{av}, \bar{\varepsilon})$ 空间内,板材充液热拉深法兰应力状态向 $\beta_{av} = -\frac{1}{3}$ 代表的单向压缩变形

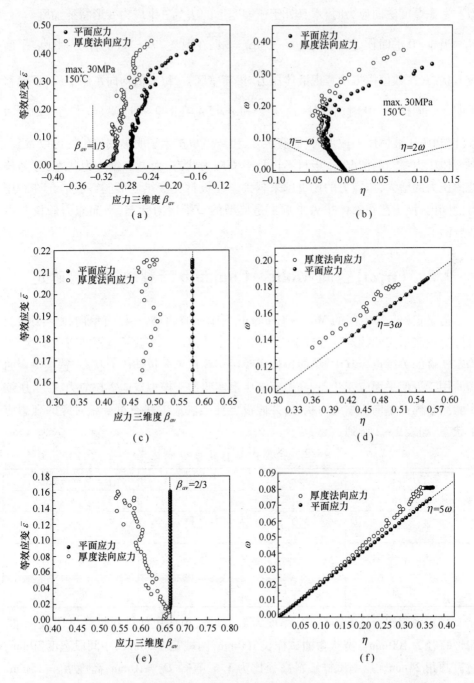

图 9-7 法兰、筒底、筒壁区平面应力及考虑厚度法向应力时有限元结果比较
（各向同性，最高液体压力 30MPa）

方式靠近,符合图 9 - 5 中压力 p 增大向左侧移动的趋势,在 (η,ω) 空间内,情况相似。考虑厚度法向应力时,本身处于压缩变形的法兰三维应力变形特征加剧。

当 $\gamma = 0$ 的时侯,筒壁区 $\beta_{av} = \dfrac{1}{\sqrt{3}}$ 和 $\eta = 3\omega$,在图 9 - 7(c)、(d)中分别代表平面应力状态,在数值模拟中考虑液体压力时,筒壁区 β_{av} 和 η 值均向左侧平移,且偏移量明显。同样,$\gamma = 0$ 时,筒底区 $\beta_{av} = \dfrac{2}{3}$ 和 $\eta = 5\omega$,在图 9 - 7(e)、(f)中为平面应力条件,当施压液体压力成形时,筒底区 β_{av} 和 η 值也产生了明显偏移量。可以看到,在液体压力参与的情况下,板材不再是平面应力状态,而是三维应力状态,且随着液体压力的增大,压应力的比重越来越大。在板材充液热成形能够成形允许的压力范围内,该工艺在液体压力影响下是典型的三维应力状态,平面应力假设不再适合。

9.3 (η,ω) 空间 Mohr - Coulomb 断裂轨迹实验确定

为确定 (η,ω) 空间的 Mohr - Coulomb 准则屈服轨迹,在已有单向拉伸实验及升温充液胀形实验数据的基础上,另外进行了单向压缩实验及宽板热弯曲实验,以确定轨迹的关键点。其中,单向拉伸实验用于模拟单向拉伸应力状态,宽板热弯曲实验用于近似平面应变状态,升温充液胀形实验用于模拟双向等拉应力状态,压缩实验用于模拟单向压缩应力状态,并假设上述实验应力状态符合相对应的理想应力状态,如表 9 - 2 所列。

表 9 - 2　理想状态下 η 与 ω 表达式

应力状态	η	ω	η 与 ω 关系式
单向拉伸	$2\bar{\varepsilon}^f$	$\bar{\varepsilon}^f$	$\eta = 2\omega$
平面应变	$\dfrac{3\sqrt{3}}{2}\bar{\varepsilon}^f$	$\dfrac{\sqrt{3}}{2}\bar{\varepsilon}^f$	$\eta = 3\omega$
双向等拉	$\dfrac{5}{2}\bar{\varepsilon}^f$	$\dfrac{1}{2}\bar{\varepsilon}^f$	$\eta = 5\omega$
单向压缩	$-\dfrac{3}{2}\bar{\varepsilon}^f$	$\dfrac{3}{2}\bar{\varepsilon}^f$	$\eta = -\omega$

材料采用铝合金 5A06 - O,厚度为 1.48mm,单向拉伸试样尺寸见国家标准,胀形直径为 100mm。宽板弯曲试样长 100mm,两端宽度 50mm,中间段宽度 39mm,过渡圆角 24mm。压缩试样坯料高径比为 1.5,直径 $D_0 = 10$mm,高度 $H_0 = 15$mm。实验前,在单拉试样、胀形试样、宽板弯曲试样上化学腐蚀直径 2.5mm 的网格,以便测量破裂时真实应变。在压缩试样中心位置刻 3mm 间距平行线,变形后周向真实应变与轴向真实应变由下式计算得到:

$$\varepsilon_\theta^f = \ln\left(\frac{D}{D_0}\right), \quad \varepsilon_z^f = \ln\left(\frac{H}{H_0}\right)$$

式中：ε_θ^f 为周向断裂应变；ε_z^f 为轴向断裂应变；D_0 为压缩试样中间位置初始直径；D 为压缩试样中间位置变形后直径；H_0 为压缩试样原始高度；H 为试样压缩后高度。

　　热单拉实验采用国产 CSS – 88000 电子万能试验机。宽板热弯曲实验在北京航空航天大学研制的 BCS50AR 板材成形实验机上进行,弯曲实验前加热炉内预抽为高真空状态,温度区间为 20℃、200℃,如图 9 – 8 和图 9 – 9 所示。单向压缩实验在美国进口 MTS880 实验机上进行,温度为 20℃、200℃。升温充液胀形实验在北京航空航天大学研制的 Y28 – 630/250 板材充液热成形液压机上进行。压缩与弯曲实验中,采用美国进口 CRC 高温石墨润滑剂,以减小摩擦的影响。根据不可压缩条件,破裂等效应变如表 9 – 3 所列。

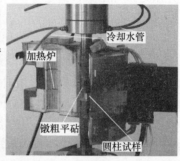

图 9 – 8　弯曲实验与压缩实验设备示意图

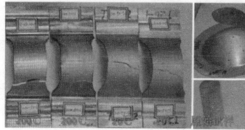

图 9 – 9　压缩、弯曲、胀形实验实物件

表 9 – 3　实验结果

编号	实验	温度 /℃	No.1 断裂参数		No.2 断裂参数	
			等效应变	(η,ω)	等效应变	(η,ω)
#1	单拉	20	1.721	(3.443,1.721)	1.901	(3.802,1.901)
#2	单拉	200	3.966	(7.932,3.966)	3.821	(7.642,3.821)
#3	弯曲	20	0.5548	(1.441,0.481)	0.6428	(1.670,0.557)
#4	弯曲	200	1.54	(4.001,1.334)	1.3843	(3.597,1.199)

编号	实验	温度/℃	No. 1 断裂参数		No. 2 断裂参数	
			等效应变	(η,ω)	等效应变	(η,ω)
#5	胀形	20	2.3176	(5.794,1.159)	—	—
#6	胀形	200	3.695	(9.238,1.848)	—	—
#7	压缩	20	2.425	(-3.638,3.638)	2.5725	(-3.859,3.859)
#8	压缩	200	3.8048	(-5.707,5.707)	4.0011	(-6.002,6.002)

采用表 9-3 中两次试样的 η 与 ω 平均值作为实验数据。K 和 n 为基于 5A06 - O 铝合金 20℃和 200℃ 的单拉实验数据获得的强化系数和应变指数,C_1、C_2、C_3 为 Mohr - Coulomb 准则方程待确定的参数。为确定该参数,建立断裂轨迹与实验数据间的平方差为目标函数,即

$$f(\omega) = \sum_{i=1}^{N} w_i (\omega_i^c - \omega_i^e)^2 \qquad (9-22)$$

式中:N 为实验数据点数量;w_i 为加权系数;ω_i^c 为 Mohr - Coulomb 模型计算值;ω_i^e 为实验测量值;$f(\omega)$ 为目标函数。采用遗传算法使断裂轨迹逼近实验数据。群体规模(population size)为 200,进化代数(generation)为 50,交叉率(crossover rate)为 0.8,变异率(mutation rate)为 0.01,代沟(generation gap)为 2。确定的材料参数见表 9-4,得到的计算轨迹与实验数据点如图 9-10 所示。可见所确定的参数使计算断裂轨迹与实验数据关键点符合较好。

表 9-4 5A06 - O 铝合金 Mohr - Coulomb 准则材料参数

温度	强化系数 K	应变强化指数 n	C_1	C_2	C_3
20℃	777.08	0.2454	0.1461	550	1.1438
200℃	318.93	0.1374	0.0686	208	0.9944

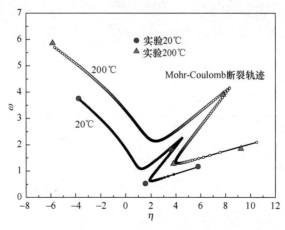

图 9-10 不同温度 5A06 - O 铝合金确定的 Mohr - Coulomb 断裂轨迹

9.4 考虑厚度法向应力的 Smith 模型

如前所述,板材充液热成形中厚度法向应力可以用液体压力近似。厚度法向应力对成形性的影响实际上就是液体压力对成形性的影响。下面基于 Smith 模型的理论思路,并结合热成形本构研究液体压力对 5A06 - O 铝合金板材充液热成形性的影响。在 150℃时,5A06 仍呈现硬化状态,采用 Hollomon 本构模型拟合得到参数为:$K = 453.7, n = 0.2322$。另外,150℃时厚向异性指数 $\xi = 0.916$。

9.4.1 Smith 模型应力应变分量

Smith 模型基于 Hill48 屈服准则,通过理论推导将平面应力状态下的应变空间 FLD 图,转变为考虑厚度法向应力影响的新的应变空间成形极限图。考虑厚度法向应力的 Smith 模型主应变分量为

$$\varepsilon_1 = \Phi e_1 \tag{9 - 23}$$

$$\varepsilon_2 = \beta \varepsilon_1 \tag{9 - 24}$$

$$\varepsilon_3 = -\varepsilon_1 - \varepsilon_2 \tag{9 - 25}$$

其中

$$\Phi = \left[\frac{1 - \gamma \dfrac{2 + G_2 \beta_0}{2 + G_2}}{1 - \gamma^2 \dfrac{(2 + G_2 \beta_0)^2}{(2 + G_2)(1 + \beta_0^2 + G_2 \beta_0)}} \right] \left[1 - \gamma(2 + G_2 \beta_0) \frac{1 + \beta_0 - \gamma \dfrac{2 + G_2 \beta_0}{2 + G_2}}{1 + \beta_0^2 + G_2 \beta_0} \right]^{\frac{n+1}{2n}}$$

$$\tag{9 - 26}$$

$$\beta = \frac{\beta_0 - \dfrac{G_1 \gamma}{2(1 - \alpha_0) + G_1 \alpha_0}}{1 - \dfrac{G_1 \gamma}{2(1 - \alpha_0) + G_1 \alpha_0}} \tag{9 - 27}$$

$$\alpha_0 = \frac{2\beta_0 + G_2}{2 + G_2 \beta} \tag{9 - 28}$$

上式中:$G_1 = \dfrac{2}{1 + \xi}$, $G_2 = \dfrac{2\xi}{1 + \xi}$;$\Phi$ 定义为"成形性改善因子";α_0 为平面应力状态下面内应力比;$\beta_0 = e_2 / e_1$ 为平面应力状态下面内应变比(e_2、e_1 为成形极限曲线上的点);K、n 为 Hollomon 模型中的应变强化系数和应变指数。

Smith 模型主应力分量为

$$\sigma_1 = \frac{K}{[1+\alpha^2 - G_2\alpha + G_1\gamma(\gamma-1-\alpha)]^{\frac{1}{2}}} \left\{ \frac{[(1-\gamma)+(\alpha-\gamma)\beta]\varepsilon_1}{[1+\alpha^2 - G_2\alpha + G_1\gamma(\gamma-1-\alpha)]^{\frac{1}{2}}} \right\}^n$$

$$(9-29)$$

$$\sigma_2 = \alpha\sigma_1 \qquad (9-30)$$

$$\sigma_3 = \gamma\sigma_1 \qquad (9-31)$$

上式中:面内应力比 $\alpha = \alpha_0 = \sigma_2/\sigma_1$;法向应力比 $\gamma = \sigma_3/\sigma_1 = -p/\sigma_1$;其他参数同应变分量中定义。式(9-1)~式(9-31)中,令 $\gamma=0$,将还原为平面应力状态下的等效应力及应变。

9.4.2 平面应力条件下极限应变确定

Swift 扩散失稳理论和 Hill 集中失稳理论预测成形极限时,在负应变比区域采用 Hill 集中性失稳理论作为判据,在正应变比区采用 Swift 扩散性失稳理论为判据。这样成形极限曲线的左半支与右半支的极限应变要分别确定。基于平面应力假设,依据 Hill 集中失稳条件确定的负应变区极限应变为

$$\varepsilon_1^* = \frac{1+(1-\alpha)\xi}{1+\alpha} n \qquad (9-32)$$

$$\varepsilon_2^* = \frac{\alpha-(1-\alpha)\xi}{1+\alpha} n \qquad (9-33)$$

采用 Swift 分散颈缩假设得到正应变区极限应变分量为

$$\varepsilon_1^* = n \frac{\sigma_1\left(\dfrac{\partial f}{\partial\sigma_1}\right)^2 + \sigma_2\left(\dfrac{\partial f}{\partial\sigma_2}\right)\left(\dfrac{\partial f}{\partial\sigma_1}\right)}{\sigma_1\left(\dfrac{\partial f}{\partial\sigma_1}\right)^2 + \sigma_2\left(\dfrac{\partial f}{\partial\sigma_2}\right)^2} \qquad (9-34)$$

$$\varepsilon_2^* = n \frac{\sigma_2\left(\dfrac{\partial f}{\partial\sigma_2}\right)^2 + \sigma_1\left(\dfrac{\partial f}{\partial\sigma_1}\right)\left(\dfrac{\partial f}{\partial\sigma_2}\right)}{\sigma_1\left(\dfrac{\partial f}{\partial\sigma_1}\right)^2 + \sigma_2\left(\dfrac{\partial f}{\partial\sigma_2}\right)^2} \qquad (9-35)$$

平面应力条件下的 Hill48 塑性式,以主应力形式表示为

$$f(\sigma_{ij}) = \sigma_1^2 - G_2\sigma_1\sigma_2 + \sigma_2^2 - \sigma_s^2 \qquad (9-36)$$

式中:σ_s 为屈服应力。将式(9-36)分别对 σ_1、σ_2 求导后,代入式(9-34)、式(9-35),得到极限应变为

$$\varepsilon_1^* = n \frac{(2-G_2\alpha)^2 + \alpha(2\alpha-G_2)(2-G_2\alpha)}{(2-G_2\alpha)^2 + \alpha(2\alpha-G_2)^2} \qquad (9-37)$$

$$\varepsilon_2^* = n \frac{\alpha(2\alpha-G_2)^2 + (2\alpha-G_2)(2-G_2\alpha)}{(2-G_2\alpha)^2 + \alpha(2\alpha-G_2)^2} \qquad (9-38)$$

则式(9-32)、式(9-33)与式(9-37)、式(9-38)即为 Hill-Swift 确定的成形极限表达式。确定的150℃及平面应力条件下应变空间的成形极限如图9-11所示,由此确定的极限应变作为 e_1 及 e_2。

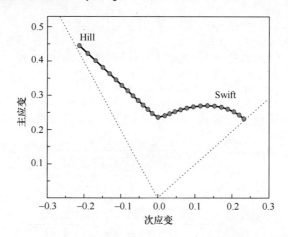

图9-11 150℃平面应力条件下 Hill-Swift 理论预测成形极限

9.4.3 $(\beta_{av},\overline{\varepsilon})$ 及 (η,ω) 坐标空间

9.4.3.1 $(\beta_{av},\overline{\varepsilon})$ 坐标空间

将面内应力比 $\alpha=\sigma_2/\sigma_1$ 及法向应力比 $\gamma=\sigma_3/\sigma_1$ 代入 Hill48 等效应力,有

$$\overline{\sigma}=\sigma_1\sqrt{\frac{\xi(1-\alpha)^2+(\alpha-\gamma)^2+(\gamma-1)^2}{\xi+1}} \tag{9-39}$$

静水压力为

$$\sigma=\frac{\sigma_1}{3}(1+\alpha+\gamma) \tag{9-40}$$

应力三维度为

$$\beta_{av}=\frac{\sigma}{\overline{\sigma}}=\frac{1+\alpha+\gamma}{3\sqrt{\dfrac{\xi(1-\alpha)^2+(\alpha-\gamma)^2+(\gamma-1)^2}{\xi+1}}} \tag{9-41}$$

将 Smith 模型中对应的应变分量代入 Hill48 等效应变:

$$\overline{\varepsilon}=\Phi e_1\sqrt{\frac{1+\xi}{1+2\xi}[1+\xi\beta^2+(1+\beta)^2]} \tag{9-42}$$

则由 $(\beta_{av},\overline{\varepsilon})$ 构成应力三维度与等效应变空间。

253

9.4.3.2 (η,ω) 坐标空间

令式(9-10)、式(9-11)被积分项如下式：

$$\nu_1 = \frac{\sigma_1 - \sigma}{\bar{\sigma}}, \quad \nu_2 = \frac{\sigma_1 + \sigma}{\bar{\sigma}} \qquad (9-43)$$

将式(9-43)代入式(9-10)与式(9-11)，变换积分限，有

$$\omega = \frac{3}{2}\int_0^{\bar{\varepsilon}^*} \nu_1 \mathrm{d}\bar{\varepsilon}, \quad \eta = \frac{3}{2}\int_0^{\bar{\varepsilon}^*} \nu_2 \mathrm{d}\bar{\varepsilon} \qquad (9-44)$$

式中，$\bar{\varepsilon}^*$ 为极限等效应变。将式(9-39)、式(9-40)代入式(9-44)，得

$$\nu_1 = \frac{2 - \alpha - \gamma}{3\sqrt{\dfrac{\xi(1-\alpha)^2 + (\alpha-\gamma)^2 + (\gamma-1)^2}{\xi+1}}} \qquad (9-45)$$

$$\nu_2 = \frac{4 + \alpha + \gamma}{3\sqrt{\dfrac{\xi(1-\alpha)^2 + (\alpha-\gamma)^2 + (\gamma-1)^2}{\xi+1}}} \qquad (9-46)$$

可知，ν_1 与 ν_2 相对于积分变量等效应变 $\bar{\varepsilon}$ 是常数，式(9-44)可表示为

$$\omega = \frac{3\nu_1\bar{\varepsilon}^*}{2}, \quad \eta = \frac{3\nu_2\bar{\varepsilon}^*}{2} \qquad (9-47)$$

9.4.4 理论预测结果分析

9.4.4.1 传统应变坐标空间

图9-11为在平面应力状态下采用 Hill-Swift 理论模型预测的应变空间内 5A06-O 成形极限，在图9-12中对应 Smith 模型在 $\gamma=0$ 时预测的成形极限 FLD_0。当 $\gamma=-0.1$ 时，成形极限曲线相对于 FLD_0 明显提高，次应变与主应变均有明显增加。当 $\gamma=-0.2$ 时，成形极限改善更加明显。可见，当 $\gamma=-p/\sigma_1$ 代数值减小的过程中，即厚度法向应力绝对值增大的过程（对应于充液成形液体压力增大），成形极限相对于平面应力状态有明显提高，说明液体压力在充液成形极限改善中起到积极作用。

Smith 定义 Φ 为成形性改善因子，图9-13为成形改善因子 Φ 与应变比 β 的关系图。同前面介绍相同，$\gamma=0$ 时，$\Phi=1$ 即表示成形性没有得到改善，且应变比 β 范围同平面应力状态下的应变比范围 β_0。$\gamma=-0.1$ 时，成形性明显改善，Φ 值位于 $1.36 \sim 1.5$ 的范围内。应变比 β 在从拉压区域至拉拉区域的变化过程中，Φ 值有增大趋势，且应变比变化范围 β 有向拉拉区域移动的趋势，在 $\gamma=-0.2$ 时这两种趋势更加明显。

254

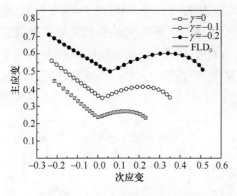

图 9 - 12　成形极限与厚度法向
应力的关系

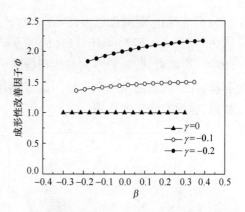

图 9 - 13　5A06 - O 在 150℃ 成形性
改善因子与应变比 β 的关系

9.4.4.2　$(\beta_{av}, \overline{\varepsilon})$ 及 (η, ω) 坐标空间

结合式(9 - 41)、式(9 - 42),各向同性条件下,在 $(\beta_{av}, \overline{\varepsilon})$ 空间,极限应变受 γ 影响的情况如图 9 - 14 所示。在 $\gamma = 0$ 表示的平面应力状态下,FLD_0 的两端端点及中间点恰为单拉状态、双等拉状态及平面应变状态。随着 γ 绝对值的增大,成形极限曲线向左及向上偏移。曲线向左偏移同图 9 - 5 的理论预测趋势是一致的,说明随着液体压力的增大,板材充液热成形应力状态向负应力三维度方向变化。曲线向上移动说明在液体压力的作用下成形性得到改善,趋势同图 9 - 12。

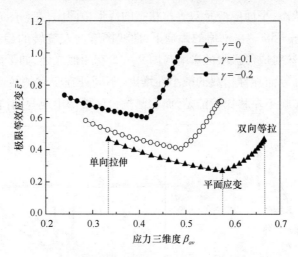

图 9 - 14　各向同性条件下不同 γ 时 $\overline{\varepsilon}^*$ 与 β_{av} 的关系

图 9 - 15(a) 为厚向异性指数对成形极限的影响。尖角代表平面应变状态,随厚向异性指数减小,尖角处对应等效应变有不同程度增大。拉拉区域随厚向异性指数减小左移,拉压区域随厚向异性指数增大上移。厚向异性指数越大,所对应的

应力三维度 β_{av} 范围也越大,$\xi = 1.5$ 时 β_{av} 范围为 $0.333 \sim 0.745$,而 $\xi = 0.5$ 时 β_{av} 范围为 $0.333 \sim 0.577$。图 9 – 15(b)为 $\gamma = -0.2$ 条件下厚向异性指数对成形极限的影响。可以看到,随着厚向异性指数减小,在 $(\beta_{av},\overline{\varepsilon})$ 空间,成形极限曲线尖角向上移动,拉压区域向左移动。拉压区域比较复杂,不像图 9 – 15(a)左侧有明显的偏移量,也没有清晰的界限。

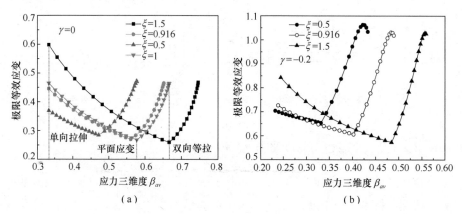

图 9 – 15　厚向异性指数对成形极限的影响

(a) 平面应力;(b) $\gamma = -0.2$。

　　与应变空间及 $(\beta_{av},\overline{\varepsilon})$ 空间相同,在 (η,ω) 空间中,随着 γ 绝对值的增大,成形极限提高,如图 9 – 16 所示。在各向同性条件及平面应力条件下,由 Swift – Hill 理论预测的单拉状态、平面应变及双等拉状态的成形极限图,在 (η,ω) 空间中分别是 $\eta = 2\omega$、$\eta = 3\omega$、$\eta = 5\omega$。在 γ 值的影响下,曲线图有向左旋转的趋势。在图 9 – 17 中,厚向异性指数对成形极限的影响与图 9 – 15 有相似之处,如平面应变对应的尖角处成形极限随厚向异性指数的减小在增大,不同处在于左侧拉压区域在不同厚向异性指数的影响下左移比较清楚,而右侧拉拉区域却出现叠加情况。

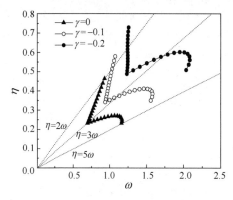

图 9 – 16　各向同性材料条件下不同 γ 时
(η,ω) 空间成形极限图

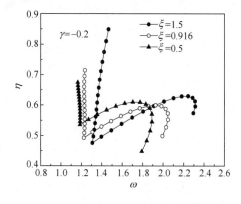

图 9 – 17　在 $\gamma = -0.2$ 条件下厚向异性
指数在 (η,ω) 空间对成形极限的影响

9.5　考虑厚度法向应力的 M–K 修正模型

9.5.1　M–K 模型及理论基础

Marciniak 和 Kuczynski 提出了预测成形极限的理论模型框架,即 M–K 模型。该方法以凹槽假设为理论核心,认为板材具有不可避免的厚度不均性,这种不均性用凹槽表示,如图 9–18 所示。根据假设,板材的集中性失稳是由板材表面初始存在的缺陷引起的。该模型广泛用于预测平面应力条件下的板材成形极限,理论假设包括以下几点:

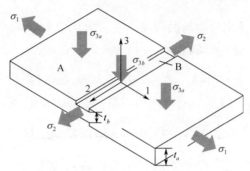

图 9–18　考虑厚度法向应力的通用 M–K 模型

（1）简单加载条件:凹槽外为变形安全区,定义为 A 区,变形加载时,板内主应力及主应变均成比例增加且在整个变形过程中比值为常数;

（2）变形协调条件:槽内为不均匀变形区,定义为 B 区,变形加载时,B 区第二主应变增量 $\mathrm{d}\varepsilon_{2b}$ 与 A 区第二主应变增量 $\mathrm{d}\varepsilon_{2a}$ 相等,即 $\mathrm{d}\varepsilon_{2a} = \mathrm{d}\varepsilon_{2b} = \mathrm{d}\varepsilon_2$;

（3）力平衡条件:变形每一瞬间,A 区与 B 区第一主方向力平衡,即 $F_{1a} = F_{1b}$。

对于板材充液热成形工艺,需要计入厚度法向应力对成形极限的影响。在板材热充液成形过程中,流体压力是通过外部设备（如增压器）施加的,因此由流体压力诱导的厚度法向应力 σ_3 是相对独立的,不受面内应力变化的影响。Allwood 等在修正 M–K 模型以研究增量成形机理时,为建立 A 区与 B 区厚度法向应力 σ_3 的联系,假设 A 区与 B 区厚度法向应力相等,即

$$\sigma_{3a} = \sigma_{3b} \qquad (9-48)$$

定义该假设条件为厚度法向应力协调条件。

为考虑厚度法向应力的影响,在 M–K 成形极限的分析中采用三维应力状态的 Hill48 塑性屈服准则

$$\bar{\sigma} = \left[\frac{\xi(\sigma_1 - \sigma_2)^2 + (\sigma_2 - \sigma_3)^2 + (\sigma_3 - \sigma_2)^2}{1 + \xi} \right] \qquad (9-49)$$

式中,ξ 为厚向异性指数。为了便于研究 K 值、n 值、m 值对成形极限的影响,采用区别于式(2-3)的本构方程,基于 5A06 单拉实验数据建立本构模型如下:

$$\overline{\sigma} = K\varepsilon^n\dot{\varepsilon}^m$$
$$K = 827.9816 - 2.54527T$$
$$n = 0.2574 - 0.0006T \tag{9-50}$$
$$m = 0.01991\exp(0.00793T)$$

式中:K 为硬化系数;n 为应变硬化指数;m 为应变率敏感系数。这些参数均是温度的函数,该本构方程适用温度范围为 150~300℃。

9.5.2 M-K 模型求解

如前定义,厚度法向应力与面内第一主应力比值为 $\gamma = \sigma_3/\sigma_1$,面内主应力比值为 $\alpha = \sigma_2/\sigma_1$,代入式(9-49),有

$$\overline{\sigma} = \sigma_1[1 + \alpha^2 - G_2\alpha + G_1\gamma(\gamma - \alpha - 1)]^{\frac{1}{2}} \tag{9-51}$$

其中,G_1、G_2 定义同 9.4.1 节。等效应力与第一主应力比值为

$$\phi = \frac{\overline{\sigma}}{\sigma_1} = [1 + \alpha^2 - G_2\alpha + G_1\gamma(\gamma - \alpha - 1)]^{\frac{1}{2}} \tag{9-52}$$

将 γ、α 代入 Levy-Mises 关系式,有

$$\frac{\mathrm{d}\overline{\varepsilon}}{(1+\xi)\phi} = \frac{\mathrm{d}\varepsilon_1}{(\xi+1) - \xi\alpha - \gamma} = \frac{\mathrm{d}\varepsilon_2}{(\xi+1)\alpha - \xi - \gamma} = \frac{\mathrm{d}\varepsilon_3}{2\gamma - \alpha - 1} \tag{9-53}$$

则面内应变比值 ρ 及等效应力与第一主应变比值 β 表示如下:

$$\rho = \frac{\mathrm{d}\varepsilon_2}{\mathrm{d}\varepsilon_1} = \frac{(\xi+1)\alpha - \xi - \gamma}{(\xi+1) - \xi\alpha - \gamma} \tag{9-54}$$

$$\beta = \frac{\mathrm{d}\overline{\varepsilon}}{\mathrm{d}\varepsilon_1} = \frac{(\xi+1)\phi}{(\xi+1) - \xi\alpha - \gamma} \tag{9-55}$$

凹槽假设认为,凹槽位于垂直于第一主应力方向,则垂直于凹槽方向的单位宽度的力为 $F_1 = \sigma_1 t$。由力平衡条件假设,可知

$$\sigma_{1a}t_a = \sigma_{1b}t_b \tag{9-56}$$

式中:下标 a、b 分别为 A 区与 B 区;t_a、t_b 为变形过程中板材的厚度。板材厚度法向方向的应变为第三主应变,即 $\varepsilon_3 = \ln\left(\dfrac{t}{t_0}\right)$,则可表示为 $t = t_0\exp(\varepsilon_3)$。已知板材厚度初始不均度为 $f_0 = \dfrac{t_{b0}}{t_{a0}}$,所以可得变形后板材厚度的不均度为

$$f = \frac{t_b}{t_a} = \frac{t_{b0}}{t_{a0}}\exp(\varepsilon_{3b} - \varepsilon_{3a}) = f_0\exp(\varepsilon_{3b} - \varepsilon_{3a}) \tag{9-57}$$

由式(9-48),可以得到

258

$$\sigma_{1a}\gamma_a = \sigma_{1b}\gamma_b \qquad (9-58)$$

结合式(9-56)、式(9-57)、式(9-58),有

$$\frac{\gamma_b}{\gamma_a} = \frac{\sigma_{1a}}{\sigma_{1b}} = \frac{t_b}{t_a} = f_0 \exp(\varepsilon_{3b} - \varepsilon_{3a}) \qquad (9-59)$$

结合式(9-56)可以表示为

$$\bar{\sigma}_a \phi_b = \bar{\sigma}_b \phi_a f \qquad (9-60)$$

将本构方程式(9-50)代入式(9-60),并注意到等效应变率$\dot{\bar{\varepsilon}} = \dfrac{d\bar{\varepsilon}}{dt}$,有

$$(\bar{\varepsilon}_a + \Delta\bar{\varepsilon}_a)^n (\Delta\bar{\varepsilon}_a)^m \phi_b = (\bar{\varepsilon}_b + \Delta\bar{\varepsilon}_b)^n (\Delta\bar{\varepsilon}_b)^m \phi_a f_0 \exp(\varepsilon_{3b} - \varepsilon_{3a}) \qquad (9-61)$$

上式即为待求解的平衡方程。可以看出该方程为非线性方程,我们采用 Newton 迭代法进行计算板材集中性失稳发生时各应变值。变形过程中,A 区各比值 α、ρ、γ、β、ϕ 均为常数,而在 B 区则是变量,随变形的发展而变化。具体计算如下:

(1)首先在 B 区假定一个初始应变增量 $\Delta\varepsilon_{1b}$,该值在计算的整个过程中保持不变,根据 $\Delta\varepsilon_{1b} > \Delta\varepsilon_{1a}$ 的原则,在 A 区暂定一个初始应变增量 $\Delta\varepsilon_{1a}$,这里取 $\Delta\varepsilon_{1a} = 0.001$,$\Delta\varepsilon_{1b} = 0.005$。

(2)指定厚度法向应力 σ_{3a}(对应液体压力),然后指定 A 区 γ_0 值,再指定 A 区应力比值 α_a。由式(9-52)、式(9-54)、式(9-55),得到 ϕ_a、ρ_a、β_a,这样可以确定 $\Delta\varepsilon_{2a}$ 与 $\Delta\bar{\varepsilon}_a$。通过体积不可压缩条件,可以得到 $\Delta\varepsilon_{3a}$,则 $\Delta\varepsilon_{2a}$、$\Delta\bar{\varepsilon}_a$、$\Delta\varepsilon_{3a}$ 分别表示如下:

$$\Delta\varepsilon_{2a} = \rho_a \Delta\bar{\varepsilon}_{1a} \qquad (9-62)$$

$$\Delta\bar{\varepsilon}_a = \phi_a \Delta\bar{\varepsilon}_{1a} \qquad (9-63)$$

$$\Delta\varepsilon_{3a} = -(1 + \rho_a)\Delta\bar{\varepsilon}_{1a} \qquad (9-64)$$

在不断迭代过程中,$\bar{\varepsilon}_a$ 与 ε_{3a} 分别通过累加进行更新,$\bar{\varepsilon}_a = \bar{\varepsilon}_a + \Delta\bar{\varepsilon}_a$,$\varepsilon_{3a} = \varepsilon_{3a} + \Delta\varepsilon_{3a}$。

(3)由应变协调条件 $\Delta\bar{\varepsilon}_{2b} = \Delta\bar{\varepsilon}_{2a}$,可以得到 B 区的 ρ_b、α_b、ϕ_b、β_b,由式(9-59)可以得到 γ_b,分别表示如下:

$$\rho_b = \frac{\Delta\varepsilon_{2b}}{\Delta\varepsilon_{1b}} = \frac{\rho_a}{d\varepsilon_{1b}}d\varepsilon_{1a} \qquad (9-65)$$

$$\gamma_b = \gamma_a f_0 \exp(\varepsilon_{3b} - \varepsilon_{3a}) \qquad (9-66)$$

$$\alpha_b = \frac{\sigma_{2b}}{\sigma_{1b}} = \frac{\rho_b(\xi+1) + \xi + \gamma_b(1-\rho_b)}{1 + \xi + \xi\rho_b} \qquad (9-67)$$

$$\phi_b = [1 + \alpha_b^2 - c_2\alpha_b + c_1\gamma_b(\gamma_b - \alpha_b - 1)]^{\frac{1}{2}} \qquad (9-68)$$

$$\beta_b = \frac{\Delta\bar{\varepsilon}}{\Delta\varepsilon_1} = \frac{(\xi+1)\phi_b}{(\xi+1) - \xi\alpha_b - \gamma_b} \qquad (9-69)$$

进而得到 $\Delta\bar{\varepsilon}_b$、$\Delta\varepsilon_{3b}$,表示如下:

$$\Delta \bar{\varepsilon}_b = \phi_b \Delta \varepsilon_{1b} \qquad (9-70)$$

$$\Delta \varepsilon_{3b} = -\Delta \varepsilon_{1b} - \rho_a \Delta \varepsilon_{1a} \qquad (9-71)$$

通过累加对 $\bar{\varepsilon}_b$ 与 ε_{3b} 分别更新,$\bar{\varepsilon}_b = \bar{\varepsilon}_b + \Delta \bar{\varepsilon}_b$,$\varepsilon_{3b} = \varepsilon_{3b} + \Delta \varepsilon_{3b}$。

将 $\bar{\varepsilon}_a$、ε_{3a}、$\bar{\varepsilon}_b$、ε_{3b}、f,连同 ϕ_a、ϕ_b 代入平衡方程式(9-61),并将方程式(9-61)写成下式:

$$F = (\bar{\varepsilon}_a + \Delta \bar{\varepsilon}_a)^n (\Delta \bar{\varepsilon}_a)^m \phi_b - (\bar{\varepsilon}_b + \Delta \bar{\varepsilon}_b)^n (\Delta \bar{\varepsilon}_b)^m \phi_a f_0 \exp(\varepsilon_{3b} - \varepsilon_{3a})$$

$$(9-72)$$

应用 Newton 迭代法求解,如下:

$$\Delta \varepsilon_{1a}' = \Delta \varepsilon_{1a} - \frac{F}{\mathrm{d}F} \qquad (9-73)$$

(4) 将式(9-65)~式(9-69)的导数代入式(9-73)。进行迭代求解可以计算出 $\Delta \varepsilon_{1a}'$ 的值,将 $\Delta \varepsilon_{1a}'$ 与 $\Delta \varepsilon_{1a}$ 进行比较,判断两者差值是否在允许容差范围内,如果相差较大,令 $\Delta \varepsilon_{1a} = \Delta \varepsilon_{1a}'$,继续迭代,直至满足容差。

(5) 将计算得到的 $\Delta \varepsilon_{1a}$ 与 $\Delta \varepsilon_{1b}$ 进行比较,如果 $\Delta \varepsilon_{1b}/\Delta \varepsilon_{1a} = 10$,则认为达到成形极限,记录此时的 A 区 ε_{1a} 与 ε_{2a}。

(6) 提取 ε_{3a} 和 $\bar{\varepsilon}_a$,根据式(9-50)计算 $\bar{\sigma}_a$,然后得到 σ_{1a},更新 $\gamma = \sigma_{3a}/\sigma_{1a}$ 使其保持 σ_{3a} 为常数设定值。

(7) 再选择另一个 α_a,重复过程(2)~(5),记录新的极限应变 ε_{1a} 与 ε_{2a},直至完成范围 $0 \leqslant \alpha_a \leqslant 1$。

9.5.3 计算过程分析

通过上面算法,可以得到不同路径下的极限应变 ε_{1a} 与 ε_{2a},而这些应变是通过 Newton 法不断计算得到 $\Delta \varepsilon_{1a}$ 收敛值累加获得的。在应用 Newton 法进行迭代的过程中,$\Delta \varepsilon_{1a}$ 的收敛值是不断在减小的,如图 9-19 所示。起初 $\Delta \varepsilon_{1a}$ 从初始值 0.001 急剧跳跃到 0.005,然后随着计算的进行,$\Delta \varepsilon_{1a}$ 迅速减小至接近零的一个值,由于计算过程中 $\Delta \varepsilon_{1b}$ 不变,这样便保证实现条件 $\Delta \varepsilon_{1b}/\Delta \varepsilon_{1a} = 10$。在不同的路径下,达到失效准则 $\Delta \varepsilon_{1b}/\Delta \varepsilon_{1a} = 10$ 所需的迭代次数是不同的,如图 9-19 所示,在平面应变条件下(对应应力比值 $\alpha = 0.5$)所需要的迭代次数最少,这样累加起来的极限应变也是最小的,便是成形极限曲线的最低点;$\alpha = 0$ 对应单向拉伸应力状态,使其达到极限应变,所需要的迭代次数最大,所以其成形极限曲线最高;$\alpha = 1$ 为双向等拉应力状态,迭代次数小于单向拉伸应力状态而大于平面应变状态。左侧拉压区的各路径迭代次数及获得的极限应变在单向应力状态与平面应变之间,依次降低;右侧拉拉区各路径迭代次数与获得的极限应变在平面应变状态与双向等拉状态之间,依次增大。通过将获得的极限应变连成曲线,便是获得的成形极限曲线。

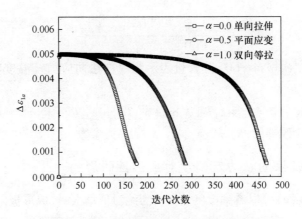

图 9-19　不同路径下 $\Delta\varepsilon_{1a}$ 的变化情况

如前所述,对于不同的初始应变 $\Delta\varepsilon_{1b}^0$,在第一步迭代后,A 区 $\Delta\varepsilon_{1a}$ 会从给定的初始值猛增至跟 $\Delta\varepsilon_{1b}^0$ 几乎相等,然后在随后的迭代过程中逐渐减小。从图 9-20 可以看出,在平面应变路径下,随着初始应变 $\Delta\varepsilon_{1b}^0$ 增大,对应的迭代次数在急剧减小,而两者乘积对应的极限应变 ε_{1a} 保持在一个恒定值 0.72。对于其他路径,在应力比值 α 从 0~1 的变化过程中,均满足上述结论。这说明各路径极限应变的计算不依赖初值的选取,则计算过程是稳定、正确的。

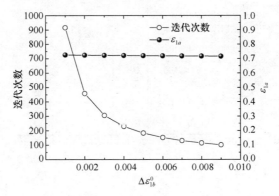

图 9-20　平面应变路径下极限应变 ε_{1a} 与初始应变 $\Delta\varepsilon_{1b}^0$ 的关系

9.5.4　结果及成形性改善分析

通过 9.5.2 节计算过程,得到了不同应变路径下的极限应变,从而确定成形极限图。采用 M-K 修正模型进行板材充液热成形极限预测,众多参数对成形极限图均产生影响。

FLD$_0$ 表示平面应变($\rho=0$)条件下的主应变 ε_1。升温及厚度法向应力增大与 150℃ 及平面应力条件下的 FLD$_0$ 比较,成形性的改善可以通过 FLD$_0(\vartheta)$ 的增加来反映,如下式

261

$$\vartheta = \frac{\mathrm{FLD}^0_{\text{以}T\text{和}\sigma_3\text{的考虑}} - \mathrm{FLD}^0_{T=150℃,\text{平面应力}}}{\mathrm{FLD}^0_{T=150℃,\text{平面应力}}} \times 100\% \qquad (9-74)$$

采用完全二次型将 FLD_0 改善量表示为厚度法向应力及温度的函数,如下式所示:

$$\vartheta = \lambda_0 + \lambda_1 T + \lambda_2 \sigma_3 + \lambda_{12} T\sigma_3 + \lambda_{11} T^2 + \lambda_{22} \sigma_3^2 \qquad (9-75)$$

式中:ϑ 为 FLD_0 改善量;λ_0、λ_1、λ_2、λ_{12}、λ_{11}、λ_{22} 为参数。

9.5.4.1 厚度法向应力及温度对成形性的影响

从图 9-21(a)可以看到厚度法向应力绝对值增大时,成形极限明显提高。非平面应力条件下,应变比值 $\rho = \mathrm{d}\varepsilon_2/\mathrm{d}\varepsilon_1$ 不是从单拉应变路径 -0.5 开始的。从式(9-54)知,应变值 ρ 是 $\gamma = \sigma_3/\sigma_1$ 的函数,且随 γ 绝对值的增大而减小。在 $\alpha = 1$ 时,应变比值保持常数 $\rho = 1$,不受 γ 的影响。因此,图 9-21 中出现左侧拉压区极限应变向左移动,而最右侧双等拉应变路径不受厚度法向应力的影响。图 9-21(b)中,成形极限随温度升高而提高。从图 9-21 分析可知,板材充液热成形极限的提高主要归因于温度因素及流体压力引起的厚度法向应力。

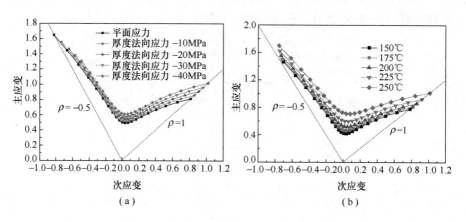

图 9-21　温度及厚度法向应力对 FLD 的影响

(a)厚度法向应力的影响;(b)温度的影响。

9.5.4.2 初始厚度不均度对成形性的影响

M-K 理论假设的重要出发点便是认为板材厚度不均匀,这种现象用厚度不均度 $f = t_b/t_a$ 来表示。该参数是 M-K 理论中的一个重要参数,不同温度下,合理的初始厚度不均度对成形极限曲线有重要意义。从图 9-22(a)可见,FLD 强烈依赖初始厚度不均度 f_0。在温度与厚度法向应力保持不变时,初始厚度不均度越大,成形极限越高,与平面应力条件下得到的结论是一致的。在图 9-22(b)中,温度或厚度法向应力增大都会使 ϑ 增大,即成形极限提高,最大 ϑ 值出现在最高温度及最大厚度法向应力处,即250℃和40MPa。另外,由单一温度因素引起的成形性改善程度较由厚度法向应力引起的要大。对于$f_0 = 0.998$,从150℃升温至250℃,ϑ增幅为63.4%;而厚度法向应力增幅至-40MPa时,成形性改善量为14.4%。在平面应力条件下升温至250℃,当$f_0 = 0.998$和$f_0 = 0.95$时,ϑ改善程度分别为63.4%和53.9%。非平面应力条件下,ϑ随f_0的变化趋势与平面应力相反。如在150℃和-40MPa时,$f_0 = 0.998$和$f_0 = 0.95$对应的成形性改善程度分别为14.4%和20.52%。在250℃及-40MPa时,相应的改善量为141.7%和156.5%。

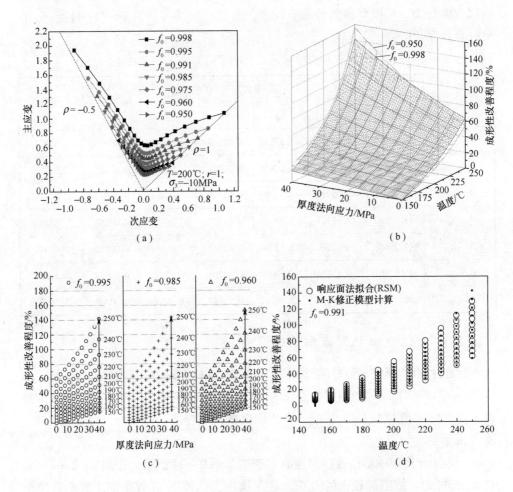

图9-22 不同初始不均度f_0情况下厚度法向应力及温度
对5A06各向同性材料成形性的影响

(a) 200℃和-10MPa情况下f_0对FLD影响;(b) FLD_0的三维改善图;

(c) FLD_0的二维改善图;(d) 式(9-75)拟合的FLD_0改善图。

图 9 - 22(c)表示从 f_0 从 0.995 减小至 0.960 过程中 ϑ 随温度及厚度法向应力变化情况。纵坐标表示从 150℃ 升温至 250℃ 时，ϑ 在同一厚度法向应力条件下的变化情况。每个 f_0 图框内的倾斜数据点表示同一温度不同厚度法向应力时 ϑ 改善情况。f_0 减小，FLD_0 降低。在小厚度法向应力影响下，ϑ 随温度升高而降低。当厚度法向应力比较大时，ϑ 改善程度随温度升高提升很大。图 9 - 22(b)中厚度法向应力及温度构成的坐标空间内，成形性改善曲面可以由完全二次式(9 - 75)通过响应面方法进行拟合。采用 MATLAB 中的"Rstool"工具，参数如表 9 - 5 所列，RMSE 表示均方根差。$f_0 = 0.991$ 时，由式(9 - 75)确定的拟合面与 M - K 模型预测的成形性改善曲面比较情况如图 9 - 22(d)所示，可见符合程度较好。

表 9 - 5　不同 f_0 时采用式(9 - 75)拟合的曲面参数

成形性改善	参数						RMSE
	λ_0	λ_1	λ_2	λ_{12}	λ_{11}	λ_{22}	
$\vartheta_{f=0.998}$	156.82364	-1.96275	-2.17782	0.01429	0.00641	0.00455	2.54523
$\vartheta_{f=0.995}$	165.06511	-2.02866	-2.24979	0.01477	0.00649	0.00486	2.63003
$\vartheta_{f=0.991}$	173.12539	-2.09936	-2.31384	0.01519	0.00661	0.00515	2.713982
$\vartheta_{f=0.985}$	181.94287	-2.17957	-2.39846	0.01573	0.00677	0.00558	2.82765
$\vartheta_{f=0.975}$	193.23453	-2.2853	-2.52099	0.01653	0.00699	0.00600	2.97046
$\vartheta_{f=0.960}$	210.52601	-2.45294	-2.6899	0.01765	0.00737	0.00659	3.21085
$\vartheta_{f=0.950}$	220.72692	-2.55299	-2.79952	0.01833	0.0076	0.00708	3.34580

9.5.4.3　n 值与 m 值对成形性的影响

计算过程中，研究 n 值对成形极限的影响时，本构方程(9 - 50)中 m 值表达式不变，即 n 值固定时，m 值随温度是变化的；研究 m 值时，n 值表达式不变。图 9 - 23 表示 n 值与 m 值对 FLDs 的影响。在相同温度及厚度法向应力时，FLDs 曲线随 n 值或 m 值的增大而升高。

n 值与 m 值对成形性改善程度 ϑ 的影响如图 9 - 24 所示。在图 9 - 24(a)中，总体来讲，大 n 值引起较小的 ϑ 值。在平面应力条件下，ϑ 仅由温度影响且随温度升高而增大，即板材充液热成形不施加液体压力的情况(普通板材热成形)。当厚度法向应力值较大时，ϑ 增大剧烈。与初始厚度不均度 f_0 对成形性改善程度的影响类似，$n = 0.05$ 比 $n = 0.30$ 成形改善程度大，最大值出现在坐标(250℃，40MPa)，$n = 0.05$ 比 $n = 0.30$ 引起的改善程度分别为 251.3% 和 139.1%。在

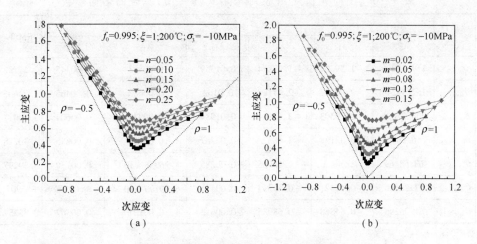

图 9 - 23　n 值与 m 值对 FLDs 的影响

(a) n 值对成形性的影响；(b) m 值对成形性的影响。

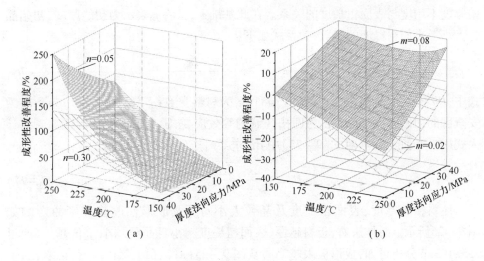

图 9 - 24　n 值与 m 值对成形性改善程度 ϑ 的影响

(a) n 值对 ϑ 的影响；(b) m 值对 ϑ 的影响。

150℃ , ϑ 受厚度法向应力影响较小, $n = 0.05$ 和 $n = 0.30$ 分别为 15.2% 和 14.7% 。当温度升高时,影响程度将变大。m 值对 ϑ 的影响如图 9 - 24(b)所示,平面应力条件下,ϑ 随温度的升高而迅速下降,且 m 值越小,ϑ 下降越快。然而,ϑ 随厚度法向应力的增大而增大。最大 ϑ 值没有出现在(250℃ ,40MPa),而是(150℃ ,40MPa)。总体来讲,ϑ 随厚度法向应力增大而增大,随温度升高而降低。当 m 值减小时,这种趋势便会加剧。采用式(9 - 75)拟合的受 n 值或 m 值影响的成形性改善程度 ϑ 曲面参数如表 9 - 6 所列。

表9-6 不同 n 值或 m 值时采用式(9-75)拟合的曲面参数

成形性改善	参数						RMSE
	λ_0	λ_1	λ_2	λ_{12}	λ_{11}	λ_{22}	
$\vartheta_{n=0.3}$	119.63056	-1.59007	-1.99874	0.01359	0.00553	0.00345	2.17732
$\vartheta_{n=0.20}$	152.59244	-2.00243	-2.47188	0.0162	0.00688	0.00465	2.74606
$\vartheta_{n=0.10}$	206.27695	-2.70503	-3.13944	0.01984	0.00928	0.00604	3.60011
$\vartheta_{n=0.05}$	256.28375	-3.38138	-3.68328	0.02287	0.01164	0.00685	4.30228
$\vartheta_{m=0.02}$	63.65469	-0.4823	-0.18666	0.00285	4.26933×10^{-4}	0.00189	0.39297
$\vartheta_{m=0.08}$	57.26646	-0.47421	-0.43333	0.00445	6.89199×10^{-4}	0.0026	0.5907
$\vartheta_{m=0.15}$	61.96296	-0.54868	-0.68985	0.00613	0.00101	0.00367	0.85257

9.5.4.4 初始厚度、初始晶粒大小及表面粗糙度对成形性的影响

初始厚度不均度 f_0 是个不确定因素,难以确定其大小。为此,研究者确定了初始厚度不均度与表面粗糙度的关系。在此基础上,又将 f_0 表示为初始厚度、初始晶粒大小及表面粗糙度的函数,关系式如下:

$$f_0 = \frac{t_{0a} - 2[Ra + \kappa_v \sqrt{d \bar\varepsilon_b}]}{t_{0a}} \tag{9-76}$$

式中: Ra 为变形前的表面粗糙度(μm); κ_v 为材料常数; d 为晶粒大小(μm); t_{0a} 为安全区的初始厚度(mm); $\bar\varepsilon_b$ 为凹槽区域的等效应变,随变形而变化。计算时要计入式(9-76)的影响,对式(9-73)中 dF 求导时产生的 df_0,如下式:

$$df_0 = \frac{-2\kappa_v \sqrt{d} \Delta\varepsilon_{1b} d\beta_b}{t_{0a}} \tag{9-77}$$

坯料初始厚度、表面粗糙度及晶粒大小对 f_0 及成形性改善程度的影响如图9-25所示。总体来看,板料越厚、表面粗糙度越小且晶粒越小, f_0 值越大,通过9.5.4.2节分析可知,成形极限越高。从图9-25(a1)、(b1)和(c1)可以看出,上述三参数影响下 f_0 随温度及厚度法向应力的增大而降低,最小值出现在坐标(250℃,40MPa)。三参数对成形性改善程度 ϑ 的影响主要归结于对 f_0 的影响,如图9-25(a2)、(b2)和(c2)所示。在图9-25(a1)中,初始厚度 t_{0a} 从4.5mm至0.5mm变化时, f_0 从0.9866降至0.9134,降幅为0.0732,相应的成形性改善程度 ϑ 为131.76%和133.35%,差异为-1.59%。在图9-25(b1)中,初始表面粗糙度 Ra 为0.5μm和50μm时, f_0 对应值分别为0.9701和0.9147,降幅0.0554, ϑ 分别为119.47%和158.63%,差异为-39.16%。在图9-25(c1),初始大小 d_0 晶粒从10μm至50μm变化时, f_0 从0.9722变为0.9522,降幅为0.02, ϑ 从132.81%降至126.43%,变化量为6.38%。

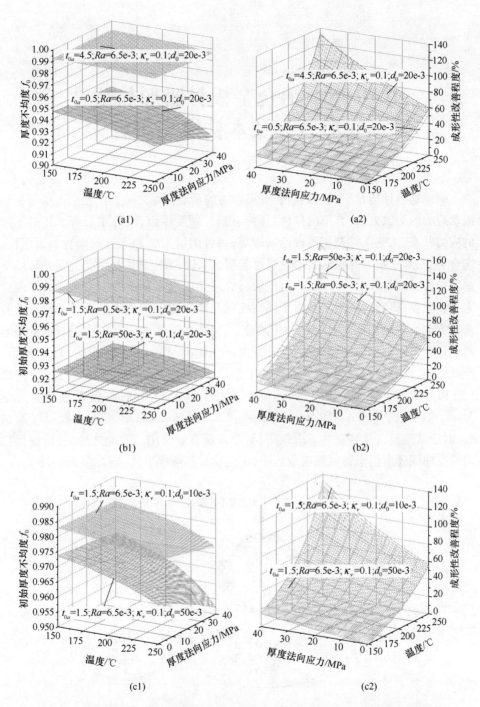

图 9 - 25 初始厚度不均度 f_0 及 FLD_0 改善程度为厚度法向应力及温度的三维曲面

第10章 铝合金板材胀形热塑性变形行为及本构模型研究

确定材料性能是研究金属材料变形行为的重要课题之一。广泛用于确定材料流动应力的测试方法,有单向拉伸、压缩、扭转、硬度压痕、液压胀形等。相对不同的应力状态、工艺条件及相关理论局限等,每种测试实验都有其局限性和适用性。迄今为止,对于板材充液热成形材料性能测试来讲,采用最广泛的仍然是热环境下单向拉伸试验(图 10-1(a))。鉴于板材充液热成形存在流体压力诱导的厚向应力的特殊性,研究者提出多种适于体现板材充液热成形应力状态特点的材料性能测试方法。如热环境下 Hoffmanner 试验[1],指在高温及液体高压作用下的密闭容器内进行单向拉伸试验,其应力状态变为 $\sigma_1 > 0, \sigma_2 = \sigma_3 < 0$,如图 10-1(b)所示。除此之外,欧美国家已开展了热环境下铝合金板材胀形试验获取应力应变曲线(图 10-1(c))的相关研究,如达姆斯达特工业大学 Groche、俄亥俄州立大学 Altan、密西根大学 Kaya 和 Mahabunphachai[2-5]。Hoffmanner 实验与板材胀形试验,对于试验设备及装置的要求较高,至今未能有效应用。除此之外,胀形获得应力应变曲线还应用于管材充液成形中,研究管材充液成形性(hydroformability)。

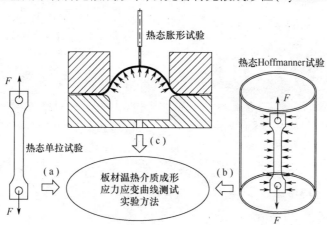

图 10-1 板材温热充液成形应力应变曲线获取试验方法

薄壁件充液成形时成形零件面内大多处于双向拉伸状态,因此,板材胀形试验获取的应力应变较单拉更加符合充液成形工艺特点。相比之下,胀形试验几乎不受颈缩的影响,且能获得较单拉大得多的均匀变形应变;由于非均匀变形存在,单拉很难识别材料本身硬化或软化性能,并影响本构模型的外插能力。基于以上考虑,我们开发了热态胀形实验机,并通过胀形实验获得了应力应变曲线。

10.1 胀形实验获得应力应变曲线的考虑

10.1.1 胀形实验获得应力应变曲线原理

Virginia 大学的 Koç 教授在研究通过板材热油胀形确定应力应变曲线的实验中[6],指出液压胀形高度与胀形压力是两个非常关键的参数,结合塑性理论,通过两个参数足以确定应力应变曲线。他还指出,对于热油胀形实验,因为存在高温环境下热油烟雾的问题,非接触式测量仪器,如 CCD 高速摄像机、激光位移传感器等基于光学敏感元件的高度检测仪器,不能保证检测过程中的实时准确性。因此在保证足够精度的情况下,便可通过机械伸缩式位移传感器(LVDT)检测胀形高度,结合压力传感器检测胀形压力,获得胀形实验确定应力应变曲线的基础数据。结合胀形模具、板料初始厚度等几何参数,通过胀形计算模型,计算中间过程量:拱顶胀形厚度及拱顶曲率半径。结合这些参量,应用塑性成形理论,便可以获得胀形应力应变曲线,如图 10 - 2 所示,图中各变量含义为:F_e 为压边力,D_c 为胀形直径,a 为胀形半径,R 为胀形顶点曲率半径,R_c 为压边圈圆角,h_d 为胀形高度,t_0 为初始板厚,t_d 为胀形顶点厚度,p 为液室压力。

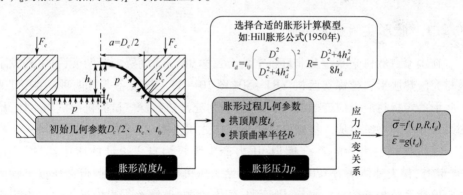

图 10 - 2 板材充液胀形实验示意图

10.1.2 胀形中压力率控制的考虑

以应变率控制材料变形快慢被广泛用于单向拉伸、单向压缩等材料性能测试实验中,并且已经形成标准。每种测试方法的应用有其最佳应用领域,各个测试方法不能复制相互间的实验条件及应力应变状态等,因此各测试方法有其适应的参数表征方法。板材胀形获得流动应力并非一种全新的材料测试方法,近几年被广泛重视起来的一个主要原因便是充液成形技术的快速发展,使其材料性能测试成为该技术发展的瓶颈。如绪论所述,板材充液成形技术能够改善材料成形性的重要因素就是流体压力辅助成形。板材胀形的驱动力也是流体压力,这样板材胀形与充液成形便具备了工艺相容性。这种特点(即流体压力的存在)也应在材料性能测试的表征中有所体现。因此,在此提出采用压力率控制材料胀形过程,在恒定压力率条件下获得不同温度下的应力应变曲线。

将应变率控制应用于板材胀形的研究,可见 Mahabunphachai 的研究工作[9]。Mahabunphachai 结合 Hill 胀形理论[11]计算出固定应变率条件下理论胀形高度,然后让实际胀形高度与理论计算高度匹配。在这种条件下获得的胀形高度和压力,被认为固定应变率下获得实验值。这种方法存在某些局限性:首先,Hill 胀形理论基于胀形过程为球形假设,其预测的胀形高度与实际高度存在差距;其次,这种应变率控制的方法不具备单向拉伸等实验应变率方法的直观性,如,恒定单向拉伸速度除以试样标距便得到应变率,相比较下,压力率控制更具直观性;再者,应变率控制对设备硬件及软件要求很高,如用实验胀形高度匹配计算高度,需要通知执行器多大的压力才能达到所需高度,涉及多级闭环问题,实现困难,采用压力率控制只需关系压力的精确控制便可。实际上,对于板材胀形,应变率与压力率是存在必然联系的,即压力率控制同样能够表征材料的变形快慢,对于板材充液成形工艺则具有重要意义。

10.2 胀 形 实 验

10.2.1 胀形实验机及装置

在国家自然科学基金及北京航空航天大学 985 - 3 期资金资助下,自主开发了板材充液热胀形 - 拉深实验机 YRJ - 50(图 10 - 3)。该设备兼具两种功能,可通过胀形确定板材应力应变曲线,也可进行板材充液热拉深。试验机由机械主体、检测系统及控制系统组成。机械主体包括四柱式压机框架、压力产生装置、液压泵站等。压机提供最大 500kN 合模力;压力产生装置为自主设计的增压器,增压比 1∶5.25,最大液体压力 120MPa;液压泵站为压机主缸、增压器逻辑动作提供动力源。检测系统包括位移检测、温度检测、压力检测、监测终端界面等。位移检测用于监测胀形实时高度或主缸行程(用于充液热拉深);温度检测采用热电偶分别测量模具温度及板材温度;压力检测用于采集主缸压力、增压器低压腔压力、增压器高压腔压力(胀形压力或充液拉深液室压力);监测终端界面用于数据采集处理并图形化显示。控制系统分为液压控制系统、电气控制系统、温控系统等。液压控制系统及电气控制系统控制设备机械逻辑运动;温控系统包括加热炉、温控仪等,用于加热至指定温度并控温。

270

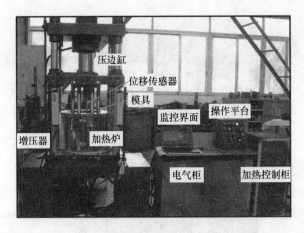

图 10 - 3　板材充液热胀形 - 拉深实验机

基于上述考虑,胀形实验中最重要的是需要获得实时胀形高度及胀形压力。将压力传感器设置在液室的进油油路上,便可以检测板材实时胀形压力,需要注意的是测量点应距离高温液室一定距离,中间并设置水路进行热隔离。由于采用热油介质进行胀形,高温下烟雾情况严重,光学位移检测仪器会受到一定程度的影响。这里采用机械伸缩式位移传感器检测实时胀形高度。为避免位移传感器内电气元件受热损坏,位移传感器伸缩杆与伸入加热模具内的位移传感器探头通过绝热材料(如电木)连接。为防止胀破时热油喷溅,压边圈上设置防溅盖板,并在盖板上安装回油管。为准确测量板材温度,在防溅盖板上设置热电偶导孔,热电偶通过导孔接触板料,并可随胀形增高而退回。胀形模具工装实物如图 10 - 4 所示。采用的热油介质在 350℃ 及以下有良好的热稳定性。在室温状态下黏度最大,随温度的升高黏度逐渐减小。高温有烟雾产生,越接近燃点越严重。

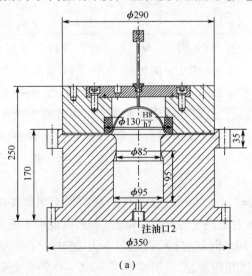

(a)

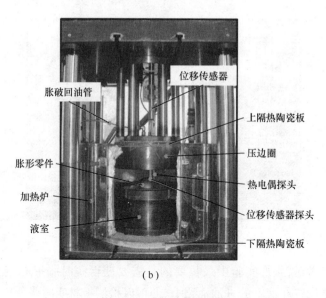

（b）

图 10 - 4　胀形实验工装
（a）装配图；（b）实物图。

10.2.2　实验结果

采用美铝公司(Alcoa)生产的 AA7075 - O 铝合金作为胀形研究对象,材料厚度为 1.0mm。该材料为 Al - Zn - Mg - Cu 系高强铝合金,主要用于飞机机身及机翼整体壁板制造,具有韧性较高和耐应力腐蚀较好的特点,其化学成分如表 10 - 1 所列。

表 10 - 1　7075 铝合金的化学成分[14]

成分	Zn	Mg	Cu	Mn	Cr	Fe	Si	Ti	其他	Al
质量分数/%	5.1	2.1	1.2	0.3	0.18	0.5	0.4	0.2	0.2	余量

胀形实验在自主开发的 YRJ - 50 试验机上进行。采用 80mm 胀形直径,在 $\dot{p} = 0.05$MPa/s 及 $\dot{p} = 0.005$MPa/s 两种压力率,RT(室温)、160℃、210℃、280℃ 四个温度条件下进行实验。用于测试胀形压力高度曲线的试样均胀形至破裂,这样压力经历峰值后开始衰减,可知峰值胀形压力对应载荷失稳点(图 10 -5)。此外,试样胀破瞬间位移传感器探头有过冲现象。这样,数据处理时曲线保留至峰值,即开始胀形至破裂瞬间。两种压力率及四个温度下的胀形压力及高度曲线如图 10 - 6 所示。

对比图 10 -6(a)、(b)可见,温度对胀形结果有重要影响,即在同一压力率下,材料胀形所需压力随温度的升高而降低,胀形高度则不断增大。压力率对胀形结果的影响可见图 10 -6(a)、(b),在室温下,0.05MPa/s 与 0.005MPa/s 压力率下的胀形压力高度曲线几何重合,说明室温下 7075 - O 铝合金对压力率不敏感。在

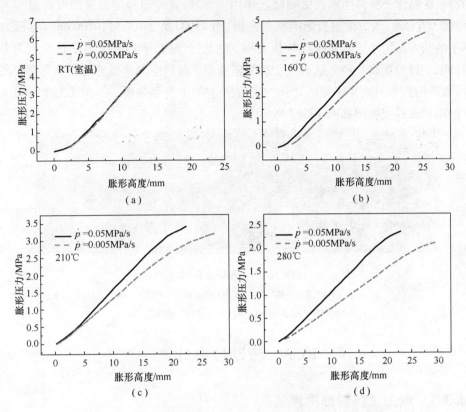

图 10-5 相同温度及不同压力率下的胀形压力及高度曲线

(a) 室温；(b) 160℃；(c) 210℃；(d) 280℃。

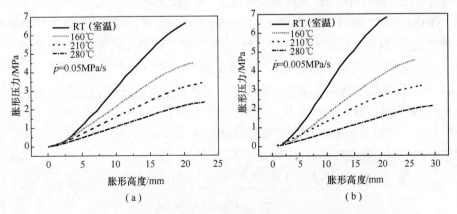

图 10-6 两种压力率及四个温度下的胀形压力及高度曲线

(a) 压力率 0.05MPa/s；(b) 压力率 0.005MPa/s。

160℃时,两种不同压力率下的胀形压力高度曲线出现明显偏移,说明压力率对7075－O铝合金材料性能的影响已起作用。并且,这种趋势随温度的升高更加明显,如160℃时,压力率主要影响胀形高度,而210℃及280℃时,0.005MPa/s压力率下的胀形压力小于0.05MPa/s压力率下的胀形压力,胀形高度则是较低压力率条件下获得的更高一些。这种变化趋势同高温下材料应变率敏感的现象有类似之处,说明压力率与应变率相仿,同样能够表征材料的变形快慢。不同压力率及温度下的胀形试样实物图如图10－7所示。

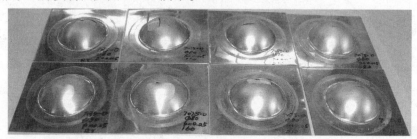

图10－7　胀形零件图

上排(0.005MPa/s):RT、160℃、210℃、280℃;

下排(0.05MPa/s):RT、160℃、210℃、280℃。

10.3　流动应力计算

10.3.1　胀形试样球形度评估

双向等拉获得的胀形零件不是绝对的球形,在理论计算中,大多研究者为简化运算,采用了胀形零件是球形的理论假设。因此,在采用球形假设之前,应该对胀形试样球形度进行评估,转换到平面情况下,则为圆度评估问题。

Gutscher通过研究VPB(Viscous Pressure Bulging)胀形过程[7],指出材料强化系数K值、材料强化指数n值、厚向异性指数ξ值对胀形几何参数(如厚度分布及顶点曲率半径)影响很小,说明胀形几何形状不因材料的不同而改变很大,换言之,材料胀形轮廓形状是稳定的。选用7075－O材料数据,以直径80mm的胀形零件为例,采用通用有限元软件MSC.Marc模拟胀形过程,提取轮廓边界上的节点,导出轮廓节点的二维坐标值,示意图如图10－8所示。将各坐标值进行五次多项式拟合和最小二乘圆形拟合,公式如下式:

$$y = A_0 + A_1 x + A_2 x^2 + A_3 x^3 + A_4 x^4 + A_5 x^5 \tag{10-1}$$

$$y = \sqrt{R_{\text{LSCF}}^2 - x^2} \tag{10-2}$$

式中:A_0、A_1、A_2、A_3、A_4为拟合参数;x为距离顶点中心点的水平向坐标;R_{LSCF}为最小二乘拟合的圆半径。抛物线拟合得到的曲线精度高,与胀形轮廓符合程度好,其可

274

反映胀形试样的真实轮廓。对最小二乘圆拟合(Least Square Circle Fit,LSCF),Pratt[10]计算方法精度高且对于非线性圆弧数据的拟合适应性强,这里采用 Pratt 方法进行最小二乘圆拟合。这样比较不同高径比(h/a)情况下前者曲率半径与后者圆形半径。

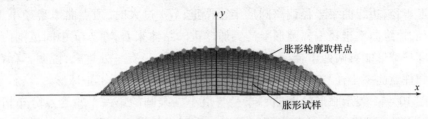

图 10 – 8　有限元胀形模型及轮廓取样点示意图

不同高径比(h/a)下胀形轮廓形状如图 10 – 9 所示。从小高径比至大高径比范围内,采用最小二乘方法拟合的五次多项式所得的曲线全部通过胀形轮廓点,重合程度高,残差方量级为 $10^{-13} \sim 10^{-3}$。采用最小二乘圆拟合的圆心及半径,计算得到的圆形曲线不能与胀形件轮廓点完全重合,过小的高径比及过大的高径比情况下,两者误差较大。如图 10 – 9 中,$h/a = 0.061$ 及 $h/a = 0.696$ 时,两者出现明显偏差,在中间高径比(如 $0.061 \leqslant h/a \leqslant 0.696$)情况下,符合程度高于两端。采用式(10 – 3)计算式(10 – 1)沿 x 轴(图 10 – 8)的任意点曲率半径 R_ρ,$h/a = 0.27$、$h/a = 0.6$ 及 $h/a = 0.64$ 的曲率半径曲线如图 10 – 10 所示。

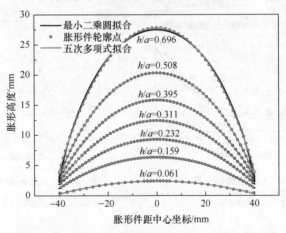

图 10 – 9　有限元胀形数据点及五次多项式拟合、最小二乘圆拟合的轮廓形状比较

$$R_\rho = \left| \frac{\left[1 + y'^2(x) \right]^{\frac{3}{2}}}{y''(x)} \right| \qquad (10 - 3)$$

式中:R_ρ 为曲率半径;y' 与 y'' 分别为式(10 – 1)的 1 阶与 2 阶导数。在 $h/a = 0.27$ 时,顶点曲率半径最大,越往边缘曲率半径越小,与拟合得到的圆半径有一个交点

且远离顶点。在 $h/a = 0.6$ 时,靠近顶点的曲率半径趋于平缓且很接近圆形半径,边缘处曲率半径急剧增大,整个胀形轮廓曲率半径与圆形半径重合点有两处。通过对其他 h/a 进行比较,存在类似规律,小的 h/a 情况下,顶点曲率半径大于圆形半径,边缘曲率半径小于圆形半径;随 h/a 的增大,顶点曲率半径减小且越来越接近圆形半径,边缘曲率半径偏离圆形半径严重;h/a 过大时,顶点曲率半径小于圆形半径,边缘曲率半径偏离圆形半径更加严重。总体来看,在 h/a 中间范围内,胀形轮廓与球形能有两处重合,而在 h/a 两端范围内,只有一处重合,说明不存在胀形轮廓任意曲率半径与球形处处重合的情况,即胀形轮廓远不是球形。

图 10 – 11 表示胀形轮廓曲率半径与最小二乘圆的第一个重合点分布情况,图 10 – 12 表示胀形顶点曲率半径与最小二乘圆半径沿 h/a 分布,可以看出,顶点曲率半径在特定范围内比较接近圆形半径。将顶点曲率半径与最小二乘圆半径进行比较,采用下式计算两者误差:

$$\text{误差} = \frac{\text{顶点曲率半径} - \text{LSCF 半径}}{\text{顶点曲率半径}} \times 100\% \qquad (10-4)$$

所得结果如图 10 – 13 所示,h/a 较小时,两者误差比较大。随 h/a 增大,两者误差逐渐减小,在 $h/a = 0.6$ 时达到最小值 0.375%,大于 $h/a = 0.6$ 时误差急剧增大。可以看到,胀形顶点圆形度 5% 误差对应高径比分布范围为 $0.18 \leq h/a \leq 0.68$,3% 误差对应高径比分布范围为 $0.26 \leq h/a \leq 0.66$。

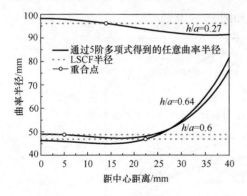

图 10 – 10　胀形轮廓沿 x 轴
任意点曲率半径

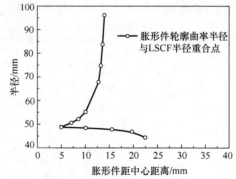

图 10 – 11　胀形轮廓曲率半径与
最小二乘圆第一个重合点分布

10.3.2　胀形流动应力典型计算模型比较及流动应力计算

胀形顶点为双向等拉应力应变状态,经过对胀形顶点微元受力分析可知

$$\sigma_r = \sigma_\theta = \frac{pR_{\text{apex}}}{2t_d} \qquad (10-5)$$

式中:p 为液体压力(MPa);R_{apex} 为胀形顶点曲率半径;t_d 为胀形顶点厚度。可知,

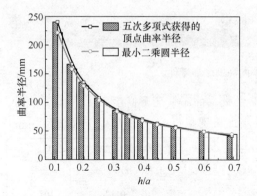

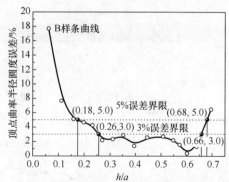

图 10-12 胀形顶点曲率半径与
最小二乘圆半径沿 h/a 分布(一)

图 10-13 胀形顶点曲率半径与
最小二乘圆半径误差沿 h/a 分布(二)

胀形顶点的应力状态为,$\sigma_r = \sigma_\theta > 0$,$\sigma_t = -\dfrac{p}{2} < 0$。将其代入 Mises 等效应力,有

$$\overline{\sigma} = \frac{\sqrt{2}}{3}\sqrt{(\sigma_r - \sigma_\theta)^2 + (\sigma_\theta - \sigma_t)^2 + (\sigma_t - \sigma_r)^2} = \frac{p}{2}\left(\frac{R_{apex}}{t_d} + 1\right) \quad (10-6)$$

胀形顶点应变状态为,$\varepsilon_r = \varepsilon_\theta > 0$,$\varepsilon_t = -2\varepsilon_r < 0$。将其代入 Mises 等效应变公式,有

$$\overline{\varepsilon} = \frac{\sqrt{2}}{3}\sqrt{(\varepsilon_r - \varepsilon_\theta)^2 + (\varepsilon_\theta - \varepsilon_t)^2 + (\varepsilon_t - \varepsilon_r)^2} = -\varepsilon_t = \ln\left(\frac{t_0}{t_d}\right) \quad (10-7)$$

从式(10-6)、式(10-7)可以看出,实验获取胀形压力 p、曲率半径 R_{apex} 及顶点厚度 t_d,便可以计算出等效应力及等效应变。

选用 5% 的胀形顶点圆形度误差,80mm 直径的胀形零件,高度范围为 7.2~27.2mm。在 0.005MPa/s 压力率条件下,在 210℃进行 5 个指定高度的胀形实验:10mm、12mm、16mm、20mm、22mm。采用三坐标测量仪 Century977,对不同高度胀形零件轮廓线轧制方向(0°)及垂直方向(90°)进行测量,测量精度 0.03μm,探针球头直径 1mm,实验示意图如图 10-14 所示。

轧制方向及垂直方向各测 21 个点,从中间顶点外,每个方向顶点两侧各测 10 个点,不同高度的胀形零件如图 10-15 所示。将所得数据点代入式(10-2)进行最小二乘圆拟合,得到圆形半径(见表 10-2),作为式(10-6)、式(10-7)中 R_{apex} 的实验数据,所得结果如图 10-16 所示。

图 10-14　三坐标测量仪测量示意图

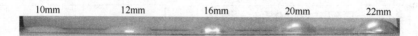

图 10 - 15　不同高度胀形零件

表 10 - 2　基于三坐标测量数据的不同胀形高度胀
形件轮廓最小二乘圆拟合　　　　　　　　　（单位:mm）

胀形高度	轧制方向最小二乘圆(LSCF)		垂直方向最小二乘圆(LSCF)	
	圆心(y,z)	半径	圆心(x,z)	半径
10	- 94.73, - 159.32	107.16	108.77, - 160.12	107.95
12	- 91.72, - 133.30	84.18	113.19, - 133.25	84.13
16	- 97.33, - 114.89	68.79	117.74, - 114.77	68.66
20	- 91.99, - 94.10	53.70	117.51, - 94.30	53.90
22	- 92.85, - 91.94	52.35	120.50, - 91.92	52.32

　　除了胀形高度 10mm 时,基于三坐标仪测量数据拟合的最小二乘圆半径与基于有限元胀形轮廓数据拟合的最小二乘圆半径有较大误差外,12mm、16mm、20mm、22mm 胀形高度情况下,两者结果符合程度很好。同时可以看出,7075 - O 材料胀形件 210℃时方向异性(轧制方向及垂直方向)对曲率半径影响很小。

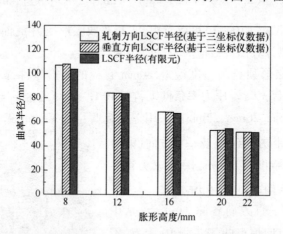

图 10 - 16　三坐标测量仪数据 LSCF 半径与有限元数据 LSCF 半径比较

　　采用超声波测厚仪测量胀形零件顶点厚度,结合不同高度胀形零件的实测厚度,计算出真实应力及真实应变。对于胀形顶点曲率半径 R_{apex} 及顶点厚度 t_d,可以通过胀形直径 $D_c = 2a$、胀形高度 h_d 这两个参数表示(见图 10 - 2)。胀形半径 $a = 40mm$,初始板料厚度 $t_0 = 1.0mm$。

计算顶点曲率半径 R_{apex} 的典型解析表达式,如 Hill、Panknin 等;计算顶点厚度 t_d 的典型解析模型,如 Hill、Kruglov 等,见表 10 - 3。如图 10 - 17 所示,Hill 顶点曲率半径模型预测值小于实验值,Panknin 顶点曲率半径模型预测值大于实验值,而两种模型预测值的平均值与实验值最接近。

表 10 - 3　不同顶点曲率半径及顶点厚度解析模型

顶点曲率半径		顶点厚度	
模型	表达式	模型	表达式
Hill[11]	$R = \dfrac{a^2 + h_d^2}{2h_d}$	Jovane[12]	$t = \dfrac{t_0 a^2}{a^2 + h_d^2}$
Panknin[7]	$R = \dfrac{(a + r_f)^2 + h_d^2 - 2r_f h_d}{2h_d}$	Hill[11]	$t = t_0 \left[\dfrac{a^2}{a^2 + h_d^2} \right]^2$
		Kruglov[13]	$t = t_0 \left[\dfrac{a/R}{\sin^{-1}(a/R)} \right]^2$

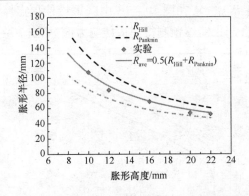

图 10 - 17　顶点曲率半径计算模型与实验数据比较

从图 10 - 18 可以看出,理论模型及实验值均显示随胀形高度增大顶点厚度迅速减薄。Jovane 模型与 Hill 模型依赖于变量胀形高度 h_d,而 Kruglov 模型中含有顶点曲率半径信息,可采用表 10 - 3 中 Hill 曲率半径模型或 Panknin 曲率半径模型,则 Kruglov 厚度模型可标注为 Kruglov - Hill 或 Kruglov - Panknin 以示区别。可以看到,Hill 模型预测的厚度严重偏小,Jovane、Kruglov - Panknin、Kruglov - ave 模型预测值较实验值偏大,其中 Kruglov - Hill 模型预测值最接近实验值。

将基于实验数据得到的顶点曲率半径 R_{apex}、实验测得的胀形高度 h_d、实验测得的胀形压力 p、实验测得的顶点厚度 t_d,代入式(10 - 6)、式(10 - 7),可以得到基于实验数据的应力及应变数据点。对压力率 0.005MPa/s 及 210℃下胀形压力高度曲线(见图 10 - 5(c))进行多项式拟合,结合表 10 - 3 的不同曲率半径及顶点厚度解析模型,得到不同的应力应变曲线。可以看到,$R_{Hill} + t_{Hill}$ 及 $R_{Hill} + t_{Kruglov} + R_{Hill}$

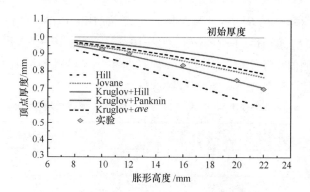

图 10 - 18　顶点厚度计算模型与实验数据比较

（Kruglov + ave 表示 Kruglov 厚度模型采用

Hill 曲率半径模型及 Panknin 曲率半径模型的平均值作为曲率半径）

组合方式获得应力曲线低于基于实验数据得到的应力曲线，$R_{Panknin} + t_{Kruglov} + R_{Hill}$ 组合方式获得的应力曲线则高于实验值。在图 10 - 17 中获得最佳曲率半径的模型组合方式 $0.5(R_{Hill} + R_{Panknin})$，在图 10 - 18 中获得最佳顶点厚度模型的组合方式 $R_{Hill} + t_{Kruglov}$，两者组合起来能够预测得到最佳应力值，如图 10 - 19 所示。

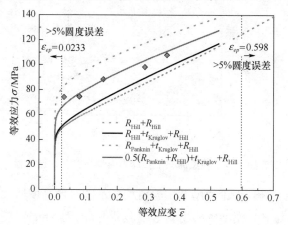

图 10 - 19　不同模型确定的应力应变曲线比较（压力率 0.005MPa/s，温度 210℃）

　　通过设计柔性胀形模具，制造不同胀形直径的嵌块，通过切换嵌块实现不同胀形直径。实验中选取 100mm、80mm、60mm 三种直径 $D_c = 2a$，在压力率 0.005MPa/s 下进行胀形。在常温下采用不同胀形直径获得胀形压力高度曲线及零件如图 10 - 20 所示。单向拉伸获得的 7075 - O 强度极限为 270~280MPa，常温下采用采用直径 80mm 模具进行胀形所得的 7075 - O 强度极限在 268MPa（见图 10 - 21），可见两者符合较好，说明采用 80mm 模具进行胀形具有合理性。

　　这些模型均基于板材胀形轮廓为球形的理论假设，因此图 10 - 19 得到的应力应变曲线并不是全范围内有效的。根据前面的论述，圆度误差控制在 5% 范围内，

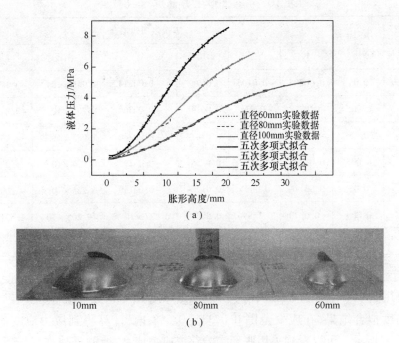

图 10 - 20　常温下不同胀形直径胀形实验

（a）胀形压力高度曲线；（b）实际胀形零件。

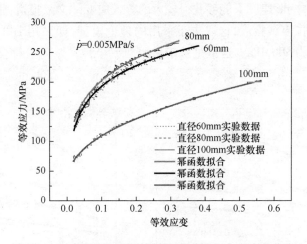

图 10 - 21　常温下不同胀形直径胀形获得应力应变曲线

对应的胀形高度范围为 7.2～27.2mm。对应的有限元模拟得到的顶点厚度范围为 0.98～0.56mm，通过式（10-6）、式（10-7）可知，应变范围为 0.0233～0.598，如图 10-19 所示。将图 10-5 中胀形压力高度曲线进行五次多项式拟合，结果如表 10-4 所列。

表 10 - 4 胀形压力高度曲线拟合

温度 /℃	压力率 /(MPa/s)	五次多项式拟合					
		A_0	A_1	A_2	A_3	A_4	A_5
RT	0.05	0.00296	-0.01067	0.06767	-0.00514	1.943×10^{-4}	-3.191×10^{-6}
RT	0.005	-0.02224	-0.0143	0.06138	-0.00364	8.728×10^{-5}	-7.879×10^{-7}
160	0.05	-0.04384	0.0919	0.02874	-0.00246	1.083×10^{-4}	-2.047×10^{-6}
160	0.005	0.01274	-0.02656	0.03361	-0.00192	4.924×10^{-5}	-5.288×10^{-7}
210	0.05	0.00118	0.0804	0.01764	-0.00149	6.225×10^{-5}	-1.090×10^{-6}
210	0.005	-0.03784	0.11646	0.00212	6.227×10^{-5}	-9.205×10^{-6}	1.521×10^{-7}
280	0.05	-0.01483	0.06526	0.01044	-9.985×10^{-4}	4.693×10^{-5}	-8.762×10^{-7}
280	0.005	-0.01329	0.04554	0.00567	-4.223×10^{-4}	1.545×10^{-5}	-2.2460×10^{-7}

采用曲率半径 $0.5(R_{Hill} + R_{Panknin})$ 及顶点厚度 $R_{Hill} + t_{Kruglov}$ 组合方式,结合胀形压力高度拟合结果,在应变范围 0.0233 ~ 0.598 内,计算得到应力应变曲线,如图 10 -22 所示。可以看到采用胀形实验获得应力应变曲线,即使在高温下也没有明显的下降阶段,在失稳前能够获得较大的均匀变形。在 0.05MPa/s 压力率下,板材胀形速度大,获得的胀形高度低,进而得到的等效应变小。相反,0.005MPa/s 压力率下,即小变形速度下能够获得较大的等效应变。文献报道,胀形获得的应力值要高于单向拉伸试验值,这取决于采用的理论模型,如采用 Hill + Hill 模型,预测的极限应力为 300MPa。这里是基于采用曲率半径及厚度最符合试验值的理论模型所得结果。

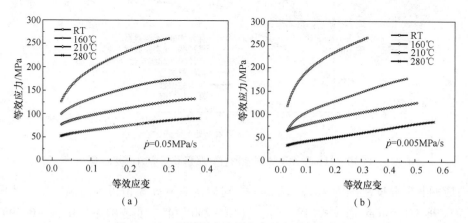

图 10 - 22 不同温度及压力率下应力应变曲线

10.3.3　压力率与应变率的关系

从上面的论述可知,压力率可以反映材料胀形的快慢,则有必要建立压力率与应变率之间的关系。基于实验数据的液体压力与等效应变的关系如图 10 - 23 所示,可见胀形过程中胀形压力是等效应变的单调增函数,且符合幂函数关系。

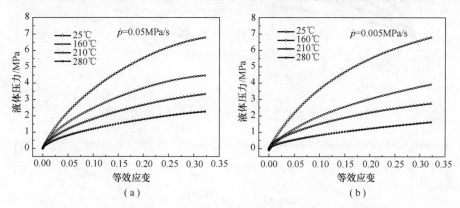

图 10 - 23　液体压力与等效应变的关系

可以建立胀形压力与等效应变及压力率的关系式如下:

$$p = \Lambda \, \overline{\varepsilon}^{\theta} \dot{p}^{q} \qquad (10-8)$$

式中:p 为胀形压力(MPa);$\dot{p}$ 为胀形压力率(MPa/s);材料常数 Λ、θ、q 为温度的函数。式(10 - 8)中,胀形压力 p 为等效应变 $\overline{\varepsilon}$ 及压力率 $\dot{p}$ 的曲面函数,通过最小二乘法基于图 10 - 23 数据对式(10 - 8)在各个温度下进行曲面拟合,得到不同温度下 Λ、θ、q 常数,然后再将这些常数拟合为温度的函数,则 7075 - O 胀形过程中胀形压力与等效应变的函数关系为

$$\begin{cases} p = \Lambda \, \dot{\overline{\varepsilon}}^{\theta} \dot{p}^{\theta} \\ \Lambda = 14.80084 - 0.01951T - 3.26091 \times 10^{-5}T^{2} \\ \theta = 0.60256 - 2.97351 \times 10^{-4}T + 5.63084 \times 10^{-7}T^{2} \\ q = -0.00816 + 5.25022 \times 10^{-4}T + 1.65665 \times 10^{-7}T^{2} \end{cases} \qquad (10-9)$$

式(10 - 9)计算得到的胀形压力等效应变曲线与实验数据比较结果如图 10 - 24 所示,两者符合较好。由于胀形过程中设定压力率保持恒定,这样对式(10 - 8)两侧对时间求导数,有

$$\dot{\overline{\varepsilon}} = \frac{\dot{p}^{1-q}}{\Lambda \theta \, \overline{\varepsilon}^{\theta-1}} \qquad (10-10)$$

$$\dot{p} = (\Lambda \theta \, \overline{\varepsilon}^{\theta-1} \dot{\overline{\varepsilon}})^{\frac{1}{1-q}} \qquad (10-11)$$

式中:Λ、θ、q 为式(10 - 9)中参数。式(10 - 10)表示应变率为压力率的函数,式(10 - 11)表示压力率为应变率的函数,压力率与应变率关系如图 10 - 25 所示。

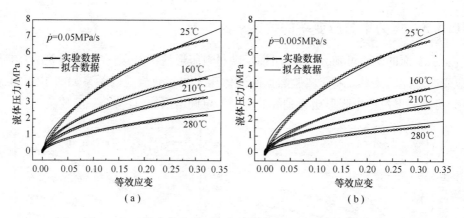

图 10 - 24 拟合的胀形压力等效应变曲线与实验数据比较

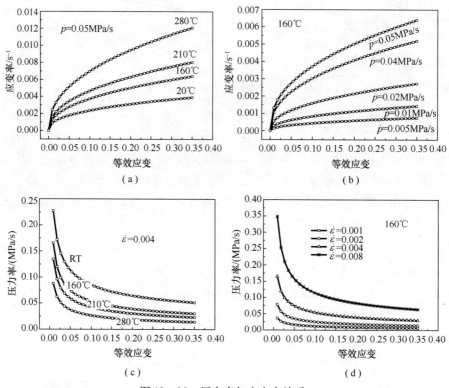

图 10 - 25 压力率与应变率关系

另外 $\bar{\varepsilon} = \dot{\bar{\varepsilon}} t$，代入式 (10 - 10)，则式 (10 - 10) 还可以表示为

$$\dot{\bar{\varepsilon}} = \left(\frac{\dot{p}^{\,1-q}}{\Lambda \theta} \right)^{\frac{1}{\theta}} t^{\frac{1-\theta}{\theta}} \qquad (10 - 12)$$

可以看到，压力率不变的情况下，随着胀形的进行（等效应变增大），应变率为等效应变的非线性单增函数，如图 10 - 25(a) 所示。此外，相同压力率下，温度越

284

高,应变率数值越大。在相同温度条件下,如160℃(见图 10 − 25(b)),应变率随着压力率的增大而增大,从 0.005MPa/s 至 0.05MPa/s 的压力率变化范围对应应变率变化范围为 0.0005s^{-1} 至 0.0065s^{-1}。从图 10 − 25(c)、(d),可以看出,为了保持应变率恒定不变,压力率在胀形初期(对应小应变量)压力率迅速降低,随着变形发展,压力率变化则趋于平缓。此外,应变率不变时,温度越高,压力率变化范围相对较小。在固定温度条件下(如160℃),应变率越大,胀形初期压力率变化越剧烈,所需的压力率也明显高于应变率小的情况。

10.4　板材热介质成形本构模型

金属材料在变形过程中,宏观力学响应与内部组织演化历程密切相关,且温度影响下这种宏微观不同尺度间参量影响更加明显。宏观条件下,金属材料往往表现出对温度及应变率等参量的强烈依赖性,即不同温度及应变率下材料应力应变曲线具有显著差异性。这主要是物理变化过程中晶粒、位错、相变、沉淀析出等微观组织演化导致的宏观表象。近年来,精密成形技术对本构建模提出了更高要求,不仅需要较强的宏观应力应变关系预测能力,而且能够体现变形过程中微观信息演化规律。

基于上述考虑,考虑微观信息演化的率形式本构模型在世界范围内已经引起广泛关注。Zhou[15]基于钛合金高温超塑成形过程中扩散蠕变、晶界滑移及位错蠕变三种变形机理,并结合 A − F 随动硬化模型建立了三轴粘塑性本构模型。Dunne[16]提出了钛合金超塑成形本构模型,该模型耦合了晶粒增长的微观结构演化与宏观应力应变性能。Lin[17]将遗传算法用于确定考虑微观信息的率形式本构模型参数,解决了传统拟合方法无法解决大量材料参数确定的瓶颈问题。Lin[18]建立了基于应力松弛、蠕变及时效硬化三种复杂变形机理的统一本构模型,并采用该模型进行了蠕变时效过程中铝合金板材回弹研究。

国内,西北工业大学李淼泉[19,20]等在钛合金宏微观本构建模方面进行了深入研究,涉及 Ti − 6Al − 4V、TC6、Ti60 等钛合金,采用热压缩试验获取应力应变曲线并实验测定晶粒大小,通过建立考虑微观信息本构模型预测高温塑性变形行为。王宵腾[21]基于钛合金在 β 相变点以上出现屈服点下降的现象,建立微观本构模型以预测这一特殊的粘塑性变形特征。

铝合金板材热充液成形过程及微观组织变化,涉及计算固体力学、传热学、金属学、物理冶金学等不同领域,具有多学科交叉性。近年来,对铝合金板材充液成形本构建模仍采用传统的本构模型,未能体现其特征性,如液体压力作为重要因素辅助成形等。

材料基本单元的内部结构、化学成分及行为,尤其是大变形以后的内部结构和局部材料属性均可能发生急剧又不可逆的变化(如损伤、位错、微孔隙、塑性变形的历史等),它可用若干个变量或变量函数进行唯象描述。这种代表材料基本单元内部状态的量称为内变量。内变量的变化是不可逆的,不能直接由宏观的办法进行测量。内变量的实质就是在通常的平衡热力学的基本状态变量之外,再增加一些独立状态变量,它与外部状态变量一起唯一确定不可逆系统的状态。这种由外部状态变量与内部状态变量共同唯一地确定不可逆过程的理论称为内变量理论[22]。该类模型通常由两种方程构成:

$$\dot{\varepsilon} = f(\sigma, T, S_1, S_2, \cdots) \tag{10-13}$$

$$\frac{\mathrm{d}S_i}{\mathrm{d}t} = g(\sigma, T, S_1, S_2, \cdots) \tag{10-14}$$

式中:S_1、S_2,…为彼此独立的内变量;T 为瞬时温度。

其中,第一个是动力学方程,计算外部应力对应变率、温度及其他状态变量的响应;第二个是内变量的演化方程。

在板材充液热成形过程中,除了经历应力和应变的变化外,材料的微观组织也经历了一系列复杂的变化过程,如动态/静态回复,动态再结晶,位错密度演化等,主要表现行为是应力初始阶段的硬化行为和后期的动态软化。一般来说,相变过程、绝热加热、动态再结晶等影响了微观组织的变化,进而影响宏观的应力应变。在变形初始阶段,动态硬化起着主导作用,宏观上表现出流动应力增大,在变形达到某一临界程度后,动态软化起着主导作用,宏观上表现出流变应力减小直到达到平衡状态。

10.4.1 流动应力方程

在金属热成形过程中,总应变一般由三部分组成,即弹性应变 ε^e、塑性应变 ε^p 和热应变 ε^t,表示为

$$\varepsilon = \varepsilon^e + \varepsilon^p + \varepsilon^t \tag{10-15}$$

板材充液热成形过程中,坯料为薄板,热应变部分可以忽略。根据胡克定律,弹性应变部分表示为

$$\sigma = E(\varepsilon - \varepsilon^p) \tag{10-16}$$

Houlsby[23]介绍了建立塑性材料本构模型的两种势函数:一种是自由能函数,如内能函数、Helmholtz 自由能、熵、Gibbs 自由能。另一种是耗散势函数,对于高温塑性材料,定义率相关耗散势为下面形式:

$$\Psi = \left(\frac{A_1}{A_2}\right)\cosh(A_2\sigma_u)\exp[-\Omega(T+273)] \tag{10-17}$$

式中:$\sigma_u = \overline{\sigma} - R - k$ 为净应力;$\overline{\sigma}$ 为 Mises 等效应力(MPa);R 为硬化产生的反向应力(MPa);k 为屈服应力(MPa);A_1、A_2 为常数;Ω 为材料常数;T 为温度(℃)。结合

286

流动法则可以得到关于等效应变率的表达式

$$\dot{\varepsilon}_{ij}^{p} = \dot{\lambda} \left(\frac{\partial \psi}{\partial \sigma_{ij}} \right) = \left(\frac{3A_1 S_{ij}}{2\bar{\sigma}} \right) \sinh(A_2 \sigma_u) \exp \left[-\Omega(T+273) \right] \qquad (10-18)$$

其中，$S_{ij} = \sigma_{ij} - \dfrac{\delta_{ij}\sigma_{ij}}{3}$ 为应力偏量。等效应变速率与应变分量的关系式为

$$\dot{\bar{\varepsilon}}^{p} = \sqrt{\frac{2}{3} \dot{\varepsilon}_{ij}^{p} \dot{\varepsilon}_{ij}^{p}} \qquad (10-19)$$

将式(10-18)代入式(10-19)，并注意 A_1、A_2、σ_u、$\bar{\sigma}$、Ω、T 均为标量，且 $\bar{\sigma} = \sqrt{\dfrac{3}{2} S_{ij} S_{ij}}$，则塑性应变率表示为

$$\dot{\bar{\varepsilon}}^{p} = A_1 \sinh(A_2 \sigma_u) \exp \left[-\Omega(T+273) \right] \qquad (10-20)$$

考虑压力率对应变率的影响，式(10-20)可以改写为下式：

$$\dot{\bar{\varepsilon}}^{p} = A_1 \sinh A_2 (\bar{\sigma} - R - k) \left[-\Omega(T+273) \right] \left(\frac{\dot{p}}{\dot{p}_{\lim}} \right)^{-A_3} \qquad (10-21)$$

式中：A_1、A_2、A_3、Ω 为材料常数；$\dot{p}_{\lim}$ 为上限压力率；取 $\dot{p}_{\lim} = 0.05\,\mathrm{MPa/s}$。

10.4.2　硬化准则

采用 Chaboche[24] 非线性各向同性硬化准则，硬化参数的演化方程为

$$\dot{R} = B(U-R)\dot{\bar{\varepsilon}}^{p} \qquad (10-22)$$

式中：B 与 U 为材料常数；B 为控制硬化向饱和值收敛的速度；U 为控制硬化的饱和值。黏塑性变形过程中的动态回复依赖于时间，将上式修正为

$$\dot{R} = B(U-R)\dot{\bar{\varepsilon}}^{p} - wR \qquad (10-23)$$

式中，w 为控制材料动态回复速度的材料参数。上式表示，微观状态下组织产生动态回复所消耗掉的位错在宏观力学性能上表现为对各向同性硬化的削弱。

另一方面，Lin[25] 认为材料变形的硬化速率与位错密度的变化率成线性关系，如下式：

$$\dot{R} = H\dot{\rho} \qquad (10-24)$$

实际中，材料宏观上的硬化是变形历史和微观位错变化率的总体效果。本章假设变形历史与微观位错变化率对宏观硬化均有贡献，且两者满足线性关系，同时考虑温度的因素，则硬化变化率可以表示为

$$\dot{R} = B(U-R)\dot{\bar{\varepsilon}}^{p} \left[-g(T+273) \right] + H\dot{\rho} - wR \qquad (10-25)$$

其中，g 为材料常数。给定初值条件，$t=0$ 时，$R=0$。则求解式(10-25)常微分方程，有

$$R = \frac{H\dot{\rho} + BU\dot{\bar{\varepsilon}}^p}{B\dot{\bar{\varepsilon}}^p + w}\left[1 - e^{-(B\dot{\bar{\varepsilon}}^p + w)t}\right] \qquad (10-26)$$

可以看到,应变率大的情况下,硬化参数达到饱和值所需的时间较少;相反,应变率越小,达到饱和值所需时间则较多(图10-26)。从图10-27中可以看到,硬化参数 R 与应变率成非线性关系,与位错密度率成线性关系,这与假设的模型有关。在应变率增大的过程中,硬化率将趋于平衡。说明应变率处于低水平时,位错密度率对硬化的贡献处于主导地位,而处于高应变率状态下,应变率对硬化的贡献起到主导作用。

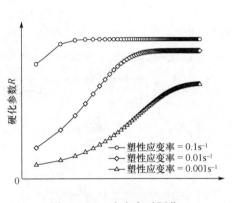

图 10-26 应变率对硬化
参数的影响

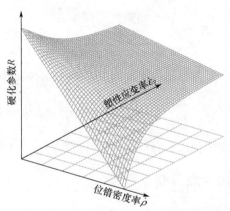

图 10-27 某一确定时刻下应变率及
位错密度率对硬化参数的影响

10.4.3 位错密度演化

金属塑性变形的物理实质基本上就是位错的运动,位错运动的结果产生了塑性变形。位错作为一种缺陷存在于晶体之中,对晶粒的塑性、强度、断裂等力学性质产生很大的影响,同时位错结构与位错密度的变化是位错组织演变的驱动力。从位错机制上来讲,流动应力是滑移面上有足够数量的位错在单位时间内扫过相当大的面积时所需要的应力,在数值上应等于大量位错在滑移面上运动所需克服的阻力的大小。

加工硬化与动态软化是由于位错的聚集与抵消引起的。当位错的聚集速率与抵消速率相平衡时,位错密度基本保持不变,变形进入稳态变形阶段。Kocks 和 Mecking[26,27]认为塑性流动动力学由单一结构参数(位错密度)决定。在其唯象方法中,将热加工过程中的位错密度变化依赖加工硬化和动态回复(软化)两个相对的过程,用表达式表示如下:

$$\frac{d\rho}{d\varepsilon} = m_1\sqrt{\rho} - k_2\rho \qquad (10-27)$$

式中:第一项代表由于加工硬化导致位错密度增加;第二项代表由于回复导致位错密度下降;ρ 为位错密度,即单位体积晶体中所含位错线的总长度$\left(\dfrac{1}{m^2}\right)$;$m_1$ 为材料常数;k_2 为与温度和应变有关的软化因子函数,表示为

$$k_2 = k_{20}\frac{\dot{\varepsilon}_0^*}{\dot{\varepsilon}}\mathrm{e}^{-\frac{Q}{\Theta(T+273)}} \tag{10-28}$$

式中:k_{20} 为比例系数;$\dot{\varepsilon}_0^*$ 为参考应变速率;Q 为位错运动的激活能(kJ/mol);Θ 为气体常数(8.314J/mol · K)。令 $m_2 = k_{20}\dot{\varepsilon}_0^*$,将式(10-28)代入式(10-27),并注意到 $\dot{\bar{\varepsilon}} = \dfrac{\mathrm{d}\bar{\varepsilon}}{\mathrm{d}t}$,则有[19]

$$\dot{\rho} = m_1\sqrt{\rho}\dot{\bar{\varepsilon}}^p - m_2\mathrm{e}^{-\frac{Q}{\Theta(T+273)}}\rho \tag{10-29}$$

Christ[28] 根据实验资料提出了位错密度与晶粒大小的数量关系,如下式:

$$\rho = \frac{\varepsilon}{l\kappa_a b}d^{-\chi_2} \tag{10-30}$$

式中:d 为晶粒直径;l、κ_a、χ_2 是和应变有关的参数;b 为柏氏矢量模。令 $m_3 = \dfrac{1}{l\kappa_a b}$,并将式(10-30)两侧对时间求微分,结合式(10-28)、式(10-29)、式(10-30),如果同时考虑晶粒大小演化,则式(10-29)变为

$$\dot{\rho} = m_1\sqrt{\rho}\dot{\bar{\varepsilon}}^p - m_2\mathrm{e}^{-\frac{Q}{\Theta(T+273)}}\rho + m_3\dot{\bar{\varepsilon}}^p d^{-\chi_2} \tag{10-31}$$

10.4.4 基于微观机制的热胀形本构方程

在10.4.3节,基于7075-O 铝合金板材热胀形实验数据[29],建立了压力率与应变率间的关系。胀形实验低于300℃,即没有再结晶现象,同时不考虑晶粒演化作为本构方程内变量的情况下,针对 160~280℃ 温热胀形实验数据,联立方程式(10-11)、式(10-21)、式(10-25)、式(10-29),得到以位错密度为内变量的微观本构方程,表示如下:

$$\begin{cases} \dot{\bar{\varepsilon}}^p = A_1\sinh A_2(\bar{\sigma} - R - k)\exp[\Omega(T+273)]\left(\dfrac{\dot{p}}{\dot{p}_{\lim}}\right)^{c_0 + c_1 T + c_2 T^2} \\ \dot{p} = (\Lambda\theta\bar{\varepsilon}^{\theta-1}\dot{\bar{\varepsilon}})^{\frac{1}{1-q}} \\ \dot{R} = B(U-R)\dot{\bar{\varepsilon}}^p\exp[-g(T+273)] + H\dot{\rho} - wR \\ \dot{\rho} = m_1\sqrt{\rho}\dot{\bar{\varepsilon}}^p - m_2\mathrm{e}^{-\frac{Q}{\Theta(T+273)}}\rho \\ \sigma = E(\bar{\varepsilon} - \bar{\varepsilon}^p) \end{cases} \tag{10-32}$$

式(10-32)中含有 A_1、A_2、k、Ω、$\dot{p}_{\lim}$、c_0、c_1、c_2、Λ、θ、q、B、U、g、H、w、m_1、m_2、E、Q 共 20 个材料常数。其中,铝合金 7075 激活能 $Q = 141.8$kJ/mol,参数 $\dot{p}_{\lim} =$

0.05MPa/s;另外,屈服强度 k、弹性模量 E 及参数 Λ、θ、q 均为温度的函数

$$k = 139.4 - 0.412T$$

$$E = 1000(70.14 - 0.083T)$$

$$\Lambda = 14.80084 - 0.01951T - 3.26091 \times 10^{-5}T^2$$

$$\theta = 0.60256 - 2.97351 \times 10^{-4}T + 5.63084 \times 10^{-7}T^2$$

$$q = -0.00816 + 5.25022 \times 10^{-4}T + 1.65665 \times 10^{-7}T^2$$

其中,T 为摄氏温度(℃)。可知式(10 − 32)独立待确定变量为 13 个。

10.5 本构方程参数确定

10.5.1 本构方程离散数值格式

从式(10 − 32)可以看出,本构方程中各内变量均为时间相关的率形式。将式(10 − 26)代入式(10 − 21),再将式(10 − 21)分别代入式(10 − 25)、式(10 − 29),最后将式(10 − 29)代入式(10 − 25),经过变换,式(10 − 32)可以表示为如下形式:

$$\begin{cases} \dot{\overline{\varepsilon}} = f_1(t, \overline{\varepsilon}, R, p) & \overline{\varepsilon}|_{t=0} = 0 \\ \dot{p} = f_2(t, \overline{\varepsilon}, R, p) & p|_{t=0} = 0 \\ \dot{R} = f_3(t, \overline{\varepsilon}, R, \rho, p) & R|_{t=0} = 0 \\ \dot{\rho} = f_4(t, \overline{\varepsilon}, R, \rho, p) & \rho|_{t=0} = 0 \end{cases} \tag{10 − 33}$$

式中:t 为时间;

$$\begin{cases} f_1 = A_1 \sinh A_2(\overline{\sigma} - R - k) \exp[\Omega(T + 273)] \left(\dfrac{\dot{p}}{\dot{p}_{\lim}}\right)^{c_0 + c_1 T + c_2 T^2} \\ f_2 = (\Lambda \theta \overline{\varepsilon}^{\theta - 1} f_1)^{\frac{1}{1-q}} \\ f_3 = B(U - R) \exp[-g(T + 273)] f_1 + H(m_1 \sqrt{\rho} f_1 - m_2 e^{-\frac{Q}{\Theta(T+273)}} \rho) - wR \\ f_4 = m_1 \sqrt{\rho} f_1 - m_2 e^{-\frac{Q}{\Theta(T+273)}} \rho \end{cases}$$

$$\tag{10 − 34}$$

可知,式(10 − 33)为常微分方程组表示的初值问题。采用四阶龙格 − 库塔显式算法进行求解,数值格式为

$$\begin{Bmatrix} k_{11} \\ k_{21} \\ k_{31} \\ k_{41} \end{Bmatrix} = \begin{Bmatrix} f_1(t_n, (\overline{\varepsilon}_p)_n, R_n, d_n) \\ f_2(t_n, (\overline{\varepsilon}_p)_n, R_n, \rho_n, d_n) \\ f_3(t_n, (\overline{\varepsilon}_p)_n, R_n, \rho_n, d_n) \\ f_4(t_n, (\overline{\varepsilon}_p)_n, R_n, d_n) \end{Bmatrix} \tag{10 − 35}$$

$$\begin{Bmatrix} k_{12} \\ k_{22} \\ k_{32} \\ k_{42} \end{Bmatrix} = \begin{Bmatrix} f_1\left(t_n+0.5h,\left(\bar{\varepsilon}_p\right)_n+0.5hk_{11},R_n+0.5hk_{21},d_n+0.5hk_{41}\right) \\ f_2\left(t_n+0.5h,\left(\bar{\varepsilon}_p\right)_n+0.5hk_{11},R_n+0.5hk_{21},\rho_n+0.5hk_{31},d_n+0.5hk_{41}\right) \\ f_3\left(t_n+0.5h,\left(\bar{\varepsilon}_p\right)_n+0.5hk_{11},R_n+0.5hk_{21},\rho_n+0.5hk_{31},d_n+0.5hk_{41}\right) \\ f_4\left(t_n+0.5h,\left(\bar{\varepsilon}_p\right)_n+0.5hk_{11},R_n+0.5hk_{21},d_n+0.5hk_{41}\right) \end{Bmatrix}$$

$$(10-36)$$

$$\begin{Bmatrix} k_{13} \\ k_{23} \\ k_{33} \\ k_{43} \end{Bmatrix} = \begin{Bmatrix} f_1\left(t_n+0.5h,\left(\bar{\varepsilon}_p\right)_n+0.5hk_{12},R_n+0.5hk_{22},d_n+0.5hk_{42}\right) \\ f_2\left(t_n+0.5h,\left(\bar{\varepsilon}_p\right)_n+0.5hk_{12},R_n+0.5hk_{22},\rho_n+0.5hk_{32},d_n+0.5hk_{42}\right) \\ f_3\left(t_n+0.5h,\left(\bar{\varepsilon}_p\right)_n+0.5hk_{12},R_n+0.5hk_{22},\rho_n+0.5hk_{32},d_n+0.5hk_{42}\right) \\ f_4\left(t_n+0.5h,\left(\bar{\varepsilon}_p\right)_n+0.5hk_{12},R_n+0.5hk_{22},d_n+0.5hk_{42}\right) \end{Bmatrix}$$

$$(10-37)$$

$$\begin{Bmatrix} k_{14} \\ k_{24} \\ k_{34} \\ k_{44} \end{Bmatrix} = \begin{Bmatrix} f_1\left(t_n+0.5h,\left(\bar{\varepsilon}_p\right)_n+0.5hk_{13},R_n+0.5hk_{23},d_n+0.5hk_{43}\right) \\ f_2\left(t_n+0.5h,\left(\bar{\varepsilon}_p\right)_n+0.5hk_{13},R_n+0.5hk_{23},\rho_n+0.5hk_{33},d_n+0.5hk_{43}\right) \\ f_3\left(t_n+0.5h,\left(\bar{\varepsilon}_p\right)_n+0.5hk_{12},R_n+0.5hk_{23},\rho_n+0.5hk_{33},d_n+0.5hk_{43}\right) \\ f_4\left(t_n+0.5h,\left(\bar{\varepsilon}_p\right)_n+0.5hk_{13},R_n+0.5hk_{23},d_n+0.5hk_{43}\right) \end{Bmatrix}$$

$$(10-38)$$

$$\begin{Bmatrix} \left(\bar{\varepsilon}_p\right)_{n+1} \\ R_{n+1} \\ \rho_{n+1} \\ d_{n+1} \end{Bmatrix} = \begin{Bmatrix} \left(\bar{\varepsilon}_p\right)_n \\ R_n \\ \rho_n \\ d_n \end{Bmatrix} + \frac{1}{6}\begin{Bmatrix} k_{11}+2k_{12}+2k_{12}+k_{14} \\ k_{21}+2k_{22}+2k_{22}+k_{24} \\ k_{31}+2k_{32}+2k_{32}+k_{34} \\ k_{41}+2k_{42}+2k_{42}+k_{44} \end{Bmatrix} \qquad (10-39)$$

其中,h 为时间步增量。通过对式(10-33)进行求解,可以得到本构方程组式(10-32)中各变量的数值结果。

10.5.2　本构模型中材料常数的确定

本章建立的用于板材充液热成形中反映微观组织演化的压力率本构关系模型为微分函数形式,要根据试验数据确定这些材料常数的最佳取值。对于该类非线性问题,传统优化算法难以实现所需要的全局最优解。在处理确定复杂本构模型材料常数的问题方面,采用遗传算法(Genetic Algorithm)是目前最为有效的方法之一。此方法模拟自然界生物群体进化机制,以达尔文的自然选择和孟德尔的遗传变异理论为基础。其利用编码技术和繁殖机制来表现复杂的过程,不受搜索空间限制,对目标函数没有连续、可导或单峰的要求,具有良好的全局优化能力,特别适合于常规优化算法难以解决的多值优化问题。

通过上一节求解方程式(10-32)可以同时得到计算应力值 σ_{ij}^c 与计算胀形压力值 p_{ij}^c。以材料常数为优化变量,将方程计算得到的应力曲线、液体压力曲线与试验数据点之间的平方差定义为优化目标函数,采用遗传算法来优化目标函数的最小值,进而确定本构方程中的材料常数,建立优化目标函数为

$$f(x) = \sum_{i=1}^{N} \sum_{j=1}^{M^1} w_{ij}^{\sigma} (\sigma_{ij}^c - \sigma_{ij}^e)^2 + \sum_{i=1}^{N} \sum_{j=1}^{M^2} w_{ij}^p (p_{ij}^c \delta_{ij} - p_{ij}^e \delta_{ij})^2 \quad （10-40）$$

式中:$f(x)$为应力值残差平方与压力残差平方之和;σ_{ij}^c、σ_{ij}^e分别为应变速率为i、试验应变点为j时的应力计算值与实验值;p_{ij}^c、p_{ij}^e分别为应变速率为i、时刻为j时压力的计算值和实验值;N为所取实验应变率组数;M^1为应变率为i时实验应变点的组数;M^2为应变率为i时的所测压力的组数;w_{ij}^{σ}、w_{ij}^p分别为应力残差及压力残差权重系数。

基于7075-O板材热实验获得的应力应变曲线实验数据,根据其物理意义对13个材料常数确定的参数范围见表10-5。采用遗传算法确定材料常数的参数为:群体规模(population size)为1000,进化代数(generation)为1000,交叉率(cross-over rate)为0.6,变异率(mutation rate)为0.01,代沟(generation gap)为3。确定的材料常数见表10-6。将材料常数反代入本构方程组(10-32),计算得到的应力应变曲线及压力曲线,与试验结果的对比结果如图10-28和图10-29所示,结果符合较好。

表10-5 微观本构模型材料常数范围

$10^{-3} \leqslant A_1 \leqslant 10.0$	$10^{-4} \leqslant A_2 \leqslant 1.0$	$-\infty \leqslant c_0 \leqslant +\infty$
$-\infty \leqslant c_1 \leqslant +\infty$	$-\infty \leqslant c_2 \leqslant +\infty$	$10^{-4} \leqslant A_3 \leqslant 5.0$
$10^{-5} \leqslant \Omega \leqslant 2.0$	$0.1 \leqslant B \leqslant 10000$	$0.5 \leqslant U \leqslant 1000$
$10^{-5} \leqslant H \leqslant 2000$	$10^{-4} \leqslant w \leqslant 1.0$	$0.1 \leqslant m_1 \leqslant 5.0$
$10^{-12} \leqslant m_2 \leqslant 2.0$		

表10-6 微观组织模型中材料常数参数

A_1/s^{-1}	5.294×10^{-3}	B	3339.55
A_2/MPa^{-1}	5.975×10^{-4}	U/MPa	129.925
c_0	1.9585	$H/(\mathrm{MPa} \cdot \mathrm{mm}^{1/2})$	1.404×10^{-2}
c_1	-1.025×10^{-2}	w/s^{-1}	9.298×10^{-3}
c_2	1.910×10^{-5}	m_1/mm^{-1}	7.221×10^{-3}
Ω/K^{-1}	7.36×10^{-3}	m_2/s^{-1}	8.758
g/K^{-1}	0.01850		

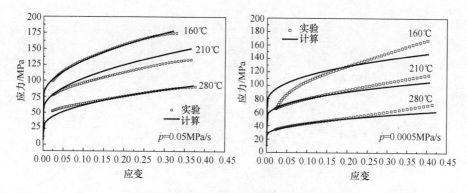

图 10 - 28　计算应力应变曲线与实验数据比较

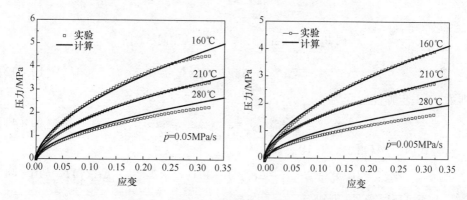

图 10 - 29　胀形压力与等效应变的关系

10. 6　本构方程的隐式积分法

10. 6. 1　径向返回算法

本章采用经典径向返回算法将本构方程嵌入 Marc 中。该方法首先给定 t 时刻的弹性预测应力,判断该应力是否超过屈服限。如果超过屈服限,则用塑性预测因子进行矫正,使应力沿着屈服面的法向方向回到屈服面上以满足一致性条件。这个过程可以用径向返回算法在应力空间示意图(图 10 - 30)表示。

这里时刻 t 的所有变量视为第 n 增量步的变量, $t + \Delta t$ 时刻的所有变量,视为第 $n + 1$ 步增量步的变量,用下标 $n + 1$ 表示。

多轴状态下,第 $n + 1$ 步应力张量与应变张量的关系为

$$\boldsymbol{\sigma}_{n+1} = 2G\boldsymbol{\varepsilon}_{n+1}^{e} + \lambda \mathrm{Tr}(\boldsymbol{\varepsilon}_{n+1}^{e})\boldsymbol{I} \qquad (10-41)$$

其中,拉梅系数 $\lambda = \dfrac{vE}{(1+v)(1-2v)}$,剪切模量 $G = \dfrac{E}{2(1+v)}$。假设第 $n + 1$ 步总应变增量 $\Delta\boldsymbol{\varepsilon}_{n+1}$ 为已知,则第 $n + 1$ 步弹性应变增量为

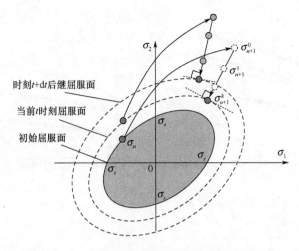

图 10-30 径向返回算法在应力空间示意图

$$\Delta \boldsymbol{\varepsilon}_{n+1}^{e} = \Delta \boldsymbol{\varepsilon}_{n+1} - \Delta \boldsymbol{\varepsilon}_{n+1}^{vp} \qquad (10-42)$$

则第 $n+1$ 步弹性应变为

$$\boldsymbol{\varepsilon}_{n+1}^{e} = \boldsymbol{\varepsilon}_{n}^{e} + \Delta \boldsymbol{\varepsilon}_{n+1}^{e} = \boldsymbol{\varepsilon}_{n}^{e} + \Delta \boldsymbol{\varepsilon}_{n+1} - \Delta \boldsymbol{\varepsilon}_{n+1}^{vp} \qquad (10-43)$$

将式(10-43)代入式(10-41),有

$$\boldsymbol{\sigma}_{n+1} = 2G(\boldsymbol{\varepsilon}_{n}^{e} + \Delta \boldsymbol{\varepsilon}_{n+1} - \Delta \boldsymbol{\varepsilon}_{n+1}^{vp}) + \lambda \operatorname{Tr}(\boldsymbol{\varepsilon}_{n}^{e} + \Delta \boldsymbol{\varepsilon}_{n+1} - \Delta \boldsymbol{\varepsilon}_{n+1}^{vp})\boldsymbol{I} \qquad (10-44)$$

由不可压缩条件,可知

$$\operatorname{Tr}(\Delta \boldsymbol{\varepsilon}_{n+1}^{vp}) = 0 \qquad (10-45)$$

代入式(10-44),并整理后

$$\boldsymbol{\sigma}_{n+1} = \underbrace{2G(\boldsymbol{\varepsilon}_{n}^{e} + \Delta \boldsymbol{\varepsilon}_{n+1}) + \lambda \operatorname{Tr}(\boldsymbol{\varepsilon}_{n}^{e} + \Delta \boldsymbol{\varepsilon}_{n+1})\boldsymbol{I}}_{\text{弹性预测因子}} \underbrace{- 2G\Delta \boldsymbol{\varepsilon}_{n+1}^{vp}}_{\text{塑性矫正因子}} \qquad (10-46)$$

在式(10-46)中定义弹性预测因子为

$$\boldsymbol{\sigma}_{n+1}^{tr} = 2G(\boldsymbol{\varepsilon}_{n}^{e} + \Delta \boldsymbol{\varepsilon}_{n+1}) + \lambda \operatorname{Tr}(\boldsymbol{\varepsilon}_{n}^{e} + \Delta \boldsymbol{\varepsilon}_{n+1})\boldsymbol{I} \qquad (10-47)$$

则式(10-47)变为

$$\boldsymbol{\sigma}_{n+1} = \boldsymbol{\sigma}_{n+1}^{tr} - 2G\Delta \boldsymbol{\varepsilon}_{n+1}^{vp} \qquad (10-48)$$

将应力张量展开为应力偏量张量与静水应力之和,有

$$\boldsymbol{\sigma}_{n+1} = \boldsymbol{s}_{n+1} + \frac{1}{3}(\boldsymbol{\sigma}_{n+1} : \boldsymbol{I})\boldsymbol{I} \qquad (10-49)$$

塑性应变增量表示为

$$\Delta \boldsymbol{\varepsilon}_{n+1}^{vp} = \frac{3}{2} \frac{\boldsymbol{s}_{n+1}}{\sigma_{n+1}} \Delta \bar{\varepsilon}_{n+1}^{vp} \qquad (10-50)$$

法向方向表示为

$$n = \frac{3}{2} \frac{s_{n+1}}{\overline{\sigma}_{n+1}} \tag{10-51}$$

将式(10-50)及式(10-51)代入式(10-48),有

$$\boldsymbol{\sigma}_{n+1} = \boldsymbol{\sigma}_{n+1}^{tr} - 2G\Delta \overline{\varepsilon}_{n+1}^{vp} \boldsymbol{n} \tag{10-52}$$

令式(10-49)与式(10-52)相等,有

$$\boldsymbol{s}_{n+1} \left(1 + 3G \frac{\Delta \overline{\varepsilon}_{n+1}^{vp}}{\overline{\sigma}_{n+1}} \right) = \boldsymbol{\sigma}_{n+1}^{tr} - \frac{1}{3} (\boldsymbol{\sigma}_{n+1} : \boldsymbol{I}) \boldsymbol{I} \tag{10-53}$$

可以证明[30],$\boldsymbol{\sigma}_{n+1}^{tr} - \frac{1}{3} (\boldsymbol{\sigma}_{n+1} : \boldsymbol{I}) \boldsymbol{I} = \boldsymbol{s}_{n+1}^{tr}$,其中 $\boldsymbol{s}_{n+1}^{tr}$ 为预测应力偏量张量,则式(10-53)有

$$\boldsymbol{s}_{n+1} \left(1 + 3G \frac{\Delta \overline{\varepsilon}_{n+1}^{vp}}{\overline{\sigma}_{n+1}} \right) = \boldsymbol{s}_{n+1}^{tr} \tag{10-54}$$

对上式两侧同时张量内积(乘以 $\boldsymbol{s}_{n+1}^{tr}$),有

$$\boldsymbol{s}_{n+1} \left(1 + 3G \frac{\Delta \overline{\varepsilon}_{n+1}^{vp}}{\overline{\sigma}_{n+1}} \right) : \boldsymbol{s}_{n+1} \left(1 + 3G \frac{\Delta \overline{\varepsilon}_{n+1}^{vp}}{\overline{\sigma}_{n+1}} \right) = \boldsymbol{s}_{n+1}^{tr} : \boldsymbol{s}_{n+1}^{tr} \tag{10-55}$$

由于

$$\overline{\sigma}_{n+1} = \left(\frac{3}{2} \boldsymbol{s}_{n+1} : \boldsymbol{s}_{n+1} \right)^{1/2} \tag{10-56}$$

有

$$\left(1 + 3G \frac{\Delta \overline{\varepsilon}_{n+1}^{vp}}{\overline{\sigma}_{n+1}} \right)^2 \overline{\sigma}_{n+1}^2 = \overline{\sigma}_{n+1}^{tr2} \tag{10-57}$$

整理后获得第 $n+1$ 步等效应力与预测等效应力的关系

$$\overline{\sigma}_{n+1} = \overline{\sigma}_{n+1}^{tr} - 3G\Delta \overline{\varepsilon}_{n+1}^{vp} \tag{10-58}$$

由本构方程确定的等效应变的增量为

$$\Delta \overline{\varepsilon}_{n+1}^{vp} = A_1 \sinh A_2 (\overline{\sigma}_{n+1} - R_{n+1} - k) \exp[\zeta(T+273)] \cdot$$

$$\left(\frac{\Delta p_{n+1}}{\dot{p}_{\lim}} \right)^{c_0 + c_1 T + c_2 T^2} \cdot \Delta t^{1 - c_0 - c_1 T - c_2 T^2} \tag{10-59}$$

将式(10-58)代入式(10-59)

$$\Delta \overline{\varepsilon}_{n+1}^{vp} = A_1 \sinh A_2 (\sigma_{n+1}^{tr} - 3G\Delta \varepsilon_{n+1}^{vp} - R_{n+1} - k) \exp[\zeta(T+273)] \cdot$$

$$\left(\frac{\Delta p_{n+1}}{\dot{p}_{\lim}} \right)^{c_0 + c_1 T + c_2 T^2} \cdot \Delta t^{1 - c_0 - c_1 T - c_2 T^2} \tag{10-60}$$

对式(10-60)进行隐式求解,首先定义函数如下:

$$\Psi(\Delta \varepsilon_{n+1}^{vp}, p_{n+1}, R_{n+1}) = \Delta \varepsilon_{n+1}^{vp} - A_1 \sinh A_2 (\sigma_{n+1}^{tr} - 3G\Delta \varepsilon_{n+1}^{vp} - R_{n+1} - k) \cdot$$

$$\exp[\zeta(T+273)] \left(\frac{\Delta p_{n+1}}{\dot{p}_{\lim}} \right)^{c_0 + c_1 T + c_2 T^2} \cdot \Delta t^{1 - c_0 - c_1 T - c_2 T^2}$$

$$\tag{10-61}$$

将式(10-61)进行一阶泰勒公式展开

$$\Psi + \frac{\partial \Psi}{\partial \Delta \varepsilon_{n+1}^{vp}} \mathrm{d}\Delta \varepsilon_{n+1}^{vp} + \frac{\partial \Psi}{\partial R_{n+1}} \mathrm{d}R_{n+1} + \frac{\partial \Psi}{\partial \Delta p_{n+1}} \mathrm{d}\Delta p_{n+1} = 0 \qquad (10-62)$$

其中

$$\frac{\partial \Psi}{\partial \Delta \varepsilon_{n+1}^{vp}} = 1 + 3GA_1 A_2 \cosh A_2 (\sigma_{n+1}^{tr} - 3G\Delta \varepsilon_{n+1}^{vp} - R_{n+1} - k) \cdot$$

$$\exp[\zeta(T+273)]\left(\frac{\Delta p_{n+1}}{\dot{p}_{\lim}}\right)^{c_0 + c_1 T + c_2 T^2} \cdot \Delta t^{1 - c_0 - c_1 T - c_2 T^2} \qquad (10-63)$$

$$\frac{\partial \Psi}{\partial R_{n+1}} = A_1 A_2 \cosh A_2 (\overline{\sigma}_{n+1}^{tr} - 3G\Delta \overline{\varepsilon}_{n+1}^{vp} - R_{n+1} - k) \cdot$$

$$\exp[\zeta(T+273)]\left(\frac{\Delta p_{n+1}}{\dot{p}_{\lim}}\right)^{c_0 + c_1 T + c_2 T^2} \cdot \Delta t^{1 - c_0 - c_1 T - c_2 T^2} \qquad (10-64)$$

$$\frac{\partial \Psi}{\partial \Delta p_{n+1}} = -A_1 \sinh A_2 (\overline{\sigma}_{n+1}^{tr} - 3G\Delta \varepsilon_{n+1}^{vp} - R_{n+1} - k) \cdot$$

$$(c_0 + c_1 T + c_2 T^2) \exp[\zeta(T+273)]\left(\frac{\Delta p_{n+1}}{\dot{p}_{\lim}}\right)^{c_0 + c_1 T + c_2 T^2 - 1} \cdot \frac{\Delta t^{1 - c_0 - c_1 T - c_2 T^2}}{\dot{p}_{\lim}}$$

$$(10-65)$$

由于 $\mathrm{d}\overline{\varepsilon}_{n+1}^{vp}$ 为微小量,故下面的推导中用 $\mathrm{d}\Delta \overline{\varepsilon}_{n+1}^{vp}$ 进行替换。由本构方程式(10-32),可知

$$\mathrm{d}R_{n+1} = B(\gamma - R_{n+1})\mathrm{d}\Delta \overline{\varepsilon}_{n+1}^{vp} \exp[-g(T+273)] + H\mathrm{d}\rho_{n+1} - aR_{n+1}\Delta t$$

$$= \mathrm{d}\Delta \overline{\varepsilon}_{n+1}^{vp} \{ B(\gamma - R_{n+1})\exp[-g(T+273)] + Hm_1 \sqrt{\rho_{n+1}} \}$$

$$- Hm_2 \mathrm{e}^{-\frac{Q}{R(T+273)}} \rho_{n+1}\Delta t - aR_{n+1}\Delta t \qquad (10-66)$$

$$\mathrm{d}\rho_{n+1} = m_1 \sqrt{\rho_{n+1}}\mathrm{d}\Delta \overline{\varepsilon}_{n+1}^{vp} - m_2 \mathrm{e}^{-\frac{Q}{R(T+273)}} \rho_{n+1}\Delta t \qquad (10-67)$$

$$\mathrm{d}\Delta p_{n+1} = [\chi \vartheta (\overline{\varepsilon}_n + \Delta \overline{\varepsilon}_n)^{\vartheta - 1}\Delta \overline{\varepsilon}_n]^{\frac{1}{1-q}} \Delta t^{\frac{-q}{1-q}} \qquad (10-68)$$

令

$$\Phi_1 = A_1 A_2 \cosh A_2 (\overline{\sigma}_{n+1}^{tr} - 3G\Delta \varepsilon_{n+1}^{vp} - R_{n+1} - k) \cdot$$

$$\exp[\zeta(T+273)]\left(\frac{\Delta p_{n+1}}{\dot{p}_{\lim}}\right)^{c_0 + c_1 T + c_2 T^2} \cdot \Delta t^{1 - c_0 - c_1 T - c_2 T^2} \qquad (10-69)$$

$$\Phi_2 = -A_1 \sinh A_2 (\overline{\sigma}_{n+1}^{tr} - 3G\Delta \varepsilon_{n+1}^{vp} - R_{n+1} - k) \cdot$$

$$(c_0 + c_1 T + c_2 T^2) \exp[\zeta(T+273)]\left(\frac{\Delta p_{n+1}}{\dot{p}_{\lim}}\right)^{c_0 + c_1 T + c_2 T^2 - 1} \cdot \frac{\Delta t^{1 - c_0 - c_1 T - c_2 T^2}}{\dot{p}_{\lim}}$$

$$(10-70)$$

$$\Phi_3 = B(\gamma - R_{n+1})\exp[-g(T+273)] + Hm_1 \sqrt{\rho_{n+1}} \qquad (10-71)$$

则

$$\frac{\partial \Psi}{\partial \Delta \, \overline{\varepsilon}_{n+1}^{vp}} = 1 + 3G\Phi_1, \frac{\partial \Psi}{\partial R_{n+1}} = \Phi_1, \frac{\partial \Psi}{\partial \Delta p_{n+1}} = \Phi_2,$$

$\Psi = \Delta \, \overline{\varepsilon}_{n+1}^{vp} - \dfrac{(c_0 + c_1 T + c_2 T^2)\Phi_2}{\Delta p_{n+1}}$,代入式(10－62),可以得到等效塑性应变的增分

格式

$$\Delta \, \overline{\varepsilon}_{n+1}^{vp} - \frac{(c_0 + c_1 T + c_2 T^2)\Phi_2}{\Delta p_{n+1}} + (1 + 3G\Phi_1)d\Delta \overline{\varepsilon}_{n+1}^{vp} +$$

$$\Phi_1 \left(\Phi_3 d\Delta \varepsilon_{n+1}^{vp} - Hm_2 e^{-\frac{Q}{R(T+273)}} \rho_{n+1} \Delta t - aR_{n+1} \Delta t \right) +$$

$$\Phi_2 [\chi \vartheta (\overline{\varepsilon}_n + \Delta \, \overline{\varepsilon}_n)^{\vartheta-1} \Delta \, \overline{\varepsilon}_n]^{\frac{1}{1-q}} \Delta t^{\frac{-q}{1-q}} = 0$$

即

$$d\Delta \, \overline{\varepsilon}_{n+1}^{vp} = \frac{1}{1 + 3G\Phi_1 + \Phi_1 \Phi_3}$$

$$\cdot \left\{ -\Delta \, \overline{\varepsilon}_{n+1}^{vp} + \frac{(c_0 + c_1 T + c_2 T^2)\Phi_2}{\Delta p_{n+1}} + \Phi_1 \left(Hm_2 e^{-\frac{Q}{R(T+273)}} \rho_{n+1} \Delta t + aR_{n+1} \Delta t \right) - \right.$$

$$\left. \Phi_2 [\chi \vartheta (\overline{\varepsilon}_n + \Delta \, \overline{\varepsilon}_n)^{\vartheta-1} \Delta \, \overline{\varepsilon}_n]^{\frac{1}{1-q}} \Delta t^{\frac{-q}{1-q}} \right\} \qquad (10-72)$$

则等效塑性应变的迭代格式为

$$\Delta \, \overline{\varepsilon}_{n+1}^{vp(k+1)} = \Delta \, \overline{\varepsilon}_{n+1}^{vp(k)} + d\Delta \, \overline{\varepsilon}_{n+1}^{vp(k+1)} \qquad (10-73)$$

通过式(10－73)迭代,当$|\Delta \, \overline{\varepsilon}_{n+1}^{vp(k+1)} - \Delta \, \overline{\varepsilon}_{n+1}^{vp(k)}| \leqslant \text{Tol}$ 时,可以得到等效塑性应变增量 $\Delta \, \overline{\varepsilon}_{n+1}^{vp}$,可进一步更新所有状态变量:

$$\Delta \varepsilon_{n+1}^{vp} = \frac{3}{2} \Delta \, \overline{\varepsilon}_{n+1}^{vp} \frac{\boldsymbol{s}_{n+1}^{tr}}{\sigma_{n+1}^{tr}} \qquad (10-74)$$

$$\Delta \varepsilon_{n+1}^{e} = \Delta \varepsilon_{n+1} - \Delta \varepsilon_{n+1}^{vp} \qquad (10-75)$$

$$\Delta \boldsymbol{\sigma}_{n+1} = 2G\Delta \boldsymbol{\varepsilon}_{n+1}^{e} + \lambda \boldsymbol{I} \Delta \boldsymbol{\varepsilon}_{n+1}^{e} : \boldsymbol{I} \qquad (10-76)$$

$$\boldsymbol{\sigma}_{n+1} = \boldsymbol{\sigma}_n + \Delta \boldsymbol{\sigma}_{n+1} \qquad (10-77)$$

$$\boldsymbol{\varepsilon}_{n+1}^{vp} = \boldsymbol{\varepsilon}_n^{vp} + \Delta \boldsymbol{\varepsilon}_{n+1}^{vp} \qquad (10-78)$$

$$\boldsymbol{\varepsilon}_{n+1}^{e} = \boldsymbol{\varepsilon}_n^{e} + \Delta \boldsymbol{\varepsilon}_{n+1}^{e} \qquad (10-79)$$

10.6.2 切线刚度矩阵更新

需定义切线刚度矩阵来保证二阶收敛性,基本定义为

$$d\Delta \boldsymbol{\sigma}_{n+1} = \frac{\partial \Delta \boldsymbol{\sigma}_{n+1}}{\partial \Delta \boldsymbol{\varepsilon}_{n+1}} d\Delta \boldsymbol{\varepsilon}_{n+1} \qquad (10-80)$$

弹性状态时,切线刚度为相对简单的对称阵

$$\frac{\partial \Delta \boldsymbol{\sigma}_{n+1}}{\partial \Delta \boldsymbol{\varepsilon}_{n+1}} = \begin{bmatrix} 2G+\lambda & \lambda & \lambda & 0 & 0 & 0 \\ \lambda & 2G+\lambda & \lambda & 0 & 0 & 0 \\ \lambda & \lambda & 2G+\lambda & 0 & 0 & 0 \\ 0 & 0 & 0 & G & 0 & 0 \\ 0 & 0 & 0 & 0 & G & 0 \\ 0 & 0 & 0 & 0 & 0 & G \end{bmatrix} \tag{10-81}$$

第 $n+1$ 步的应力偏量与预测应力偏量张量的方向是相同的,存在下面的关系:

$$s_{n+1} = \frac{\overline{\sigma}_{n+1}}{\overline{\sigma}_{n+1}^{tr}} s_{n+1}^{tr} \tag{10-82}$$

对式(10-82)变分,有

$$\delta s_{n+1} = \frac{\overline{\sigma}_{n+1}}{\overline{\sigma}_{n+1}^{tr}} \delta s_{n+1}^{tr} + \left(\frac{\delta \overline{\sigma}_{n+1} \overline{\sigma}_{n+1}^{tr} - \overline{\sigma}_{n+1} \delta \overline{\sigma}_{n+1}^{tr}}{\overline{\sigma}_{n+1}^{tr2}} \right) s_{n+1}^{tr} \tag{10-83}$$

对 $\overline{\sigma}_{n+1}$ 和 $\overline{\sigma}_{n+1}^{tr}$ 的变分表示如下:

$$\delta \overline{\sigma}_{n+1} = \delta \left(\frac{3}{2} s_{n+1} : s_{n+1} \right)^{1/2} = \frac{3}{2} \frac{s_{n+1} : \delta s_{n+1}}{\overline{\sigma}_{n+1}} \tag{10-84}$$

$$\delta \overline{\sigma}_{n+1}^{tr} = \delta \left(\frac{3}{2} s_{n+1}^{tr} : s_{n+1}^{tr} \right)^{1/2} = \frac{3}{2} \frac{s_{n+1}^{tr} : \delta s_{n+1}^{tr}}{\overline{\sigma}_{n+1}^{tr}} \tag{10-85}$$

将式(10-82)、式(10-84)、式(10-85)代入式(10-83),有

$$\delta s_{n+1} = \frac{\overline{\sigma}_{n+1}}{\overline{\sigma}_{n+1}^{tr}} \delta s_{n+1}^{tr} + \frac{3}{2} \frac{s_{n+1}^{tr}}{\overline{\sigma}_{n+1}^{tr}} \frac{s_{n+1}^{tr}}{\overline{\sigma}_{n+1}^{tr}} : \delta s_{n+1} - \frac{3}{2} \frac{\overline{\sigma}_{n+1}}{\overline{\sigma}_{n+1}^{tr}} \frac{s_{n+1}^{tr}}{\overline{\sigma}_{n+1}^{tr}} \frac{s_{n+1}^{tr}}{\overline{\sigma}_{n+1}^{tr}} : \delta s_{n+1}^{tr}$$

$$\tag{10-86}$$

将式(10-82)代入式(10-53),有

$$s_{n+1} = s_{n+1}^{tr} - 2G\Delta \overline{\varepsilon}_{n+1}^{vp} \boldsymbol{n} \tag{10-87}$$

对式(10-87)变分,有

$$\delta s_{n+1} = \delta s_{n+1}^{tr} - 2G\delta \Delta \overline{\varepsilon}_{n+1}^{vp} \boldsymbol{n} \tag{10-88}$$

将式(10-88)代入式(10-86)

$$\delta s_{n+1} = \frac{\overline{\sigma}_{n+1}}{\overline{\sigma}_{n+1}^{tr}} \delta s_{n+1}^{tr} + \frac{3}{2} \frac{s_{n+1}^{tr}}{\overline{\sigma}_{n+1}^{tr}} \frac{s_{n+1}^{tr}}{\overline{\sigma}_{n+1}^{tr}} : \delta s_{n+1}^{tr} - 3G\delta \Delta \varepsilon_{n+1}^{vp} \frac{s_{n+1}^{tr}}{\overline{\sigma}_{n+1}^{tr}} \frac{s_{n+1}^{tr}}{\overline{\sigma}_{n+1}^{tr}} : \boldsymbol{n} -$$

$$\frac{3}{2} \frac{\overline{\sigma}_{n+1}}{\overline{\sigma}_{n+1}^{tr}} \frac{s_{n+1}^{tr}}{\overline{\sigma}_{n+1}^{tr}} \frac{s_{n+1}^{tr}}{\overline{\sigma}_{n+1}^{tr}} : \delta s_{n+1}^{tr} \tag{10-89}$$

将式(10-50)代入式(10-89),并注意到 $\boldsymbol{n} : \boldsymbol{n} = \frac{3}{2}$,则式(10-89)可以写作

$$\delta s_{n+1} = -3G\delta \Delta \varepsilon_{n+1}^{vp} \frac{s_{n+1}^{tr}}{\overline{\sigma}_{n+1}^{tr}} + \frac{\overline{\sigma}_{n+1}}{\overline{\sigma}_{n+1}^{tr}} \delta s_{n+1}^{tr} + \frac{3}{2} \left(1 - \frac{\overline{\sigma}_{n+1}}{\overline{\sigma}_{n+1}^{tr}} \right) \frac{s_{n+1}^{tr}}{\overline{\sigma}_{n+1}^{tr}} \frac{s_{n+1}^{tr}}{\overline{\sigma}_{n+1}^{tr}} : \delta s_{n+1}^{tr}$$

$$\tag{10-90}$$

将等效塑性应变写成应力偏量张量的函数,如下:

$$\Delta \overline{\varepsilon}^{vp}_{n+1} = A_1 \sinh A_2 \left(\sqrt{\frac{3}{2} s_{n+1} : s_{n+1}} - R_{n+1} - k \right) \exp \left[\zeta (T+273) \right] \cdot$$

$$\left(\frac{\Delta p_{n+1}}{\dot{p}_{\lim}} \right)^{c_0 + c_1 T + c_2 T^2} \cdot \Delta t^{1 - c_0 - c_1 T - c_2 T^2} \tag{10-91}$$

令

$$\Theta(s_{n+1}) = A_1 \sinh A_2 \left(\sqrt{\frac{3}{2} s_{n+1} : s_{n+1}} - R_{n+1} - k \right) \exp \left[\zeta (T+273) \right] \cdot$$

$$\left(\frac{\Delta p_{n+1}}{\dot{p}_{\lim}} \right)^{c_0 + c_1 T + c_2 T^2} \cdot \Delta t^{1 - c_0 - c_1 T - c_2 T^2} \tag{10-92}$$

对式(10-91)变分,有

$$\delta \Delta \overline{\varepsilon}^{vp}_{n+1} = \frac{\partial \Theta}{\partial s_{n+1}} : \delta s_{n+1} + \frac{\partial \Theta}{\partial R_{n+1}} \delta R_{n+1} \tag{10-93}$$

其中

$$\frac{\partial \Theta}{\partial s_{n+1}} = \frac{3}{2} \frac{s_{n+1}}{\sigma_{n+1}} \left[A_1 \cosh A_2 \left(\sqrt{\frac{3}{2} s_{n+1} : s_{n+1}} - R_{n+1} - k \right) \exp \left[\zeta (T+273) \right] \cdot \right.$$

$$\left. \left(\frac{\Delta p_{n+1}}{\dot{p}_{\lim}} \right)^{c_0 + c_1 T + c_2 T^2} \cdot \Delta t^{1 - c_0 - c_1 T - c_2 T^2} \right]$$

$$= \frac{3}{2} \frac{s_{n+1}}{\sigma_{n+1}} \Phi_1 \tag{10-94}$$

$$\frac{\partial \Theta}{\partial R_{n+1}} = -A_1 A_2 \cosh A_2 \left(\sqrt{\frac{3}{2} s_{n+1} : s_{n+1}} - R_{n+1} - k \right) \exp \left[\zeta (T+273) \right] \cdot$$

$$\left(\frac{\Delta p_{n+1}}{\dot{p}_{\lim}} \right)^{c_0 + c_1 T + c_2 T^2} \cdot \Delta t^{1 - c_0 - c_1 T - c_2 T^2} = -\Phi_1 \tag{10-95}$$

$$\delta \rho_{n+1} = m_1 \sqrt{\rho_{n+1}} \delta \Delta \overline{\varepsilon}^{vp}_{n+1} - m_2 e^{-\frac{Q}{R(T+273)}} \rho_{n+1} \Delta t + m_3 d_{n+1}^{-x_2} \delta \Delta \overline{\varepsilon}^{vp}_{n+1} \tag{10-96}$$

$$\delta R_{n+1} = B(\gamma - R_{n+1}) \delta \Delta \overline{\varepsilon}^{vp}_{n+1} \exp \left[\xi (T+273) \right] + H \delta \rho_{n+1} - a R_{n+1} \Delta t$$

$$= \delta \Delta \overline{\varepsilon}^{vp}_{n+1} \Phi_3 - H m_2 e^{-\frac{Q}{R(T+273)}} \rho_{n+1} \Delta t - a R_{n+1} \Delta t \tag{10-97}$$

将式(10-88),式(10-94)~式(10-97)代入式(10-93),注意$\dfrac{s_{n+1}}{\sigma_{n+1}} = \dfrac{s^{tr}_{n+1}}{\sigma^{tr}_{n+1}}$,

等效应变增量的变分为

$$\delta \Delta \overline{\varepsilon}^{vp}_{n+1} - \left(\frac{3}{2} \frac{s_{n+1}}{\sigma_{n+1}} \Phi_1 \right) : \delta s_{n+1} + \Phi_1 \left(\delta \Delta \overline{\varepsilon}^{vp}_{n+1} \Phi_3 - H m_2 e^{-\frac{Q}{R(T+273)}} \rho_{n+1} \Delta t - a R_{n+1} \Delta t \right) = 0$$

即

$$\delta \Delta \overline{\varepsilon}_{n+1}^{vp} = \frac{\frac{3}{2} \Phi_1 \frac{s_{n+1}^{tr}}{\sigma_{n+1}^{tr}} : \delta s_{n+1} + \Phi_1 \left(H m_2 e^{-\frac{Q}{R(T+273)}} \rho_{n+1} \Delta t + a R_{n+1} \Delta t \right)}{1 + \Phi_1 \Phi_3} \qquad (10-98)$$

令

$$\Pi_1 = \frac{\frac{3}{2} \Phi_1}{1 + \Phi_1 \Phi_3}, \quad \Pi_2 = \frac{\Phi_1 \left(H m_2 e^{-\frac{Q}{R(T+273)}} \rho_{n+1} \Delta t + a R_{n+1} \Delta t \right)}{1 + \Phi_1 \Phi_3} \qquad (10-99)$$

计算中不更新切向刚度矩阵,或能收敛或不能收敛。正确的刚度矩阵能够快速地收敛到正确解。从另一个方面讲的话,切向刚度矩阵的更新没有上节应力张量、应变张量等变量更新更为重要。将 Φ_1 代入上式后,出现 $\Delta t^{2-c_0-c_1 T-c_2 T^2}$,在温度范围 $160 \sim 280\,℃$ 内,指数项范围为 $1.1925 \sim 1.4141$,当 Δt 很小的情况下,$\Delta t^{2-c_0-c_1 T-c_2 T^2}$ 可以约为零。在上节中不做约零,本节基于切向刚度矩阵更新的特性,采用 $\Delta t^{2-c_0-c_1 T-c_2 T^2}$ 约省为零的形式,这样 $\Pi_2 \approx 0$。

在式(10-90)中,令

$$\Pi_3 = \frac{\overline{\sigma}_{n+1}}{\sigma_{n+1}^{tr}}, \Pi_4 = \frac{3}{2} \left(1 - \frac{\overline{\sigma}_{n+1}}{\sigma_{n+1}^{tr}} \right) \qquad (10-100)$$

则

$$\delta \Delta \overline{\varepsilon}_{n+1}^{vp} = \Pi_1 \frac{s_{n+1}^{tr}}{\sigma_{n+1}^{tr}} : \delta s_{n+1}$$

$$\delta s_{n+1} = -3G\Pi_1 \frac{s_{n+1}^{tr}}{\sigma_{n+1}^{tr}} \frac{s_{n+1}^{tr}}{\sigma_{n+1}^{tr}} : \delta s_{n+1} + \Pi_3 \delta s_{n+1}^{tr} + \Pi_4 \frac{s_{n+1}^{tr}}{\sigma_{n+1}^{tr}} \frac{s_{n+1}^{tr}}{\sigma_{n+1}^{tr}} : \delta s_{n+1}^{tr}$$

$$(10-101)$$

将式(10-99)、式(10-100)代入式(10-90),应力偏量张量的变分为

$$\delta s_{n+1} = (\Pi_4 - 3G\Pi_1) \frac{s_{n+1}^{tr}}{\sigma_{n+1}^{tr}} \frac{s_{n+1}^{tr}}{\sigma_{n+1}^{tr}} : \delta s_{n+1}^{tr} + \Pi_3 \delta s_{n+1}^{tr} \qquad (10-102)$$

预测应力偏量张量的变分可由预测应变偏张量的变分 δe_{n+1}^{tr} 经下式得到:

$$\delta s_{n+1}^{tr} = 2G\delta e_{n+1}^{tr} = 2G\left[\delta \varepsilon_{n+1} - \frac{1}{3} (\delta \varepsilon_{n+1} : I) I \right] \qquad (10-103)$$

将式(10-102)代入式(10-101),注意到 $s_{n+1}^{tr} : I = 0$,则

$$\delta s_{n+1} = 2G(\Pi_4 - 3G\Pi_1) \frac{s_{n+1}^{tr}}{\sigma_{n+1}^{tr}} \frac{s_{n+1}^{tr}}{\sigma_{n+1}^{tr}} : \delta \varepsilon_{n+1} + 2G\Pi_3 \delta \varepsilon_{n+1} - \frac{2G}{3} \Pi_3 II : \delta \varepsilon_{n+1}$$

$$(10-104)$$

应力张量变分与应力偏张量变分关系为

$$\delta\boldsymbol{\sigma}_{n+1} = \delta s_{n+1} + K\boldsymbol{II} : \delta\boldsymbol{\varepsilon}_{n+1} \tag{10-105}$$

将式(10-104)代入式(10-105),有

$$\delta\boldsymbol{\sigma}_{n+1} = \left[2G\left(\Pi_4 - 3G\Pi_1\right)\frac{s_{n+1}^{tr}}{\bar{\sigma}_{n+1}^{tr}}\frac{s_{n+1}^{tr}}{\bar{\sigma}_{n+1}^{tr}} + \left(K - \frac{2G}{3}\Pi_3\right)\boldsymbol{II} \right] : \delta\boldsymbol{\varepsilon}_{n+1} + 2G\Pi_3 \delta\boldsymbol{\varepsilon}_{n+1}$$

$$\tag{10-106}$$

令 $\boldsymbol{\eta} = \dfrac{s_{n+1}^{tr}}{\bar{\sigma}_{n+1}^{tr}}, q = 2G(\Pi_4 - 3G\Pi_1), G^* = K - \dfrac{2G}{3}\Pi_3, \lambda^* = 2G\Pi_3$,则上式为

$$\delta\boldsymbol{\sigma}_{n+1} = q\boldsymbol{\eta}\boldsymbol{\eta} : \delta\boldsymbol{\varepsilon}_{n+1} + G^*\boldsymbol{II} : \delta\boldsymbol{\varepsilon}_{n+1} + \lambda^* \delta\boldsymbol{\varepsilon}_{n+1} \tag{10-107}$$

写成分量形式

$$\delta(\sigma_{n+1})_{ij} = \left[q\eta_{ij}\eta_{kl} + G^*\delta_{ij}\delta_{kl} + \lambda^*(\delta_{ik}\delta_{jl} + \delta_{il}\delta_{jk}) \right]\delta(\varepsilon_{n+1})_{kl} \tag{10-108}$$

可知,四阶弹塑性张量为

$$C_{ijkl}^{ep} = q\eta_{ij}\eta_{kl} + G^*\delta_{ij}\delta_{kl} + \lambda^*(\delta_{ik}\delta_{jl} + \delta_{il}\delta_{jk}) \tag{10-109}$$

10.6.3　有限元实现步骤

本章基于 J2 黏塑性各向同性硬化理论,结合以上分析,计算步骤整理如下:

(1) 已知 $\boldsymbol{\sigma}_n$、$\boldsymbol{\varepsilon}_n$、$\boldsymbol{\varepsilon}_n^{vp}$、$R_n$,给定 $\Delta\boldsymbol{\varepsilon}_{n+1}$、$\Delta t$。

(2) 计算弹性预测应力张量 $\boldsymbol{\sigma}_{n+1}^{tr}$、弹性预测应力偏量张量 s_{n+1}^{tr}、弹性预测应力等效应力 $\bar{\sigma}_{n+1}^{tr}$,流动方向 $\boldsymbol{\eta}$,计算公式分别如下:

$$\boldsymbol{\varepsilon}_{n+1}^e = \boldsymbol{\varepsilon}_n^e + \Delta\boldsymbol{\varepsilon}_{n+1} \tag{10-110}$$

$$\boldsymbol{\sigma}_{n+1}^{tr} = 2G\boldsymbol{\varepsilon}_{n+1}^e + \lambda\mathrm{Tr}(\boldsymbol{\varepsilon}_{n+1}^e)\boldsymbol{I} \tag{10-111}$$

$$s_{n+1}^{tr} = \boldsymbol{\sigma}_{n+1}^{tr} - \frac{1}{3}\mathrm{Tr}(\boldsymbol{\sigma}_{n+1}^{tr})\boldsymbol{I} \tag{10-112}$$

$$\bar{\sigma}_{n+1}^{tr} = \left(\frac{3}{2}s_{n+1}^{tr} : s_{n+1}^{tr}\right)^{1/2} \tag{10-113}$$

$$\boldsymbol{\eta} = \frac{s_{n+1}^{tr}}{\bar{\sigma}_{n+1}^{tr}} \tag{10-114}$$

(3) 检查材料是否屈服,采用 Mises 各向同性硬化塑性模型,则黏塑性流动势为

$$f_{n+1}^{tr} = \bar{\sigma}_{n+1}^{tr} - R_n - k \tag{10-115}$$

若:$f_{n+1}^{tr} \leqslant 0$ (材料处于弹性变形阶段,更新变量)

$$\boldsymbol{\sigma}_{n+1} = \boldsymbol{\sigma}_{n+1}^{tr} \tag{10-116}$$

$$\boldsymbol{\varepsilon}_{n+1}^{vp} = \boldsymbol{\varepsilon}_{n}^{vp} \qquad\qquad (10-117)$$

否则 （表明材料进入塑性变形阶段）

$$令 \ k = 0$$

$$\text{DO UNTIL:} \ | \Delta\,\overline{\varepsilon}_{n+1}^{vp(k+1)} - \Delta\,\overline{\varepsilon}_{n+1}^{vp(k)} | \leqslant \text{Tol}$$

$$k \leftarrow k+1$$

$$\Delta\,\overline{\varepsilon}_{n+1}^{vp(k)} = \Delta\,\overline{\varepsilon}_{n+1}^{vp(k+1)}$$

通过式（10－69）～式（10－71）计算 Φ_1、Φ_2、Φ_3，进而计算式（10－72）、式（10－73），即

$$d\Delta\,\overline{\varepsilon}_{n+1}^{vp} = \frac{1}{1 + 3G\Phi_1 + \Phi_1\Phi_3} \cdot$$

$$\left[-\Delta\,\overline{\varepsilon}_{n+1}^{vp} + \frac{(c_0 + c_1 T + c_2 T^2)\Phi_2}{\Delta p_{n+1}} + \Phi_1 \left(Hm_2 \mathrm{e}^{-\frac{Q}{R(T+273)}} \rho_{n+1} \Delta t + aR_{n+1} \Delta t \right) - \right.$$

$$\left. \Phi_2 \left[\chi\vartheta\left(\overline{\varepsilon}_n + \Delta\,\overline{\varepsilon}_n\right)^{\vartheta-1} \Delta\,\overline{\varepsilon}_n \right]^{\frac{1}{1-q}} \Delta t^{\frac{-q}{1-q}} \right]$$

$$\Delta\,\overline{\varepsilon}_{n+1}^{vp(k+1)} = \Delta\,\overline{\varepsilon}_{n+1}^{vp(k)} + d\Delta\,\overline{\varepsilon}_{n+1}^{vp(k+1)}$$

（4）更新内部状态变量

$$\Delta\,\overline{\varepsilon}_{n+1}^{vp} = \Delta\,\overline{\varepsilon}_{n+1}^{vp(k+1)}$$

$$\Delta\boldsymbol{\varepsilon}_{n+1}^{vp} = \frac{3}{2}\Delta\,\overline{\varepsilon}_{n+1}^{vp} \frac{\boldsymbol{s}_{n+1}^{tr}}{\overline{\sigma}_{n+1}^{tr}}$$

$$\boldsymbol{\varepsilon}_{n+1}^{vp} = \boldsymbol{\varepsilon}_{n}^{vp} + \Delta\boldsymbol{\varepsilon}_{n+1}^{vp}$$

$$\boldsymbol{\varepsilon}_{n+1}^{e} = \boldsymbol{\varepsilon}_{n}^{e} + \Delta\boldsymbol{\varepsilon}_{n+1} - \Delta\boldsymbol{\varepsilon}_{n+1}^{vp}$$

$$\boldsymbol{\sigma}_{n+1} = 2G\boldsymbol{\varepsilon}_{n+1}^{e} + \lambda\boldsymbol{II}:\boldsymbol{\varepsilon}_{n+1}^{e}$$

（5）计算一致切向刚度矩阵

将式（10－109）写成三维矩阵形式为

$$C_{ijkl}^{ep} = \begin{bmatrix} G^* + \lambda^* + q\eta_{11}^2 & \lambda^* + q\eta_{11}\eta_{22} & \lambda^* + q\eta_{11}\eta_{33} & q\eta_{11}\eta_{12} & q\eta_{11}\eta_{23} & q\eta_{11}\eta_{31} \\ \lambda^* + q_1\eta_{22}\eta_{11} & G^* + \lambda^* + q\eta_{22}^2 & \lambda^* + q\eta_{22}\eta_{33} & q\eta_{22}\eta_{12} & q\eta_{22}\eta_{23} & q\eta_{22}\eta_{31} \\ \lambda^* + q\eta_{33}\eta_{11} & \lambda^* + q\eta_{33}\eta_{22} & G^* + \lambda^* + q\eta_{33}^2 & q\eta_{33}\eta_{12} & q\eta_{33}\eta_{23} & q\eta_{33}\eta_{31} \\ q\eta_{12}\eta_{11} & q\eta_{12}\eta_{22} & q\eta_{12}\eta_{33} & G^* + q\eta_{12}^2 & q\eta_{12}\eta_{23} & q\eta_{12}\eta_{31} \\ q\eta_{23}\eta_{11} & q\eta_{23}\eta_{22} & q\eta_{23}\eta_{33} & q\eta_{23}\eta_{12} & G^* + q\eta_{23}^2 & q\eta_{23}\eta_{31} \\ q\eta_{31}\eta_{11} & q\eta_{31}\eta_{22} & q\eta_{31}\eta_{33} & q\eta_{31}\eta_{12} & q\eta_{31}\eta_{23} & G^* + q\eta_{31}^2 \end{bmatrix}$$

参 考 文 献

［1］ HOFFMANNER A L. Development of Workability Testing Techniques［R］. Interim Report on Air Force Contract F33615 – 67 – C – 1466,1967.

［2］ GROCHE P,HUBER R,DOERR J,et al. Hydromechanical Deep – Drawing of Aluminium – Alloys at Elevated Temperatures［J］. CIRP Annals – Manufacturing Technology,2002,51(1):215 – 218.

［3］ ALTAN T,SEMIATIN S L,LAHOTI G D. Determination of Flow Stress Data for Practical Metal Forming Analysis ［J］. CIRP Annals – Manufacturing Technology,1981,1(30):129 – 134.

［4］ KAYA S,ALTAN T,GROCHE P,et al. Determination of the Flow Stress of Magnesium Az31 – O Sheet at Elevated Temperatures Using the Hydraulic Bulge Test［J］. International Journal of Machine Tools & Manufacture, 2008,48:550 – 557.

［5］ MAHABUNPHACHAI S,KOC M. Investigations On Forming of Aluminum 5052 and 6061 Sheet Alloys at Warm Temperatures［J］. Materials & Design,2010,31(5):2422 – 2434.

［6］ KOC M,BILLUR E,NECATI Ö. An Experimental Study On the Comparative Assessment of Hydraulic Bulge Test Analysis Methods［J］. Materials and Design,2011,32:272 – 281.

［7］ GUTSCHER G,WU H,NGAILE G. Determination of Flow Stress for Sheet Metal Forming Using the Viscous Pressure Bulge (Vpb) Test［J］. Journal of Materials Processing Technology,2004,146(1):1 – 7.

［8］ SIEGERT K,JAGER S,VULCAN M. Pneumatic Bulging of Magnesium Az31 Sheet Metal at Elevated Temperatures［J］. Annals of the CIRP,2003,52(1):241 – 244.

［9］ MAHABUNPHACHAI S. A Hybrid Hydroforming and Mechanical Bonding Process for Fuel Cell Bipolar Plates ［D］. Michigan:University of Michigan,2008.

［10］ PRATT V,POINT P. Direct Least – Squares Fitting of Algebraic Surfaces［J］. ACM SIGGRAPH Computer Graphics,1987,21(4):145 – 152.

［11］ HILL R A. Theory of Plastic Bulging of a Metal Diaphragm by Lateral Pressure［J］. Philosophical Magazine, Series 7. 1950,41(322):1133 – 1142.

［12］ SLOTA J,SPISAK E. Determination of Flow Stress by the Hydraulic Bulge Test［J］. Metabk,2008,47(1): 13 – 17.

［13］ KRUGLOV A A. Enikeev F. U. ,Lutfullin R. Y. Superplastic Forming of a Spherical Shell Out a Welded Envelope［J］. Materials Science and Engineering A,2002,323(1 – 2):416 – 426.

［14］ 编辑委员会中国航空材料手册. 中国航空材料手册［M］. 第2版. 北京:中国标准出版社,2002.

［15］ ZHOU M,CLODE M P. Constitutive Equations for Modelling Flow Softening Due to Dynamic Recovery and Heat Generation During Plastic Deformation［J］. Mechanics of Materials,1998,27(2):63 – 76.

［16］ DUNNE F P E. Inhomogeneity of Microstructure in Super – Plasticity and its Effect On Ductility［J］. International Journal of Plasticity,1998,14(10 – 5):413 – 423.

［17］ LIN J,YANG J B. Ga – Based Multiple Objective Optimization for Determining Viscoplastic Constitutive Equations for Superplastic Alloys［J］. International Journal of Plasticity,1999,15(11):1181 – 1196.

［18］ LIN J,HO K C,DEAN T A. An Integrated Process for Mod – Eling of Precipitation Hardening and Springback in Creep Age – Forming［J］. International Journal of Machine Tools & Manufacture, 2006, 46 (11): 1266 – 1270.

［19］ 李晓丽. 钛合金高温变形时跨层次模型及数值模拟［D］. 西安:西北工业大学,2005.

［20］熊爱明. 钛合金锻造过程变形 – 传热 – 微观组织演化耦合模拟［D］. 西安:西北工业大学,2007.

［21］王宵腾. β 型钛合金高温粘塑性本构建模及数值计算［D］. 哈尔滨:哈尔滨工业大学,2009.

［22］冯明珲. 粘弹塑性统一本构理论［D］:大连理工大学,1994.

［23］HOULSBY G T,PUZRIN A M. Principles of Hyperplasticity:An Approach to Plasticity Theory Based On Thermodynamic Principles［M］. Springer London Press,2007:351.

［24］CHABOCHE J L. Time – Independent Constitutive Theories for Cyclic Plasticity［J］. International Journal of Plasticity,1986,2:149 – 188.

［25］LIN J,DEAN T A. Modelling of Microstructure Evolution in Hot Forming Using Unified Constitutive Equations［J］. Journal of Materials Processing Technology,2005,167:3510 – 362.

［26］MECKING H K U F. Kinetics of Flow and Strain – Hardening［J］. Acta Materialia, 1981, 29 (11): 1865 – 1875.

［27］PICU R C. Majorell A. Mechanical Behavior of Ti – 6Al – 4V at High and Moderate Temperatures – Part Ii: Constitutive Modeling［J］. Material Science Engineering A,2002,326(2):306 – 316.

［28］CHRIST B W,SMITH G V. Comparison of the Hall – Petch Parameters of Zone – Refined Iron Determined by the Grain Size and Extrapolation Methods［J］. Acta Metallurgica,1967,15(5):809 – 816.

［29］胡建强. 7075 铝合金控制轧制过程的实验模拟［D］. 长沙:中南大学,2003.

［30］DUNNE F,PETRINIC N. Introduction to Computational Plasticity［M］. Oxford university press,2004.

第 11 章   筒形件热油介质拉深成形过程分析及回弹控制

板材热介质成形属于大变形热弹塑性问题,变形过程中材料的温度、流动应力、应变和应变速率相互作用,变形较为复杂,是一种非线性热力耦合问题。首先,变形前工件内部的温度分布就可能不均匀。其次,变形过程中,由于工件与外界环境的热交换或热损失(如对流、辐射热交换和与模具的接触传导损失)以及工件不均匀变形产生的不均匀内热源,使得有时工件内部的温度梯度很大,分布更不均匀。这种不均匀的温度场,往往又造成材料内部不同质点的屈服应力相差很大,最终对整个变形过程产生较大影响,对于这类工艺问题,必须在进行变形分析的同时分析其温度场的变化,并且考虑二者之间的相互影响作用。因此,本章关于充液热介质成形关键工艺参数的研究,将采用通用有限元软件 MSC. Marc 中的热力耦合模块,结合适用于铝镁合金温热状态下的 Barlat2000 屈服准则进行,并将模拟结果与实验结果进行对比,研究成形温度、液室压力和压边力等关键工艺参数对铝镁合金充液热介质成形的影响规律。

通用有限元分析软件 MSC. Marc 是基于位移法的有限元程序,具有很强的结构分析能力,可以处理各种线性和非线性结构分析。MSC. Marc 提供了丰富的结构单元、连续单元和特殊单元的单元库。特别是其 2007 版本中,新加入了实体壳单元,该单元可以有效实现双面接触与检测,在本研究中将采用该单元。它的结构分析材料库提供了模拟金属、非金属、聚合物、岩土、复合材料等多种线性和非线性复杂材料特性的材料模型。分析采用具有高数值稳定性、高精度和快速收敛的高度非线性问题求解技术。

为了进一步提高计算精度和分析效率,MSC. Marc 软件提供了多种功能强大的加载步长自适应技术,自动确定分析加载步长。以多种误差准则自动调节网格疏密,既保证计算精度,同时也使非线性分析的计算效率大大提高。另外,MSC. Marc 支持全自动网格重划分,可以纠正过度变形后产生的网格畸变,确保大变形分析的继续进行。此外,MSC. Marc 软件用于分析板材成形,可以提供材料各种变形的细节,包括起皱、开裂和回弹,为优化板材成形工艺提供依据。MSC. Marc 软件可以支持两类板材成形计算方法:一类是显式动力分析,另一类是隐式准静态计算。隐式的板材成形分析无需改变成形过程的准静态特性,具有模拟起皱的天然优势[1]。

充液热介质成形工艺是在温热状态下进行,温度和变形同时出现,并具有很强的相互作用。MSC. Marc 提供的热力耦合分析可精确反映这种耦合的影响,其求解技术流程图如图 11 –1 所示。温度对变形的影响主要反映在改变材料的力学参数和产生热应变,而变形对温度的作用主要来源于物体经历大变形后几何形状发生变化,单元体积或边界面积也随之改变,施加在这些有限元素上的热边界条件也因此变化。大变形的耦合效应可通过选择更新的拉格朗日格式自然地引入[2]。

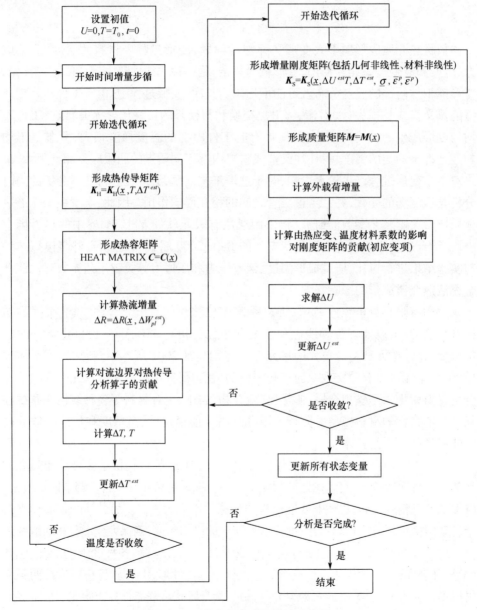

图 11 – 1　热力耦合求解技术流程图

在本书第2章与第3章的研究中,根据5A06铝镁合金板材不同温度不同应变率下的单拉试验结果,拟合出了5A06铝镁合金温热状态下的本构方程,并通过解析方法得到了适用于其温热状态下的Barlat2000屈服准则,结合从材料手册中获得的其在各温度下的物理参数,并应用通用有限元软件MSC.Marc中的热力耦合模块,建立了5A06铝镁合金充液热介质成形有限元模拟的专用平台。在此专用平台的基础上,以筒形件为例,进行5A06铝镁合金充液热介质成形的有限元模拟。板料选取Marc2007中新近引入的实体壳单元,该单元可以有效实现双面接触及检测。根据此模型的特点,并考虑到计算效率,特建立其1/4模型如图11-2所示,材料选用厚度为1.4mm的5A06铝镁合金板材。

以下将以此模型为依托,研究成形温度、液室压力、压边力等关键工艺参数对典型件充液热介质成形工艺的影响规律,并与实验结果进行对比分析。其中,成形温度的研究将分为等温温度场和差温温度场,等温温度场即板料、凸模、凹模与压边圈温度均一致,差温温度场即凸模冷却,同时保持板料、凹模和压边圈温度一致;此外,液室压力、压边力等关键工艺参数将只在差温温度场中研究。

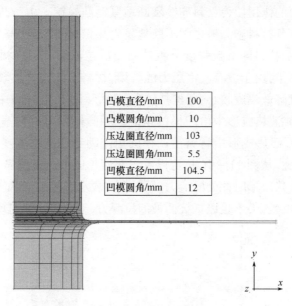

凸模直径/mm	100
凸模圆角/mm	10
压边圈直径/mm	103
压边圈圆角/mm	5.5
凹模直径/mm	104.5
凹模圆角/mm	12

图11-2 有限元模型

11.1 充液热成形与热成形及常温充液成形的对比

为了理解充液热成形、热成形,以及常温充液成形三种工艺的变形机理及差别,这里利用有限元数值模拟的方法对其温度场分布、应力、应变、厚度分布等进行对比分析。坯料的直径均取φ250,坯料与凸模间的摩擦因数设置为0.15,坯料与凹模及压边圈之间的摩擦因数均取 0.05，凸模的冲压速度 5mm/s。液室压力均取各工艺条件下最佳液室压力，充液热成形及热成形中坯料温度、压边圈以及凹模温度设置为 200℃，考虑到实际试验中凸模受周围环境温度的影响，凸模温度设置为 50℃；常温下充液成形设置为室温 20℃。

图 11－3 所示是三种成形工艺的成形高度对比，从图中可以看出，充液热成形的成形高度明显高于另两种工艺，成形高度达 116mm，而常温充液成形及热成形的成形高度分别只有 33.5mm 和 36mm，均不到充液热成形成形高度的 1/3。充液热成形工艺具有如此高的成形能力，主要是由于如下几种原因：

（1）法兰区域温度的影响。从图 11－4(a)中可以看出，充液热成形及热成形在法兰区材料的温度都较高，使得材料内部的位错运动变得容易，材料的流动应力（图 11－4(b)）及强度得以降低而塑性得到提高，更易于材料流动。而常温充液成形整体温度均保持在室温，法兰区的流动应力还保持较高的水平（图 11－4(b)），不利于材料流动。

（2）液室压力及凸模温度的影响。从图 11－4 中可以看出，充液热成形工艺中由于液室压力的作用使得材料连续不断地紧贴凸模壁。由于凸模温度较低，和凸模接触的这部分材料和凸模之间不断地发生热传递，使得这部分材料的温度得以降低，从而增加材料的抗拉强度来抵抗凸模的拉深力，于是材料的变薄得以延缓。而在热成形中，由于没有液室压力的作用，材料不能很好地紧贴凸模，靠近凸模壁的材料温度降低幅度较小，还保持较高温度，从图 11－4(a)中可以看出，拉深至 36mm 深时，充液热成形中由凹模圆角流动到凸模壁上材料温度从 200℃ 降低到 125.6℃ 左右，而热成形中材料由凹模圆角流动到凸模壁温度从 200℃ 降低到 164℃ 左右。因此，从图 11－4(b)可以看出充液热成形凸模壁靠近凹模圆角的部分应力明显高于热成形时此处的应力，于是在热成形工艺中，此处还保持较低的流动应力，材料强度较低，不足以抵抗凸模的拉深力，于是较早地出现变薄。

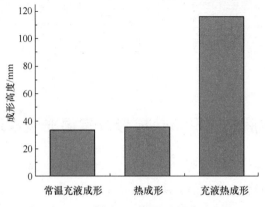

图 11－3　三种成形工艺的成形高度对比

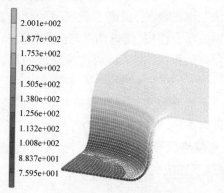
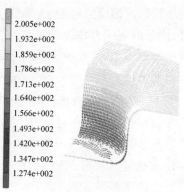

充液热成形(36mm深，拉深成功116mm)　　　　　热成形(36mm深)

（a）

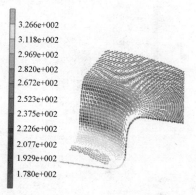

充液热成形(36mm深，拉深成功116mm)　　　　　热成形(36mm深)

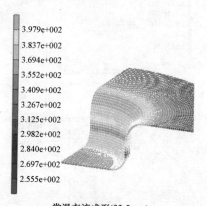

常温充液成形(33.5mm)

（b）

图11-4　充液热成形、热成形及常温充液成形温度场分布与应力场分布的对比

（a）温度场分布(℃)；(b) 应力场分布(MPa)。

（3）摩擦的影响。由于液室压力的作用,在拉深件的法兰区呈现溢流润滑,并致使坯料抬离凹模圆角,大大降低了法兰区的摩擦,提高了此区域的材料流动性。另外,由于液室压力和较低温度的凸模的联合作用,使得坯料与凸模壁及凸模圆角之间的摩擦力加大,形成很好的摩擦保持效果,加速了材料抗拉强度的提高,减缓了材料变薄。

图11-5所示是充液热成形、热成形及常温充液成形成形终了及不同成形高度的等效塑性应变分布对比,从图中可以看出,充液热成形的等效塑性应变分布较热成形及常温下充液成形更为均匀,充液热成形50mm深度的最大等效塑性应变(0.41)与热成形36mm深度的最大等效塑性应变(0.40)相当。

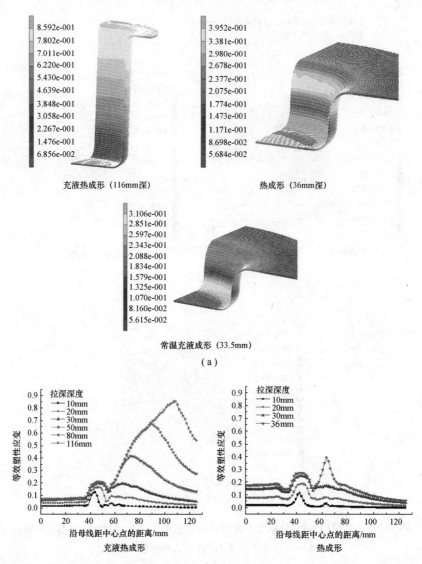

充液热成形（116mm深）

热成形（36mm深）

常温充液成形（33.5mm）

（a）

充液热成形

热成形

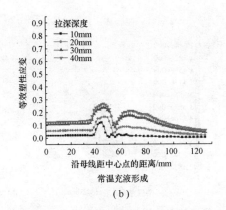

常温充液形成

（b）

图 11-5　充液热成形、热成形及常温充液成形成形终了及
不同成形高度的等效塑性应变分布对比

（a）成形终了时的应变分布；（b）不同成形高度的应变分布。

从图中可看出,在充液热成形及热成形中,由于温度梯度的存在,与凸模接触的材料不断被凸模冷却,抗拉强度增高,最大等效塑性应变从凸模圆角区沿着凸模壁不断向凹模圆角靠近,成形终了时,两种工艺的最大应变均出现在靠近凹模圆角的凸模壁附近。常温充液成形不存在温度梯度有益的影响,且材料在凸模圆角由于弯曲效应的存在,加大了坯料所受的径向拉应力,因此,对于常温下充液成形来说,不同成形高度的最大等效塑性应变均出现在凸模圆角区。

另外,还可以看出,热成形时由于没有液室压力的作用法兰区摩擦较大,材料流动困难,此区域的应变较小;同样在常温充液成形中,整体材料流动应力较高,塑性较高温下差很多,法兰区的应变也较小。

图 11-6 所示为充液热成形、热成形及常温充液成形成形终了及不同成形高度的厚度分布对比。可以看出,充液热成形较其他两种工艺的厚度分布更均匀,减缓了局部变薄的发生,且随着拉深的进行壁厚梯度变化较小,当深度达到 80mm 直

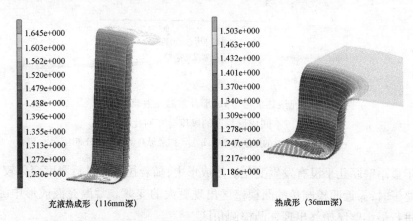

充液热成形（116mm深）　　　　　　　　　　　热成形（36mm深）

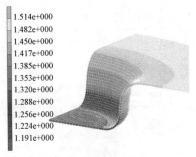

常温充液成形 (33.5mm)

（a）

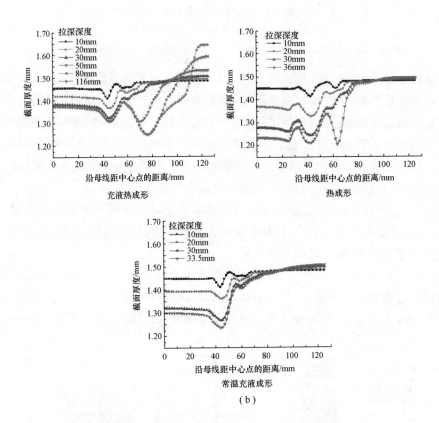

充液热成形

热成形

常温充液成形

（b）

图 11-6　充液热成形、热成形及常温充液成形成形终了及
不同成形高度的厚度分布对比

（a）成形终了时的厚度分布；（b）不同成形高度的厚度分布。

至终了最小壁厚几乎没有发生变化。热成形中，随着拉深的进行厚度变化较大，在拉深终了时，靠近凹模圆角的凸模壁区出现更大的变薄。常温充液成形中随着拉深的进行最小壁厚始终出现在凸模圆角区。

11.2   充液热成形可控温度场研究

由于铝镁合金较低的成形性能,传统的成形工艺方法限制了其应用。日益严重的环境问题和能源短缺使得轻量化的需求愈加迫切,这就需要新的成形工艺方法来提高难成形材料的成形性能。研究表明铝镁合金随着温度的提高材料成形性能得以改善。前面研究表明充液热成形是较热成形及常温充液成形更好的成形工艺方法,但由于温度和液室压力的同时加入使得其变形机制变得更为复杂。充液热成形作为一种新技术国内外可借鉴的经验较少,要想较好理解其变形机制,能为以后的工业生产起到指导作用,需要对其工艺参数的影响机制进行研究。本节将利用数值模拟和试验的方法分析温度场对成形性能的影响。

11.2.1   等温温度场对材料性能的影响

等温温度场是指凸模、凹模、压边圈、坯料,以及环境温度保持一致,整个拉深过程不发生热交换。取 $\phi210mm$、$\phi220mm$ 两种坯料进行研究,坯料与凸模间的摩擦因数设置为 0.15,坯料与凹模及压边圈之间的摩擦因数均取 0.05,凸模的冲压速度 5mm/s。图 11-7 所示为等温温度场下温度对成形高度的影响。从图中可以看出,$\phi210$ 的坯料从常温到250℃均成功成形,成形高度达到 70mm;而300℃时成形高度反而降低,只有 35mm,降低了 1/2。$\phi220$ 的坯料从常温到300℃坯料均没有完全拉深成功,且随着温度的升高,成形高度反而降低,300℃时降低最为明显。这种等温温度场成形高度随着成形温度降低的现象,在普通热成形中以前的研究者也有发现[3],主要考虑是由于随着温度的升高材料加工硬化降低,没法承受凸模的拉力。从第3节分析可知对于 5Λ06 铝镁合金而言,150℃以前,随着温度升高

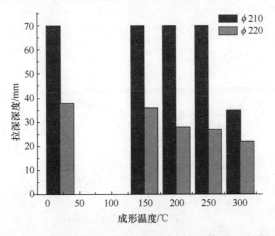

图 11-7   等温条件下不同成形温度对极限拉深比的影响

313

虽然是材料强度出现降低塑性得到提高,但依旧是应变强化占主导地位,从150°升高到250℃,动态回复作用越发显著,使得合金强度继续大幅下降而塑性得到极大的提高,当温度达到300℃时动态回复占据主导地位,该温度下材料只有软化而没有强化。因此对于充液热成形,以及传统热成形来说,成形坯料上应有合适的温度梯度而形成的合适流动应力的分布,这样才能提高材料的成形极限。

图11-8、图11-9分别所示直径φ210mm的坯料等效应变及截面厚度的分布规律。从图中可知,从常温到250℃最大应变均出现在凹模圆角处,主要是因为法兰区的材料经过了充分的变形流入凹模,在此处产生较大周向压应力,再加上液室压力的作用,使得此处产生较大应变,但由于周向压应力的作用使得法兰区增厚的材料流入此悬空带并没有因为液室压力的影响产生过多的变薄,最大变薄均发生在凸模圆角处,且常温下变薄最小,这正是因为常温下材料强度高的缘故。300℃时由于材料软化较为严重,凸模圆角处的材料随着拉深的进行已无法承受凸模行进产

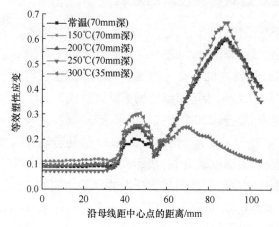

图11-8　直径φ210mm的坯料等效应变的分布规律

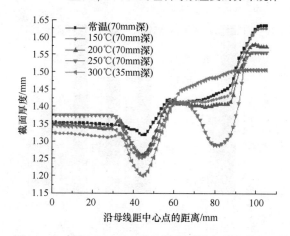

图11-9　直径φ210mm的坯料截面厚度的分布规律

生拉应力,在凸模圆角处出现过大的应变,从而产生过大变薄。而此时材料并没有经过充分的变形,因此凹模圆角并没有像其他温度下一样出现更大的应变。

图 11 - 10、图 11 - 11 分别表示直径 ϕ220mm 的坯料等效应变及截面厚度的分布规律。从图中可以看出最大应变及最大变薄均发生在凸模圆角处,这是由于坯料直径过大,且在凸模圆角处材料传递拉深力的截面积较直壁部分变小,所产生的拉应力较大,凸模圆角成为最大应变和最大变薄区的危险区;另外,由于各种温度下的材料均没有经过充分变形,法兰处的材料增厚较小。

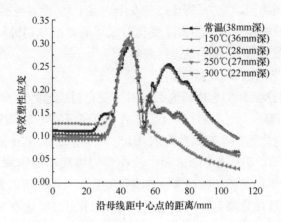

图 11 - 10 直径 ϕ220mm 的坯料等效应变的分布规律

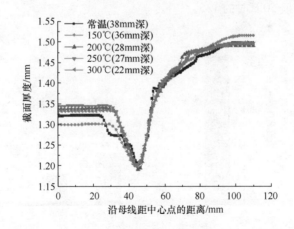

图 11 - 11 直径 ϕ220mm 的坯料截面厚度的分布规律

正如前面所述,由于温度的升高材料强度降低,从而成形高度降低,材料的充分变形的程度降低,在凹模圆角附近等效应变随着温度的升高大体呈降低趋势。300℃时深度拉深最低,此处的等效应变也最低。

综上所述,对于充液热成形来说,等温温度场,随着温度升高,由于材料抗拉强度降低,软化现象增强,使得凸模圆角处不能承受凸模行进产生的拉应力而产生较大的应变和变薄,致使成形高度降低,从而金属塑性随温度的升高而提高的优势并没有得到体现。因此对于充液热成形来说,应有合适的温度梯度形成的合适应力场的分布,这样才能提高材料的成形极限。

11.2.2　差温温度场对材料性能的影响

为了形成合理的应力场分布,提高材料的成形极限,需要在材料成形的主变形区即法兰区提高成形温度,降低流动应力。而对于流入凹模紧贴凸模的已变形材料应降低其温度提高流动应力,防止过多变形。鉴于此,设置差温拉深工艺。下面分别就凸模温度及凹模和压边圈温度变化对成形的影响分别进行研究,由于凹模和压边圈温度设置一致,后文中只提凹模温度。

1. 凸模温度变化对成形的影响

本节以坯料温度250℃为例研究凸模温度变化对成形的影响。设置坯料尺寸为260mm,凹模的温度与坯料温度一致,坯料与凸模间的摩擦因数设置为0.15,坯料与凹模及压边圈之间的摩擦因数均取0.05,冲压速度保持5mm/s不变,凸模温度分别设置为50℃(考虑到实际试验中凸模受周围环境的影响)、150℃、200℃。图11-12所示为不同凸模下的最大成形高度对比。从图中可以看出,随着凸模温度的升高,成形高度随之降低。凸模温度50℃时,成形高度达到132mm;凸模温度150℃时,成形高度降低到43.7mm;当凸模升高到200℃时,成形高度降低到只有1227mm,只有凸模50℃时的1/5。

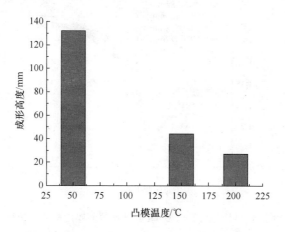

图 11-12　不同凸模温度下的最大成形高度

图11-13、图11-14以及图11-15分别表示三种凸模温度下各自不同成形高度下等效应变分布。从图中可以看出,三种凸模温度下成形初期应变最大值均处在凸模圆角处,除凸模温度200℃时出现过早失效外,另两种情况下最大应变随着成形高度的增加逐渐向凹模圆角处靠近,且随着凸模温度的降低,应变逐步增

大,其中凸模50℃时,最大应变达到了0.81。从图11-16也可看出,三种情况下成形失效前的最小壁厚也随着凸模温度的降低,逐步向凹模圆角靠近。这是由于凸模温度越低,与凸模接触的材料温度降低幅度越大,于是该处材料的变形抗力提高也越大,从而阻止了此处的变形的进一步发展,使得破裂危险区逐步沿筒壁向凹模圆角靠近,减缓了失效的过早发生,进一步提高成形高度。因此,在差温成形时,为达到最佳成形效果,凸模温度应保持较低值。

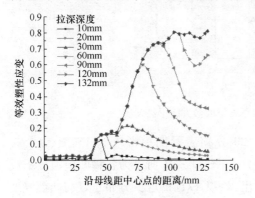

图11-13　凸模50℃时不同成形
高度下等效应变分布

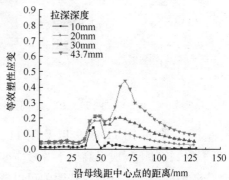

图11-14　凸模150℃时不同成形高度下
等效应变分布

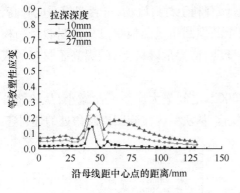

图11-15　凸模200℃时不同成形
高度下等效应变分布

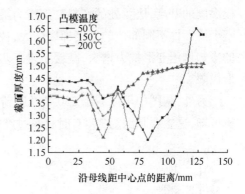

图11-16　不同凸模温度下成形
失效前截面厚度分布

2. 凹模温度变化对成形的影响

保持凸模温度50℃不变,设置坯料尺寸为ϕ260mm,凹模及压边圈的温度与坯料温度一致,分别为150℃、200℃、250℃、300℃,冲压速度保持5mm/s不变。图11-17所示为不同凹模温度下的最大成形高度对比。从图中可以看出,250℃以前随着凹模温度的升高,成形高度随之提高,从30mm升高至132mm,但当温度超过250℃达到300℃时,成形高度反而下降到46mm。

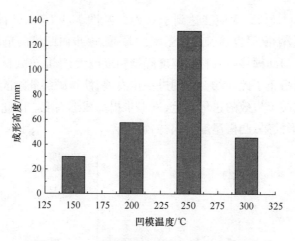

图 11 - 17　不同凹模温度下的最大成形高度

图 11 - 18、图 11 - 19 以及图 11 - 20 分别表示凹模温度为 150℃、200℃、300℃时,各自不同成形高度下等效应变分布;图 11 - 21 所示为各种凹模温度下成形失效前截面厚度分布。从图中可以看出,250℃以前的应变分布正好与凸模温度的影响相反,随着凹模温度的升高应变值逐渐增大,凹模温度 150℃,最大应变处于凸模圆角处,失效前最大变薄也发生在凸模圆角处;随着凹模温度的升高,最大应变及最大变薄逐步向凹模圆角处转移,成形高度也随之增大。这主要是随着凹模温度的升高,法兰处的坯料变形抗力降低,有利于材料流动,再者凹模温度升高,整个筒形件不同部位的温度梯度变大,位于凸模圆角及凸模壁已成形材料受凸模的冷却作用变形抗力增大,减缓了进一步变薄,使得危险区上移,提高了材料的成形极限。

另外,从图中可以看出 250℃以后到 300℃之间最大应变反而减小,从前面分析可知,这主要是因为 300℃时材料过度软化,从法兰区流到凹模圆角处的坯料还

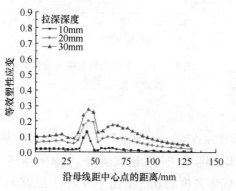

图 11 - 18　凹模 150℃时不同成形
高度下等效应变分布

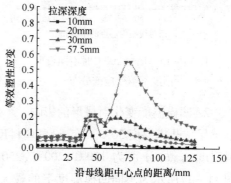

图 11 - 19　凹模 200℃时不同成形
高度下等效应变分布

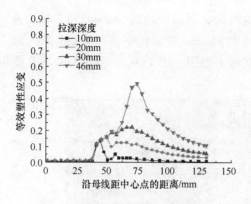

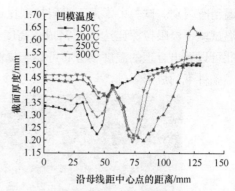

图 11 – 20　凹模 300℃时不同成形　　　　图 11 – 21　不同凹模温度下成形
高度下等效应变分布　　　　　　　　　　失效前截面厚度分布

没有得到凸模的冷却作用,温度较高,软化作用较强,再加上液体作用,使得坯料在变形的初期就无法承受凸模拉力出现过早失效,并没有充分的变形。

11.2.3　合理温度场的确定

从前面的分析可知,对于 5A06 铝镁合金来说,要想提高其成形极限需要合理的温度场分布,其中凸模需保持较低温度,在实际试验中由于受周围热环境的影响,可能会使常温下的凸模温度过高,因此实际试验中凸模需通水冷却,对于凹模及压边圈应提高其温度,但受 5A06 铝镁合金材料性质的影响,温度不能过高,合适的温度为 250℃。

我们就常温及差温条件下的拉深进行了试验研究,图 11 – 22 所示是常温及差温条件下极限拉深比 LDR 模拟及试验结果对比,这里的差温是指保持凸模常温不变,模拟中取 50℃,凹模、压边圈及坯料的初始温度提高,以后文中所提到的差温均指此种情况。从图中可以看出模拟与试验结果基本一致,常温及 250℃下的差

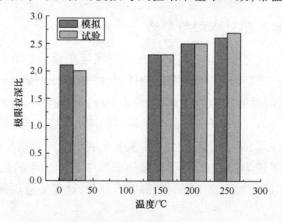

图 11 – 22　常温及差温条件下极限拉深比

温稍有差别。试验中常温下极限拉深比达到 2,成形高度达到 64mm,250℃时的差温试验中极限拉深比达到 2.7,成形高度达到 140mm,比常温下提高了 118.8%,因此可以看出合理的温度场分布可显著提高成形极限。图 11 – 23 所示是常温及差温条件下的成形零件。

图 11 – 23　常温及差温条件下的成形零件

11.3　充液热成形加载条件研究

对于成功的充液热成形工艺来说,需要合理控制许多工艺参数的变化,由于充液热成形不同于普通热成形和常温充液成形,在这种新型工艺条件下各种参数、工艺参数对成形性能的影响需进一步探讨。在上一节已对合适温度场的选择进行了研究,本节将重点研究液室压力、压边力等对成形的影响。

11.3.1　液室压力对成形性能的影响

液室压力在充液热成形中起到举足轻重的作用,液室压力不但形成了摩擦保持和溢流润滑的效果,而且改变了成形过程中温度场的分布。合适的液室压力可有效抑制成形中的各种破裂和起皱的趋势,提高成形极限及零件的尺寸精度。下面分析充液热成形工艺中液室压力对 5A06 铝镁合金成形性能的影响。

11.3.1.1　初始反胀对成形的影响

初始反胀是板材充液成形的重要阶段。初始反胀原理如图 11 – 24 所示,凸模停在坯料上方某一固定位置,压边圈压住坯料,增压器开始启动增压,当液室压力达到某一设定值,即反胀压力值,凸模才开始下行进行拉深。初始反胀可以在成形初期建立起液室压力,改变了凸模圆角处坯料的应力状态,形成很好的摩擦保持效果,从而避免了成形初期失效的发生。常温下充液成形的初始反胀对成形的影响,已有学者[4]进行了较为详尽的研究,充液热成形中初始反胀的影响尚未见有文献报道,由于温度参数的加入使得影响变得更为复杂,这里将重点研究初始反胀压力对成形的影响。

由于板材性能以及成形零件的几何不同,初始反胀压力也有一个不同的取值

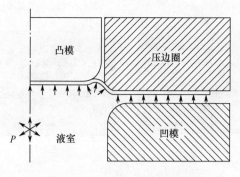

图 11 – 24　初始反胀原理图

范围,过小的初始反胀压力不能很好地建立起初期液室压力,也不能形成很好的摩擦保持效果,过大初始反胀压力会使凸模与压边圈之间无支撑的坯料过度变薄,或使坯料强制压入凸模和压边圈之间的间隙中形成过度的弯曲和反弯曲效果,使得坯料发生严重的局部变薄,因此过小或过大的反胀压力均引起坯料在后续的拉深中过早失效。图 11 – 25 是常温及差温 150℃ 、200℃ 、250℃下初始反胀压力不足和过高时的成形零件图。

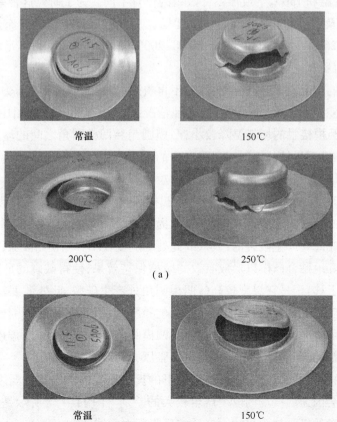

常温　　　　　　　　　　　　　150℃

200℃　　　　　　　　　　　　250℃

(a)

常温　　　　　　　　　　　　　150℃

200℃　　　　　　　　　　　　　　　250℃

（b）

图 11 - 25　常温及差温 150℃、200℃、250℃下初始反胀压力不足和
过高时的成形零件

（a）反胀压力不足；（b）反胀压力过高。

　　通常来说，常温下初始反胀压力不足，破裂发生在凸模圆角处，初始反胀压力过高时，凸模和凹模圆角处均可能发生破裂。而从图中可以看出，差温 200℃、250℃下成形的零件不管是初始反胀压力不足还是过高，破裂的位置均发生在凹模圆角处，与常温和 150℃下成形零件破裂的位置不同。为了研究这种差别的原因，这里对常温及差温 150℃、200℃的温度场、应力场，以及应变场分布进行比较分析。图 11 - 26 所示为常温及差温 150℃、200℃下初始反胀压力不足和过高时的温度场、应力场及应变场分布。

　　常温下的情况前面已有介绍，这里不再赘述，当然太高的反胀压力也会造成凹模圆角处悬空处过度变薄而破裂，这种情况图中没有所示。从图中可以看出，150℃时，与凸模接触的坯料温降较小，凸模圆角和凹模圆角之间的坯料温度梯度变化不大，凸模圆角处的坯料因温降产生的强度的提高尚不足以抵抗凸模行进产生的拉力的增大，因此此时初始反胀压力对成形的影响与常温下相似。

　　当温度升高到 200℃时，凸模圆角和凹模圆角之间的坯料温度梯度变化较大，凸模圆角处的坯料因温降，强度得到较大提高，其强度的提高足以抑制反胀压力不足或过高而在此处产生破裂的趋势，故此处的应变较小。当初始反胀压力过低时，坯料不能很好地贴合凸模以形成有效的摩擦保持效果，使得破裂的危险区随着凸模行进逐渐上移，于是在温度较高的凹模圆角处产生破裂，此处温度较高，流动应力较低，不能承受随着凸模的行进而产生的拉深力的增大，从而产生较大的应变，成为破裂的危险区。当反胀压力过高时，凹模圆角处坯料也会由于温度较高、流动应力较低的缘故，不能承受流体过高的反胀压力而产生过度变薄。

　　综上，由于温度的加入，充液热成形下的反胀压力的影响与常温下不同，坯料的破裂位置会因为温度场的改变产生较大的差别。图 11 - 27 所示是常温与差温拉伸下在各自的极限拉深尺寸下合适的反胀压力区域，图中 Fracture 1 表示破裂位

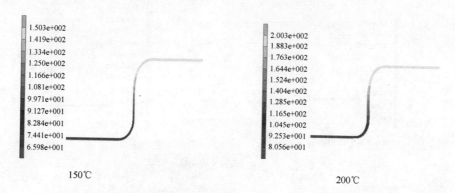

150℃   200℃

温度场分布

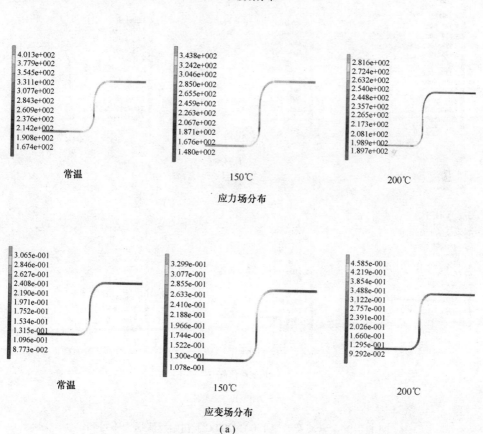

常温   150℃   200℃

应力场分布

常温   150℃   200℃

应变场分布

（a）

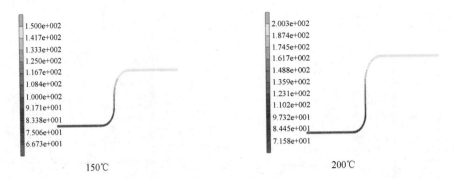

150℃ 200℃

温度场分布

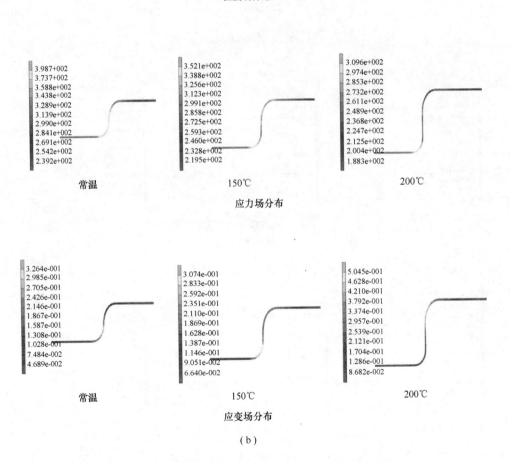

常温 150℃ 200℃

应力场分布

常温 150℃ 200℃

应变场分布

（b）

图 11-26　常温及差温 150℃、200℃下初始反胀压力不足和
过高时的温度场、应力场及应变场分布

（a）初始反胀压力不足;（b）初始反胀压力过高。

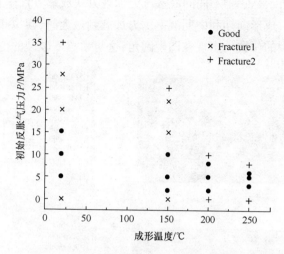

图 11 - 27　常温下与差温充液热成形下成功成形的所需反胀压力区域

置处于凸模圆角附近,Fracture 2 表示破裂位置处于凹模圆角附近。从图中可以看出,随着温度的提高,合适的反胀压力的区域变小。

11.3.1.2　液室压力加载曲线形式对成形的影响

液室压力曲线是指液室压力与凸模位移之间($P - S$)的关系曲线,也就是液室压力的加载历程,它对于成形至关重要,这里以 200℃ 差温成形为例对几种加载形式对成形的影响进行对比分析。图 11 - 28 所示是液室压力的三种不同加载曲线形式,曲线 I 是在凸模整个行程的 1/3 时液室压力加到最大;曲线 M 是在凸模整个行程的 2/3 时液室压力加到最大;曲线 F 是在凸模整个行程的终点时液室压力加到最大。

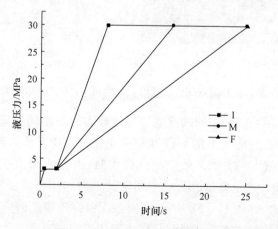

图 11 - 28　三种液室压力的加载形式

图 11 – 29 所示是三种不同的液室压力加载方式成形零件图及模拟壁厚分布，从图中可以看出，成形前期和中期液室压力加载到最大时，模拟和试验中均出现了破裂失效，且破裂的位置均出现在凹模圆角，这与常温下破裂的位置不同。

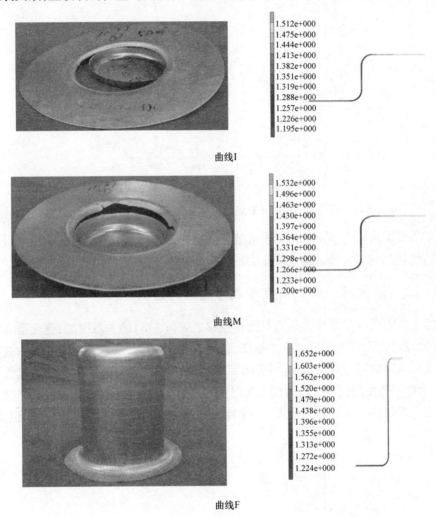

图 11 – 29　三种液室压力加载方式的成形零件图及模拟壁厚分布

图 11 – 30 所示是三种不同的液室压力加载方式下不同拉深深度等效应变分布。从图中可以看出，曲线 F 的加载方式应变分布要比其他两种均匀，同在拉深深度 40mm 时，曲线 F 的最大等效应变只有 0.31，而曲线 M 及曲线 I 的最大应变分别是 0.35、0.40。这主要是因为成形初期及中期施加最高液室压力，此时凸模的拉深力骤然增大，如图 11 – 31 所示，此时拉深深度还较浅，直壁上液室压力作用面积较小，与凸模接触这部分坯料与凸模之间还没有建立起一个足够大的摩擦力来抵抗凸模的轴向拉深力，然而凸模圆角处的材料，由于受到凸模的冷却作用强度

得到提高,使得危险点上移至凹模圆角处材料抗拉强度较低的地方。因此,液室压力的施加应该是一个渐变的过程,这样坯料与凸模之间的摩擦力才能抵抗缓慢增加的拉深力。

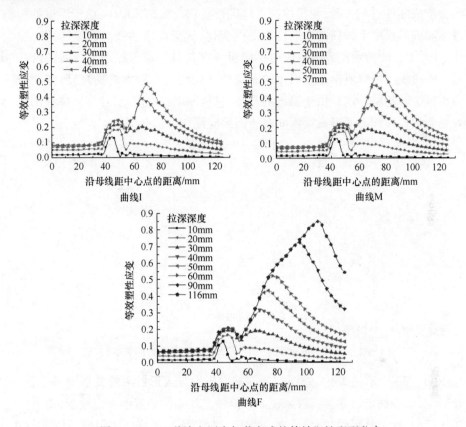

图 11-30　三种液室压力加载方式的等效塑性应变分布

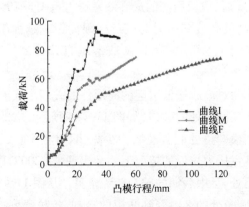

图 11-31　三种液室压力加载方式的凸模行程与载荷曲线

11.3.1.3 最高液室压力对成形的影响

坯料的成形极限与施加的最高液室压力有很大的关系,液室压力过高或过低都将会造成零件过早失效,使得拉深无法进行。在充液热成形中,由于温度的影响使得不同成形温度下材料的变形行为发生变化,成形所需的最高液室压力也发生变化。图 11-32 所示是差温成形时不同温度在各自的成形极限下所需的最高液室压力的曲线。可以看出随着温度的升高即使拉深比有较大的提高,所需的液室压力也呈下降趋势。这是由于温度的升高,材料屈服强度降低,这样液体在凹模圆角处克服坯料拉深力而形成溢流润滑所需的溢流压力就会降低。

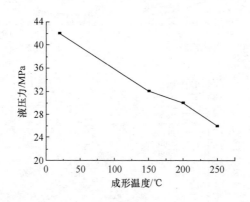

图 11-32　成形温度与所需的最高液室压力的关系

图 11-33 所示是 250℃差温时最高液室压力与成形极限的关系图,从图中可以看出,对于一确定尺寸筒形件来说。最高液室压力的设置有一定范围,筒形件的拉深比越小,这个范围就越大;反之,拉深比越大,所需最高压力设置范围就越小。常温下 5A06 成形所需的最高液室压力范围是 25～48MPa 之间的较宽的范围,而差温 250℃拉深比 2.6 时,成形所需的最高液室压力范围是 19～32MPa 之间,范围变窄,随着温度的升高最高液室压力对成形极限的影响越加敏感。差温 250℃时达到极限拉深比 2.7 时,成形所需的最高液室压力只有 25～28MPa 之间的很小范围。

由于最高液室压力过高或过低引起的筒形件的破裂形式主要有发生凸模圆角处的破裂和发生在凹模圆角处的破裂,如图 11-34 所示。试验中发现,差温的充液热成形中发生在凸模圆角处的破裂极为少见,只有在 150℃差温成形下由于反胀压力不足或最高液室压力较低的情况下才会出现,在 200℃以上的差温成形,破裂均发生在凹模圆角处,且中后期的破裂较为常见。从图 11-35 可以看出由于温度梯度的存在,凸模圆角处的坯料受到凸模的冷却,抗拉强度得到提高,使得变形最大区逐渐向凹模圆角处移动,且减缓了破裂的发生。

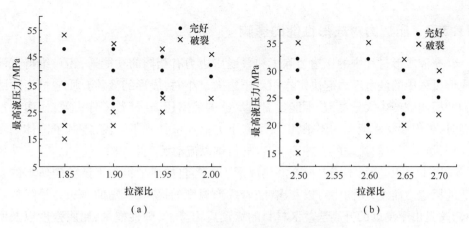

图 11-33　最高液室压力与成形极限的关系

(a) 常温；(b) 250℃差温。

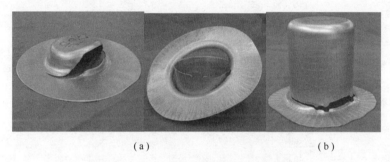

(a)　　　　　　　　　　　　　　(b)

图 11-34　筒形件充液热成形破裂形式

(a) 凸模圆角处破裂；(b) 凹模圆角处破裂。

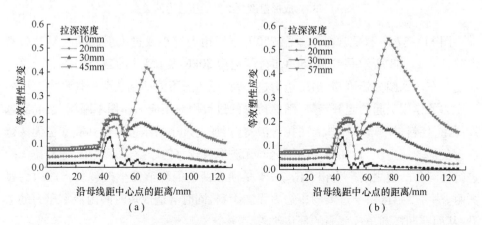

图 11-35　200℃差温拉深时最高液室压力过低和过高时等效塑性应变分布

(a) 最高液室压力 15MPa；(b) 最高液室压力 42MPa。

11.3.2　压边力对成形性能的影响

充液成形过程中的压边力除了和普通压边力有相同的功能外,还对维持充液成形过程中的液室压力起决定作用。压边力过小时,成形的液体介质通过压边圈和凹模间隙产生大量溢流,不能建立起足够的液室压力,导致零件失效;压边力过高时,将引起材料流动的困难,以及坯料下方高压液体难于溢流,限制了流体润滑作用,增大了材料流动的摩擦力,使得材料难以流动而产生失效。

图 11 – 36 所示不同差温充液热成形下在各自的成形极限下试验中所需的合适的压边力曲线,从图中可以看出,随着成形温度的提高,所需的压边力呈降低趋势,这是由于温度的升高法兰区材料的流动应力降低,弹性模量,屈服强度以及所需的液室压力降低,从而防止起皱及达到规定的液室溢流压力时所需的压边力降低。

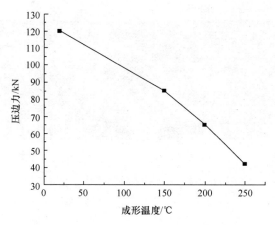

图 11 – 36　成形温度与所需的压边力的关系

图 11 – 37 所示是常温及差温 250℃下压边力过小或过大引起的起皱及破裂失效,图 11 – 38 所示是差温 250℃时,压边力 30kN 及 65kN 的破裂失效前的等效应变分布。据图分析可知,当压边力过小时,压边力不能抑制法兰处坯料由于周向压应力的作用引起的起皱趋势,随着拉深的进行周向压应力作用不断增大,起皱越发严重,坯料过度增厚使其无法拉入液室,再加上过小的压边力使其液室也无法建立起足够的液室压力,坯料与凸模之间无法形成较好的摩擦保持效果,随着拉深的进行坯料与凸模之间产生相对滑动,于是便在薄弱的环节发生破裂。当压边力过大时,法兰变形区由于过大的压边力无法走料,同时会造成短时间内液室压力的上升,从而在凹模圆角较薄弱的部位胀破。

另外,压边力过小时法兰出现明显的起皱,但法兰处及凹模圆角处应变明显高于压边力过高时,也就是低的压边力比高的压边力产生更大的塑性应变。成形时

压边力：80kN   压边力：150kN

常温

压边力：30kN   压边力：65kN

差温250℃

图 11 – 37　常温及差温 250℃下压边力过小和过大时引起的起皱及破裂失效

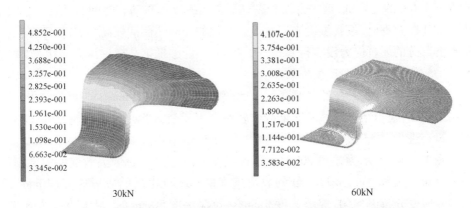

30kN   60kN

图 11 – 38　差温 250℃时压边力 30kN 及 65kN 的破裂失效前的等效应变分布

应尽量选择防止板料起皱及能够建立液室压力的最小压边力。模拟和试验均发现，和前面液室压力的影响一致，在超过 150℃ 的差温成形中不管是压边力过小还是过大，破裂位置均发生在靠近凹模圆角附近。

331

11.3.3 成形速度对成形性能的影响

一般来说,变形速度大时,由于没有足够的时间完成塑性变形使金属的流变应力提高,塑性降低,高温下的塑性变形的机理比较复杂,需要有一定的时间来进行,比如,晶体的位错移动及滑移面由不利方向向有利方向转动都需要时间。

图 11-39 表示模拟中常温及差温成形速度对成形的影响,从图中可以看出,常温下速度对成形高度的影响不敏感,随着温度的升高,成形速度对成形高度的影响越发敏感;除常温外,5mm/s 时成形高度最高,速度从 5mm/s 升到 10mm/s 时,成形高度下降得最快,10mm/s 升高到 20mm/s 时成形高度下降并不明显。

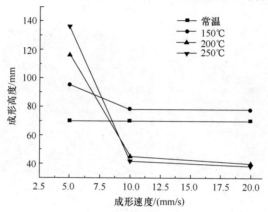

图 11-39 模拟中常温及差温成形速度对成形的影响

另外还可以看出,当速度达到 10mm/s 时,差温 200℃ 以上的成形高度竟然比常温和 150℃ 的还要低,这一方面和高温下金属的位错移动和时间有关,另一方面当拉深速度较高时,板料温度来不及经过凸模的冷却还保持较高的温度,于是与凸模接触部分的坯料应力没有得到很好的提高,不能够抵抗凸模拉深力的增大,便会在应力较低的薄弱环节产生失效。

图 11-40 所示为在各个温度下,成形速度为 5mm/s、10mm/s 时模拟结果及实验结果对比,模拟结果与试验结果符合较好。由于受试验条件的限制,20mm/s 的试验没有进行。

图 11-41 所示为差温 200℃ 成形速度 5mm/s 和 10mm/s 失效前的等效塑性应变分布。从图中可以看出,低的成形速度(5mm/s)比高的成形速度(10mm/s)的等效应变分布更均匀,成形速度 5mm/s、拉深深度 50mm 时,最大应变为 0.43,而成形速度 10mm/s、拉深深度 45mm 时,最大应变就达到了 0.47,出现过早的失效。

综上可知,在充液热成形中选择合适的成形速度对零件成功的成形至关重要,不合适成形速度并不能发挥高温下材料塑性好的优势。

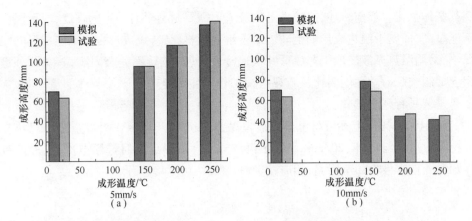

图 11 −40　各个温度下成形速度为 5mm/s、10mm/s 时模拟结果及实验结果对比

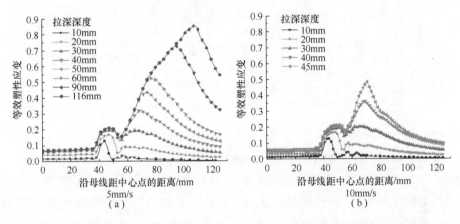

图 11 −41　差温 200℃成形速度 5mm/s 和 10mm/s 失效前的等效塑性应变分布

11.4　温热充液拉深中冷却方式对 7 系
铝合金微观组织的影响

材料选用美铝公司(Alcoa)7075 − O 铝合金,厚度 1.0mm,材料相关信息见 10.2.2 节。凸模直径 80mm,压边圈孔径 81.5mm,液室入口直径 85mm,拉深成形模具详细尺寸如图 11 −42 所示。模具材料采用热作模具钢,该材料在 400℃以下具有优良的热稳定性。隔热垫板防止模具热量传导至压机工作台,一方面防止模具热量损失,另一方面要防止工作台热疲劳而损坏。

11.4.1　铝合金板材温热充液成形后性能评估

可热处理铝合金(如 7075)不同于钢材,其强化过程为析出弥散强化。需要从材料的固溶温度迅速冷却至室温,经历自然时效或人工时效,使其弥散相析出从而使其基体强化。如前所述,热环境下充液成形需要材料具有一定的强度,成形温度不能过高,即属于温热成形的范畴。对于难变形材料,传统成形方法不能成形的情况下,采用温热充液成形工艺成形并快速冷却,使其进行不完全固溶强化,可一定程度抑制宏观力学性能弱化及微观组织劣化。在满足产品服役条件的情况下,该复合工艺具有现实意义。

在210℃,采用上述板材温热充液拉深实验机对7075 - O铝合金进行温热充液拉深成形,坯料直径200mm,拉深深度85mm。成形后及时选用空冷、水冷两种冷却方式使零件冷却至室温,相应技术路线如图11 - 42所示。

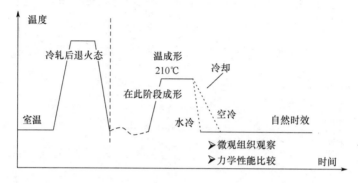

图11 -42 板材充液热成形后快速冷却技术路线示意图

成形后材料已经积累了变形量,位错及针扎处于不稳定状态。不同冷却方式代表了不同冷却速度。在筒形件(图11 -43)直壁上截取0°方向单拉试样,在常温下进行单向拉伸实验,评价屈服强度、抗拉强度、延伸率等力学性能参数。在90°方向上,从法兰至筒底裁取宽度10mm长条(图11 -44),进行微观试样的制备。不同变形区域变形量不同,观察法兰、筒壁两个部位微观组织变化。温热充液拉深成形并冷却后性能测定实验方案如表11 -1所列。

图11 -43 温热充液成形筒形件

表11 -1 温热充液拉深成形并冷却后性能测定实验方案

编号	温度/℃	最高压力/MPa	筒形件尺寸/mm	冷却方式	单拉试样
1 -2	210	$p_{max} = 14.5$	$t_0 = 1.0; \phi = 80; h = 85$	水冷	$L_0 = 71\,\text{mm}; 0°$
3 -4	210	$p_{max} = 14.5$	$t_0 = 1.0; \phi = 80; h = 85$	空冷	$L_0 = 71\,\text{mm}; 0°$

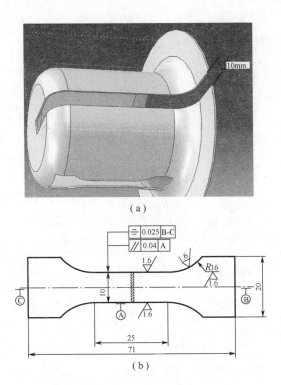

（a）

（b）

图 11 -44　单拉试样及金相试样制取

（a）直壁裁取单拉试样及金相试样示意图；（b）单拉试样尺寸。

11.4.2　冷却方式对成形件力学性能影响

在 Instron8801 电液伺服拉伸实验机上进行单拉实验,示意图如图 11 - 45 所示。每组两个试样,实验结果取平均值。断后延伸率符合 $L_0 = 5.65 \sqrt{S_0}$ 关系,其中,S_0 为试样标距内截面最小值,L_0 为计算断后延伸率的初始参考长度。

充液热成形后零件力学性能实验结果如图 11 -46（a）所示。空冷条件下,屈服强度为 224MPa,强度极限为 260MPa;水冷条件下,屈服强度为 228MPa,强度极限为 260MPa。可见,在温热条件下进行 7075 - O 铝合金筒形件充液热拉深成形,不同冷却方式对筒形件力学性能影响不大,两种方式强度极限没有变化,水冷较空冷屈服强度有轻微提高。两种方式冷却后的断后延伸率如图 11 -46（b）所示,空冷为 11.83%,水冷为 11.18%,水冷较空冷有轻微降低,整体看影响不大。

图 11 -45　单向拉伸实验

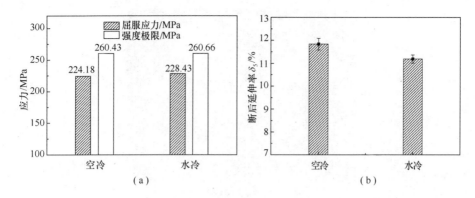

图 11-46　不同冷却方式对屈服强度、强度极限及断后延伸率的影响

(a) 屈服应力和强度极限；(b) 断后延伸率。

11.4.3　冷却方式对成形件微观组织影响

对空冷及水冷筒形件法兰和筒壁部分进行了金相和 EBSD 分析。依据 GB/T 3246.1—2000[5]，采用 Keller 试剂 (1mL HF、1.5mL HCl、2.5mL HNO$_3$、95H$_2$O) 对 7075-O 进行腐蚀，在德国 Zeiss 公司生产的 Axiovert200MAT 光学显微镜上进行观察。采用 EBSD (电子背散射衍射分析技术)，进行电解抛光后，在日本电子株式会社生产的 JSM-7001F 热场发射电子扫描电子显微镜上观察晶粒变化，电压为 20kV，扫描步长 0.5μm，放大 500 倍。金相及 EBSD 实验结果如图 11-47 所示。

从图 11-47(a1)、(c1) 可以看出，7075-O 铝合金温热充液拉深后，法兰处化学物破裂后沿压延方向排列，在 α(Al) 基体上有析出相质点。图 11-47(b1)、(d1) 显示，筒壁处化合物进一步破碎，沿变形方向排列性较法兰处更强，在 α(Al) 基体上分布着析出弥散相。整体上看，两种冷却方式下金相组织存在较多的粗大第二相粒子，且这些第二相在形态上各异，有针状的亚稳相，也有点状的稳定相[6]。图 11-47(b2) 至 (d4) 为采用 EBSD 技术观察到的晶粒形貌，沿压延方向，晶粒成长条状，说明零件成形后呈现明显的压延方向与其垂直方向的异性。由于观察试样取样于法兰与筒壁，且这两处均为筒形件拉深过程中变形量大的部位。在温热条件下，微观晶粒拉长主要由塑性变形引起，为动态回复过程。

比较图 11-47(a2) 与 (b2)、(c2) 与 (d2) 可知，相同冷却方式下，筒壁晶粒大于法兰处。在拉深过程中，法兰受两向压一拉应力作用 (周向压应力、厚向压应力)，筒壁处除液体压力提供的厚度法向应力外，受两向拉应力作用，表现为筒壁处晶粒大于法兰处。不同冷却方式下的晶粒变化情况如图 11-48 所示。空冷方式下，法兰最大晶粒为 34μm，占取样区域面积分数为 13.3%，筒壁最大晶粒为 45μm，面积分数为 19.7%；水冷方式下，法兰最大晶粒为 20μm，面积分数为 8.3%，筒壁最大晶粒为 37μm，面积分数为 9.4%。可见，空冷条件下，出现大量粗

336

图 11 – 47　不同冷却方式对微观组织的影响

（a1）法兰 – 空冷金相；（a2）法兰 – 空冷 EBSD；（b1）筒壁 – 空冷金相；（b2）筒壁 – 空冷 EBSD；
（c1）法兰 – 水冷金相；（c2）法兰 – 水冷 EBSD；（d1）筒壁 – 水冷金相；（d2）筒壁 – 水冷 EBSD。

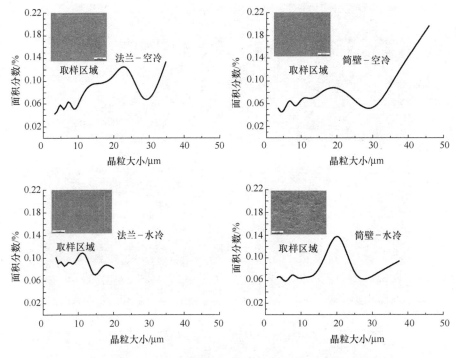

图 11 - 48　不同冷却方式对晶粒大小的影响

大晶粒,相比之下,水冷条件下晶粒虽有一定程度的粗化,但整体较均匀,且法兰与筒壁均比空冷条件下晶粒要小。两种方式的最大晶粒均出现在筒壁处,而水冷条件下筒壁最大晶粒为空冷条件下的 80% 左右。晶粒局部或整体异常粗大在成形中均是应该避免的,上述分析说明板材温热充液成形后水冷能够一定程度上抑制晶粒粗化,在维持材料力学性能及防止材料劣化方面是有利的。

11.5　回弹产生的机理及研究方法

11.5.1　回弹产生的机理

板料成形中普遍存在回弹问题,特别是在弯曲和浅拉深问题中回弹现象尤为严重[7]。这是因为以弯曲为主要变形方式的冲压件成形后板料横截面应力分布不均,其回弹量比较大,从而对零件的尺寸精度和生产效率造成较大影响,因此有必要对回弹现象进行深入的研究和有效的控制。由于冲压件回弹后的形状是整个成形历史的累积效应,它与板料的初始形状、材料性能参数、模具几何形状和工艺参数等诸多因素有关,使板料回弹预测不准确。早期的回弹研究主要基于试验和理论解析法,但在分析形状复杂零件回弹时,理论解析法是无能为力的。本章将采用有限元模拟的方法,以筒形件为例,分析其充液热介质成形工艺中回弹的影响。通过测量零件三个不同区域即凹模圆角、凸模圆角和筒壁的回弹量,分析了温度场分布对零件回弹量的影响,并在差温温度场250℃下,研究了液室压力、压边力和拉深速度等主要工艺参数对回弹的影响。

回弹是板料成形后不可避免的现象,回弹现象主要表现为整体卸载回弹、切边回弹和局部卸载回弹,当回弹超过允许容差后,就成为成形缺陷,影响零件的几何精度。因此回弹一直是影响、制约模具和产品质量的重要因素。

板料在外加弯曲力矩 M 的作用下,首先发生弹性弯曲变形,在弹性弯曲阶段,相对弯曲半径很大,板料内弯曲半径与凸模圆角半径不相重合,板料变形很小。在弯曲形区内,板料弯曲内侧(靠近凸模一边)的材料受到压缩而缩短,应力状态是单向受压,见图 11-49 所示。板料弯曲外侧(靠近凹模的一边)受拉而伸长,应力状态是单向受拉。弯曲内、外表面到中心,其缩短与伸长的程度逐渐变小,在缩短与伸长的两个变形区之间,有一纤维层长度始终不变即应变为零,称为应变中性层。同样,在拉应力向压应力过渡之间,存在一个切向应力为零的应力层,称为应力中性层。在一般情况下,可认为两个不同性质的中性层重合在一起,简称中性层[8]。

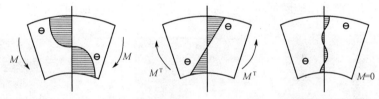

图 11-49　板料弯曲应力图

随着弯矩的增加,板料弯曲变形增大,板料内、外表层金属先达到屈服极限,板料开始由弹性变形阶段转入塑性变形阶段,其应力分布见图 11-49。随着弯矩的不断增加,塑性变形区由表层向内扩展,板料中间的弹性变形区逐渐变小,最后整个断面进入塑性状态。图 11-49 中第二幅图显示了反向加了一弯矩 M^T 产生的应力变化图。第三幅图显示的是残余应力,也就是能产生回弹的应力。

弯曲回弹的主要原因是由于材料弹性变形引起的。板料弯曲时,内层受压应力,外层受拉应力。弹塑性弯曲时,这两种应力尽管超过屈服应力 σ_s,但实际上从拉应力过渡到压应力时,中间总会有一段应力小于屈服应力引起的弹性变形区。由于弹性区的存在,弯曲卸载后零件必然产生回弹。在相对弯曲半径较大时,弹性变形区占的比重大,这种回弹尤为显著。

拉深成形后的零件在卸载后尺寸与模具尺寸会发生一定的差别,这就是拉深成形的回弹,该回弹现象同样是由于材料弹性变形所引起的。

11.5.2　回弹研究方法

回弹一般采用两种求解方法：一种为无模法，该方法将回弹看作是弹性变形过程，采用增量法求解。在计算开始之前，将模具与零件分离，代之以与成形结束接触条件相对应的反向力学边界条件，然后进行迭代计算直至接触力为零。另一种方法为有模法，该方法能模拟实际回弹过程，回弹的计算类似于成形计算，但模具运动方向相反，当板料上所有节点与模具脱离时，即认为回弹结束[9]。

为了使充液热介质成形工艺的有限元模拟尽可能贴近实际情况，并准确地预测回弹行为，我们采用有模法，分六个阶段进行模拟，如图 11-50 所示。第一阶段为压边工艺，将压边圈、凹模与板料加热至指定温度，并保温一段时间；第二阶段为初始反胀阶段，凸模距离板料一定距离，板料在初始液室压力的作用下向凸模贴合，此时，预胀形部分在径向受到压缩，一定程度上增加了凸模圆角附近材料的板料厚度，同时，液室压力的作用可以抑制法兰的早期起皱趋势，此外，冲压开始之前凹模与板料之间即处于流体润滑状态，凸模圆角处于摩擦保持状态，有利于提高成形极限；第三阶段为冲压阶段，凸模以一定的速度下行，促使板料发生变形，同时，由于凸模与板料之间的热传递，使得板料上形成一定的温度梯度；第四阶段与第五阶段分别为凸模与压边圈回位，达到指定深度后，停留一定时间后卸载，凸模回位，

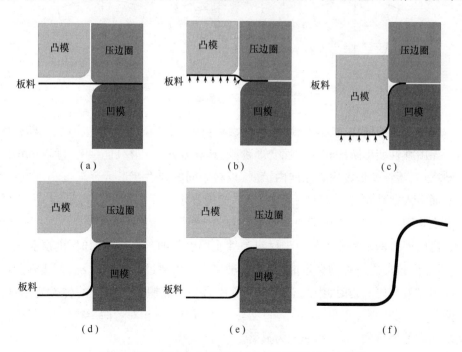

图 11-50　充液热介质成形工艺回弹模拟的六个阶段
(a) 压边；(b) 反胀；(c) 冲压；(d) 凸模回位；(e) 压边圈回位；(f) 零件回弹。

同时,撤掉压边力,此时,由于接触力的消失及卸载的影响,将会产生明显的回弹现象;第六阶段将零件从模具中取出,冷却后观察其回弹现象。

零件回弹后的几何尺寸由图 11－51 所示三个参数来表示,分别是表示筒底与筒壁夹角的 θ_1、表示筒壁与法兰夹角的 θ_2,以及表示筒壁残余曲率的 κ。在理想情况即不发生回弹的情况下,θ_1 与 θ_2 应为 $90°$,κ 应为 0。在后续模拟中,将以 $\Delta\theta_1$、$\Delta\theta_2$ 和 $\Delta\kappa$ 来表示回弹情况。

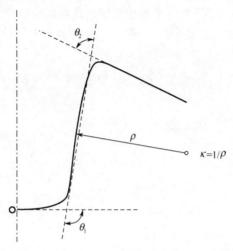

图 11－51　表示回弹的三个参数

有限元模拟的准确性在很大程度上取决于材料的本构关系能否真实地反映材料真实的力学特性。因此使用恰当的材料模型和真实的材料力学性能参数是回弹模拟准确与否的重要因素。本章将在第 4 章所述模拟平台的基础上,建立相应的回弹研究有限元模型进行研究。此外,应用显式算法模拟成形工艺既可降低计算成本,同时也可以缓解收敛问题;但对于回弹模拟,则比较偏向于隐式算法,因其可以准确且有效地模拟卸载过程。所以,最佳的方案是同一有限元软件中同时含有隐式算法和显示算法,同时二者之间可以进行自动转换。但是,从文献[10]中可以获知,在温热条件下,很难将显示算法得到的成形结果用于隐式算法中进行回弹分析,因为在温热条件下,材料的性能会随温度产生变化,同时,两种算法对接触的定义也不尽相同。因此,在本章中,将同时采用隐式算法进行成形模拟及回弹分析。

11.6　典型件充液热介质成形回弹现象研究

11.6.1　回弹模拟方法的实验验证

首先,通过实验与模拟的对比,研究各最优拉深情况下温度场分布对回弹量的影响,并对回弹模拟方法进行验证。如图 11－52(a)所示为常温下(20℃)筒形件充液成形实验件截面截图与模拟件截面截图,图11-52(b)~图11-52(d)分别为差温温度场150℃、200℃和250℃时筒形件充液热介质成形实验件与模拟件的截面截图。图11-53给出了各最优拉深情况下温度场对回弹量的影响的实验测量结果与模拟测量结果对比。由图中可以看出,相较于常温下的充液成形,充液热介质成形的回弹量要小,且随着差温温度场的升高,回弹量呈减小的趋势。此外,实验测得的$\Delta\theta_1$、$\Delta\theta_2$和$\Delta\kappa$值均高于模拟测量值,但总体趋势相吻合,可能的原因是实验件的回弹量有一部分来自于线切割所造成的回弹。

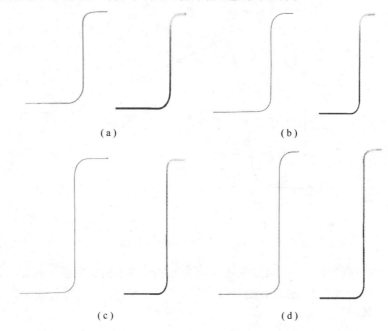

图11-52　零件回弹后截面形状实验结果与模拟结果的对比图

(a) 20℃;(b) 150℃;(c) 200℃;(d) 250℃。

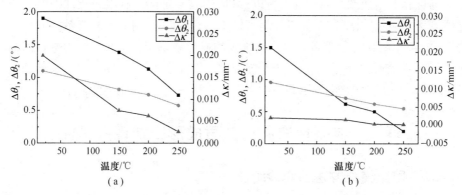

图11-53　温度场对回弹量的影响实验测量结果与模拟测量结果对比

(a) 实验测量结果;(b) 模拟测量结果。

11.6.2 等温温度场对回弹的影响

首先研究在等温温度场下成形温度对筒形件回弹的影响,即将板料与模具加热至同一温度水平。不同温度下筒形件回弹后的截面形状如图 11-54 所示,由图中可以看出各温度下截面形状的回弹趋势。根据之前给出的回弹计算方法得到不同温度下的回弹参数 $\Delta\theta_1$、$\Delta\theta_2$ 和 $\Delta\kappa$ 如图 11-55 所示。由图中可以看出,$\Delta\theta_1$、$\Delta\theta_2$ 和 $\Delta\kappa$ 均随着温度的升高而减小,即较高的温度场可以有效抑制回弹。当温度由 20℃升至 300℃时,$\Delta\theta_1$ 由 1.302° 降至 0.345°,$\Delta\theta_2$ 则由 0.915° 降至 0.021°,$\Delta\kappa$ 由 0.00709m^{-1} 降至 3.3×10^{-4}m^{-1}。

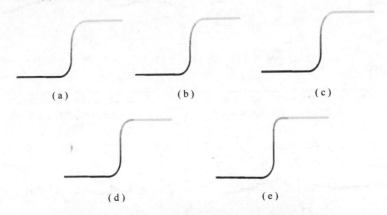

图 11-54 等温温度场不同温度回弹后的截面形状

(a) $T=20℃$;(b) $T=150℃$;(c) $T=200℃$;(d) $T=250℃$;(e) $T=300℃$。

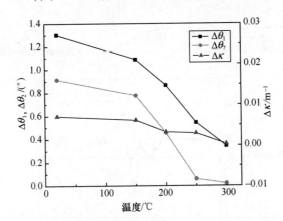

图 11-55 等温温度场下不同温度对回弹参数的影响

图 11-56 所示为等温温度场下不同温度回弹前后等效应力对比图。从图中可以看出,回弹后,等效应力值大幅降低。其次,回弹前,筒壁距筒底 30mm 处应力值最小,但是,回弹后,该处应力值反而最大。从筒形件拉深不同截面位置的受力

情况进行分析,凸模圆角附近处于弯曲状态,该区域回弹后应力值的降低可归因于筒壁部位的反弯曲效应;筒壁部位的受力状态比较复杂,处于弯曲/反弯曲以及使筒壁保持笔直的反向弯曲的综合影响,卸载前,该部位承受着很大的弯曲作用,因此卸载后该处的回弹量也相对较大;凹模圆角区域也处于弯曲状态,其回弹后应力值的降低也可归因于筒壁部位的反弯曲效应。此外,从图中还可以看出,随着温度的升高,回弹前后应力值的变化幅度减小。这是因为,随着温度的升高,铝合金强度降低而延伸率增大,回弹后的残余弯矩也减小,筒壁回弹后的曲率变化也相应减小。

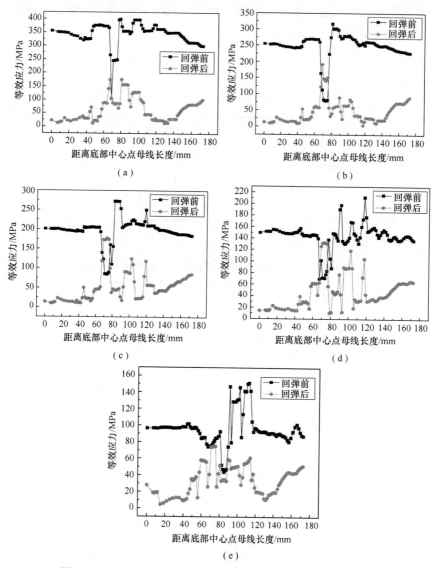

图 11-56 等温温度场下不同温度回弹前后等效应力对比图

(a) $T = 20℃$;(b) $T = 150℃$;(c) $T = 200℃$;(d) $T = 250℃$;(e) $T = 300℃$。

11.6.3 差温温度场对回弹的影响

由第 11.4 节有关工艺参数的模拟结果可知,铝合金充液热介质成形时,差温温度场下成形效果要好于等温温度场,即将凹模与压边圈加热至同一温度水平同时将凸模冷却更有利于成形。相应地,本节也研究了差温温度场对回弹的影响,保持凸模温度为 50℃,凹模与压边圈的温度一致,选择 150℃、200℃和 250℃三种温度情况,以下分别简称差温温度场 150℃、差温温度场 200℃和差温温度场 250℃。

图 11-57 所示为差温温度场不同温度时回弹后的截面形状图。图 11-58 所示为差温温度场下回弹参数 $\Delta\theta_1$、$\Delta\theta_2$ 和 $\Delta\kappa$ 随温度的变化曲线。从图中可以看出,$\Delta\theta_1$、$\Delta\theta_2$ 和 $\Delta\kappa$ 均随着温度的升高而减小,当温度由 150℃升至 250℃时,$\Delta\theta_1$ 由 1.843°减小至 1.197°,$\Delta\theta_2$ 由 0.621°减小至 0.077°,$\Delta\kappa$ 则由 0.005189m^{-1}降至 0.002505m^{-1}。此外,由图中还可以看出,各温度条件下,$\Delta\theta_1$ 值均要高于 $\Delta\theta_2$ 值。这是因为 θ_1 表示的是筒形件筒底与筒壁之间的夹角,在差温温度场下,凸模冷却,使得这一区域的温度梯度较大,回弹前后的变形量也相对较大。

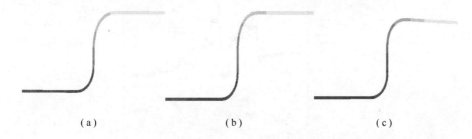

(a)   (b)   (c)

图 11-57 差温温度场下不同温度回弹后的截面形状

(a) $T=150℃$;(b) $T=200℃$;(c) $T=250℃$。

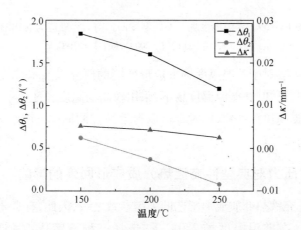

图 11-58 差温温度场下不同温度对回弹的影响

图 11 -59 所示为差温温度场下不同温度回弹前后等效应力的对比图。与等温情况类似,回弹发生后,等效应力值将大幅降低,且随着温度场的升高,回弹前后等效应力值的变化幅度越小。

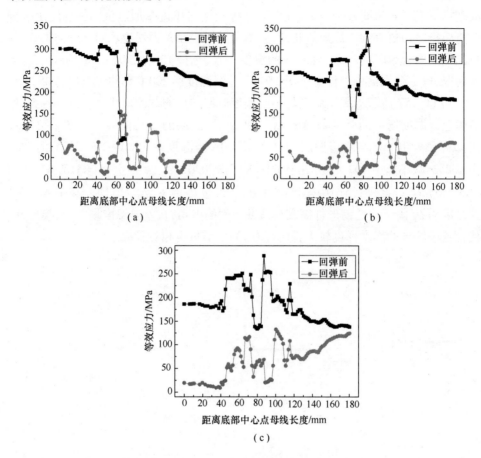

图 11 -59 差温温度场下不同温度回弹前后等效应力对比图
(a) $T = 150℃$;(b) $T = 200℃$;(c) $T = 250℃$。

综合第 11.4 节对于差温温度场下成形性能的研究以及本节关于差温温度场下回弹量的研究,可知,在差温温度场下,采用较高的温度梯度分布,不仅可以显著改善成形性能,提高拉深系数,同时也可以有效地控制回弹,使成形零件更准确地贴近模具的几何尺寸。

11.6.4 液室压力对典型件充液热介质成形回弹的影响

液室压力是充液热介质成形工艺的关键参数之一,因此,有必要研究液室压力对回弹的影响。在差温温度场 250℃ 下,选择三种液室压力 15MPa、25MPa 和 30MPa,在同等条件下研究液室压力对筒形件回弹量的影响。

图 11 - 60 所示为差温温度场 250℃下不同的液室压力时筒形件回弹后的截面形状。图 11 - 61 所示为差温温度场 250℃下液室压力对回弹参数的影响。从图中可以看出,$\Delta\theta_1$ 和 $\Delta\theta_2$ 均随液室压力有着较大的变化,而 $\Delta\kappa$ 的变化趋势不明显。$\Delta\theta_1$ 随液室压力的增大而减小,当液室压力由 15MPa 增加至 30MPa 时,$\Delta\theta_1$ 由 0.174°减小至 0.033°;$\Delta\theta_2$ 也随液室压力的增大而减小,当液室压力由 15MPa 增加至 30MPa 时,$\Delta\theta_2$ 由 0.766°减小至 0.289°。

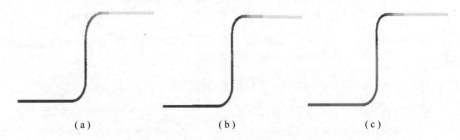

图 11 - 60   差温温度场 250℃不同液室压力下的回弹后零件截面形状
(a) $p = 15\mathrm{MPa}$;(b) $p = 25\mathrm{MPa}$;(c) $p = 35\mathrm{MPa}$。

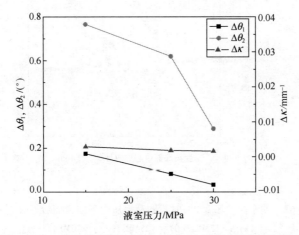

图 11 - 61   差温温度场 250℃时液室压力对回弹参数的影响

此外,由图中还可以看出,在各液室压力下,$\Delta\theta_2$ 的值均要高于相应的 $\Delta\theta_1$ 值。这是因为,在充液热介质成形中,液室压力影响零件的侧壁形状精度,压力越高,由液压产生的反胀给侧壁附加的拉力越大,侧壁的形状冻结能力越高,成形过程中的毛坯与凸模的贴模性越好,即使在模具间隙为 2 倍板材厚度条件下,仍可以得到比普通拉深方法更高内径精度的零件。因此,反映在回弹参数上,$\Delta\theta_1$ 的值也相对较低[11]。

图 11 - 62 所示为差温温度场 250℃时不同液室压力下回弹前后等效应力对比。由图中可以看出,回弹后,等效应力显著降低。此外,随着液室压力的升高,回

弹前后应力值的变化幅度增大。这是因为随着液室压力的增大,板料成形过程中的胀形、弯曲和反弯曲变形越加强烈,使得卸载后板料内部的应力分布变化越显著。

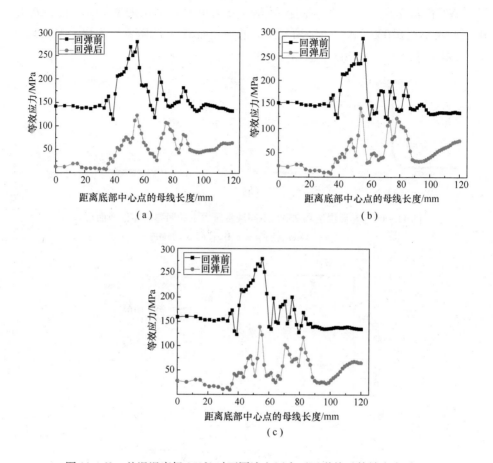

图 11 - 62　差温温度场 250℃时不同液室压力下回弹前后等效应力对比
(a) p = 15MPa;(b) p = 25MPa;(c) p = 30MPa。

11.6.5　压边力对典型件充液热介质成形回弹的影响

压边力也是影响充液热介质成形零件回弹的敏感因子之一,与对液室压力的影响的研究类似,在差温温度场 250℃下,在保证必要的成形质量的前提下,选择三种压边力 50kN、70kN 和 90kN 在同等条件下研究压边力对筒形件回弹量的影响。

图 11 - 63 所示为差温温度场 250℃下不同的压边力时筒形件回弹后的截面形状。图 11 - 64 所示为差温温度场 250℃下压边力对回弹参数的影响。从图中可以看出,$\Delta\theta_1$ 和 $\Delta\theta_2$ 均随压边力有着较大的变化,$\Delta\theta_1$ 随压边力的增大而减小,

当压边力(F)由 50kN 增加至 90kN 时,$\Delta\theta_1$ 由 0.222°减小至 0.043°。$\Delta\theta_2$ 随压边力的变化趋势较显著,也随压边力的增大而减小,当压边力由 50kN 增加至 90kN 时,$\Delta\theta_2$ 相应地由 0.786°减小至 0.113°。且在相同的压边力条件下,$\Delta\theta_2$ 值均高于 $\Delta\theta_1$ 值,这是因为 $\Delta\theta_2$ 为法兰区域的回弹,因此受压边力的影响较大。此外,$\Delta\kappa$ 随压边力的变化不明显。

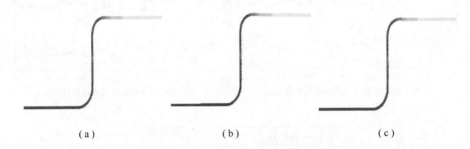

图 11 -63   差温温度场 250℃不同压边力下的回弹后零件截面形状
(a) $F = 50$kN;(b) $F = 70$kN;(c) $F = 90$kN。

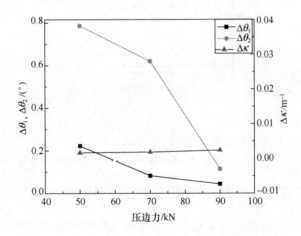

图 11 -64   差温温度场 250℃压边力对回弹参数的影响

由此可见,回弹量随压边力的增大呈减小趋势,这可以从简单的弯矩与曲率之间的关系来解释。达到一定曲率所需的弯矩会随着拉力的增加而减小。因此,在较高的压边力条件下,拉深力也会相应有所增高,弹性卸载后所引起的回弹量则会相应减小。

图 11 -65 所示为差温温度场 250℃时不同压边力下回弹前后等效应力对比图。由图中可以看出,在筒底及筒壁部位的变化幅度基本一致,但是在法兰部位,随着压边力的增大,回弹前后等效应力的变化幅度呈增大趋势。这是因为压边力作用于法兰部位,对这一区域的影响较明显。

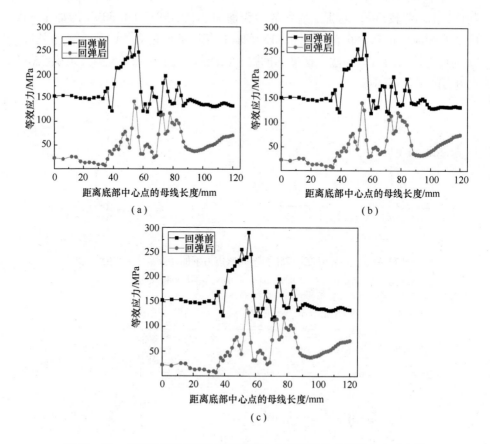

图 11 – 65　差温温度场 250℃时不同压边力下回弹前后等效应力对比图

(a) $F = 50\text{kN}$；(b) $F = 70\text{kN}$；(c) $F = 90\text{kN}$。

11.6.6　拉深速度对典型件充液热介质成形回弹的影响

此外,拉深速度对充液热介质成形零件的回弹也有着一定的影响,与对液室压力的影响的研究类似,在差温温度场 250℃下,选择三种拉深速度 2mm/s、5mm/s 和 7mm/s 在同等条件下研究拉深速度对筒形件回弹量的影响。

图 11 – 66 所示为差温温度场 250℃下不同拉深速度时筒形件回弹后的截面形状。图 11 – 67 所示为差温温度场 250℃下拉深速度对回弹参数的影响。从图中可以看出,$\Delta\theta_1$ 和 $\Delta\theta_2$ 均随拉深速度有着较大的变化,$\Delta\kappa$ 则随拉深速度变化不明显。当拉深速度由 2mm/s 增加至 5mm/s 时,$\Delta\theta_1$ 由 – 0.481°变为 0.082°,即回弹方向发生改变,如图 11 – 68 所示。当拉深速度继续增加至 7mm/s 时,$\Delta\theta_1$ 降为 0.06°。这是因为当拉深速度过低时,会降低材料强度同时提高材料的延展性,这点可以从第 2 章的单拉试验曲线看出。较低拉深速度下的这一特点使得反向弯曲

的影响表现显著,因此引起回弹方向与传统的回弹方向相反。此外,$\Delta\theta_2$ 随拉深速度的增加呈上升趋势,当拉深速度由 2mm/s 增加至 7mm/s 时,$\Delta\theta_2$ 由 0.152° 增加为 0.954°。

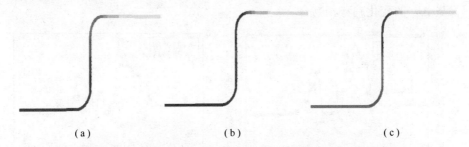

图 11-66　差温温度场 250℃不同拉深速度下的回弹后零件截面形状

(a) 2mm/s;(b) 5mm/s;(c) 7mm/s。

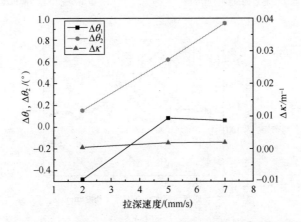

图 11-67　差温温度场 250℃拉深速度对回弹参数的影响

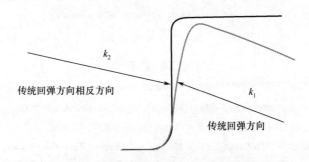

图 11-68　不同工艺条件下筒壁的回弹方向

因此,总的来说,为了改善零件的成形精度并提高成形性能,温热成形时比较偏向于较低的拉深速度,如本次充液热介质成形实验中所选用的拉深速度为 5mm/s。当然,在具体的工业应用中,还得综合考虑生产率。

351

图 11-69 所示为差温温度场 250℃时不同拉深速度下回弹前后等效应力对比。由图中可以看出,回弹前后,法兰部位的等效应力变化幅度基本一致,但在筒底部位,随拉深速度的增大,等效应力的变化幅度呈先增后减的趋势,这与测得的回弹量 $\Delta\theta_1$ 的变化趋势相吻合。

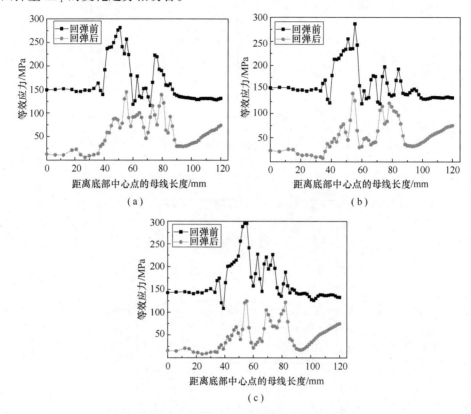

图 11-69   差温温度场 250℃时不同拉深速度下回弹前后等效应力对比

(a) $v = 2\text{mm/s}$;(b) $v = 5\text{mm/s}$;(c) $v = 7\text{mm/s}$。

参 考 文 献

[1] 陈火红,等. MSC. Marc/Mentat2003 基础与应用实例[M]. 北京:科学出版社,2004.

[2] 席源山,陈火红,等. MSC. Marc 温度场及其耦合场分析培训教程[Z]. 2001. 12.

[3] TAKUDA H, MORIB K, MASUDAA I. Finite Element Simulation of Warm Deep Drawing of Aluminum Alloy Sheet When Accounting for Heat Conduction[J]. Journal of Materials Processing Technology, 2002 (120): 412-418.

[4] LANG L, DANCKERT J, NIELSEN K B. Investigation Into the Effect of Pre - Bulging During Hydromechanical Deep Drawing with Uniform Pressure Onto the Blank[J]. International Journal of Machine Tools & Manufacture, 2004(44):649-657.

［5］ GB/T 3246.1. 变形铝及铝合金制品显微组织检验方法［S］. 北京：国家质量技术监督局,2000.

［6］ 胡建强. 7075 铝合金控制轧制过程的实验模拟［D］. 长沙：中南大学,2003.

［7］ 朱东坡,孙琨,等. 板料成形回弹问题研究新进展［J］. 塑性工程学报,2000(7):11 – 15.

［8］ 武晓红. 板料弯曲回弹的机理分析及减少回弹措施［J］. 模具技术,2002(5):45 – 48.

［9］ 张冬娟. 板料冲压成形回弹理论及有限元数值模拟研究［D］. 上海：上海交通大学,2006.9.

［10］ KIM H S,KOC M. Numerical Investigations On Springback Characteristics of Aluminum Sheet Metal Alloys in Warm Forming Conditions［J］. Journal of Material Processing Technology,2008 (204) 370 – 383.

［11］ KIM H S,KOC M,NI J. Determination of Proper Temperature Distribution for Warm Forming of Aluminum Sheet Materials［J］. Asme J Manuf Sci Eng,2006a(128):613 – 621.

第12章　热介质充液隔膜成形及固体颗粒柔性介质成形新技术

12.1　热介质充液隔膜成形

隔膜成形(Diaphragm Forming)是一种特别适合于热塑性纤维增强复合材料等轻质板材成形的先进板材成形方法[1],它是将板料限制在两张膜片之中加热软化,之后靠变形成形使层合板覆盖在模具上的一种成形方法。热介质充液隔膜成形(Warm Diaphragm Hydro – forming)是综合了气压隔膜成形与液压成形的工艺特点而发展起来的一种新型板材成形工艺。该工艺由液室压力为板料变形提供载荷,使其沿模具变形,由刚性模提供板料成形所需的约束与形状。它使用液态介质作为加压介质,模具固定更简单——仅需要固定一侧;成形压力均匀,且压力便于控制。热介质充液隔膜成形同时还具有简化模具、生产周期短、效率高、成本低、降低板材产生褶皱倾向等优点。

该工艺十分适合生产具有双重曲面形状的复合材料零件[2],在成形过程中,材料纤维能实现自适应流动,均匀分布,相较传统手糊复合材料热压罐成形,其生产的制件性能有很大的提高。

12.1.1　热介质充液隔膜成形技术的基本原理

热介质充液隔膜成形工艺如图12 – 1所示。

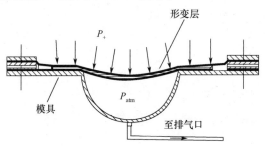

图12 – 1　热介质充液隔膜成形工艺示意图

（1）排出隔膜之间的气体,将复合材料预浸料层合板和隔膜组装到一个密封的模具中;

（2）将整个装配体加热到复合材料树脂基体的熔点以上，达到工艺温度后下腔液室加压，两隔膜之间的复合材料层合板受压变形，进入低压的模具工装中；

（3）当变形过程结束后，制件在工艺压力下冷却固化，之后卸载液室压力，从模具中取出制件，并从制件上剥去隔膜。

由于隔膜之间的预浸料层合板不受约束，当预浸料熔融时，其刚度小于隔膜刚度，层合板就会随着隔膜的变形而成形为所需的零件形状。在形变过程中，处于拉伸状态的隔膜保证层合板处于双轴拉伸状态，从而防止制件中的纤维发生屈曲和褶皱。

12.1.2　热介质充液隔膜成形技术的特点

12.1.2.1　热介质充液隔膜成形的分类

热介质充液隔膜成形通常采用以下几种成形方式：固定凸模方式、活动凸模方式、凹模胀形方式等。

（1）固定凸模，如图12-2所示。固定凸模是隔膜成形中常用的模具固定形式，板料被压在凸模表面完成压力加工，成形件的内表面与凸模形状一致。模具固定方式简单，可用于成形圆角半径较小的零件。

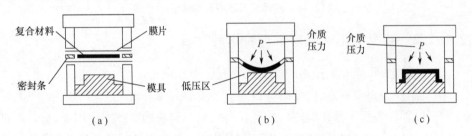

图 12-2　固定凸模隔膜成形工艺示意图

（a）放置坯料；（b）加压；（c）成形。

（2）活动凸模，如图12-3所示。对于具有较完善加压控制装置的液压机，可采用活动凸模成形方式。成形初期上腔液室压力小于下腔，使坯料发生预成形。然后凸模上移与坯料接触，调节上、下腔液室压力，并逐渐使上腔压力大于下腔压力，完成制件成形。相较固定凸模方式，该工艺方法模具部件较多，液压控制系统较为复杂，对压机性能要求较高。但由于加入预成形工艺，材料细观纤维走向更加合理，成形后制件的性能更好[3]。

（3）凹模胀形，如图12-4所示。凹模胀形是将板料进入模腔内通过胀形来实现成形的一种方法。这种工艺使用简便、易操作，适合成形大多数纤维增强复合材料层合板制件，尤其适用于制造大型双曲面复合材料制件。

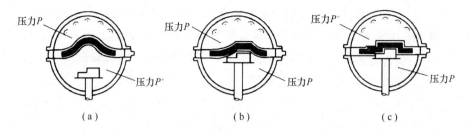

（a） （b） （c）

图 12 - 3 活动凸模隔膜成形工艺示意图

（a）预成形；（b）凸模上移；（c）成形。

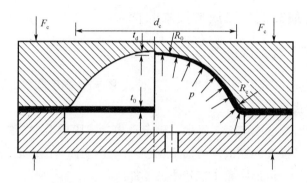

图 12 - 4 凹模胀形隔膜成形工艺示意图

12. 1. 2. 2 热介质充液隔膜成形技术的优点

热介质充液隔膜成形技术的优点主要有以下几点：

（1）制件表面质量好，精度高。因热介质充液隔膜成形过程中隔膜始终紧贴零件，所以零件表面无擦伤痕迹。并且在高压和与膈膜间摩擦力作用下，材料时刻处于双向拉伸状态，材料的塑性可得以充分发挥，大大抑制起皱的发生，零件的回弹减小，贴模精度提高。且成形时压力均匀，加工零件表面质量好，外形准确度高。

（2）制件性能提高。由于变形过程中厚度变化较均匀，材料内部纤维的损伤率大大降低，且纤维能自适应流动，均匀分布，较传统成形工艺成形的制件性能有很大提高。

（3）工艺简单，制件成本低，效率高。由于只有一个刚性模具，只需半模成形，不用合模，简化了模具，压机的准备时间大大降低；又由于该工艺将基体加热固化和变形成形两个工艺步骤合二为一，大大缩短了制件加工周期，降低了制造费用，提高了加工自动化程度。由于直接在压力机上使用预制成形的复合材料层合板预浸料进行加工，省去了现场纤维铺覆工艺步骤，减小了由于工人操作失误或铺覆环境对材料性能的影响，工艺重复性好、质量稳定，并且工人劳动条件好，劳动强度较低。

356

（4）适合复合材料加工。热介质充液隔膜成形十分适合于生产成形性能差、强度高的热塑性复合材料制件，并且随着热固性基体复合材料变形成形技术的渐渐起步，此工艺也将逐步应用于热固性复合材料制件的加工。由于该技术具有的较高的加工效率，其生产的制件具有优良的性能，故该工艺有望使复合材料替代一些传统的金属制件的使用，对减轻零件重量、降低能耗、节能环保产生积极的推动作用。

12.1.2.3　热介质充液隔膜成形技术的缺点

该成形工艺的主要缺点是需要为每个制件制作两张膜片，从而增加了零件的制造成本；此外，由于液体介质的使用温度有限，不能成形基体材料玻璃态转变温度太高的纤维增强复合材料板材。

12.1.3　热介质充液隔膜成形技术的研究现状

热介质充液隔膜成形技术起源于隔膜成形技术，最初是以超塑性金属成形与复合材料热压成形为基础开发出的一种适合于热塑性复合材料成形的新型工艺方法。Barnes 和 Cattanach 于 1983 年首先报道了隔膜成形技术，经过研究人员的不断完善和改进，使其成为能够快速成形热塑性复合材料制件的一种工艺方法。

12.1.3.1　热介质充液隔膜成形技术的国外研究现状

1988 年，Mallon 和特拉华大学的 Smiley 分别发表了关于热塑性聚合物基长纤维增强复合材料和热塑性碳纤维增强复合材料的隔膜成形技术的研究情况，通过实验研究和制件性能测试，证明这种被称为隔膜成形的工艺技术是制造复杂热塑性复合材料制件非常成功的方法[4]。

1990 年，Limerrich 大学的 Monaghan 等人选用了一个高温线性可变差动变压器（LVDT）来检测制件形变过程的偏差，处理了一系列位移测试结果，研究和控制形变过程[5]。在实验过程中，计算机读入 LVDT 的中心位移，并通过调节压力变化来控制位移速率。通过压力的调节，中心弯曲位移速率可以控制在 3 ~ 25mm/min。图 12 - 5 所示为压力和位移与时间的关系曲线，可以清楚地看出非线性的加压速率才能实现恒定的成形速率。

1995 年，瑞士联邦技术学院的 S. Delaloye 等人对一个标准热气压橡皮隔膜成形过程的分析表明，对复合材料层压板和成形模具进行加热的阶段是最耗时的工步[6]。因此，他们将红外线作为一种快速加热的方法，用来加热热塑性塑料层压板及其成形模具，并且设计了一台先进的热塑性复合材料成形设备，以期缩短成形周期，提高工艺自动化程度，并使用计算机设定成形参数和控制工艺。通过优化，

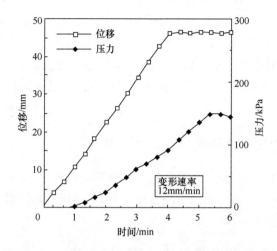

图 12 – 5 使用 Upilex – R 隔膜的(0/90)2 SAPC2 制件位移和压力对时间的关系

提高升温速率,可以实现一个加热周期从 30min 减少到 5min。另一方面,将人工装夹时间从 10min 减少至 2min,加上 10min 成形和保压试件,最终可在 20min 时间内完成一个结构复杂的热塑性复合材料零件的成形。

  1995 年,S. G. Pantelakis 等人对用于热塑性复合材料生产的高效率的橡皮隔膜成形工艺进行了实验研究[7],分析了能够提高质量的工艺参数,提出了一种能够优化产品质量和降低制造成本的通用准则。其中引进了涉及产品质量和成本的敏感性分析因素,成为对该技术的一项重大改进,提出了新的隔膜成形设备设计方案,并新增了一个红外辐射控制机制。优化后的新的隔膜成形设备已投入生产使用,用于制造 PP – E/glass 热塑性复合材料制件,应用前景十分广阔。

  1995 年,以色列戈尔伟大学的 G. B. Mcguinness 等人对纤维增强层压板橡皮隔膜成形过程进行了有限元分析,预测了单向屈曲、跨层和准各向同异性层合板等模型的成形性能[8],提出了层压材料中的应力是作用于每个层的平均应力这一个重要假设,这就假定了每一层的应力是相对独立并不是相互作用的。对于单向纤维带和编制纤维布铺成的层压板,与纤维方向成 45°方向的剪应力决定了屈曲形式。但对于准各向同性的层压板,轴向应力导致了纤维移动并决定了失稳的发生。而切向应力的大小取决于这些切纤维的长度,以及工件的几何特征。他们用相对应的实验和数值模拟对圆形、方形等形状的准各向同性试件进行了试验,其模拟结果准确预测了层压板产生较严重失稳的位置,并指出对层压板完整的稳定性分析需要对数值模拟和实验结果进行比较,虽然应力模拟遵从实验结果,但仍不能由模拟结果完全解释实验中的失稳问题。

358

1998 年,新西兰奥克兰大学的 J. Krebs 等人研究了层压板隔膜成形中的跨层剪切问题[9]。文献中报道了如果层压板每一层或纤维束间有足够多的基体材料,跨层滑动模式将占据主导地位。他们通过实验对所施加的约束进行优化配置,实验设备如图 12 - 6 所示。同时提出采用双层隔膜成形一般能够使纤维层得到更好的自由流动并得到更好的表面粗糙度,法兰厚度变化相对来说也较低。然而,隔膜成形也会限制材料的流动,往往会导致生产的制件产生严重的屈曲变形。文献中报道这样的平面起皱通常是由于层压板两个相邻的纤维层发生程度不同的变形而发生相对运动所造成的。

图 12 - 6   J. Krebs 等人实验用隔膜成形设备

2002 年,美国麻省理工学院的 T. G. Gutowski 等人对控制橡皮隔膜成形过程中起皱的问题进行了研究[10]。依据运动学基本定理对实际工件尺寸进行了缩放。此外,从运动学定义中观察到的变化趋势提出了缩放定律的偏差描述。他们特别针对工件的尺寸效应对运动学的影响进行了观察,并提出了对缩放定律进行改进的经验性建议。

2009 年,希腊佩雷斯大学的 S. G. Pantelakis 等人对一个热塑性塑料复合材料零部件的制造工艺进行了优化[11],对提高产品质量和降低生产成本提出了新的概念,其中包括控制生产过程中的废品率和降低生产过程中的加热冷却周期。他们重新推导计算了加热冷却的周期和相应的加热单元的配置,使热塑性复合材料的制造加工周期大幅减小。欧洲直升机公司利用其所开发的软件,对生产工艺进行了优化,采用热橡皮隔膜成形生产了一款新形直升机前罩,如图 12 - 7 所示。通过对加热冷却周期的控制和优化,提高了产品质量并降低了生产成本。

12.1.3.2   热介质充液隔膜成形技术的国内研究现状

在国内,热介质充液隔膜成形技术的研究工作尚处于起步阶段,走在前列的研究单位主要包括北京航空航天大学、哈尔滨工业大学等几所高校。

哈尔滨工业大学充液成形工程研究中心在热态内高压充液成形机理及关键技

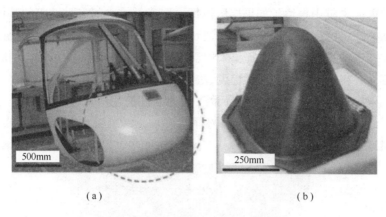

(a) （b）

图 12 - 7　欧洲直升机公司直升机前罩

(a) 实际零件；(b) 1：3 缩比试验件。

术的研究方面取得了一些研究成果。其主要研究铝合金和镁合金热塑性变形行为、热变形中材料性能的影响因素、温热介质充液成形热力耦合数值模拟，及温热介质充液成形装置等[12]。为我国热介质充液隔膜成形技术的研究开发工作奠定了坚实的基础。

北京航空航天大学板料成形研究中心在成功开发出 6300/2500kN 温热介质成形设备并调试成功的研究基础上，目前已就热介质充液隔膜成形技术展开了研究，并取得了一系列先期研究成果。他们通过相关基础性能试验[13]，获取了材料的基本性能参数，并对其变化规律进行了研究，在相关有限元模拟软件中进行了模拟分析(图 12 - 8)，研究关键工艺参数对热介质充液隔膜成形技术的影响。

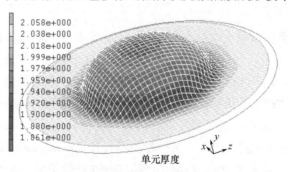

图 12 - 8　有限元模拟

12.1.4　热介质充液隔膜成形技术的应用领域

热介质充液隔膜成形技术可以生产双重曲面形状，并能精确控制纤维的铺放，对于成形具有双曲率的大型复合材料部件具有非常重要的意义。其主要用于生产原料为高性能长纤维或连续纤维热塑性复合材料(包括片状模塑料 SMC)的薄板覆盖件、梁或肋等结构件,现在也已有利用该工艺进行热固性复合材料成形的相关研究报道。

适合于采用热介质充液隔膜成形的纤维增强复合材料制品,最初主要应用于航空航天领域和特殊需求的工业品,近几年开始在汽车、体育休闲等民用领域应用[14]。

在汽车工业中,适合采用热介质充液隔膜成形技术成形的汽车零部件主要包括采用 SMC 等材料制造的车体、车门、仪表盘、引擎罩、前后围板、前后保险杠、车顶内(外)板、车轮开口罩、行李舱、挡泥板、水箱罩、座椅骨架、车身装饰物嵌饰条、空调器外壳等具有一定表面要求和结构要求的薄板覆盖件。

在电子设备中,热介质充液隔膜成形技术可用于制造弧度变化大、曲面尺寸要求严格的天线反射体和辐射面罩等器件,如图 12-9 所示。

在民用体育器材方面可用于制造个人滑板、滑雪板、赛车、摩托艇、头盔等使用纤维增强热塑性复合材料制造的部件。如图 12-10 所示为热塑性复合材料滑板。

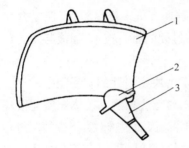

图 12-9　抛物面天线

1—抛物面天线;2—辐射器罩;3—辐射器。

图 12-10　热塑性复合材料滑板

在航空航天器方面,由于复合材料,特别是碳纤维复合材料等具有比刚度高、比强度高、可设计性强、抗疲劳断裂性能好、耐腐蚀、结构尺寸稳定以及便于大面积整体成形的独特优点,在航空航天器结构上已得到广泛的应用,现已成为航空航天领域继铝、钢、钛之后使用的四大结构材料之一[15]。复合材料在航空航天领域除主要用作为结构材料外,在许多情况下还可满足种种功能性要求,诸如透波、隐身等,使结构具有承载和特殊功能于一体。航空航天领域中有众多薄板型覆盖件,很多都有很特殊的曲面结构,这正是热介质充液隔膜成形技术的优势所在,因此,有很大的应用发展潜力。

长纤维增强复合材料不仅用于民用飞机结构的次要部件(如尾翼前后缘、整流罩、雷达罩、起落架舱门等),而且逐渐扩大到其主要部件上(如机翼蒙皮、梁和机身蒙皮等)[16]。而其中很大部分的覆盖件和结构件都适用于采用新的热介质充液隔膜成形技术成形。

12.1.5 热介质充液隔膜成形技术发展中存在的问题及未来的研究方向

（1）热介质充液隔膜成形过程中材料本身会对其成形造成一定的困难。其原因主要来自于纤维本身缺乏延展性。由于这是纤维增强复合材料的固有特性，这就需要研究人员在对制件进行结构设计时，考虑到制件成形工艺的特点和要求，充分考虑到纤维的低延展性对成形极限及成形构件性能的影响，发展总结出一套完整的纤维增强复合材料板的成形规律与准则，适用于未来大规模生产环境中。

（2）热介质充液隔膜成形过程中真空状态难以保证。由于塑料基体在固化和胶连过程中会发生很多反应，基体材料中的挥发成分需要排出，否则挥发成分一旦进入制件基体，将会形成气孔等缺陷。故热介质充液隔膜成形对真空条件要求比较苛刻，如何保证并保持制件与膜片之间的真空状态，将是未来的重点研究内容，同时也需要对所使用的膜片、真空袋等部件的性能、材质及可回收能力开展相关的研究工作。

（3）热介质充液隔膜成形过程中的密封要求。相比使用气体作为加压介质，热介质充液隔膜成形工艺使用液体作为加压介质具有很多优良特性，但复合材料板材对油液十分敏感，若没有良好的密封条件和过硬的密封技术，油液与复合材料浸渍后会对材料基体、基体与纤维间的润湿产生十分恶劣的影响。在未来的研究中，针对工艺制定及模具设计的同时，还需要着重解决密封性的实现问题。

（4）热介质充液隔膜成形中的变形和纤维流动无法预测。在热介质充液隔膜成形过程中，坯料是在一个封闭的环境中加工成形的，因而很难对其形变情况进行直接观测，更无法预测板料变形时纤维流动状态与趋势、壁厚变薄等情况的发生。这就需要研究人员利用合适的软件对制件成形过程进行模拟分析，以此制定热介质充液隔膜成形工艺的规范。但如何建立在准确描述热力耦合条件下，具有各向异性的复合材料板材在大变形情况下的适用模型，仍是未来需要加强的研究方向之一[17]。

12.2 板材热态固体颗粒成形技术

12.2.1 成形原理[18-21]

与充液拉深成形方式类似，不同的是利用固体颗粒代替液体和黏性介质作为传压介质。当凸模下行压缩固体颗粒时，由于固体颗粒不具备理想液体那样的流动性，帕斯卡定律不适应，固体颗粒间相互摩擦挤压并产生非均匀传压效果。同样利用凸模与坯料间的有益摩擦，在反向压力的作用下坯料贴在凸模表面，使坯料按照凸模的形状成形，其原理图如图12-11所示。可用固体颗粒介质一般为陶瓷颗粒、细砂、钢球等。

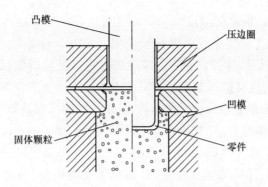

图 12 - 11　固体颗粒介质板料拉深成形原理图[20]

12.2.2　国内外研究现状

　　2005 年燕山大学的赵长财[20]首次提出了采用固体颗粒代替刚性(或弹性体、液体)凸模的作用对板材拉深成形试验以及颗粒介质传力规律进行了初步研究,并申请了《金属板料半模成形工艺》中国发明专利[22],将该工艺命名为 Solid Granules Medium Forming Technology(SGMF)。在河北省自然科学基金及国家资金基金的支持下,赵长财等对板材拉深成形、管材胀形等进行了系统的研究,试制零件及相关模具工装如图 12 - 12 所示。

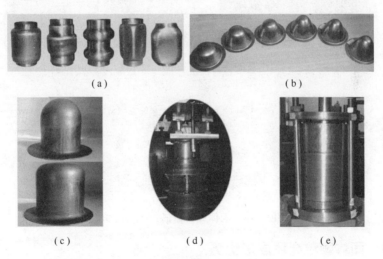

图 12 - 12　固体颗粒研究试样及实验工装[20,23,24]
(a) 管材成形试样;(b) 锥形试样;
(c) 镁合金拉深试样;(d) 板材拉深工装;(e) 管材胀形工装。

　　2008 年南京航空航天大学的陈国亮[18]采用陶瓷颗粒作为介质进行了拉深成形研究,就颗粒直径对试件表面质量和厚度进行了研究。2010 年德国纽伦堡埃朗根大学的 Grüner 等[25,26]采用 Drucker - Prager - Cap 材料模型来模拟固体颗粒介质成形,进行了固体颗粒压缩试验和剪切试验以获取 Drucker – Prager – Cap 模型参数,对陶瓷颗粒高温拉深成形进行了模拟。2010 年沈阳航空工业学院的袁海环[19]对 LY12M 材料固体颗粒介质拉深成形进行了试验研究,指出固体颗粒介质拉深新工艺相比刚性模拉深工艺可以明显提高板料的极限拉深比,壁厚分布更加均匀。2011 年沈阳航空航天大学的李鑫[27]研究了固体颗粒介质弯曲成形回弹问题,设计了专用弯曲模具,对 U 形和 V 形试样回弹角度、最小弯曲半径等进行了研究,如图 12 – 13 所示。2011 年重庆理工大学的邹强[21]采用固体颗粒介质成形技术进行了盒形件拉深成形研究,并研究了表面质量、厚度分布规律等,试样如图 12 – 14 所示。2011 年德国多特蒙德大学 Tekkeya 教授课题组在北莱茵 – 威斯特法伦州资金的资助下进行高强钢高温固体颗粒成形技术研究。2011 年北京航空航天大学郎利辉教授课题组在国防十二五资金的支持下开展了钛合金高温固体颗粒成形工艺的研究。

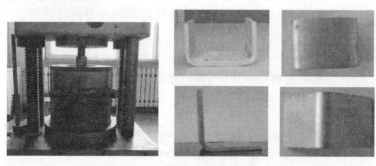

图 12 – 13　固体颗粒弯曲成形模具及 U 形、V 形试样[27]

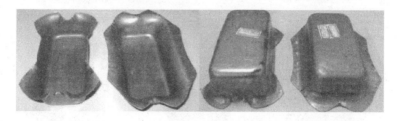

图 12 – 14　固体颗粒盒形件成形试样[21]

12.2.3　固体颗粒介质成形优势

已有的研究资料表明,与液压成形、橡胶成形、粘质成形等传统的软模成形工艺相比,固体颗粒介质成形具有以下的特点[20,21,23]:

(1)固体颗粒介质成形过程中颗粒介质的密封较为简单,在板料未全部拉入凹模口部的情况下,只需要模具与板料间的间隙值小于固体颗粒的最小直径即可,而液压成形过程中的液体介质需严格密封。

(2)固体颗粒介质可由钢球、天然细砂、陶瓷颗粒等来充当,这些材料均无腐蚀作用,且来源广泛,对人体无害,对环境无污染,对板料表面也无腐蚀作用,这些颗粒介质可用于高温成形,较热油成形工艺具有介质高温有效性的优势。

(3)模具结构简单、生产周期短且通用性好,可降低生产成本。

(4)颗粒介质在高压下有较好的流动性,零件贴模性好,可成形高强度、低塑性、复杂形状的零件,可保证成形精度。

(5)固体颗粒介质具有能传递非均匀分布内压的特点。因此,可以通过调节成形工艺参数进而调节压力的分布,使材料在最有利的受力条件下变形,防止材料的易变薄区在成形过程中过早地发生破裂,充分发挥材料的塑性变形性能,提高材料的成形极限。

12.2.4　颗粒直径对表面质量的影响[18]

对比在不同工艺参数下成形出来的试件的表面质量,发现在软凹模颗粒介质成形过程中,颗粒直径和反向压力大小会对试件的表面质量产生影响。下面就颗粒直径和反向压力大小对试件的表面质量产生的影响及其原因分别进行分析。

图 12 – 15 所示的是在 20MPa 的反向压力作用下使用不同直径陶瓷颗粒及 1mm 钢球采用软凹模颗粒介质成形工艺成形出来的试件表面。图中所示的依次是无颗粒、70#、54#、40#、24#陶瓷颗粒、钢球成形出来的试件表面。从图中可以看出,随着陶瓷颗粒直径的增大,试件表面质量越差。使用直径为 0.21 ~ 0.25mm (70#)的陶瓷颗粒成形出来的试件,其表面质量基本上与不使用颗粒介质成形出来的试件的表面质量相同,十分光滑,如图 12 – 15(b)所示。而使用直径为 0.7 ~ 0.85mm(24#)的陶瓷颗粒成形出来试件的的表面质量则很差,如图 12 – 15(e)所示。另外,使用直径为 1mm 钢球作为凹模成形出来的试件表面质量则更差,有明显的凹坑,如图 12 – 15(f)所示。

在相同的反向压力下使用大直径陶瓷颗粒进行颗粒介质作为凹模成形出来的试件的表面质量下降。造成这现象的主要原因有以下两点:①随着陶瓷颗粒直径的增大,陶瓷颗粒上存在尖角也就越大,由于陶瓷的硬度大于试件材料的硬度,所以在成形的过程中,这些尖角不可避免地会压入试件表面,在试件表面留下凹坑而降低试件的表面质量;②随着陶瓷颗粒直径的增大,陶瓷颗粒的流动性也就越好,从而提高了颗粒的传压性能,在相同的陶瓷颗粒装入量和反向压力作用下传递到试件表面的压力就会加大,在较大的压力作用下颗粒介质在试件表面的压入量也就越大,这是降低试件表面质量的主要原因。在以上两个因素的作用下,在使用大直径陶瓷颗粒成形时,试件的表面质量将会下降。由于钢球的流动性最好,传递到试件表面的压力也最大,且直径达到了 1mm,所以在相同的反向压力作用下试件的表面质量相对于使用陶瓷颗粒成形出来试件的表面质量差很多,如图 12 – 15 (f)所示。

图 12 - 15　20MPa 压力下不同颗粒介质直径对试样表面质量的影响[18]

(a) 钢模;(b) 70#颗粒;(c) 54#颗粒;(d) 40#颗粒;(e) 24#颗粒;(f) 钢球。

12.2.5　壁厚分布规律[18]

图 12 - 16 所示的是使用植物油作为润滑剂,直径为 75mm 的毛坯在不同直径陶瓷颗粒下成形出来的试件沿子午线从下至上各点的厚度变化曲线,颗粒上施加的反向压力统一为 20MPa。从图中可以看出,在试件筒壁区有两个厚度急剧下降的区域。第一个位于筒壁区上部,在这一区域的上部由于成形时法兰区边缘面积减小、厚度变厚,然后流入凹模成为试件传力区,从而导致厚度大于毛坯原始厚度(0.8mm);而这一区域的下半部分则由于在成形过程中始处于拉伸作态,所以厚度小于毛坯原始厚度(0.8mm)。综合以上两点,试件传力区上部的厚度急剧下降。试件上另一个厚度急剧降低的区域是试件与凸模贴合的区域,在这一区域试件材料不但受到由筒底区域传递过来的拉应力的作用,而且还受到颗粒介质的压应力作用,所以该区试件厚度的变薄趋势要大于试件筒壁区上部。试件上的厚度最小点位于凸模圆角区域,这一点与使用刚性模具进行圆筒件拉深时的情况相同。而在试件的筒底区域由于材料上所受的双向拉深应力不大,所以板料厚度变化不是很明显,如图 12 - 16 所示。

从图 12 - 16 还可以看出,使用直径为 0.7 ~ 0.85mm(24#)的陶瓷颗粒在 20MPa 反向压力下成形出来的试件危险区域(凹模圆角区域)和筒底区域(胀形区)的厚度最小。随着颗粒直径的减小,试件危险区域(凹模圆角区域)和筒底区

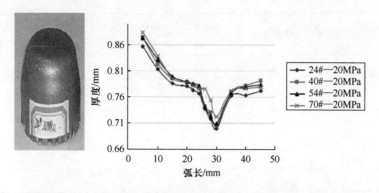

图 12 - 16   75mm 毛坯在反向压力为 20MPa 情况下成形试件的厚度[18]

域(胀形区)的厚度会随之增大。在相同情况下使用直径为 0.21 ~ 0.25mm(70#)陶瓷颗粒成形出来的试件的危险区域(凹模圆角区域)和筒底区域(胀形区)的厚度最大。这说明颗粒直径对试件的厚度变化有一定的影响,即减小颗粒直径有利于控制试件材料的局部变薄。出现这一现象的原因在于:随着颗粒直径的增大,陶瓷颗粒在反向压力作用下的流动性增加,改善了颗粒介质的传力性能。这样在使用大直径陶瓷颗粒作为传力介质进行颗粒介质成形时,作用在试件表面上的压应力也增加,这样就加大试件材料在板料平面上的应变,这是随着颗粒直径的增大,试件危险区域(凹模圆角区域)和筒底区域(胀形区)的变薄程度越大的主要原因。另外,由于作用于试件厚度方向上的压应力增大,试件材料上所受的静水压力提高,试件材料的塑性变形能力得到改善,从而使试件材料的变形量增加,这也是随着陶瓷颗粒直径的增大,试件危险区域(凹模圆角区域)和筒底区域(胀形区)的变薄程度越大的一个原因。

12.2.6   固体颗粒介质回弹研究[27]

U 形和 V 形零件如图 12 - 13 所示。在相同的反向压力作用下使用不同直径钢球颗粒采用软凹模颗粒介质成形工艺成形出来 U 形和 V 形试件。通过使用万能角度尺测量得到相应条件下的弯曲角度如表 12 - 1 所列。从表 12 - 1 可以看出,在相同的反向压力下使用不同直径的钢球颗粒成形的规律,钢球颗粒直径越大,回弹角度越小。在相同的反向压力下使用直径较大的钢球颗粒成形出来的试件回弹角度更小。主要原因为,随着钢球颗粒直径的增大,钢球颗粒的流动性也就越好,从而提高了颗粒的传压性能,在相同的钢球颗粒装入量和反向压力作用下传递到试件表面的压力就会加大,使钢球作为校正弯曲力的作用更加明显,减小了回弹角度。

表 12-1　不同颗粒直径 U 形及 V 形弯曲回弹结果[27]

序号	试样	厚度/mm	弯曲半径/mm	卸载前弯曲角/(°)	卸载后弯曲角/(°)	回弹量弯曲角/(°)
1	Uφ0.6-1	4	4	90	92.3	2.3
2	Uφ0.6-2	4	4	90	92.4	3.4
3	Uφ1.2-1	4	4	90	92.15	2.15
4	Uφ1.2-2	4	4	90	92	2
5	Uφ2.0-1	4	4	90	91.85	1.85
6	Uφ2.0-2	4	4	90	91.8	1.8
7	Vφ0.6-1	4	4	90	92	2
8	Vφ0.6-2	4	4	90	91.95	1.95
9	Vφ1.2-1	4	4	90	91.8	1.8
10	Vφ1.2-2	4	4	90	91.85	1.85
11	Vφ2.0-1	4	4	90	91.6	1.6
12	Vφ2.0-2	4	4	90	91.65	1.65

使用直径为 0.6mm 钢球颗粒在不同反向压力作用下采用凹模的颗粒介质成形工艺成形出来 U 形和 V 形试件。通过测量得到以下数据,如表 12-2 所列。可见,在相同的直径钢球颗粒下使用不同反向压力成形的规律,反向压力越大,回弹角度越小。在相同直径的钢球颗粒的情况下,使用较大的反向压力会减小试件的回弹角度。出现这一现象的原因在于:在使用软凹模颗粒介质成形工艺条件下,颗粒介质传递给试件的反向压力越大越好,这样有利于试件与刚性凸模密贴,增加试件与凸模之间的摩擦力,可以减小回弹角度。

表 12-2　不同反向压力板料弯曲回弹结果

序号	颗粒直径/mm	试样	厚度/mm	弯曲半径/mm	卸载前弯曲角/(°)	卸载后弯曲角/(°)	回弹量弯曲角/(°)
1	0.6	U 反压-1	4	4	90	92.5	2.5
2	0.6	U 反压-2	4	4	90	92.35	3.5
3	0.6	U 反压-1	4	4	90	91.95	1.95
4	0.6	U 反压-2	4	4	90	91.9	1.9
5	0.6	V 反压-1	4	4	90	92	2
6	0.6	V 反压-2	4	4	90	91.9	1.9
7	0.6	V 反压-1	4	4	90	91.7	1.7
8	0.6	V 反压-2	4	4	90	91.65	1.65

由于纯铝垂直纤维方向的最小相对弯曲半径的经验值为 0.1,板料厚度为 4mm,若想验证新工艺优于传统工艺,则凸模圆角半径将加工成小于 0.4mm,这样尖角很大,对加工和实验都不方便。此处只是要证明固体颗粒介质成形的优越性,因此选择平行纤维方向进行弯曲,尽管不是生产中最常用的形式,但是用来揭示规律是完全可以的。平行纤维方向的最小相对弯曲半径的经验值为 0.35,即传统弯曲最小弯曲半径为 1.4mm,我们加工 1mm 的圆角半径进行实验。

通过实验成形出合格的圆角半径为 1mm 的弯曲件,如图 12 – 17 颗粒直径 0.6mm、弯曲半径 1mm 的 V 形弯曲试件所示。证明固体颗粒介质成形可以减小相对弯曲半径,使相对弯曲半径达到 0.25。这并不是可以达到的最小弯曲半径,今后还可以加工弯曲半径更小的凸模进行实验,探索固体颗粒介质成形减小相对弯曲半径的极限值。

图 12 – 17　颗粒直径 0.6mm、弯曲半径 1mm 的 V 形弯曲试件

12.2.7　展望[21,27]

固体颗粒介质成形还需要在以下几个方面作进一步的研究:

(1)大量颗粒聚集体含有一定的间隙,是非连续体,所传递的压力非常复杂,是非均匀分布的。目前进行颗粒介质成形的研究都是将其视为连续体简化,与实际情况有出入,导致无法真实反映固体颗粒的传压特性。今后可以在这方面完善散体力学的理论。

(2)固体颗粒介质成形的数值模拟是建立在连续体假设的基础上,模拟结果只是近似,而不能精确反映和解释固体颗粒介质的成形过程,这也需作进一步的研究。

(3)设计试验来研究颗粒介质的传压特性,找出颗粒直径、颗粒形状以及颗粒装入量对其传压性能的影响规律。

(4)设计大吨位的反向压力提供系统进行软凹模颗粒成形试验,以提高板料的成形能力以及试件的成形质量。

(5)选用其他颗粒介质进行颗粒介质成形,研究工艺参数对于试件形状、试件表面质量以及板料成形极限等因素的影响。

（6）在固体颗粒介质的选取方面，目前选取的也只有钢球、陶瓷颗粒、细砂等几种，因此需要考虑对更多颗粒介质进行研究，以给工程实践提供参考。

参 考 文 献

[1] 杨锐,石南林,王玉敏,等. SiC 纤维增强钛基复合材料研究进展[J]. 钛工业进展,2005(5):37 –41.

[2] 李建辉,李春峰,雷廷权. 金属基复合材料成形加工研究进展[J]. 材料科学与工艺,2002(2): 207 –212.

[3] 张晓明,刘雄亚. 纤维增强热塑性复合材料及其应用[M]. 北京:化学工业出版社,2007.

[4] MALLON P J,Bradaigh C M,PIPES R B. Polymeric Diaphragm Forming of Continuous Fiber Reinforced Thermoplastics[a]. Proc. 33Rd Internatl. Sampe Symp[C]. Anaheim,Ca,1988.

[5] MONAGHAN M R,BRADAIGH C M,MALLON P J. The Effect of Diaphragm Stiffness of the Quantity of Diaphragm Formed Thermoplastic Composite Components[J]. Thermoplastic Compos Mater,1990,3(3):23 –29.

[6] DELALOYE S,NIEDERMEIER M. Optimization of the Diaphragm Forming Process for Continuous Fiber – Reinforced Advanced Thermoplastic Composites [J]. Composites Mamfucruring,1995(6):135 –144.

[7] PANTELAKIS S G,KATSIROPOULOS Ch V,LABEAS G N,Et Al. A Concept to Optimize Quality and Cost in Thermoplastic Composite Components Applied to the Production of Helicopter Canopies[J]. Composites/Part a, 2009(40):595 –606.

[8] MCGUINNESS G B,BRADAIGH C M O. Effect of Perform Shape On Buckling of Quasi – Isotropic Thermoplastic Composite Laminates During Sheet Forming [J]. Composites Manufacturing,1995(6):269 –280.

[9] KREBS J,FRIEDRICH K,BHATTACHARYYA D. A Direct Comparison of Matched – Die Versus Diaphragm Forming[J]. Composites Part a,1998(29a):183 –188.

[10] GUTOWSKI T G,DILLON G,CHEY S,Et Al. Laminate Wrinkling Scaling Laws for Ideal Composites [J]. Composites Manufacturing,1995(6):123 –134.

[11] PANTELAKIS S G,Baxevani E a. Optimization of the Diaphragm Forming Process with Regard to Product Quality and Cost[J]. Composites Part a, 2002(33):453 –470.

[12] 苑世剑,何祝斌,刘钢. 轻合金热态液力成形技术[J]. 锻压技术,2005(6):75 –80.

[13] 沈观林,胡更开. 复合材料力学[M]. 北京:清华大学出版社,2006.

[14] 杨乃宾. 新一代大型客机复合材料结构[J]. 航空学报,2008(3):596 –604.

[15] 陈亚莉. 高性能热塑性复合材料在飞机上的应用[J]. 航空维修与工程,2003(3):28 –30.

[16] 张兴金,邓忠林. 浅谈纤维复合材料与中国大飞机[J]. 纤维复合材料,2009(2):24 –26.

[17] 段宝,杨亚文,王雅杰. 先进复合材料结构 RTM 技术现状及发展[J]. 沈阳航空工业学院学报,2000 (3):18 –21.

[18] 陈国亮. 颗粒介质成形工艺研究[D]. 南京:南京航空航天大学,2008.

[19] 袁海环. 固体颗粒介质板料拉深成形工艺研究[D]. 沈阳:沈阳航空工业学院,2010.

[20] 赵长财. 固体颗粒介质成形新工艺及其理论研究[D]. 秦皇岛:燕山大学,2005.

[21] 邹强. 基于盒形件的固体颗粒介质成形[D]. 重庆:重庆理工大学,2011.

[22] 赵长财. 金属板料半模成形工艺[P]. 燕山大学,2005.

[23] 赵长财,李晓丹,王银思,等. 板材固体颗粒介质成形新工艺[J]. 塑性工程学报,2007,4(14):11 –15.

[24] 赵长财,李晓丹,董国疆,等. 板料固体颗粒介质成形新工艺及其数值模拟[J]. 机械工程学报,2009,45(6):211 -215.

[25] Grüner M,MERKLEIN M. Numerical Simulation of Hydro Forming at Elevated Temperatures with Granular material Used as Medium Compared to the Real Part Geometry[J]. Int J Mater Form,2010,3(suppl):279 -282.

[26] GRUNER M,MERKLEIN M. Consideration of Elastic Tool Deformation in Numerical Simulation of Hydroforming with Granular Material Used as a Medium[J]. Key Engineering Materials,2011,473:707 -714.

[27] 李鑫. 固体颗粒介质的弯曲成形新工艺研究[D]. 沈阳:沈阳航空航天大学,2011.

内 容 简 介

　　本书阐述了板材充液成形技术理论和应用发展现状,以及未来发展的趋势和一些基于充液成形技术的创新性的技术,其中主要包含了板材充液成形的两个目前发展最为迅速的分类:室温下板材充液成形技术(统称板材充液成形)和加热条件下的板材充液成形技术(统称热介质成形技术)。重点论述了板材充液成形技术理论、工艺和装备等方面的最新研究成果和实际应用经验,包括本构、厚向压力诱导的应力应变关系、断裂准则、反向建模,材料变形行为和缺陷分析及控制等塑性成形理论分析结果,以及关键工艺参数计算、液室压力溢流模型、设备设计、模具结构和典型零件工艺等工程技术关键。

　　本书的读者对象包括航空航天和汽车及机械行业的技术人员和研究人员,以及材料加工工程学科研究生和高年级本科生等。

In this book, theories and applications for sheet hydroforming are discussed in details, as well as its future and the innovative technologies based on the sheet hydroforming. Currently, the sheet hydroforming has two types: the sheet hydroforming at room temperature (so called sheet hydroforming in general) and the sheet hydroforming at elevated temperature (so called warm/hot hydroforming in general). New progress on sheet hydroforming theory, process and equipment are presented mainly, including plasticity theory about constitutive equation, fracture rules, inverse modeling, material deformation mechanism and failure analysis, etc. and key technologies analysis and innovations regarding to the key process parameter optimization, fluid pressure overflowing modeling, equipment development, tooling design and forming process of typical parts, etc.

This book is intended for technical staff and researchers as well as postgraduate students and senior graduate students in their chosen fields of learning in the fields of aeronautics and astronautics, automotive and mechanical engineering.